MÉMOIRES

SUR LA FAMILLE

DES LÉGUMINEUSES.

PARIS, IMPRIMERIE DE A. BELIN,
Rue des Mathurins Saint-Jacques, n. 14.

MÉMOIRES

SUR LA FAMILLE

DES LÉGUMINEUSES,

PAR M. AUG. PYR. DE CANDOLLE,

Professeur d'histoire naturelle et Directeur du jardin botanique de l'Académie de Genève, Correspondant de l'Institut de France, Membre des Sociétés royales de Londres, Edimbourg, Turin, Naples, Copenhague, Munich, de la Société des Curieux de la Nature, de la Société helvétique des Sciences naturelles, des Societés Linnéenne et d'Horticulture de Londres, d'Histoire naturelle et d'Agriculture de Paris, Moscou, etc., Président de la Société des Arts, et Membre de celle de Physique de Genève, etc., etc., etc.

A PARIS,

CHEZ A. BELIN, IMPRIMEUR-LIBRAIRE, ÉDITEUR,

RUE DES MATHURINS S.-J., N°. 14.

1825.

PRÉFACE.

Les Mémoires réunis dans cet ouvrage ont été rédigés à l'occasion du travail qu'a exigé la composition du second volume du *Prodromus Systematis universalis Regni vegetalis* dont la famille des Légumineuses forme la plus grande partie. Ces Mémoires ont été successivement lus dans les séances de la Société de Physique et d'Histoire Naturelle de Genève, pendant les années 1823, 1824 et 1825. Ils avoient été primitivement destinés à être insérés dans la collection des *Mémoires du Museum d'Histoire Naturelle de Paris*; mais leur étendue et le nombre des planches qui les accompagnent s'étant graduellement augmentés, on a cru qu'il seroit plus convenable de les publier séparément en un corps d'ouvrage spécial. Cet ouvrage peut être considéré comme renfermant les développemens et les preuves de l'exposition abrégée de la famille qui se trouve dans le *Prodromus ;* c'est sous ce point de vue qu'on a fait en sorte que les deux ouvrages parussent à peu près en même temps.

TABLE DES MÉMOIRES

RENFERMÉS DANS CE VOLUME.

EXPLICATION DES PLANCHES.

N. B. Toutes les figures sont de grandeur naturelle, à moins que le contraire ne soit indiqué.

I. Feuilles de *Gleditsia sinensis* à divers états de développement, pour montrer la manière dont les folioles sont ou soudées ou inégalement divisées sur le même arbre.

La fig. 5 *f* représente le développement du sommet du pétiole en godet.

II. *Caractères généraux.* 1. Monstruosité de *Lathyrus latifolius.* 2. *Idem.* Une gousse foliacée isolée pour montrer les cordons ombilicaux. 3. Une prune à deux carpelles soudés. 4. La même coupée en long. 5. Une monstruosité de Pois dont le pétiole s'est développé en godet. 6. Fleuraison du *Gleditsia triacanthos. a* La fleur vue en dessous. *b* La même vue en dessus. *c* Une fleur à un carpelle. *d* et *e* Une dite à deux carpelles, dont un plus petit. *f* Une dite à deux carpelles égaux. 7. Fruit du *Pistacia vera. a* Fruit entier à l'état le plus ordinaire. *b* et *c* Fruit avec l'indication des deux loges avortées. *d* et *e* Le même coupé en travers.

III. Fig. 1. Une branche de Prunier monstrueux, portant des prunes allongées. *b* Une d'elles coupée en long. Fig. 2. Fleurs et fruits du *Cœsalpinia digyna*, copiés de Willdenow. *a* Une fleur à deux carpelles. *b* Une dite à un. *c* et *d* Fruits à deux carpelles.

IV. *Germination des Sophorées.*

N. B. Dans cette planche et dans toutes celles relatives à la germination, les organes sont désignés comme suit: *r* Radicule. *c* Collet. *l* Lobes ou cotylédons. *p* Feuilles primordiales. *f* Feuilles ordinaires. *t* Tigelle, ou partie de la tige sous les cotylédons. *T* Tige au-dessus des cotylédons. *s* Spermoderme.

1. Sophora japonica.
2 et 2*. Virgilia aurea.
2 et 3*. Anagyris fœtida.
4 et 4*. Baptisia australis.

V. *Germination des Lotées.*

5. Genista sphærocarpa.
6. Genista candicans.
7. Cytisus laburnum.
8. Cytisus scoparius.
9. Crotalaria verrucosa.
12. Ononis natrix.
14. Ebenus cretica.

VI. *Suite.*

10 et 10*. Crotalaria retusa.

2

11. Crotalaria purpurascens.
13. Anthyllis vulneraria.
16. Melilotus Italica.
17. Trigonella fœnum-græcum.
18. Trigonella Ægyptiaca.

VII. *Suite.*

15. Medicago sativa.
19. Lotus rectus.
20. Lotus cytisoïdes.
21. Psoralea lathyrifolia.
22. Psoralea verrucosa.
24. Cyamopsis psoraloïdes.
25 et 25*. Indigofera purpurascens.
27. Indigofera tinctoria.

VIII. *Suite.*

23. Dalea annua.
26. Indigofera hirsuta.
28.———— Caroliniana.
29.———— stricta.
30. Glycirrhiza fœtida.
31. ———— echinata.
32. Galega officinalis.

IX. *Suite.*

33. Clitoria Ternatea. (5 fig.)
34. ——— Virginica.
35. ——— lanceolata.
36. Glycine clandestina.
37. Nissolia fruticosa.

X. *Suite.*

38. Sesbania Ægyptiaca.
39. ———— occidentalis.
40. ———— aculeata.
41. ———— sp. ign.
42. Daubentonia punicea.
43. Diphysa Carthagenensis.

XI. *Suite.*

45. Caragana Redowskii.
46. Colutea Haleppica.
47. ——— arborescens.
48. Sutherlandia frutescens.
49. Lessertia annua.
50. Astragalus Cicer.
51. ———— galegiformis.
52. ———— longiflorus.
53. ———— sesameus.

XII. *Germination des Hedysarées.*

54. Alysicarpus buplevrifolius.
55. Scorpiurus vermiculata.
56, 56* et 56**. Coronilla glauca.
57 et 57*. Coronilla juncea. (4 fig.)
58. Astrolobium ebracteatum.
59. ———— durum.
60. Hippocrepis multisiliquosa.

XIII. *Suite.*

61. Securigera Coronilla. (3 fig.)
62. Lourea Vespertilio.
63. Desmodium gyrans.
64. ———— alatum.
65. ———— sp. ign.
66. ———— sp. ign.
67. ———— sp. ign.
68. ———— sp. ign.

XIV. *Suite.*

69. Hedysarum Pallasii.
70. ———— coronarium.
71. Onobrychis caputgalli.
72, 72* et 72**. — saxatilis.
73. Lespedeza polystachya.

XV. *Germination des Viciées.*

74. Vicia Narbonensis.
75. —— articulata.
76. —— Ervilia.
77. Ervum Lens.
78. Pisum sativum.
79. Lathyrus hirsutus.
80. ——— amphicarpos.
81. ——— articulatus.
82. ——— aphaca.
83. Cicer arietinum.

XVI. *Germination des Phaséolées.*

87. Sweetia Longifolia.
88. Phaseolus vexillatus.
89. Dolichos lignosus.
90. Canavalia obtusifolia.

XVII. *Suite.*

91. Cajanus flavus.
92. Cajanus bicolor. (4 fig.)

XVIII. *Suite.*

93. Erythrina Corallodendron.
94. Lupinus angustifolius.

XIX. *Germination des Mimosées.*

95. Inga saman.
96. Mimosa pudica.
97. ——— sensitiva.
98. ——— rubicaulis.
99. Acacia acanthocarpa.
100. ——— divaricata.
101. ——— sp. ign.
102. ——— Farnesiana.
103. ——— sp. ign.
104. ——— Bancroftiana.

XX. *Germination des Geoffrées.*

105. Arachis hypogæa.
106. Voandzeia subterranea.

XXI. *Suite.*

107. Moringa pterygosperma.
108. Moringa aptera.

XXI bis. *Suite.*

107**. Moringa pterygosperma.

XXII. *Germination des Cassiées.*

109. Gleditsia inermis.
110. Coulteria mollis.
112. Parkinsonia aculeata.

XXIII. *Suite.*

111. Poinciana pulcherrima. (4 fig.)
114. Ceratonia siliqua. (2 fig.

XXIV. *Suite.*

113. Tamarindus indica.

XXV. *Suite.*

115. Cassia grandis.
116. —— fistula.
117. —— nictitans.
118. —— dumetorum.
119. —— glauca.

XXVI. *Suite.*

120. Hymenæa Courbaril.
121. Bauhinia tomentosa.
122. Cercis siliquastrum.

XXVII. *Germination de l'*Anacardium occidentale.

XXVIII. *Tableau des tribus des Légumineuses pour indiquer leurs affinités.*

XXIX. PRIESTLEYA *myrtifolia.*

A. Un rameau. 1. Les pétales étalés. *a* L'étendard. *bb* Les ailes. *cc* La carène. 2. Le pédicelle avec sa bractée, le calice et les étamines. 3. Le calice. 4. Les étamines grossies. 5. Les deux valves du fruit ouvertes.

XXX. PRIESTLEYA *lævigata.*

A. Un rameau. 1. La fleur ouverte comme pl. XXIX. 2. Les étamines. 3. Le calice. 4. Une graine. 5. Le fruit encore jeune. 6. Le même, ouvert en long.

XXXI. PRIESTLEYA *ericæfolia, var. β.*

A. Un rameau. 1. La fleur ouverte comme pl. XXIX. 2 et 2*. Le calice. 3. Les organes génitaux. 4. Une feuille.

XXXII. PRIESTLEYA *axillaris.*

A. Un rameau. 1. La fleur ouverte comme pl. XXIX. 2. Les organes sexuels. 3. Lesdits grossis. 4. Le calice. 5. Une bractée.

XXXIII. PRIESTLEYA *elliptica.*

A. Un rameau. 1. La fleur ouverte comme pl. XXIX. 2. Les organes sexuels. 3. Lesdits grossis. 4 et 5. Le calice avec son pédicelle et sa bractée.

XXXIV. HEYLANDIA *hebecarpa.*

A. Un rameau. 1. La fleur. 2. La même grossie. 3. La même grossie et ouverte comme pl. XXIX. 4. Le faisceau des étamines grossi. 5. Le calice grossi. 6. Le pistil avec un trait ponctué marquant la place de la carène. 7. Le pédicelle grossi. 8. Une feuille.

XXXV. DICHILUS *lebbekkoïdes.*

A. Un rameau sans fleur. — B. Rameau fleuri. 1. Calice avec la lèvre inférieure n'ayant accidentellement que deux dents. 2. Corolle ouverte comme pl. XXIX. 3. Le faisceau des étamines grossi. 4. Le pistil grossi. 5. Un calice dans l'état ordinaire.

XXXVI. GENISTA *ephedroïdes.*

A. Un rameau. 1. La fleur. *b* Pétales grossis et étalés comme à la pl. XXIX. 3. Le pédicelle avec la bractée à la base, et le calice au sommet grossi et vu de profil. 4. Ledit vu du côté inférieur. 5. Le faisceau des étamines grossi. 6. Le fruit jeune. 7. L'une des valves du fruit avec les graines.

XXXVII. REQUIENIA *obcordata.*

A. Un rameau. 1. La fleur. 2. La même grossie ainsi que les figures 3 et 9. 3. Les pétales étalés comme pl. XXIX. 4. Le calice. 5. Les étamines et le pistil. 6. Le calice vu du côté supérieur. 7. Le fruit. 8. La graine vue de profil. 9. La même vue du côté de l'ombilic. 10. La même, de grandeur naturelle.

XXXVIII. REQUIENIA *sphærosperma.*

A. Un rameau. 1. Les pétales grossis et étalés comme pl. XXIX. 2. Le calice vu du côté supérieur. 3. Les organes sexuels grossis. 4. Le calice vu de profil. 5. Le fruit grossi. 6. La graine grossie, vue du côté de l'ombilic. 7. La même, vue du côté opposé.

XXXIX. BARBIERIA *polyphylla.*

A. Un rameau. 1. La corolle avec ses pétales étalés et séparés: *a* l'étendard, *bb* les ailes, *cc* ceux de la carène. 3. La graine des étamines avec l'étamine impaire. 4. Le pistil. 5. Le sommet de la graine des étamines et du pistil grossis. 6. Le sommet du style grossi. 7. Fragment de branches sans feuilles pour montrer la position des stipules.

XL. COLLÆA *speciosa.*

1. Rameau. 2. Les pétales étalés comme à la pl. XXIX. 3. Le calice avec le pédicelle. 4. Le faisceau des organes sexuels. 5. Ledit grossi. 6. La sommité du style très-grossie. *xx* Taches formées par le *Xyloma Collææ.*

XLI. COLLÆA *trinervia.*

1. Rameau. 2. Une foliole vue par dessous. 3. Les étamines grossies. 4. Le calice. 5. Les valves du fruit séparées et vues par l'intérieur.

XLII. OTOPTERA *Burchellii.*

1. Rameau. 2. Les pétales étalés comme à la pl. XXIX. 3. Le calice vu de profil avec des bractéoles situées à la base. 4. Le faisceau des organes sexuels. 5. Le style grossi.

XLIII. PUERARIA *Wallichii.*

1. Un rameau. 2. Une fleur. 3. Le calice avec une de ses bractéoles, et le faisceau des organes sexuels. 4. Les pétales étalés comme à la pl. XXIX. 5. La fig. 3 grossie et dressée. 6. Le jeune fruit.

XLIV. DUMASIA *villosa*.

1. Un rameau. 2. Les pétales étalés comme à la pl. XXIX. 3. Le faisceau des étamines et du pistil. 4. Lesdits grossis. 5. Le pistil grossi. 6. Le calice avec les deux bractéoles. 7. Le fruit avec ses supports. *rr* Le rachis de la grappe. *aa* Les bractées stipulaires. *p* Le pédicelle. *bb* Les bractéoles. *c* Le calice. *ee* Les étamines. *f* Le fruit. 8. Le même, ouvert en long pour montrer l'attache des graines et l'une d'entre elles.

XLV. DUMASIA *pubescens*.

1. Un rameau. 2. Les pétales épanouis comme à la pl. XXIX. 3. Les étamines. 4. Le calice avec ses bractéoles. 5. Les étamines grossies. 6. Le pistil grossi. 7. Le fruit de grandeur naturelle entamé pour montrer une des graines, et portant le calice à sa base.

XLVI. LESSERTIA *falciformis*.

A. Un rameau fleuri. B. Un dit en fruit. 1. Pétales étalés comme à la pl. XXIX. 2. Le faisceau des organes sexuels grossis. 3. La sommité de l'ovaire, le style et le stigmate très-grossis. 4. Le calice grossi. 5. Le fruit ouvert pour montrer les graines.

XLVII. PICTETIA.

1. *Pictetia obcordata*. Rameau en fruit. 2. *Pictetia ternata*. Rameau en fruits et fleurs. 3. Détails du *Pictetia squammata*. *a* La fleur avec son pédicelle. *b* Les pétales étalés. *c* Le faisceau des organes sexuels. *d* Le pistil grossi. *e* Le calice. 4. Gousse du *Pictetia Desvauxii*. 5. Gousse du *Pictetia aristata* dans quatre états différens pris sur la même branche.

XLVIII. ADESMIA *hispidula*.

A. Un rameau. B. La sommité dudit. 1. Les pétales étalés comme à la pl. XXIX. 2. Le pédicelle, le calice et le faisceau des organes sexuels. 3. Une étamine. 4. Une jeune graine. 5. L'embryon très-grossi.

XLIX. ADESMIA *dentata*.

A. Rameau. 1. La fleur entière. 2. Pétales grossis et étalés comme à la pl. XXIX. 3. La bractée *a*, le pédicelle *b*, le calice *c*, et le faisceau des étamines *d*, tout grossi. 4. Une étamine grossie. 5. Le calice grossi. 6. La graine grossie.

L. ADESMIA *longiseta*.

A. La plante entière. 1. Les pétales étalés comme à la pl. XXIX. 2. Le pédicelle, le calice et les étamines. 3. Une étamine. 4. Le calice grossi. 5. La graine grossie.

LI. NICOLSONIA *Cayennensis.*

A. Un rameau de grandeur naturelle. 1. Le calice avec un fruit et les débris des étamines (grossi). 2. Ledit avec une gousse à deux articles (grossi). 3. Le calice isolé et grossi. 4. Une graine très-grossie. 5. Le calice, le jeune fruit et les étamines grossis. *ccc* Le calice. *s* Les neuf étamines soudées. *s'* La dixième étamine libre. *l* La jeune gousse.

LII. TAVERNIERA *nummularia.*

A. Rameau. B. *Idem.* 1. Pétales étalés comme à la planche XXIX. 2. Le faisceau des étamines. 3. L'ovaire. 4. Le calice avec ses bractéoles. 5. Le fruit dans son état ordinaire. 6. Ledit à un seul article. 7. Une graine. 8. La même grossie.

LIII. EBENUS *Sibthorpii.*

A. Partie inférieure de la tige. B. Partie supérieure. C. Axe de la tête des fleurs pour montrer les bractées. 1. Fleur entière. 2. Une des ailes de la corolle. 3. Les pétales grossis et vus de profil : *a* l'étendard, *b* les ailes, *c* la carène. 4. Le faisceau des organes sexuels grossis. 5. Le pistil. 6. Le même grossi. 7. Le calice grossi. 8. Un jeune embryon. 9. Le même grossi.

LIV. CICER *Songaricum.*

A. La sommité de la plante de grandeur naturelle. 1. Une fleur vue de profil, en supposant le calice enlevé jusques près de sa base. 2. Les pétales étalés comme à la pl. XXIX. 3. Le faisceau des étamines avec le pistil vu en partie, et indiqué par une ligne ponctuée dans la partie où les étamines le cachent. Le tout un peu grossi. 4. Le calice vu de profil. 5. Une sommité d'étamine vue du côté postérieur, et très-grossie. 6. Une dite vue du côté antérieur.

B. Une fleur de *Cicer arietinum* pour servir de terme de comparaison.

LV. RHYNCHOSIA *menispermoïdea.*

A. Rameau ou sommité de la tige. 1. Pétales grossis et étalés comme à la pl. XXIX. 2. Pédicelle et calice grossis. 3. Organes sexuels grossis. 4. Une valve du fruit vue du côté intérieur avec une graine.

LVI. RHYNCHOSIA *punctata.*

A. Rameau ou partie supérieure de la tige. 1. Pétales grossis et étalés comme à la pl. XXIX. 2. Le calice et les organes sexuels grossis. 3. Le calice grossi. 4. Le pistil grossi. 5. Le fruit. 6. Une des valves vue du côté intérieur avec les graines.

LVII. PTEROCARPUS (sect. Ateleia).

1. Rameau du *Pterocarpus gummiferus*. 1*. Un de ses fruits isolés. 2. Fruit du *Pterocarpus Peltaria*.

LVIII. SWARTZIA *ochnacea*.

A. Rameau. 1. Une gousse ouverte en long pour montrer l'attache des graines. 2. Un des cotylédons pour montrer la position de la radicule.

LIX. SWARTZIA *tomentosa*.

A. Une portion de rameau portant les grappes en fleurs et en jeunes fruits. B. Une sommité de rameau portant des feuilles et des stipules. 1. Une fleur ouverte et vue un peu avant son épanouissement naturel. 2. Le calice et le jeune fruit. 3. La fleur vue un peu plus avancée que dans le n°. 1. 4. Le pétale unique. 5. Le pistil. 6. Le jeune fruit coupé en long de manière à montrer les ovules attachés à la suture séminifère.

LX. SWARTZIA *parviflora*.

A. Rameau en fleur, de grandeur naturelle. 1 et 2. Pétales détachés. 3. Fleur grossie vue en totalité. 4. Bouton de fleur grossi. 5. Etamine grossie vue par devant. 6. *Idem* vue par derrière. 7. Une gousse ouverte en long pour montrer la position de la graine. 8. Une graine dépourvue de son arille. 9. Une dite tirée d'une autre gousse. 10. Une gousse plus longue que celle figurée n°. 7.

LXI. ENTADA *polystachya*.

1. Rameau fleuri. 2. Une pinnule de la feuille isolée et grossie. 3. Un épi de fleur grossi. 4. Une fleur entière et grossie. 5. Une dite un peu plus épanouie. 6. Le pistil grossi. 7. Un pétale grossi. 8. Le calice *idem*.

LXII. ENTADA *polystachya*.

9. Une portion de la panicule en fruit. 10. Un des articles de la gousse, entier, ou ayant encore son épicarpe. 11. Article inférieur de la gousse ayant perdu son épicarpe, et déchiré pour montrer la place de la graine. 12. La graine. 13. L'embryon.

N. B. Les échantillons en fruit ne proviennent pas du même voyageur que ceux en fleur; et, par conséquent, je ne suis pas complétement certain de leur identité. J'ai cru devoir les figurer les uns et les autres comme exemples du genre.

LXIII. MIMOSA *asperata*.

1. Rameau. 2. Une fleur. 3. La même, grossie, à cinq lobes et à dix étamines.

4. Une bractée grossie. 5. Une fleur grossie à quatre lobes et huit étamines. 6. Le calice grossi. 7. Une étamine grossie. 8. Un filet grossi. 9. Une anthère grossie et vue par dessous. 10. Ladite vue par devant. 11. Le fruit. 12. Un des articles ouvert pour montrer la graine.

LXIV. GAGNEBINA.

A. Rameau fleuri du *Gagnebina axillaris*. 2. Partie supérieure d'un rameau dudit portant des fruits jeunes. 3. Un bouton grossi. 4. La fleur à son épanouissement. 5. Ladite défleurie et grossie. 6. Un pétale id. 7. Le calice id. 8. Une anthère id. 9. Une portion de l'axe d'un épi portant des bractées à un très-jeune fruit. 10. Une portion du pétiole pour montrer la glande.

B. Fruit du *Gagnebina tamariscina* coupé en long dans sa partie inférieure pour montrer les loges.

LXV. INGA? *Zygia.*

1. Rameau. 2. Bractée grossie. 3. Fleur grossie avec son calice entier et sa corolle fendue en long pour montrer la singulière estivation des étamines. 4. La même plus avancée, avec le faisceau des organes droit. 5. Le pistil. 6. La corolle. 7. Le calice. 8. La sommité du faisceau des étamines. 9. Une d'elles séparée pour montrer l'anthère.

LXVI. DARLINGTONIA *brachyloba.*

1. Un rameau fleuri. 2. Fragment d'un rameau à la fin de la fleuraison. 3. Une tête de fruits. 4. Un bouton de fleur grossi. 5. Une bractée grossie. 6. La fleur entière grossie. 7. Une bractée vue de profil. 8. Un pétale isolé. 9. Le calice grossi avec la trace du fruit jeune. 10. Une anthère grossie vue par derrière. 11. Ladite vue par devant. 12. Un fruit entier. 13. Une des valves séparée avec ses graines. 14. Un embryon de grandeur naturelle. 15. Ledit grossi. 16. Un cotylédon grossi.

LXVII. DESMANTHUS *trichostachys.*

1. Rameau en fleur. 2. Une fleur fertile. 3. La même grossie, avec sa bractée grossie dans la même proportion. 4. Une fleur stérile grossie de même. 5. Les pétales id. 6. Le calice id. 7. Un des pétales isolé et grossi. 8. L'ovaire. 9. Le jeune fruit et le calice grossi.

LXVIII. ACACIA *Hæmatomma.*

1. Rameau en fleur. 2. Fragment portant un fruit. 3. Fragment portant une feuille, deux aiguillons dits stipulaires, deux stipules et deux têtes de fleur. 4. Une fleur très-grossie avec sa bractée. 5. La corolle. 6. Le calice grossi. 7. La corolle fendue en long pour montrer la monadelphie des étamines.

LXIX. MELANOSTICTA *Burchellii.*

A. Plante entière. 1. Fleur grossie. 2. Pétale id. 3. Une étamine très-grossie. 4. Un jeune fruit. 5. Une foliole vue par dessous. 6. Une paire de folioles vue par dessus. 7. Les stipules avec la base du pétiole.

LXX. BAUHINIA *corymbosa.*

1. Une fleur avec son pédicelle et ses bractées. 2. Partie supérieure du calice très-grossie, pour montrer la position des étamines et du pistil (lequel est avorté). 3. Le calice grossi. 4. Un pétale. 5. La partie supérieure du calice grossie et fendue en long pour montrer l'adhérence du pédicelle du pistil avec le calice. 6. La gousse, de grandeur naturelle, portant le tube du calice *c* adhérent au pédicelle *p* de la gousse *g*. On a entr'ouvert la valve du fruit pour montrer la graine *s* avec son cordon ombilical *f*. 7. Une gousse plus petite. 8. L'ovaire tel qu'il est dans les fleurs fertiles, avec son stigmate *s* et son pédicelle *p* : celui-ci est collé avec le calice comme dans la figure 5 dont l'ovaire est avorté, et ne présente que le pédicelle et le stigmate.

PREMIER MÉMOIRE.

SUR LES LÉGUMINEUSES
EN GÉNÉRAL.

Les Légumineuses forment, sans aucun doute, l'une des familles les plus remarquables du règne végétal. Le nombre des espèces, qui ne le cède qu'à celui des Composées, s'élève, dans l'état actuel de la science, à plus de 3700. Parmi ces nombreuses espèces, il s'en trouve une multitude de très-remarquables par leur grandeur, leur beauté, leur utilité pour l'homme, la variété de leurs produits; il s'en trouve plusieurs qui présentent des phénomènes de végétation remarquables, soit quant aux mouvemens presque spontanés des feuillages, soit quant à la maturation souterraine des fruits, soit quant aux divers états que les folioles prennent pendant le sommeil. Enfin la variété de leurs formes est tellement singulière qu'on peut trouver, dans cette seule famille, presque toutes les sortes de structure qui sont propres aux Dicotylédones; et qu'on pourrait déduire, de son examen seul, presque toutes les lois de la Taxonomie botanique. Les aberrations apparentes, produites par les divers genres de soudures, d'avortemens et de dégénérescences des organes, y sont plus fréquens et plus faciles à suivre que dans aucune autre famille. Et les lois les plus générales de l'organographie y trouvent des exceptions qui tendent à les réduire à leur véritable valeur.

Je ne me propose point, dans cet écrit, de donner en détail toute l'histoire des Légumineuses : je me bornerai à examiner leurs formes les plus remarquables dans leurs rapports avec la symétrie de la famille, sa comparaison avec les familles voisines, et sa division en tribus et en genres. Je dois d'autant plus me borner à ces points de vue que divers ouvrages importans, publiés dans ces derniers temps, ont contribué à faire bien connoître les Légumineuses. Adanson, dans ses familles des plantes (en 1763) les a décrites de la manière la plus admirable pour cette époque qui a précédé presque tous les bons travaux de détail; et sa classification est encore, à certains égards, la meilleure que nous possédions. M. de Jussieu (en 1789) a présenté des vues intéressantes à leur sujet, surtout dans la note qui termine l'exposition des genres de la famille. Gærtner (en 1790) a beaucoup facilité les travaux subséquens par ses excellentes analyses des fruits et des graines. M. Rob. Brown (en 1814) a présenté des vues nouvelles et utiles sur la division des Légumineuses en tribus. M. H. G. Bronn a publié (en 1822) une dissertation sur les formes des Légumineuses qui mérite une attention particulière de la part des botanistes éclairés, et à laquelle je me réfère, soit pour les détails des formes que je ne me rappellerai pas, soit pour l'ensemble des considérations propres à la famille. Il a aussi proposé une classification des Légumineuses, qui renferme des vues ingénieuses, et qui a été légèrement modifiée dans une dissertation sur le même sujet, publiée depuis (en 1824) par M. Ebermayer, et dont j'ai le regret de ne connoître que l'extrait publié dans l'Isis.

A ces ouvrages généraux sur les Légumineuses, on doit en joindre quelques autres qui, bien que bornés à des sujets plus spéciaux, ont aussi éclairé l'ensemble de la famille : tels sont les deux excellens ouvrages de M. Kunth, savoir *les Mimoses et autres Légumineuses du nouveau continent*, et la partie relative à cette famille de ses *Nova Genera* et *Species*. Tels sont les Mémoires sur les Légumineuses décandres de MM. Smith et Ventenat; tels sont les ouvrages sur les Légumineuses à fruit biloculaire que M. Pallas et moi avons publiés (1800) presque en même temps; tels sont encore les Mémoires de MM. Desvaux et Jaume sur les Hedysarées, ceux de M. Savi sur les Phaséolées, etc. etc.

J'exposerai dans ce premier mémoire les caractères généraux des Légumineuses, en suivant la série des organes de la végétation et de la fructification.

§ I. *Des organes de la végétation.*

Les organes de la végétation des Légumineuses sont si prononcés qu'il est extrêmement rare de ne pas reconnoître, dès le premier coup d'œil et sans aucune analyse, les plantes qui en font partie; aussi est-il très-peu de familles à formes variées sur les limites de laquelle on ait si peu discuté; et nous verrons dans la suite qu'on peut s'en étonner, car ces limites ne sont pas bien précises.

Les racines sont presque toutes rameuses et fibreuses; les modifications qu'elles présentent n'ont rien de propre à la famille. Dans quelques espèces annuelles, le pivot se prolonge presque sans ramification, et forme une racine simple et verticale : dans la plupart les ramifications latérales sont très-grandes, et en particulier certains arbres, tels que le *Robinia*, sont remarquables par l'allongement extraordinaire de leurs racines. Lorsque les Légumineuses ont leurs racines tubéreuses, elles présentent des formes très-diverses : les unes, comme certains Glycinés, le *Psophocarpus*, le *Melanosticta* (Voy. pl. 69.), ont des fibres renflées en fuseaux un peu charnus; les autres, comme le genre *Pachyrhizus*, ont le tronc même de la racine renflé en forme de navet, et prolongé en filet par son extrémité : il en est enfin qui portent, le long de leurs ramifications, des exostoses charnus et latéraux, comme on le voit dans l'*Ornithopus perpusillus*, etc. Ces trois genres de racines tubéreuses, qu'on retrouve dans plusieurs familles, méritent d'être distingués par des épithètes spéciales, car elles sont très-distinctes et très-constantes.

Les tiges présentent tous les degrés possibles de grandeur, de durée et de consistance, depuis l'immense *Gleditsia* dont le tronc s'élève quelquefois jusqu'à soixante pieds, dure des siècles, et forme un des bois les plus durs du globe, jusqu'à l'*Ornithopus perpusillus* dont la tige herbacée et délicate ne s'élève qu'à quelques pouces de longueur, et ne vit que quelques mois; tous les extrêmes se rencontrent dans cette famille que personne ne peut cependant méconnoître. Tournefort, qui a voulu séparer les Légumineuses en herbes et en arbres, a été obligé, à chaque instant, de rompre les rapports les plus naturels : certains genres sont exclusivement composés ou de plantes herbacées comme les *Ornithopus*, ou de plantes ligneuses comme les *Robinia;* mais la plupart présentent tous les degrés intermédiaires. La circonstance d'avoir la tige droite ou grimpante, se lie plus intimement avec la classification, et il se trouve dans diverses tribus des genres dont toutes les espèces sont volubiles ; tels sont les *Vicia* et les *Ervum* parmi les Viciées, le *Wisteria*, le *Phaseolus*, le *Dolichos* et plusieurs autres parmi les Phaséolées ; le *Nissolia*, le *Glycine* parmi les Lotées, et l'*Entada* parmi les Mimosées, etc.

Les rameaux des Légumineuses sont fréquemment ou striés en long, ou relevés par des côtes saillantes, ou prolongés en ailes membraneuses. Ces angles ou ailes partent presque toujours en dessous des stipules des deux bords du coussinet qui soutient la feuille. Ce coussinet est plus prononcé dans les Légumineuses que dans la plupart des autres familles. Les nervures qui en descendent y sont aussi plus visibles, et ont reçu le nom de projectures (*projecturæ*); toutes les branches de Légumineuses finissent, selon la loi presque universelle, par former des tiges cylindriques, quelle qu'ait été leur forme dans leur jeunesse. Ce phénomène, qu'on remarque si bien dans les Cierges et plusieurs autres arbres, tient, ou 1°. à ce que les angles ou les ailes des tiges sont de simples expansions de l'écorce et qu'à mesure que le corps ligneux en grandissant distend le corps cortical, les expansions de celui-ci tendent à s'oblitérer; ou 2°. à ce que ces protubérances liées avec l'origine des feuilles ne se reforment plus quand celles-ci ont fini leur existence.

Les feuilles des Légumineuses présentent des formes si variées que pour les énumérer entièrement il faudroit faire une analyse presque complète des formes des feuilles : je me bornerai par conséquent à quelques traits généraux.

Si l'on considère leur position, toutes ont les cotylédons opposés : plusieurs ont aussi les feuilles primordiales opposées, comme cela est très-visible dans les Haricots : mais alors déjà plusieurs genres ont les feuilles primordiales alternes. Dans un âge adulte, presque toutes les espèces de la famille ont les feuilles alternes : les seules exceptions connues sont, parmi les Sophorées, les *Oxylobium*, les *Callistachys* et le *Gastrolobium* qui ont les feuilles verticillées, l'*Eutaxia* et l'*Euchilus* qui les ont opposées : parmi les Lotées, les *Platylobium*, quelques Genets qui ont aussi les feuilles opposées.

Quant au degré de leur composition, on en trouve beaucoup qui ont ou qui paroissent avoir les feuilles simples et un plus grand nombre qui les ont composées : parmi ces dernières, on en trouve de presque tous les types connus, savoir :

1°. *Simplement ailées sans impaire*, comme dans les *Vicia*, et alors le nombre des paires varie depuis 1 jusques à un grand nombre; lorsqu'il n'y en a qu'une paire, on a coutume de dire que les feuilles ou les folioles sont conjuguées.

2°. *Simplement ailées, avec une impaire terminale*, et alors lorsque le nombre des paires est de 2 ou davantage, on dit décidément que la feuille est ailée; lorsque le nombre des folioles est d'une seule paire, on dit, d'une manière incorrecte, que la feuille est à 3 folioles, terme inexact en ce qu'il laisse ces feuilles ailées à 3 folioles confondues avec les feuilles palmées à 3 folioles : on a commencé à mettre quelque précision dans ces termes, en distinguant les cas où l'impaire est sessile ou pétiolée ; mais cette expression est peu exacte, car ce n'est pas l'impaire qui est pétiolée, c'est le pétiole commun qui se prolonge au-delà de l'origine des folioles latérales, tandis que dans les autres les 3 folioles naissent du sommet du pétiole. Je pense donc exprimer plus exactement la réalité en donnant à ces feuilles le nom d'*ailées à 3 folioles* (*pinnata unijuga cum impari*) ; et à celles où les 3 folioles partent du sommet, *palmées à 3 folioles* (*palmata 3-foliolata*).

3°. *Palmées*, c'est-à-dire à folioles naissant du sommet du pétiole, soit qu'il en ait deux comme dans certains *Bauhinia* (1), trois comme dans la plupart des Trèfles, cinq, sept ou neuf comme dans les Lupins.

4°. *Deux ou trois fois ailées* avec ou sans impaire. En général les feuilles deux ou trois fois ailées n'ont point de foliole impaire : on ne trouve ces folioles terminales que dans le *Moringa*, et dans un très-petit nombre de genres de Cæsalpinées.

L'exemple des *Gleditsia* tend à prouver que la distinction des feuilles une ou deux fois ailées est moins constante qu'on ne pourroit le croire. Il n'est pas difficile, en suivant, surtout dans le printemps, la feuillaison des *Gleditsia*, d'y observer pêle-mêle des feuilles simplement et doublement ailées. Ces variations s'observent sur toutes les espèces, mais princi-

(1) Les feuilles à 2 folioles doivent être plutôt considérées comme des feuilles ailées sans impaire à une seule paire.

palement sur les *G. triacanthos* et *Sinensis*. J'ai fait réunir dans la planche I toutes les variations que j'ai observées dans la forme de ces feuilles. Cette planche suffit pour les faire connoître sans qu'il soit nécessaire de détailler ici toutes ces variations. On y voit que quelquefois la portion, qui dans l'état ordinaire des choses auroit dû former une feuille ailée ou une pinnule ailée, se présente en tout ou partie sous la forme d'un limbe penninerve à peine dentelé. Ce limbe est complet dans toutes les figures de détail marquées de la lettre *b;* il est incomplet de deux manières : tantôt les folioles de la base sont soudées ensemble, et celles du haut sont libres, comme par exemple dans les figures *a a;* tantôt les folioles de la base sont libres et celles du sommet soudées ensemble, comme on le voit dans les figures *c c;* l'état ordinaire des feuilles est, comme on sait, celui où toutes les folioles sont libres, comme dans les pinnules marquées de la lettre *d d d;* il arrive très-rarement que l'organe qui devoit être foliole se subdivise encore de manière à être lui-même penné; c'est ce qu'on voit fig. 5, lettre *e*. Si toute une feuille prenoit un semblable développement, elle seroit trois fois pennée. Toutes ces diverses modifications d'une même feuille sont des exemples remarquables des soudures que peuvent présenter les diverses parties des plantes et surtout des organes foliacés. Qu'on dise que dans l'origine primitive d'une plante toutes les parties d'une feuille ailée étoient soudées en un seul tout, et qu'elles se séparent graduellement par l'effet de la végétation, ou que l'on dise qu'elles étoient primitivement distinctes et qu'elles se sont soudées par l'effet même de la végétation, ce sont deux manières de voir qui, probablement, sont vraies toutes deux dans certains cas, mais qui toutes deux conduisent à des résultats très-analogues; savoir que les organes qui nous paroissent simples peuvent être souvent formés de pièces, ou qui se sont soudées ensemble depuis leur développement, ou qui ne se sont pas complétement dessoudées depuis leur premier âge; d'où résulte, dans l'une et l'autre hypothèse, que pour se faire une idée juste des organes composés, il faut toujours les ramener par la théorie et l'analogie à leurs formes primitives, étudier celles-ci lorsqu'on les rencontre isolées, et déduire de cette étude les formes qui peuvent résulter de leur cohérence. Il faut introduire en un mot dans l'organographie végétale une partie des principes de la cristallographie minérale, ou en d'autres termes y distinguer toujours les formes primitives et secondaires.

Parmi les bizarreries accidentelles que présentent les feuilles de Légumineuses, il en est une qui mérite une mention succincte, et dont la planche 1, fig. 5, f, qui représente le Gleditsia, et la pl. 2, fig. 4, qui représente le Pois cultivé, offrent des exemples; c'est que l'extrémité, soit du pétiole commun, soit de ses branches, s'épanouit quelquefois en un godet creux. Ce phénomène est analogue à ce qu'on observe constamment sur le Nepenthes, et à l'accident que j'ai déjà fait connoître dans une variété de Chou. (Voy. Trans. Hortic. Soc. Lond. v. 4, p. 1, t. 1.)

Parmi les feuilles qu'on classe dans les feuilles simples, il existe beaucoup de cas où l'apparence trompe sur la nature réelle de ces organes : je les indiquerai rapidement.

1°. Il est des feuilles de Légumineuses qui semblent simples parce qu'elles sont réduites à la foliole terminale d'une feuille ailée avec impaire. Cette organisation est facile à reconnoître quand le pétiole commun existe et que la foliole est articulée à son sommet, comme on le voit dans plusieurs Hedysarées, dans l'*Indigofera monophylla*, dans le *Sarcophyllum*, etc. Elle est plus obscure mais tout aussi réelle quand le pétiole commun manque et que la foliole unique naît de la cicatrice comme dans les *Indigofera linifolia*, *paniculata*, etc. : on ne peut, il est vrai, reconnoître ce fait que par analogie, mais il est évident dans la formation des feuilles supérieures et des bractées foliacées de plusieurs Légumineuses.

2°. La même chose peut avoir lieu pour les feuilles palmées réduites à la foliole du milieu, comme cela a lieu dans plusieurs Genets.

3°. Il arrive quelquefois que le pétiole commun est très-court, ou même manque complétement, et que les folioles qui auroient dû naître à son sommet, se développent en faisceaux à la cicatrice même : c'est ce qui arrive dans les *Aspalathus*, les *Cyclopia*, etc.

4°. Je suis porté à croire qu'il est des cas où des folioles palmées, naissant ainsi sans pétiole et sortant de la cicatrice, se soudent naturellement ensemble, et forment ainsi les feuilles multinerves des *Borbonia*.

5°. Il arrive dans quelques cas, tels que dans les *Bauhinia*, que deux folioles naissant vers le sommet d'un pétiole, restent soudées par le côté, plus ou moins complétement, et forment les feuilles dites à deux lobes, ou même les feuilles à limbe entier, qu'on observe dans diverses espèces de ce genre.

6°. Enfin chacun sait que les organes qu'on a long-temps appelés feuilles simples dans les *Acacia* de la Nouvelle Hollande et dans le *Lathyrus Nissolia* ne sont autre chose que les pétioles élargis en forme de feuilles, et dont les folioles ont avorté. Je donne à chacun de ces pétioles dilatés le nom de *Phyllodium*, et aux *Acacia* qui offrent cette structure celui de *Phyllodinées*. On pourroit distinguer ici trois cas assez prononcés : tantôt le pétiole est un peu embrassant à la base ; et quoiqu'il prenne l'apparence d'une feuille à nervure longitudinale, il reste plane ou concave dans la position horizontale ordinaire aux feuilles : c'est ce qui arrive dans le *Lathyrus Nissolia* ; tantôt le pétiole n'est point engaînant, ne se dilate point, mais cesse de porter des folioles, et prend l'apparence d'un filet allongé : c'est ce qu'on voit dans une partie des feuilles de l'*Indigofera juncea* ; tantôt enfin le pétiole n'étant point engaînant à sa base, se dilate en feuille, mais en prenant une position verticale contraire à celle de presque toutes les feuilles connues : c'est ce qui a lieu dans les *Acacia* de la Nouvelle Hollande. Les *Buplevrum* présentent le même phénomène parmi les Ombellifères, quelques *Ranunculus* à feuilles entières et à nervures parallèles parmi les Renonculacées, etc.

Voilà donc six procédés divers par lesquels une feuille réellement composée peut prendre l'apparence d'une feuille simple. On conçoit d'après cela combien les caractères généraux qu'on voudroit déduire des feuilles doivent être examinés attentivement avant d'en tirer quelques conclusions rationelles ; et on s'étonnera moins de rencontrer si fréquemment, parmi les Légumineuses, des genres où une partie des espèces est dite à feuilles simples, et l'autre à feuilles composées.

Le pétiole des Légumineuses présente en général vers sa base une espèce de renflement ou de callosité épaisse qui fait facilement reconnoître les plantes de cette famille; c'est dans ce renflement (qu'on retrouve quelquefois à la base des pétioles partiels) que se trouvent les organes qui servent au mouvement des feuilles, soit à l'époque du sommeil périodique, soit par des causes non périodiques, et c'est probablement au plus grand développement de cette partie du pétiole qu'est due la plus grande facilité à se mouvoir que les feuilles des Légumineuses présentent en général. La plupart des plantes de cette famille ont leur pétiole articulé sur la tige, et par conséquent leurs feuilles sont caduques, soit au bout de la première année, soit plus tard, en laissant une vraie cicatrice : il est quelques genres dont le pétiole n'est point articulé sur la tige, où par conséquent il ne tombe point même quand il a perdu ses folioles; c'est ce qu'on observe dans les *Vicia*, les *Lathyrus*, les *Orobus*, les Astragales adragans. Il est remarquable que cette permanence du pétiole est généralement, peut-être toujours, liée avec un autre phénomène, savoir, que l'extrémité de ce pétiole ou se prolonge en un filet simple ou rameux qui forme les vrilles des Viciées, ou s'endurcit en une épine qui forme les piquans des Astragales adragans, de l'*Halimodendron* et de l'*Ammodendron*. On diroit que ces pétioles, destinés à soutenir ou à défendre la plante, ont été fixés à la tige d'une manière plus particulière; ou pour parler plus exactement, que lorsque les pétioles sont fixés fortement à la tige, ils peuvent prendre un développement qui leur permet de servir d'armes ou de soutiens.

Les stipules existent dans presque toutes les plantes de cette famille, et y présentent quelques caractères remarquables, soit dans leur forme, ce qui a peu d'importance à remarquer ici, soit surtout dans leur mode d'adhérence. Elles naissent sur la tige d'un et d'autre côté de la feuille, tantôt soudées par le côté avec le pétiole, comme dans l'*Arachis;* tantôt soudées entre elles par le côté opposé, de manière à former en apparence une stipule unique opposée au pétiole et à deux dents ou à deux lobes, comme on le voit dans la section des Astragales dits *Synochreati;* tantôt enfin libres de toute adhérence comme dans les *Vicia,* etc. Ces caractères sont en général très-constans, et dignes d'être observés avec soin.

La distinction des stipules d'avec les folioles est souvent plus difficile qu'on ne pourroit le croire, surtout quand les stipules sont foliacées : sont-elles alors de vraies stipules ? sont-elles une paire inférieure de folioles ? je serois porté en faveur de cette dernière opinion, au moins dans certains cas, mais sans oser l'affirmer : ainsi en voyant la manière dont les folioles inférieures du *Coronilla coronata* imitent des stipules par leur position, je crains que dans d'autres cas nous ne donnions le nom de stipules foliacées à de vraies folioles.

On donne le nom de *stipelles* à certains organes analogues aux stipules, mais qui naissent à la base des pinnules ou des folioles ; leur présence ou leur absence mérite d'être mentionnée dans les caractères génériques, car il est rare que toutes les espèces d'un genre ne se ressemblent pas sous ce rapport. Lorsque les feuilles sont ailées, elles peuvent avoir ou ne pas avoir de stipelles : si elles en ont et qu'elles soient ailées sans impaire, on trouve une stipelle à la base de chaque pinnule ou de chaque foliole; si elles sont ailées avec impaire, il y a une stipelle à la base de chaque foliole latérale, et deux à la base de la foliole terminale; cette dernière loi s'observe encore, même quand la foliole latérale est unique, dans plusieurs Hédysarées; les stipelles manquent toujours dans les feuilles véritablement simples et, ce qui est singulier, dans les feuilles palmées.

Les poils des Légumineuses présentent peu de diversité: la plupart sont simples; quelques-uns, comme ceux du Pois chiche, portent à leur sommet une glande qui secrète un suc; d'autres sont en fausse navette, c'est-à-dire attachés par le centre, pointus des deux côtés, et appliqués sur la surface qui les porte, comme dans les *Malpighia,* mais ne secrétant aucun suc: ce genre de poils se trouve dans tous les *Indigofera*, le *Cyamopsis* et quelques Astragales.

Les glandes des Légumineuses ne sont pas non plus très-variées: quelques-unes, telles que certains *Amorpha*, offrent des points transparens dans le tissu de la feuille qui paroissent être de véritables glandes vésiculaires. Il en est, telles que les *Myrospermum*, où les glandes vésiculaires sont de forme oblongue, ce qui se voit très-rarement ailleurs. D'autres, telles que les *Psoralea*, les *Dalea*, etc., ont des glandes brunes ou rousses, situées à la surface inférieure de leurs folioles et de leur calice; quelques autres ont des poils glanduleux comme le Pois chiche, plusieurs *Ononis*, l'*Adenocarpus;* enfin dans plusieurs Lomentacées on trouve des glandes tuberculeuses de formes diverses sur les pétioles des feuilles, soit à leur base, soit entre les pétioles partiels, soit entre les paires de folioles; ces glandes se retrouvent sur les pétioles dépourvus de folioles et transformés en *Phyllodium*, comme on le voit au bord supérieur de ceux des *Acacia myrtifolia, amœna*, etc. Elles y indiquent la place où auroient dû naître les pinnules.

Les épines de Légumineuses présentent une grande diversité dans leur origine; tantôt les branches de la tige endurcies et avortées forment de vraies épines, comme dans les Cytises et les Genets épineux; tantôt les pétioles persistans et endurcis au sommet se changent en épines, comme dans les Astragales Adragans, l'*Halimodendron*, l'*Ammodendron*; tantôt la nervure moyenne des folioles se prolonge en épine saillante, comme dans les *Pictetia*; tantôt la feuille elle-même, endurcie dans toute son étendue, se transforme en épine, comme dans l'*Ulex* ou le *Borbonia*; mais en outre on trouve deux classes d'épines stipulaires: ainsi les vraies stipules endurcies au sommet forment des épines dans le *Pictetia*; et au contraire les épines stipulaires des Mimosées tiennent à une toute autre cause. On trouve, en effet, quelques espèces de cette tribu qui offrent à la fois des stipules membraneuses non épineuses et de vraies épines qui naissent de leur base, et paroissent être évidemment les prolongemens saillans des coussinets de la feuille qui, comme je l'ai dit, sont plus proéminens dans les Légumineuses que dans la plupart des familles. (Voyez la planche 68 qui représente l'*Acacia Hæmatomma*, où la coexistence de ces deux organes est très-prononcée.) Pour achever ce qui tient aux épines, j'ajouterai, par anticipation, que les calices endurcis se terminent en épines dans les *Borbonia*, par exemple, et que la base persistante des styles forme souvent des épines au sommet des fruits.

On donne en général le nom d'aiguillons, parmi les Légumineuses, aux piquans épars le long des tiges, des pétioles ou des nervures de plusieurs d'entre elles ; mais il est difficile d'établir leur distinction d'avec les épines ou les poils avec quelque degré d'exactitude.

§ II. *Organes de la Fructification.*

L'inflorescence des Légumineuses se présente sous deux apparences principales, savoir : axillaire et opposée aux feuilles. Le premier cas, qui est le plus fréquent, admet plusieurs sous-divisions.

1°. Tantôt les fleurs naissent solitaires aux aisselles ; 2°. tantôt il naît de chaque aisselle un pédoncule qui porte un épi, une grappe ou une tête de fleurs ; mais dans ce dernier cas, les fleurs naissent solitaires ou en faisceaux aux aisselles des bractées ; par conséquent cette disposition rentre à double titre parmi les inflorescences axillaires ; 3°. tantôt enfin les pédicelles uniflores naissent plusieurs ensemble à l'aisselle de chaque bractée ou feuille florale ; on pourroit dire dans ce cas que ce sont des têtes très-courtes qui manquent de pédoncule commun, et n'ont que les pédicelles propres. Elles rentrent ainsi tout-à-fait parmi les précédentes.

Ces trois dispositions d'inflorescences axillaires se modifient de manière à paroître terminales : ainsi lorsque les feuilles du haut des branches deviennent graduellement très-petites, et se transforment en bractées ou quelquefois même avortent en entier, les fleurs semblent former des épis, des grappes ou des têtes terminales ; lorsqu'elles sont solitaires la grappe se présente sous la forme d'une grappe simple; lorsqu'elles sont en faisceaux les grappes terminales offrent trois, quatre ou cinq fleurs à l'aisselle de chaque bractée, comme dans la plupart des *Desmodium* : lorsque les pédoncules axillaires sont eux-mêmes divisés en pédoncules partiels, les grappes se transforment en panicules.

Une seconde cause tend encore à donner à plusieurs inflorescences axillaires l'apparence d'être terminales, savoir : lorsque de l'une des aisselles il part un pédoncule floral, et qu'en même temps le bout de la tige qui devroit se prolonger vient à avorter; c'est ce qui arrive plus ou moins complétement, dans plusieurs cas, parmi les Légumineuses, par exemple dans certains *Crotalaria*, certains *Cytisus*, etc.

Les inflorescences opposées aux feuilles sont plus fréquentes dans cette famille qu'on ne pourroit le croire, car il faut y rapporter non-seulement les cas où la grappe est évidemment opposée à la feuille, mais encore ceux où la branche qui devroit se prolonger vient à avorter : alors la grappe se redresse et semble terminale, quoique primitivement opposée à la feuille. Plusieurs *Crotalaria* sont dans ce cas.

Les bractées des Légumineuses sont tantôt formées par la base du pétiole ou de la feuille seulement, et dans ce cas elles sont entières ; tantôt formées par la base du pétiole et par les deux stipules, et alors elles sont trilobées si les stipules sont adhérentes au pétiole, ou ternées si les stipules sont distinctes ; tantôt enfin, et c'est le cas le plus rare, le pétiole avorte presque complétement, et les deux stipules forment des bractées qui, bien que latérales relativement à l'axe de la grappe, sont opposées entre elles. Je donne, par analogie, avec le langage employé pour les écailles, des bourgeons; je donne aux bractées formées seulement par le pétiole, le limbe ou les stipules, les noms de bractées *pétiolaires, foliaires* ou *stipulaires;* et à celles qui se composent des pétioles et des stipules, celui de bractées *fulcracées*.

Les pédicelles des Légumineuses (et je réserve ce nom pour les supports immédiats d'une fleur unique) sont souvent articulés ou sur la branche ou sur le pédoncule immédiatement à leur base; quelquefois l'articulation a lieu vers le milieu ou le sommet de leur longueur. Les bractées situées au-dessus de cette articulation portent le nom de *bractéoles*. Dans plusieurs cas, ces bractéoles naissent immédiatement à la base de la fleur, quelquefois même soudées à la base du calice; elles sont toujours latérales, opposées et simples : on les trouve principalement dans les genres dont les folioles sont accompagnées de stipelles à leur base, et il ne seroit pas impossible que dans l'hypothèse de ceux qui considèrent une fleur comme le développement d'une feuille, on ne pût trouver une analogie entre les bractéoles et les stipelles. L'existence des bractéoles est du reste assez constante pour qu'on l'ait, dans plusieurs cas, admise parmi les caractères génériques : quelques auteurs les ont, dans certains cas, confondues avec le calice, surtout en ceci, qu'il leur arrive quelquefois d'être soudées ensemble à leur base, et de former ainsi une sorte d'involucelle, par exemple dans le *Brownea*. Mais la distinction est très-évidente, même en les comparant aux calices à deux lèvres; car les bractéoles ont, dans ce cas, des lèvres latérales, tandis que les calices ont des lèvres, l'une supérieure et l'autre inférieure.

Le calice des Légumineuses est presque toujours composé de cinq sépales soudés par la base, et plus ou moins libres par le sommet : la partie soudée porte le nom de *tube;* la partie libre celui de *lobes* ou de *dents.* Les grandes différences qui se remarquent d'un genre à l'autre tiennent à l'égalité ou à l'inégalité des sépales, à leur mode d'estivation, et surtout au degré de leur cohérence.

Lorsque les cinq sépales sont égaux et semblables, ce qui n'a lieu que dans les Mimosées, ils forment alors un calice régulier; ils sont tous soudés ensemble jusqu'au même point, disposés sur un seul rang, et en estivation valvaire. On trouve dans ce groupe quelques exemples de calices réguliers à quatre sépales au lieu de cinq.

On retrouve cette disposition à l'estivation valvaire, quoique d'une manière moins apparente et moins régulière, dans les calices à sépales inégaux des Papilionacées, et c'est un des points de vue sous lesquels ce groupe s'approche des Mimosées plus qu'on ne l'avoit cru. Dans ce sous-ordre des Papilionacées, les sépales sont plus ou moins soudés par leur base, et se présentent alors sous deux formes générales : 1°. Tantôt les sépales soudés à peu près également entre eux offrent un tube en cloche ou en cône renversé et cinq lobes distincts, à peu près égaux entre eux, tantôt très-longs, tantôt très-courts; et alors on les appelle dents : quelquefois, comme dans le *Dumasia*, la soudure des sépales va jusques au sommet, et on dit alors que le calice est tronqué : ces divers genres de calices s'approchent d'être réguliers, mais ne le sont jamais complétement. On les désigne en général sous le nom de calices 5-fides ou à cinq dents. 2°. On désigne sous le nom collectif de calices labiés tous ceux où les sépales sont inégalement soudés entre eux; mais ce terme général comprend plusieurs systèmes différens.

Tantôt les deux lobes supérieurs plus soudés que les trois inférieurs forment une lèvre supérieure entière si la soudure est complette, à deux dents si elle est incomplette, tandis que les trois inférieurs forment, quelle que soit leur cohérence, ce qu'on nomme, par opposition, la lèvre inférieure.

Tantôt les trois inférieurs plus soudés entre eux forment de même une lèvre inférieure entière si la soudure est complette, à trois dents si elle est incomplette; tandis que les deux supérieurs, libres ou soudés entre eux, forment ce qu'on nomme, par opposition, la lèvre supérieure.

Tantôt enfin les deux lobes supérieurs, soudés entre eux, et les trois supérieurs aussi soudés entre eux, forment chacun une lèvre prononcée, entière ou dentée, et alors le calice est très-évidemment labié.

Toutes les fois que dans une Légumineuse irrégulière on dit que le calice est à quatre lobes ou quatre dents, on veut dire, ou on a dû dire, que deux des lobes du calice sont soudés en un; et, en effet, 1°. on trouve tous les degrés entre les soudures complette et incomplette de ces deux lobes; 2°. la position des nervures démontre que ce lobe, en apparence unique, est formé de deux; 3°. la position des pétales, relativement au calice, le démontre aussi. Remarquons ici que cette possibilité de cohérence sur un même rang de deux sépales contigus, est un commencement d'estivation valvaire.

Lorsqu'on dit, d'un calice de Légumineuses, qu'il est à trois lobes, cela veut dire que trois de ces lobes, et dans ce cas ce sont les inférieurs, sont soudés en un seul, et les deux autres libres. Lorsqu'on dit qu'il est à deux lobes, c'est comme si l'on disoit qu'il est à deux lèvres entières, c'est-à-dire les deux supérieurs soudés entre eux, et les trois inférieurs également soudés entre eux.

Quoique j'aie dit tout à l'heure que les sépales des Papilionacées tendent à l'estivation valvaire, cela n'est pas vrai dans tous les cas; il en est quelques-uns qui, soit par l'avortement de leur partie supérieure, soit par le grand développement des lobes, prennent une autre disposition. C'est surtout dans la tribu des Phaséolées qu'on trouve ces anomalies.

Cette disposition embriquée des sépales, rare dans les Papilionacées, devient, au contraire, habituelle dans les Légumineuses à corolle rosacée, ou dans la tribu des Cassiées. Ici les cinq sépales sont, dans la plupart, distribués en estivation quinconciale, comme dans les Rosacées avec lesquelles elles ont beaucoup d'analogie.

Outre ces différentes sortes de calices qui composent la presque totalité de la famille, il existe encore deux cas particuliers qui méritent une mention : 1°. Il arrive dans quelques plantes que les cinq sépales, quoique terminés en lobes ou en dents, restent tellement cohérens ensemble que l'ouverture se fait par une fissure longitudinale qui (par analogie avec ce qui se passe dans les étamines) a lieu par la ligne longitudinale supérieure, entre les deux dents supérieures : c'est ce qui constitue les calices spathacés : le *Sparsum junceum* en est un exemple. Cette espèce de déhiscence du calice n'a lieu que dans ceux qui sont d'une consistance membraneuse presque scarieuse. Elle arrive souvent, mais d'une manière qu'on peut considérer comme accidentelle, dans les calices persistans, lorsque le fruit qu'ils entourent vient à les rompre.

2°. Il arrive encore, dans deux groupes très-remarquables, les Swartziées et les Détariées, que les sépales du calice sont tellement cohérens dès leur origine qu'on ne peut absolument point les distinguer les uns des autres, et que le calice se présente sous l'apparence d'une poche obovée ou globuleuse, sans sutures ni nervures. Au moment de la fleuraison cette poche se rompt en lanières plus ou moins irrégulières, qui ont quelquefois une analogie apparente avec les lobes en estivation valvaire, mais qui offrent toujours cette grande différence qu'ils sont formés par déchirure et non par déhiscence. Ce qui ajoute encore à la singularité de cette structure c'est qu'elle ne se retrouve que dans deux groupes d'ailleurs différens entre eux.

La corolle des Légumineuses présente, comme chacun sait, des différences très-remarquables : elles sont trop connues pour les énumérer en détail. Je me bornerai à faire remarquer leurs rapports avec la symétrie générale.

L'état ordinaire des Légumineuses est d'avoir autant de pétales que de sépales insérés sur la base du calice, alternes avec les sépales. Renvoyant à nous occuper plus tard de ce qui tient à l'insertion, je me bornerai à examiner ici les pétales sous les rapports d'estivation, de cohérence et d'avortement.

Les corolles de Légumineuses sont, comme les calices, régulières ou irrégulières. Elles sont régulières dans les seuls cas où le calice lui-même est régulier, c'est-à-dire dans les Mimosées, et alors les pétales sont aussi en estivation valvaire. Ces pétales sont tantôt libres, tantôt soudés ensemble par les bords en corolle gamopétale : cette soudure est toujours facile, et par conséquent fréquente dans les fleurs à estivation valvaire.

Les corolles irrégulières le sont d'après deux systèmes: les Papilionacées et les Rosacées.

Dans les corolles papilionacées, il y a cinq pétales dont les deux inférieurs sont presque toujours soudés plus ou moins complétement ensemble par le côté en estivation valvaire: c'est ce qui forme la carène ; et les trois supérieurs libres entre eux se retrouvent en estivation vexillaire : les pétales suivent donc la marche inverse de la plupart des calices. Les deux pétales inférieurs se soudent habituellement comme les deux lobes supérieurs du calice, et les trois pétales supérieurs restent libres, comme le font d'ordinaire les trois lobes inférieurs du calice. Quelquefois, comme dans quelques Trèfles, les cinq pétales sont soudés ensemble par leur base; mais les parties libres présentent les mêmes phénomènes que je viens d'indiquer. Les ailes ou pétales latéraux des fleurs papilionacées sont souvent accrochés avec la carène vers le milieu de leur longueur, tantôt comme dans les *Indigofera*, le *Securigera*, etc., par un crochet qui part de la carène et qui est reçu dans une cavité des ailes; tantôt comme dans plusieurs Viciées, par un crochet qui part des ailes et qui est reçu dans des cavités latérales de la carène, ou comme dans plusieurs *Phaseolus*, par simple agglutination. Cette classe de caractères, qu'on ne voit clairement que sur la plante vivante, a été encore un peu négligée dans les descriptions.

Les Légumineuses à corolle rosacée semblent avoir la fleur

moins irrégulière que les Papilionacées, mais s'écartent réellement davantage des Mimosées, car elles ne présentent aucune trace d'estivation valvaire. Leurs cinq pétales, disposés sur deux rangs, ont une estivation ou quinconciale comme la plupart des Rosacées, ou s'en écartant en ceci seulement que l'un des pétales plus grand que les autres joue un peu le rôle de l'étendard, mais est seulement courbé mais non plié sur lui-même. Le degré d'inégalité des pétales dans le sous-ordre des Césalpinées est très-variable : quelquefois ils sont presque égaux entre eux; ailleurs ils sont très-inégaux ; on ne les trouve jamais soudés ensemble.

Dans toutes les corolles irrégulières de Légumineuses, on trouve çà et là quelques exemples de pétales qui sont beaucoup plus petits qu'à l'ordinaire, ou qui même manquent complétement: c'est ce qui arrive dans quelques *Erythrina,* plusieurs *Swartzia,* le *Vouapa*, l'*Intsia,* l'*Eperua,* le *Parivoa,* l'*Anthonotha*, le *Tamarindus*, l'*Heterostemon,* l'*Afzelia,* le *Codarium.* Dans tous ces cas, lorsqu'il ne reste qu'un pétale, c'est le pétale supérieur qui représente l'étendard; lorsqu'il en reste trois, ce sont les trois supérieurs: dans tous les genres à moins de cinq pétales, la place des pétales qui manquent est vacante, et sert à reconnoître la symétrie générale.

Enfin il arrive dans quelques cas que les pétales manquent complétement. On remarque ce phénomène d'une manière curieuse dans le *Voandzeia* où les fleurs mâles ont leurs pétales, tandis que les femelles n'en ont point : exemple qui tend à confirmer ce que la symétrie indiquoit déjà, savoir que les pétales ne manquent, dans cette famille, que par avortement. Parmi les Papilionacées cette absence complette n'a lieu que dans le genre *Martiusia*, parmi les Swartziées dans la section des *Tounatea*, parmi les Mimosées elle n'a jamais lieu, mais parmi les Césalpinées on la trouve dans les genres *Hardwychia*, *Ceratonia*, *Jonesia*, *Copaïfera*, *Dialium*, *Crudya*, et surtout dans les deux genres de la tribu des Détariées, le *Detarium* et le *Cordyla*.

Une dernière exception à la loi générale des corolles des Légumineuses est celle du *Reichardia* auquel on a attribué de six à dix pétales. Ce genre m'est tout-à-fait inconnu, et j'ignore par conséquent le système de cette anomalie : ces pétales surnuméraires seroient-ils dus, comme dans les *Desmanthus*, à ce que quelques étamines se transformeroient naturellement en pétales ? ou, comme on peut l'inférer de la description, l'étendard et peut-être la carène, au lieu d'être uniques, seroient-ils remplacés par un faisceau de pétales, à peu près comme dans certaines fleurs doubles une seule étamine est souvent remplacée par un faisceau de filamens pétaloïdes ; ou bien enfin ce genre seroit-il formé par des fleurs organisées à la façon des *Cesalpinia*, mais habituellement soudées deux à deux. J'ose engager les botanistes qui en possèdent des échantillons, à en faire connoître les détails avec précision.

Les fleurs de Légumineuses sont au nombre de celles qui doublent le plus difficilement; cependant on en a quelques exemples, tels que le *Spartium junceum*. Malgré cette circonstance l'analogie des pétales avec les étamines y est très-prononcée, soit comme à l'ordinaire par la similitude de leur insertion et la proportion de leur nombre, mais encore par leurs métamorphoses : ainsi, dans le *Desmanthus*, les fleurs

6.

inférieures de chaque épi ont leurs étamines stériles, et les filets souvent dilatés en pétales. Ainsi j'ai observé des fleurs de Haricot commun qui avoient accidentellement les ailes, et quelquefois même les deux pièces de la carène tranformées en étamines chargées d'anthères ; monstruosité curieuse qui rappelle le fait plus curieux encore observé par M. Jacquin fils du *Capsella bursa pastoris* dont les quatre pétales se transforment quelquefois en étamines surnuméraires.

Les fleurs des Légumineuses offrent d'autant plus d'irrégularités qu'on approche plus près du centre ; ainsi les pétales en ont déjà plus que le calice, et les étamines nous en offrent plus que la corolle.

Les étamines des Légumineuses, considérées dans leur état ordinaire et abstraction faite de ce qui tient à l'insertion, sont en général en nombre double des pétales, et situées sur un rang un peu intérieur : cinq entre les pétales, et cinq autres devant eux.

Les modifications numériques se présentent en deux sens : 1°. Il arrive quelquefois, surtout parmi les Légumineuses à corolle rosacée, que sur les dix étamines il en manque un certain nombre, ou que quelques unes sont stériles : ainsi tantôt quelques anthères, sans cesser d'exister, deviennent stériles et difformes comme dans les étamines inférieures des *Cassia;* tantôt l'anthère seule de quelques filets avorte, et le filet persistant à son état ordinaire indique clairement le nombre primitif, comme par exemple dans les *Bauhinia;* tantôt l'anthère avorte, et le filet est réduit à une petite dimension, à un simple rudiment ; alors l'avortement est un peu plus difficile à reconnoître, mais n'en est pas moins certain; c'est ce qui existe dans le *Jonesia*, etc.; enfin l'avortement est quelquefois tellement complet qu'on ne peut le juger que par analogie, et souvent aussi par les places laissées vacantes. Ces divers avortemens partiels font qu'on trouve parmi les Césalpinées tous les nombres d'étamines intermédiaires entre un et dix. Ces avortemens sont très-rares dans les Papilionacées, et je n'en connois guère d'autre exemple que le *Teramnus* où sur les dix étamines il y en a cinq alternativement stériles. Enfin dans les Mimosées on trouve souvent soit des fleurs mâles par avortement, soit des espèces qui, au lieu d'avoir un nombre d'étamines double des pétales, ont des étamines en nombre égal aux pétales; tels sont le *Darlingtonia*, quelques *Acacia*, etc.: dans ce cas ce sont les étamines situées entre les pétales qui existent, et celles devant les pétales qui manquent.

Lorsque les étamines sont en nombre plus grand, elles paroissent encore en nombre multiple des pétales, savoir quinze, vingt, vingt-cinq, etc.; mais comme c'est la loi générale, plus ce nombre est grand, plus les avortemens sont faciles, et plus il est irrégulier. On ne trouve pas d'exemples d'étamines en grand nombre dans les Papilionacées; mais les Swartziées et les Mimosées en offrent une foule d'exemples: parmi les Césalpinées, on retrouve cette disposition très-rarement, savoir dans le *Brownea* où le nombre des étamines paroît varier de dix à quinze, et dans le *Cordyla*, où il va de trente à trente-cinq.

Les filets des étamines de Légumineuses sont, comme on sait, tantôt libres, tantôt cohérens ou soudés entre eux. Les filets sont libres parmi les Papilionacées dans toute la tribu des Sophorées, dans le genre *Adesmia* qu'on ne peut séparer des Hédysarées, et dans le genre *Martiusia* qui est ou une Lotée ou une Phaséolée. La liberté des filets existe dans toutes les Swartziées : parmi les Mimosées, on en trouve à filets libres et à filets soudés dans des genres d'ailleurs très-semblables; parmi les Césalpinées, la tribu des Geoffrées se caractérise par la cohérence des filets; celles des Cassiées et des Détariées, par leur liberté.

Lorsque les filets sont soudés, ils le sont d'après trois systèmes qui se sous-divisent eux-mêmes en deux autres.

1°. *Monadelphes* ou tous soudés ensemble jusqu'à un point quelconque de leur longueur. Cette sorte de soudure se rencontre seule dans les Légumineuses à corolle régulière, savoir les Mimosées : toutes celles qui ont les étamines soudées les ont monadelphes avec les filets soudés tous jusqu'au même degré, mais ce degré est très-variable d'une plante à l'autre : ainsi, dans le seul genre des Inga, les uns ont les filets réunis par la base en un anneau très-court, les autres ont les filets soudés en un tube plus long que la corolle. Je désigne ce genre d'étamines à filets tous soudés jusqu'au même point, en disant qu'ils sont *régulièrement monadelphes*.

Dans les Légumineuses à fleurs irrégulières, savoir la plupart des tribus de Papilionacées et quelques Geoffrées, on trouve aussi des étamines monadelphes ou réunies toutes ensemble par les filets, mais on ne peut les confondre avec les précédentes, car 1°. elles sont soudées à des degrés inégaux et en général les filets inférieurs sont plus longuement soudés que les supérieurs; 2°. le faisceau qui en résulte est soujours plus ou moins courbé ou incliné à son sommet, du côté supérieur. Je les appelle *irrégulièrement monadelphes*. Elles offrent deux manières d'être, savoir : tantôt soudées en un tube entier et continu, tantôt soudées toutes ensemble en une gaîne fendue du côté de l'étendard.

2°. Les étamines des Légumineuses à fleur irrégulière (car on ne trouve rien de semblable dans les Mimosées) peuvent être *diadelphes* ou soudées en deux faisceaux, d'après deux systèmes.

Tantôt les neuf étamines inférieures sont soudées ensemble, et la supérieure qui naît devant l'étendard reste libre : c'est ce qu'on entend à l'ordinaire en parlant des Légumineuses à étamines diadelphes, et ce qu'on exprime ou par le signe (9 et 1), ou par la périphrase diadelphes à la manière ordinaire. Il faut remarquer que l'étamine supérieure est, dans quelques cas, légèrement soudée avec les autres; mais malgré cette légère anomalie, ce caractère est cependant un des meilleurs pour distinguer les Papilionacées entre elles.

Tantôt les dix étamines sont soudées en deux faisceaux égaux (*æqualiter diadelpha*), cinq à droite, cinq à gauche du pistil; c'est ce qui arrive dans l'*Æschinomene,* le *Smithia* et quelques Dalbergiées.

On pourroit même dire qu'il y a des étamines *triadelphes,* savoir, lorsque la supérieure est libre, et les neuf autres soudées en deux faisceaux, l'un de quatre et l'autre de cinq : ce fait se rencontre dans quelques Dalbergiées, mais ne paroît qu'une légère modification du système précédent.

Les anthères des Légumineuses ne sont jamais soudées entre elles. Elles sont ovales ou oblongues à deux loges, qui s'ouvrent du côté du pistil par des fentes longitudinales, et insérées au sommet du filet, le plus souvent par leur base : dans quelques Mimosées le connectif se prolonge en une espèce de pédicelle court, qui porte une glande capitée : c'est ce qu'on observe dans les *Prosopis*, les *Adenanthera*.

Les étamines et les pétales partent du torus ; c'est là, je crois, le cas universel dans les Phanérogames, mais l'étendue du torus présente de grandes variations : j'entends ici, sous le nom de torus, cette expansion ordinairement colorée comme les pétales et les étamines, de nature analogue à ces organes, qui part du sommet du pédicelle, occupe l'espace intermédiaire entre le calice et l'ovaire, et au bord duquel les organes mâles, soit à l'état d'étamines, soit à l'état de pétales, tirent leur origine. Quand le torus est très-étroit et non collé sur le calice, la fleur est thalamiflore ou les étamines sont dites hypogynes, et alors l'ovaire est nécessairement libre : quand le torus se prolonge sur le calice et se soude à sa base, alors les étamines et les pétales semblent naître sur le calice, elles sont dites périgynes, et la fleur est classée parmi les Calyciflores.

Les Légumineuses appartiennent en général à cette dernière classe où, en d'autres termes, dans la plupart des plantes de cette famille le torus se prolonge en dehors et se colle sur la base du calice, de manière que les étamines méritent le nom de périgynes ; mais même dans les Légumineuses vraiment périgynes, ce caractère se présente à des degrés très-divers. Ainsi dans les Détariées, dans l'*Arachis*, dans le *Jonesia*, etc., le tube du calice est long, le torus le recouvre en entier, et par conséquent les pétales et les étamines naissent vers le haut du tube comme dans la plupart des Rosacées : chez les autres Césalpinées le tube du calice est court, mais il est d'ailleurs couvert de même par le torus, et les étamines naissent réellement vers le haut du tube, quoique la brièveté de celui-ci puisse faire croire qu'elles naissent de sa base.

Au contraire, parmi les Papilionacées, le torus se prolonge très-peu sur le calice, et lors même que celui-ci a un tube prolongé, les pétales et les étamines naissent très-près de la base du calice. Le Clitoria fait seul ou presque seul une exception à cette règle, et porte les organes staminaires vers le milieu de la longueur du tube.

Enfin, dans la plupart des Mimosées et dans toutes les Swartziées, le torus ne se prolonge pas sensiblement sur le calice, et les étamines aussi bien que les pétales méritent réellement le nom d'hypogynes. Mais d'après la manière dont j'ai indiqué plus haut la différence de ces deux classes, on voit que sous le rapport anatomique elle est beaucoup moins importante qu'on ne le pensoit, et la famille des Légumineuses est, au fait, un exemple qui confirme cette opinion.

Non-seulement le torus des Papilionacées se prolonge peu sur le calice, mais il tend fréquemment à se prolonger en sens opposé, et à former une espèce de gaîne ou de godet autour de la base du pistil; cette gaîne, formée par le torus dont on trouve des traces plus ou moins évidentes dans toutes les tribus de Papilionacées, est surtout très-visible dans un grand nombre de Phaséolées, tantôt réduite à un simple rebord circulaire, comme dans la plupart, tantôt en forme de tube cylindrique tronqué au sommet, comme dans l'*Amphicarpea*, le *Wisteria*, le *Lablab*, le *Pachyrhizus;* quelquefois elle semble formée par dix petites lanières soudées ensemble, comme si elle se composoit d'un rang intérieur de dix petites étamines avortées et soudées en tube : c'est ce qu'on observe dans le Haricot.

Ce caractère se désigne en disant que la base de l'ovaire est engaînée (*vaginulatus*); il est à remarquer que lorsque l'ovaire est sessile, la gaîne n'existe presque jamais, et qu'au contraire elle est plus fréquente quand l'ovaire est pédicellé.

L'ovaire des Légumineuses est, en général, parfaitement libre de toute adhérence avec le calice : je ne connois à cette règle qu'une ou deux exceptions assez curieuses. Ainsi dans l'*Jonesia*, l'*Heterostemon*, l'*Amaria* et la section des *Bauhinia* que je nomme *Symphyopoda* (Voy. pl. 70), le tube du calice est long et porte à son sommet les pétales et les étamines : l'ovaire est soutenu sur un long pédicelle soudé latéralement avec le tube du calice. Il existe une adhérence de même genre, mais moins prononcée dans quelques autres genres de Césalpinées à calice longuement tubulé, et à ovaire longuement stipité : ces exemples, joints à la théorie, me font penser qu'il ne sera pas impossible de trouver un jour des Légumineuses à ovaire vraiment adhérent.

Tout le monde sait qu'en général les Légumineuses ont un ovaire unique surmonté d'un seul style. Cet ovaire se transforme en un fruit qui porte le nom de gousse, et qui offre pour caractère essentiel d'avoir les ovules adhérens d'un seul côté. J'ai déjà fait observer ailleurs que cet ovaire unique des Légumineuses est le résultat d'un avortement, et je me suis fondé 1°. sur ce qu'il n'est jamais parfaitement central, mais toujours plus ou moins excentrique; 2°. sur ce que la position latérale des ovules seroit, si elle étoit l'état normal, une exception à toutes les lois connues de la symétrie verticillaire des Phanérogames. A ces deux motifs généraux j'en ai depuis ajouté deux autres plus palpables.

1°. Il existe plusieurs Légumineuses dans lesquelles on trouve d'autres carpelles qui tendent à compléter le verticille et à prouver que lorsqu'il n'y en a qu'un, c'est que les autres ont avorté.

Ainsi j'ai trouvé fréquemment dans les *Gleditsia* l'ovaire formé de deux carpelles soudés par leurs sutures seminifères de manière à ce que la symétrie ordinaire aux pistils se trouve rétablie. (Voy. pl. 2, f. 6.)

J'ai retrouvé le même fait, quoique plus rare, dans le *Spartium junceum*, le *Phaseolus vulgaris*, etc. Duhamel avoit vu le même fait, et l'a représenté dans sa Physique des arbres, liv. 3, pl. 13, f. 318 et 319.

M. Wildenow a fait connoître une espèce de *Cesalpinia* qu'il a nommée *digyna*, et qui paroît présenter le même phénomène. Voy. pl. 3, fig. 2.

Loureiro l'a expressément décrit dans le genre qu'il nomme *Diphaca*.

Je présume que l'aile saillante qu'on observe le long de la suture seminifère de plusieurs *Pterocarpus* et d'autres gousses analogues, n'est autre chose que le rudiment du second carpelle non développé.

Je pense aussi que les deux stigmates qu'on observe dans l'*Ormosia* tiennent à la même cause.

Je ne puis cependant ranger avec Gærtner le *Bisserula* parmi les exemples de Légumineuses à deux carpelles soudés, mais je crois que son carpelle unique a les valves tellement pliées en carène qu'il en résulte deux loges aplaties. Mes motifs pour le considérer ainsi sont, 1°. qu'il n'y a qu'un style et non pas deux; 2°. que la gousse est élargie dans le sens horizontal de la fleur, et non dans le sens vertical; 3°. qu'il n'y a dans chaque loge qu'un rang de graines, tandis qu'il y en auroit deux si chaque loge étoit un carpelle.

Le seul exemple que je présume exister d'une Légumineuse à trois carpelles est le genre *Moringa*, dont on a dit le fruit à trois valves, et dont j'exposerai la structure à son article, Mém. XIII.

Je ne connois aucun exemple de fruit de Légumineuses à quatre carpelles, car le *Schranckia* dont on dit la gousse à quatre valves, doit être considéré, vu la position des graines, comme une gousse à deux valves, lesquelles se coupent chacune le long de la ligne moyenne en deux demi-valves, phénomène qu'on retrouve en partie dans l'*Hæmatoxylon*.

Enfin M. Aug. de Saint-Hilaire m'a écrit du Brésil qu'il y avoit découvert une Mimosée à cinq carpelles, et tous ceux qui connoissent la confiance que mérite ce naturaliste distingué sauront apprécier l'importance de ce fait.

Il résulte donc de ces exemples que si, à l'état ordinaire, les Légumineuses n'ont qu'un carpelle un peu excentrique et à graines unilatérales, c'est que les autres manquent par avortement.

2°. Ce résultat théorique est pleinement confirmé par l'extrême analogie des Légumineuses et des Rosacées sur laquelle je reviendrai en détail. Mém. III.

Le carpelle et par conséquent la gousse des Légumineuses sont formés par une feuille pliée sur sa nervure longitudinale, de manière que les deux côtés de la feuille forment les valves, que la suture supérieure ou séminifère est celle qui est produite par la soudure du bord de la feuille, et que la suture inférieure n'est autre que la nervure moyenne qui à la maturité tend à se fendre en long, quoique moins facilement que la supérieure. Cette manière de voir, conforme aux opinions de MM. Du Petit-Thouars et Turpin, est je crois pleinement confirmée par une monstruosité du *Lathyrus latifolius* dont je joins ici la figure, pl. 2, fig. 1, 2 : on y voit le carpelle à moitié transformé en feuille concave, et portant sur le bord les cordons ombilicaux qui indiquent les places des ovules. Je ferai remarquer, dans une autre occasion, l'analogie curieuse de ces ovules à l'extrémité des nervures de la feuille avec ce qui se passe dans le développement des germes du *Bryophyllum* : je me borne pour ce moment à l'indiquer comme preuve de la nature des carpelles.

Sans former aucune exception réelle à la nature primitive des gousses que je viens d'indiquer, celles-ci diffèrent entre elles principalement par les caractères suivans que je ne veux qu'indiquer rapidement, vu que les faits sont fort connus.

1°. Chaque valve peut être ou très-longue ou très-courte, et porter par conséquent ou un grand nombre d'ovules ou un petit nombre ; mais, à moins d'avortement, le nombre des ovules de chaque valve est égal à celui de la valve opposée, et par conséquent le nombre total des ovules est pair : lorsqu'on les trouve en nombre impair, ou qu'on n'en trouve qu'un, c'est que l'ovule correspondant a avorté : dans la plupart des cas on le retrouve en analysant la fleur de bonne heure : lorsqu'on ne le retrouve pas, c'est que l'avortement a eu lieu avant l'époque où l'ovaire est susceptible d'être analysé.

2°. Les valves peuvent être ou planes et parallèles, ou plus ou moins concaves ou courbées en carène : caractères qui déterminent les formes apparentes des gousses.

3°. Les sutures peuvent être tuméfiées et comme repliées à l'intérieur, ce qui détermine les gousses à deux loges séparées par une cloison longitudinale, par exemple dans les Astragales.

4°. Les valves peuvent être continues dans toute leur longueur, ou articulées en travers de manière à produire les gousses transversalement articulées, comme dans les Hédysarées; quelquefois comme dans l'*Alhagi*, ces articulations se changent en nodosités, c'est-à-dire en nœuds épais où l'on observe des fibres croisées, et qui séparent la gousse en vraies loges transversales.

5°. Entre les graines il se développe souvent de fausses cloisons transversales membraneuses formées de tissu cellulaire, qui divisent la gousse transversalement en loges complettes ou incomplettes, mais qu'il ne faut pas confondre avec les articulations ou les nodosités qui ne sont que des articulations indéhiscentes : c'est ce qu'on observe dans plusieurs Cassiées, et dans quelques Phaséolées.

6°. L'intérieur de la gousse secrète quelquefois des sucs particuliers : ces sucs sont de trois natures, savoir : 1°. aqueux, très-acerbes, astringens, et présentant les propriétés âcres et nauséabondes de l'extractif des Légumineuses au plus haut degré, comme par exemple dans les *Sophora* et les *Gleditsia* à fruit pulpeux. 2°. Vraiment de consistance pulpeuse, de saveur douce et sucrée, de couleur rousse ou brune, et toujours doués de propriétés laxatives; tels sont les sucs de la Casse, des *Inga*, etc. 3°. La loge interne de certaines gousses, comme celle des *Myrospermum*, renferme un suc balsamique, odorant, volatil, excitant et très-différent par sa nature des précédens. Il est vraisemblable que ce sont des organes divers de l'intérieur du fruit qui secrètent des sucs si différens, mais on ne peut les déterminer avec précision.

7°. La consistance des valves est presque toujours foliacée ou membraneuse; mais il se présente cependant quelques exceptions à cette loi, et il en résulte des fruits d'une apparence singulière. Ainsi tantôt la feuille carpellaire ou le péricarpe devient plus ou moins ligneux dans son ensemble, comme par exemple dans le *Cassia fistula*; tantôt le mésocarpe devient épais, charnu, plein d'une espèce de pulpe acide et laxative, comme dans le Tamarin, sans que l'endocarpe et l'épicarpe cessent d'être à peu près membraneux : cette chair du mésocarpe a, dit-on, une consistance terreuse dans le *Codarium*, et c'est aussi le mésocarpe à demi charnu qui forme la partie mangeable du fruit du Caroubier; tantôt la face interne ou l'endocarpe seul devient ou ligneux ou osseux; et alors il arrive en même temps que le mésocarpe devient plus ou moins charnu : ainsi les fruits du *Geoffræa*, du *Cordyla*, du *Detarium* sont des gousses par la disposition de leurs parties et des drupes par la consistance de ces mêmes parties. Mais les vrais drupes des Amygdalées ne sont pas autre chose. Quand on compare les fruits des Légumineuses drupacées et des Rosacées drupacées, il est absolument impossible d'y trouver la moindre différence, ni dans la structure fondamentale, ni dans la consistance. Un dernier cas que je dois mentionner ici, c'est celui où l'endocarpe ligneux ou membraneux persiste autour du fruit, et où le mésocarpe et l'épicarpe se détachent d'eux-mêmes à la maturité, de manière que la gousse est comme dépouillée de sa peau extérieure; phénomène curieux dont le genre *Entada* (1) fournit le seul exemple connu parmi les Légumineuses, mais qui ressemble beaucoup à la manière dont le brou de l'Amandier abandonne le noyau à sa maturité.

8°. La surface externe des carpelles qui représente la face inférieure de la feuille offre tous les organes accessoires habituels à cette surface, tels que les divers genres de poils, de glandes, d'aiguillons, de nervures, d'ailes, de crêtes ou de tubercules; mais ce qui est plus rare, la surface interne du fruit est quelquefois hérissée de poils, comme on le voit dans le genre *Jacksonia*, exemple remarquable, et je crois unique dans la famille entière.

Les cordons ombilicaux partent toujours de la suture vexillaire ou supérieure; et quand ils semblent partir de l'inférieure, c'est que le fruit a fait une demi-révolution sur lui-même par la torsion de son pédicelle, phénomène fréquent dans cette famille. Ces cordons ombilicaux sont remarquables, 1°. dans les Mimosées où ils sont longs et ordinairement flexueux; 2°. dans l'*Afzelia* et quelques autres genres voisins où ils s'épanouissent en un arille charnu et membraneux.

La position la plus fréquente et la plus naturelle des graines

(1) Voy. pl. 62.

est la situation qu'on appelle horizontale, c'est-à-dire qui coupe la suture séminifère à peu près à angle droit ; mais il arrive dans plusieurs genres qu'elles tendent à être pendantes ou dressées : ces deux directions se retrouvent surtout parmi les gousses monospermes : comme je considère ces gousses comme ayant originairement deux ovules dont un avorte, je présume que lorsque l'ovule supérieur avorte, l'inférieur occupe sa place et est dressé, tandis que si c'est l'inférieur qui avorte, le supérieur tend à profiter de la place vacante, et devient pendant.

Le spermoderme des Légumineuses, comme de toutes les graines, est formé à l'instar des péricarpes et des feuilles, de trois parties, la membrane externe ou le test, la membrane interne ou l'endoplèvre, et le réseau vasculaire situé entre ces deux membranes ou le mésosperme.

Le test dans les Légumineuses est presque toujours lisse, souvent même de consistance vraiment testacée ou pierreuse, quelquefois, comme dans la plupart des Phaséolées, orné de couleurs vives et variées, quelquefois mat et décoloré, rarement strié ou tuberculeux.

Le mésosperme est en général peu apparent, si ce n'est à l'époque de la germination. Je reviendrai sur son organisation en décrivant la germination des Légumineuses. (*Voyez* Mémoire II.)

L'endoplèvre est ordinairement membraneuse, mais quelquefois assez épaisse : dans ce dernier cas elle a souvent été décrite sous le nom d'albumen, mais je crois plus conforme à l'analogie générale des organes de considérer cette portion tuméfiée comme une endoplèvre épaissie plutôt que comme un véritable albumen : je ne veux point soulever ici la question très-délicate sur la vraie nature de l'albumen, question dont les belles observations de MM. Treviranus et Dutrochet ont plutôt montré la difficulté qu'elles ne l'ont résolue ; mais partant du sens habituel des termes, j'entends par albumen la masse renfermée avec l'embryon dans le spermoderme, et n'adhérant pas avec celui-ci par sa surface entière, ou même n'adhérant pas du tout ; et je considère comme endoplèvre épaissie toutes les parties adhérant intimement au spermoderme : c'est dans ce sens que toutes les graines de Légumineuses sont, à mon avis, dépourvues d'albumen.

L'embryon des Légumineuses se présente sous deux formes principales qu'Adanson avoit indiquées, mais que Gærtner a le premier bien distinguées, savoir : d'avoir la radicule droite et dans la même direction que les cotylédons, ou d'avoir la radicule courbée sur la commissure des cotylédons.

Les Légumineuses à radicule courbée sont désignées sous le nom de *Curvembriées*, et l'embryon lui-même est dit homotrope ou pleurorhizé. Celles à radicule droite sont dites *Rectembriées*, et l'embryon est appelé orthotrope ou droit. Cette différence est toujours liée avec une forme particulière des graines. L'extrémité de la radicule est, dans toutes les Légumineuses, dirigée vers la cicatricule de la graine : par conséquent lorsque l'embryon est droit, la cicatricule est située à l'une des extrémités de la graine, et celle-ci doit avoir en général une figure ovale ou orbiculaire ou oblongue, ou transversalement oblongue, comme dans l'Arachis. Quand, au contraire, la radicule est crochue, il faut que la cicatricule se trouve sur un des bords apparens de la graine, et alors celle-ci offre fréquemment une apparence réniforme ; ou si elle est ovale, la cicatricule existe le long d'un des côtés, ou vers le milieu, ou vers l'un des bouts.

La nature des cotylédons présente aussi deux états très-différens : tantôt ces organes sont minces, foliacés, et à la germination se transforment en véritables feuilles munies de stomates, comme on le voit dans les Sophorées, les Lotées, les Hédysarées, la plupart des Mimosées et des Cassiées. Tantôt ils sont épais, charnus, plus ou moins farineux, et ne se changent pas à la germination en feuilles munies de stomates, comme par exemple dans les Viciées, les Phaséolées, les Dalbergiées, les Swartziées, les Entadées et les Geoffrées : dans ces dernières, en particulier, ces cotylédons sont souvent huileux. Cette nature diverse de cotylédons dont nous suivrons les détails en parlant de la germination, se lie avec l'usage même des Légumineuses en ceci que toutes les graines à cotylédons foliacés participent aux propriétés âcres et nauséabondes de l'extractif, et ne peuvent servir de nourriture, tandis que toutes celles à cotylédons épais sont mangeables, et au nombre des alimens les plus habituels de l'espèce humaine.

Enfin cette nature diverse des cotylédons influe aussi sur la forme des graines qui sont généralement comprimées quand les cotylédons sont planes, et bombées ou sphériques quand ceux-ci sont épais.

La gemmule, ou la partie de la jeune tige située à l'aisselle des cotylédons, est tantôt très-petite et à peine visible, tantôt grande et déjà munie de feuilles primordiales distinctes : c'est ce qui a lieu dans les Phaséolées et les Cassiées.

Nous en étudierons le développement dans le mémoire suivant.

Tels sont les caractères généraux des Légumineuses que j'ai réduits, je dois le répéter, à leurs plus simples expressions, afin d'éviter la répétition de tous les détails qui sont coordonnés dans la dissertation de M. H. Bronn, à laquelle je me réfère pour tout ce qui n'est pas en opposition avec les principes généraux que je viens d'indiquer.

DEUXIÈME MÉMOIRE.

DE LA GERMINATION
DES LÉGUMINEUSES.

Les graines ont été bien étudiées sous le rapport anatomique; la germination l'a été avec soin sous le rapport physiologique; mais on a rarement cherché à lier les caractères des graines considérées dans leur état carpologique avec les formes qu'elles revêtent dans l'acte de la germination. Depuis plus de vingt ans je me suis occupé de ce sujet qui m'a paru avoir de l'intérêt, soit sous le rapport de la classification, soit sous celui de la physiologie, soit même pour la simple connaissance pratique de la culture des jardins botaniques. C'est dans les semis faits jadis au Jardin de Paris et surtout dans ceux que j'ai moi-même dirigés dans les Jardins de Montpellier et de Genève, que j'ai eu occasion d'examiner la germination de plusieurs milliers d'espèces, et que j'ai décrit et fait dessiner graduellement toutes celles qui m'offroient quelque intérêt. Chaque année je continue ce travail et je cherche à compléter cette collection, au moins en ce qui concerne les familles et les genres. L'ordre des Légumineuses étant un de ceux qui présente le plus de diversités dans la germination des plantes qui le constituent, et ce phénomène ne pouvant, dans plusieurs cas, influer sur la classification, j'ai cru devoir présenter ici un aperçu de l'histoire de ces plantes à cette première époque de leur développement. Comme mon but est essentiellement d'apprécier la valeur de ces caractères sous le rapport taxonomique, je laisserai de côté tout ce qui tient uniquement à la physiologie : l'opinion que, par cet exemple, les botanistes pourront se former de l'utilité d'un travail de ce genre, me servira de motif pour compléter et publier en détail mes matériaux, s'ils sont jugés de quelque prix, ou pour attendre que leur valeur ait été portée au point d'en tirer seulement des considérations générales. Je me propose, dans ce Mémoire, 1°. d'exposer l'histoire générale de la germination des Légumineuses; 2°. de déduire de là leur classification à cette époque de leur existence; 3°. d'exposer en détail le développement des Légumineuses que j'ai observées; et je suivrai dans cette exposition l'ordre des tribus que j'ai adoptées, quoique cet ordre lui-même soit, à quelques égards, une conséquence des faits recueillis sur la germination.

Ire. PARTIE.

Description des Légumineuses à l'époque de leur germination.

Me référant à la description des graines des Légumineuses exposée dans le premier Mémoire, je dois me borner ici à l'acte de leur développement.

Quoique le test des graines de cette famille soit l'un de ceux qui offre l'apparence la plus dure et la moins perméable, il offre cependant à un haut degré la faculté d'absorber l'humidité ambiante. Je me suis servi, pour déterminer la route que l'eau suit dans son absorption, du même procédé que Poncelet indique dans son histoire du Froment : il avoit vu que lorsqu'on enveloppe un grain de blé de cire molle en laissant la cicatricule seule à découvert, le grain germe comme à l'ordinaire ; mais que si on couvre la cicatricule de cire, et qu'on laisse le reste de la surface à découvert, le grain ne germe pas : d'où il avoit conclu, avec raison, que l'eau pénètre dans la graine par la cicatricule. Lorsqu'on répète la même expérience avec des graines de Pois, de Fèves, de Haricots, etc., on obtient le résultat inverse ; savoir, que si on couvre la cicatricule et qu'on laisse le reste à découvert, la germination a lieu comme à l'ordinaire, tandis qu'elle n'a pas lieu si on couvre la superficie en laissant la cicatricule à nu. Donc l'eau entre dans les graines de Légumineuses par la superficie du test, et non par la cicatricule.

La différence frappante qui se fait remarquer ici entre les Graminées et les Légumineuses tient-elle à la nature réellement diverse du test des graines, ou à ce que nous comparons réellement deux organes différens, car la superficie du grain de Blé est un véritable péricarpe soudé avec la graine, tandis que celle du Haricot est un véritable test?

Lorsqu'on place des graines de Fève ou d'une autre grosse graine de Légumineuse dans de l'eau colorée en rouge par de la Cochenille, l'eau pénètre dans le spermoderme avec sa matière colorante, tout comme elle pénètre aussi colorée par les spongioles des racines. On suit assez bien sa trace entre les deux parois de l'enveloppe séminale, dans cette espèce de plexus que j'ai nommé mésosperme. Les fibres de ce plexus aboutissent toutes sous la cicatricule ; là se trouve une espèce de poche dans laquelle l'extrémité de la radicule pénètre plus ou moins profondément selon les espèces. La radicule ainsi implantée dans ce tissu spongieux, y pompe l'humidité ; et j'ai vu des Fèves dans lesquelles on pouvoit suivre l'eau colorée le long de la radicule et dans les cotylédons.

Lorsque l'embryon est ainsi gonflé par l'eau qu'il absorbe, et qu'en même temps le spermoderme est ramolli par l'humidité, alors l'embryon le rompt par son grossissement : cette rupture est toujours irrégulière, et alors la radicule sort la première de l'enveloppe ; car comme c'est par elle que commence le développement, c'est près d'elle aussi que la rupture a lieu. Cette radicule, à peine hors du spermoderme, se dirige en bas verticalement, et la jeune tige se redresse avec plus ou moins de facilité, selon le degré d'inclinaison qu'elle a, et que la position fortuite de la graine a déterminée. Le plus souvent les débris du spermoderme restent en terre, et la partie supérieure de l'embryon en sort toute entière en se redressant : quelquefois l'un des cotylédons soulève avec lui le spermoderme comme une coiffe. Ces différences ne sont point constantes dans la même espèce. Lorsque l'on a semé, non pas une graine, mais une gousse monosperme, comme cela a lieu dans les Onobrychis par exemple, alors il arrive souvent que la radicule perce la gousse par un côté, et que la plumule, ou soulève avec elle le spermoderme et la gousse réunis, ou perce l'un et l'autre en se développant ; mais ces différences ne sont pas non plus véritablement constantes, et peuvent être considérées comme accidentelles.

La radicule descend toujours verticalement, même dans les Légumineuses qui doivent avoir des racines rampantes; elle pousse latéralement des fibrilles d'abord horizontales, puis descendantes, et ce sont les fibrilles supérieures qui, par leur allongement dans quelques espèces, déterminent les racines rampantes.

Quelques Légumineuses, telles que les *Ornithopus* ou les *Lotus*, présentent déjà à l'époque de leur germination ces petits tubercules charnus et obovés qu'on observe sur leurs racines adultes. Plusieurs personnes les ont pris pour des Champignons analogues aux *Sclerotium*, mais je ne saurois partager leur opinion.

La tige est dressée verticalement, au moins jusqu'au point d'attache des cotylédons, et cette direction verticale se trouve dans toutes les Légumineuses, même dans celles qui seront ou couchées ou grimpantes à l'âge adulte. On a dit dans quelques ouvrages, d'ailleurs très-dignes de confiance (1), que le véritable collet de la plante étoit le point d'attache des cotylédons; mais cette assertion est peu exacte : les cotylé-

---

(1) Situs absolutus cotyledonum semper in supremâ radiculæ parte collocatus. Gærtner, De fr. præf. p. 77.

Les cotylédons sont des lobes attachés à l'endroit où les organes de la végétation ascendante et descendante se séparent. Corréa, Ann. Mus. 14, p. 77.

Le cotylédon est un organe de l'embryon, situé latéralement au point même où la gemmule et la radicule se séparent. Poiteau, Ann. Mus. 13, p. 387.

Les bases des cotylédons sont au sommet de la radicule, et au point d'origine de la gemmule. Richard, Analys. du fruit, p. 90.

Les vaisseaux mammaires qui unissent le cotylédon à la plantule partent dans le

dons qui sont les premières feuilles de la plante naissent toujours sur la tige, tantôt très-près du collet, tantôt éloignés du collet par un intervalle notable; ainsi, dans les Haricots, dans l'*Hymenæa*, dans les *Sesbania*, on trouve quelquefois une tige de deux pouces de longueur entre le collet et les cotylédons, et je dis que ce support est une vraie tige, 1°. parce qu'il s'élève au lieu de descendre; 2°. parce qu'il verdit à la lumière; 3°. parce qu'il présente un canal médullaire; 4°. parce qu'il porte souvent des poils analogues à ceux de la tige. Mais si cette portion est certainement et évidemment une tige dans les cas où elle est longue, on ne peut lui refuser ce nom, lors même que dans certains cas elle est fort courte. La vraie place du collet doit donc être celle où l'on remarque ce changement mystérieux de direction ascendante et descendante : il n'y a, dans la plupart des cas, point de marque visible à l'extérieur de ce changement interne de nature; mais quelques Légumineuses font exception à cette loi générale : ainsi dans la plupart des *Acacia*, et surtout dans les *A. Farnesiana* (f. 102) et *Bancroftiana* (f. 104), on remarque un bourrelet proéminent et circulaire qui détermine rigoureusement la place du collet.

La partie de la tige qui va du collet aux cotylédons et que Richard a nommée *tigelle* (cauliculus) par opposition à la partie située au dessus, qu'il a nommée *gemmule;* la tigelle, dis-je, offre ceci de remarquable qu'elle ne porte jamais ni

---

Nelumbo du collet de l'embryon, c'est-à-dire du point de jonction de la plantule et de la radicule, et la même organisation se retrouve dans toutes les autres plantes. (Mirbel, Ann. Mus. 13, p. 475.)

bourgeons ni branches. Quand la tige doit se ramifier, les bourgeons naissent soit à l'aisselle des feuilles ordinaires, soit à l'aisselle des cotylédons. Dans les Légumineuses dont les branches sont couchées ou rampantes, ou même souterraines, ce sont celles qui naissent de l'aisselle des cotylédons qui prennent surtout cette apparence, et ce phénomène est très-prononcé dans les plantes où la tigelle est fort courte : souvent en effet elle n'arrive qu'à fleur de terre, ce qu'on voit surtout dans les Trèfles, les *Medicago*, et en général dans les plantes qui, à l'état adulte, semblent avoir plusieurs tiges partant du collet. Quelquefois même la tigelle est si courte que les cotylédons naissent très-près du collet et restent cachés sous terre, comme on le voit dans toutes les Viciées : si dans ce cas il naît des branches à l'aisselle des cotylédons, ces branches sont souterraines, et c'est ce qui détermine le phénomène souvent mentionné des *Vicia* et des *Lathyrus* amphicarpes. L'*Arachis* et le *Voandzeia*, qui ont les cotylédons à fleur de terre, présentent des phénomènes analogues.

Nous avons vu, en parlant de la structure des graines, que leurs cotylédons sont ou charnus ou foliacés. Cette différence en entraîne de grandes dans le mode de germination.

Lorsque les cotylédons sont charnus, ils se gonflent d'eau à l'époque de leur développement : cette eau délaye et dissout les matières féculentes, mucilagineuses, ou même huileuses qui se trouvent comme en dépôt dans le cotylédon : la matière, ainsi liquéfiée, est absorbée par la plumule qui s'en nourrit ; et, au bout de quelque temps, le cotylédon desséché tombe et périt. Ces cotylédons charnus ne sont donc que des dépôts de nourriture que l'eau absorbée change en émul-

9.

sion nutritive : l'action de la lumière n'y entre pour rien, puisque ces organes sont dépourvus et de la faculté de décomposer le gaz acide carbonique puisqu'ils ne verdissent pas, et de celle d'évaporer puisqu'ils n'ont point de stomates. Aussi ce genre de cotylédons peut-il vivre indifféremment ou hors de terre comme les Haricots, ou à fleur de terre comme l'*Arachis*, ou sous terre comme le Pois. La longueur de la tigelle détermine ces différences, grandes en apparence, mais la manière de végéter de ces diverses sortes de cotylédons n'en est pas sensiblement altérée. C'est parmi ces cotylédons charnus qu'on trouve les plus grandes diversités de nature : la plupart sont pleins de fécule comme les Haricots et toutes les Viciées, d'autres sont huileux comme l'*Arachis*. Tous sont susceptibles de servir d'aliment à l'homme qui, dans ce cas, profite de la nourriture que la plante même a déposée dans cet organe pour sa progéniture, comme il le fait quand il se nourrit des œufs des oiseaux.

Les cotylédons foliacés sont de couleur verte, de consistance mince et munis de stomates. Ils ont absolument besoin d'être exposés à la lumière pour leur végétation : aussi, dans toutes les plantes qui en sont douées, la tigelle s'allonge de manière que les cotylédons sortent de terre à la germination. Ces cotylédons n'ont en dépôt que peu ou point de nourriture; et s'ils nourrissent la jeune plante, ce n'est qu'à la manière des feuilles, en élaborant la sève par eux-mêmes, au moyen des stomates dont ils sont munis : aussi, ne renfermant point d'aliment préparé, ils ne servent à la nourriture de l'homme que comme le feroient de simples feuilles. Les feuilles des Légumineuses n'étant pas, en général, susceptibles, à cause de leur qualité propre, de nous servir d'aliment, les graines à cotylédons foliacés ne sont jamais non plus employées à cette destination.

L'usage général des cotylédons a été éminemment déterminé d'après des faits observés sur les cotylédons charnus. Ainsi c'est sur le Haricot, le Pois, le Chêne, que Bonnet a établi des considérations qui depuis ont été répétées sans nouvel examen. J'ai bien vérifié sur le Haricot et la Fève l'extrême importance qu'il attribue avec raison à ces cotylédons charnus; mais elle n'est point, à beaucoup près, au même degré chez les cotylédons foliacés; on peut les retrancher sans que la plante en souffre au même point, car dès que les feuilles primordiales se développent, elles jouent le même rôle physiologique que les cotylédons, élaborent la sève pompée par les racines, et nourrissent la jeune plante.

J'ajouterai encore ici que j'ai fait germer des graines de Haricot en retranchant un cotylédon entier, en coupant la moitié des deux cotylédons, et en enlevant même les deux cotylédons : dans tous ces cas on réussit à faire germer l'embryon, pourvu qu'on abrite les blessures contre l'humidité : la vigueur de la jeune plante est tout-à-fait en rapport avec la quantité de matière cotylédonaire qu'on laisse à sa portée.

Pour donner une idée plus exacte du rôle des cotylédons charnus, je citerai ici une expérience faite par moi en 1797. Je pris cinquante Haricots blancs, les plus égaux en grosseur qu'il me fut possible : je m'assurai que le poids moyen de chacun étoit de quatre grains et $\frac{2}{10}$ avant la germination, et à l'état où le spermoderme pesoit $\frac{4}{47}$ du poids de la graine, l'embryon dépouillé des cotylédons $\frac{1}{47}$, et les cotylédons $\frac{42}{47}$, soit quatre grains $\frac{2}{10}$. Au moment où ils avoient acquis le plus de volume par la germination, j'ai trouvé qu'ils pesoient en moyenne 8 grains. Au moment où ils tombèrent, ils ne pesoient plus que 0,75 de grain; donc ils ont acquis pendant la germination 3,80; ils ont rendu à la plante 7,25, c'est-à-dire les 3,80 absorbés, et 3,45 de leur propre substance. Les cotylédons foliacés, au contraire, contiennent peu de matière, mais élaborent la sève qu'ils reçoivent à la manière des feuilles.

Il existe des gradations naturelles entre les cotylédons charnus ou foliacés; ainsi quelques genres à cotylédons foliacés les ont assez épais pour qu'on puisse admettre que ces cotylédons renferment un peu de nourriture et présentent en même temps quelques stomates qui leur donnent la faculté d'élaborer une portion de l'eau qu'ils reçoivent : c'est ce qu'on observe dans les cotylédons des *Clitoria* et des *Glycine* parmi les Lotées, des *Poinciana*, du *Parkinsonia*, et même du *Tamarindus*, parmi les Cassiées. Ces cas intermédiaires, quoique peu nombreux, m'ont empêché de donner aux caractères déduits de la germination toute l'importance qu'on pourroit leur attribuer au premier coup d'œil.

Les feuilles séminales des Légumineuses, c'est-à-dire les cotylédons développés en feuilles, sont presque toujours glabres : je ne connois d'exceptions à cette observation que dans le genre *Ononis*, où elles sont pubescentes, au moins en dessus.

Les cotylédons des Légumineuses, si on considère l'épaisseur, sont ou linéaires, comme dans le *Scorpiurus*, ou oblongs comme dans le *Medicago*, ou ovales comme dans la plupart, ou presque arrondis comme dans quelques *Ononis*, ou échancrés en cœur à la base comme dans plusieurs Mimosées, ou échancrés fortement à la base en deux lobes soudés au dessous du point d'attache, c'est-à-dire peltés comme dans l'Acacia d'espèce inconnue, représenté fig. 103. Considérés dans leur direction, ils sont toujours opposés : je n'ai trouvé à cette loi qu'une exception entièrement accidentelle dans le *Tamarindus* où j'ai vu une fois les cotylédons alternes. (Voy. fig. 113**). Ces cotylédons opposés sont quelquefois déjetés d'un même côté : ce phénomène est forcé toutes les fois qu'ils restent enfermés dans le spermoderme comme dans les Viciées : on le retrouve dans quelques cas où ils sont libres, comme dans l'*Ebenus* (fig. 14), et même un peu dans les Astragales.

La gemmule qui s'élève d'entre les cotylédons se compose d'une tige ordinairement unique, et qui prend déjà tous les caractères de la tige ordinaire : elle est, selon les espèces, ou droite, ou couchée, ou volubile, anguleuse ou cylindrique, glabre, poilue ou épineuse, etc. Les premières feuilles qui naissent sur cette tige et qu'on nomme feuilles primordiales, diffèrent presque toujours des feuilles ordinaires de la plante, et sont des espèces d'états transitoires des cotylédons aux autres feuilles. Ainsi elles sont fréquemment opposées là où les autres feuilles seront alternes, par exemple, dans les Haricots, les *Hedysarum*, les *Hymenæa*, etc. ; simples là où les autres seront composées, par exemple dans les *Medicago*, l'*Entada*, le *Vicia*, etc. Mais il faut observer que parmi ces feuilles primordiales, en apparence simples, il y a réellement plusieurs organisations diverses : les unes sont des feuilles ternées ou ailées avec impaire, réduites à la foliole impaire, par exemple dans l'*Anthyllis*, le *Trifolium*, etc. D'autres sont formées par la soudure de deux ou trois folioles situées vers l'extrémité du pétiole, comme on le voit clairement en comparant les trois états du *Virgilia aurea*, indiqués fig. 2, et comme je pense que cela arrive dans l'*Entada*; d'autres enfin ne sont autre chose que la base du pétiole, qui persiste, soit seule, soit avec ses deux stipules, et forme une espèce d'écaille simple ou à trois lobes, comme par exemple dans les *Vicia* et les *Lathyrus*.

En général, quand les feuilles primordiales sont opposées, elles sont semblables entre elles, comme on le voit dans les Haricots, les *Hedysarum*, etc.; mais il arrive quelquefois qu'elles sont dissemblables : ainsi, dans plusieurs *Sesbania*, l'une d'elles est ovale et entière, l'autre est ailée; dans quelques *Mimosa*, l'une est simplement ailée, l'autre deux fois ailée. Lorsque cette disparité existe entre les deux feuilles primordiales, on peut s'attendre qu'elles appartiennent plutôt aux genres à feuilles alternes; aussi trouve-t-on des espèces des mêmes genres qui ont les feuilles alternes, et quelquefois cela arrive à des individus de la même espèce.

Quand les feuilles primordiales sont opposées, la troisième feuille commence toujours à présenter les formes propres aux feuilles ordinaires. Quand elles sont alternes, la première mérite quelquefois seule d'être nommée primordiale, et la deuxième a déjà la forme ordinaire, comme dans les Trèfles, les *Medicago*. Ailleurs, mais rarement, on trouve trois feuilles primordiales et semblables; et la quatrième commence à être dissemblable, par exemple dans le *Cyamopsis*. Lorsqu'il n'y a que deux feuilles primordiales différentes des feuilles ordinaires, elles sont opposées.

Les feuilles primordiales diffèrent encore entre elles, par leur distance, des cotylédons : les unes naissent immédiatement au dessus d'eux, comme dans le Trèfle, le *Medicago*; d'autres à une distance plus ou moins grande, comme dans le Haricot ou le *Moringa*.

Quand elles sont opposées, elles sont toujours croisées à angle droit avec les cotylédons. Quand elles sont alternes, la première est toujours au moins dans cette direction qui coupe les cotylédons à angle droit; et la seconde, quoique située plus haut, l'est encore dans un grand nombre de cas.

Pour faire comprendre ces diverses combinaisons j'ai tenté d'établir une classification des Légumineuses uniquement d'après leur germination; et bien qu'un moyen unique doive toujours être considéré comme artificiel, on verra, par le tableau suivant, que celle-ci conserve un grand nombre de groupes. Elle pourra de plus être agréable aux cultivateurs, en leur donnant un moyen de reconnoître dans la plupart des cas les Légumineuses à l'époque de leur germination.

IIᵉ. PARTIE.

Essai d'une classification des LÉGUMINEUSES par la germination.

I. PHYLLOLOBÉES (*Phyllolobæ*). Cotylédons développés à la germination en feuilles séminales, vertes et munies de stomates.

A. *ALTERNIFOLIÉES* (*alternifoliæ*). Feuilles primordiales alternes, ou si elles sont opposées, dissemblables entre elles.

* *A première feuille une ou deux fois ailée sans impaire.*

CARAGANA. Feuilles primordiales, simplement ailées à deux paires de folioles, naissant très-rapprochées entre elles (fig. 45).

COULTERIA. Feuilles primordiales simplement ailées à quatre paires de folioles, naissant écartées les unes des autres le long de la tige; la dernière paire de folioles réduite à une par avortement (fig. 110).

CASSIA. Feuilles primordiales, écartées le long de la tige, simplement ailées à deux, trois, ou quatre paires de folioles (fig. 115-119).

MIMOSA. Feuilles primordiales, écartées le long de la tige, une simplement ailée, une autre deux fois ailée, opposées ou alternes (fig. 96-98).

Acacia. Feuilles primordiales écartées; l'inférieure simplement ailée, la supérieure deux fois ailée (fig. 99-104).

Inga. Feuilles primordiales écartées, la première simplement, la deuxième deux fois ailée. Cotylédons profondément échancrés, à oreillettes rapprochées (fig. 95).

** *A première feuille ailée avec impaire, à trois cinq ou sept folioles.*

Sophora. Première feuille à deux ou trois paires de folioles, outre la terminale (fig. 1).

Virgilia. Première feuille à une ou deux paires de folioles; celle de la paire supérieure quelquefois soudée avec la terminale (fig. 2).

Dalea. Première feuille à une ou deux paires de folioles outre la terminale (fig. 23).

Nissolia. Première feuille tantôt à une foliole, tantôt ailée à une ou deux paires outre la terminale (fig. 37).

Diphysa. Première feuille à deux ou trois paires de folioles outre la terminale (fig. 43).

Colutea. Première feuille tantôt à une foliole, tantôt à une ou deux paires outre l'impaire (fig. 46-47).

Sutherlandia. Première feuille à une paire de folioles outre la terminale, deuxième et troisième à deux (fig. 48).

Lessertia. Première, deuxième et troisième feuilles à une paire de folioles outre la terminale (fig. 49).

Oxytropis. Première et deuxième feuilles à une paire de folioles outre la terminale.

Bisserula *idem*. Première feuille à une, seconde à deux, les autres à quatre ou cinq paires de folioles outre la terminale.

ASTRAGALUS *idem*. Cotylédons un peu courbés en faucille (fig. 50-53).

CORONILLA. Premières feuilles à une, deux ou trois folioles palmées, ou l'impaire un peu pétiolée, la troisième feuille ailée avec impaire (fig. 55-57).

ASTROLOBII *sp. pinnatæ*. Premières feuilles ailées, à une, deux ou trois paires de folioles outre l'impaire, naissant très-près des cotylédons (pl. 12, fig. 58).

ORNITHOPUS. Premières feuilles naissant très-près des cotylédons, à quatre ou cinq paires de folioles outre l'impaire.

SECURIGERA. Premières feuilles naissant très-près des cotylédons, à deux paires de folioles outre l'impaire (fig. 61).

*** *A première feuille à trois folioles palmées, c'est-à-dire naissant du sommet du pétiole.*

ANAGYRIS. Premières feuilles pétiolées écartées les unes des autres (fig. 3).

BAPTISIA. Premières feuilles sessiles (fig. 4).

GENISTÆ *sp*. Premières feuilles un peu pétiolées, peu écartées des cotylédons (fig. 5).

CYTISI *sp*. Première feuille pétiolée, naissant très-près des cotylédons (fig. 7).

CROTALARIÆ *sp. trifoliolatæ*. Premières feuilles pétiolées, écartées entre elles et des cotylédons (fig. 10).

LOTUS. Premières feuilles un peu pétiolées, peu écartées (fig. 19-20).

DORYCNIUM *idem*.

TETRAGONOLOBUS *idem*.

**** *A première feuille simple, ou à une foliole.*

CROTALARIÆ *sp. simplicifoliæ*. Les premières feuilles simples rapprochées ne diffèrent des feuilles ordinaires que par leur moindre dimension (fig. 9).

ONONIS. Deux premières feuilles naissant près des cotylédons, pétiolées, dentelées en scie. Cotylédons pubescens (fig. 12).

ANTHYLLIS. Deux premières feuilles portées sur un court pétiole, et à limbe entier ; les suivantes ailées à très-petites folioles latérales, la terminale très-grande (fig. 13).

EBENUS. Deux ou trois premières feuilles simples et sessiles. Cotylédons déjetés de côté (fig. 14).

MEDICAGO. Première feuille naissant immédiatement au dessus des cotylédons, pétiolée, orbiculaire, dentée au sommet. Cotylédons oblongs (fig. 15, pl. 7).

MELILOTUS. Première feuille naissant immédiatement au dessus des cotylédons, pétiolée, arrondie, entière. Cotylédons ovales (fig. 16, pl. 6).

TRIGONELLA. Comme le *Medicago* (fig. 17-18, pl. 6).

TRIFOLIUM *idem*.

CYAMOPSIS. Trois feuilles primordiales ovales, un peu dentelées, presque sessiles le long de la tige. La quatrième à trois folioles (fig. 24, pl. 7).

GLYCYRHIZA. Première feuille écartée des cotylédons, pétiolée, orbiculaire, entière. Deuxième feuille à trois folioles. Cotylédons pétiolés (fig. 30-31, pl. 8).

Galega. Première feuille pétiolée, obovée, entière, naissant immédiatement au dessus des cotylédons; deuxième à deux ou trois folioles (fig. 32).

Tephrosia. *Idem.*

Robinia. Première feuille naissant à distance des cotylédons, pétiolée, obovée, non dentée; deuxième a deux ou trois paires de folioles outre la terminale.

Coursetia. Première feuille naissant à distance très-rapprochée de la première des cotylédons, ovale, peu pétiolée ; la deuxième feuille sans impaire, à quatre rangs de folioles.

Sesbania. Première feuille naissant à distance des cotylédons, ovale, sessile, entière; la deuxième opposée ou alterne avec la première ailée, avec impaire à deux ou trois paires de folioles. Les suivantes ailées sans impaire (planche 10, fig. 38-41).

Daubentonia. Première feuille naissant à distance des cotylédons, très-peu pétiolée, tantôt simple, ovale et entière, tantôt munie de deux très-petites folioles latérales; deuxième feuille ailée sans impaire (fig. 42).

Alhagi. Plusieurs feuilles primordiales simples, munies de deux stipules épineuses.

Scorpiurus. Feuilles primordiales simples, ne différant pas des feuilles ordinaires; cotylédons épais, linéaires, calleux au sommet (fig. 55, pl. 12).

Astrolobii *sp. simplicifoliæ.* Premières feuilles simples ; leurs deux stipules réunies en une, opposées à la feuille.

Lourea. Premières feuilles un peu écartées le long de la tige, pétiolées, transversalement oblongues (fig. 62, pl. 13).

Onobrychis. Première feuille naissant très-près des cotylédons, longuement pétiolée, ovale, entière; les suivantes rapprochées, ailées avec impaire à une ou deux paires de folioles (pl. 14, fig. 71-72).

LESPEDEZA. Première feuille un peu écartée, pétiolée, obovée; deuxième à trois folioles (pl. 14, fig. 73).

BAUHINIA. Premières feuilles pétiolées, orbiculaires, rétuses, entières, un peu écartées (pl. 26, fig. 121).

CERCIS. Premières feuilles un peu écartées, pétiolées, orbiculaires, échancrées au sommet en deux dents (fig. 122).

B. OPPOSÉES (*oppositifoliæ*). Feuilles primordiales opposées et semblables entre elles.

* *A feuilles primordiales ailées sans impaire.*

ACACIÆ *sp.* 2. Premières feuilles ailées sans impaire, à six ou sept paires de folioles (pl. 19).

GLEDITSIA *idem.* Cotylédons à plusieurs nervures (fig. 109).

POINCIANA 2. Premières feuilles à cinq paires de folioles; cotylédons échancrés à la base et au sommet (pl. 23, fig. 111).

PARKINSONIA 2. Premières feuilles à quatre ou cinq paires de folioles et une impaire avortée ou difforme (planche 22, fig. 112).

** *Feuilles primordiales à folioles en nombre impair.*

PSORALEÆ *sp. pinnatifoliæ*. Premières feuilles écartées des cotylédons (pl. 7, fig. 22).

CYTISI *sp.* Premières feuilles rapprochées des cotylédons (pl. 5, fig. 8).

*** *Feuilles primordiales simples ou à une foliole.*

GENISTÆ *sp.* Premières feuilles sessiles, oblongues, entières; les suivantes semblables mais alternes (pl. 5, fig. 6).

PSORALEÆ *sp. simplicifoliæ.* Premières feuilles écartées des cotylédons, pétiolées, entières. Cotylédons à longs pétioles (pl. 7, fig. 21).

ALYSICARPUS. Premières feuilles très-rapprochées des cotylédons, ovales, entières, portées sur de courts pétioles (pl. 12, fig. 54).

DESMODIUM. Premières feuilles écartées des cotylédons, pétiolées, entières (pl. 13, fig. 63-68).

HEDYSARUM. Premières feuilles rapprochées des cotylédons, portées sur de très-longs pétioles, ovales et entières (pl. 14, fig. 69-70).

CLITORIA. Premières feuilles écartées des cotylédons, entières, plus ou moins pétiolées. Cotylédons demi-charnus (pl. 9, fig. 33-35).

GLYCINE. Premières feuilles très-rapprochées des cotylédons, longuement pétiolées. Cotylédons un peu charnus (pl. 9, fig. 36).

II. SARCOLOBÉES (*sarcolobæ*). Cotylédons épais ne prenant ni l'apparence foliacée, ni la couleur verte; à la germination n'offrant jamais de stomates.

A. *opposées* (*oppositifoliæ*). Feuilles primordiales opposées ; cotylédons sortant presque toujours hors de terre à l'époque de la germination.

* *Feuilles primordiales simples, ou à une foliole.*

Sweetia. Cotylédons cachés sous terre ; feuilles primordiales pétiolées, multinerves (pl. 16, fig. 87).

Cajanus. Cotylédons cachés sous terre, ou à fleur de terre ; feuilles primordiales portées sur de courts pétioles, penninerves ovales, lancéolées (pl. 17).

Phaseolus. Cotylédons saillans hors de terre ; feuilles primordiales, pétiolées, échancrées en cœur (pl. 16, fig. 88).

Dolichos, *idem.* (pl. 16, fig. 89).

Mucuna, *idem.*

Canavalia, *idem.* (pl. 16, fig. 90).

Erythrina. Cotylédons saillans ; feuilles primordiales pétiolées, en forme de cœur, munies de deux glandes à la base du limbe, quelquefois à pétiole épineux (pl. 18, fig. 93).

Hymenæa. Cotylons saillans ; feuilles primordiales sessiles, ovées, multinerves (pl. 25, fig. 120).

** *Feuilles primordiales palmées, ou à plusieurs folioles partant du sommet du pétiole.*

Lupinus. Cotylédons un peu au-dessus de terre, un peu verdâtres ; feuilles primordiales pétiolées, à cinq ou sept folioles (pl. 18, fig. 94).

Voandzeia. Cotylédons souterrains ; feuilles primordiales pétiolées à trois folioles (pl. 20, fig. 106).

Moringa. Cotylédons souterrains; feuilles primordiales à pétiole divisé au sommet en trois branches; les deux latérales à trois folioles, celle du milieu à une ou trois (pl. 21).

*** *Feuilles primordiales ailées sans impaire.*

Arachis. Feuilles primordiales à deux paires de folioles très-rapprochées; cotylédons à fleur de terre, ou souterrains (pl. 20, fig. 105).

Abrus. Cotylédons saillans; feuilles primordiales à 6 paires de folioles.

Tamarindus. Cotylédons saillans, un peu verdâtres; feuilles primordiales à dix paires, quelquefois alternes (planch. 24, fig. 113).

B. *Alternifoliées* (*alternifoliæ*). Feuilles primordiales alternes; cotylédons toujours souterrains.

* *Feuilles primordiales pétiolées et lobées.*

Entada.

** *Feuilles primordiales deux fois ailées sans impaire.*

Ingæ *sp.* (pl. 19, fig. 95).

*** *Feuilles primordiales avec impaire.*

Cicer (pl. 5, fig. 83).

**** *Feuilles primordiales réduites à la base du pétiole et en forme d'écailles.*

VICIA (pl. 15, fig. 74, 77), ERVUM, PISUM (pl. 15, fig. 78), LATHYRUS (pl. 15, fig. 79, 82), OROBUS,	ne diffèrent entre eux que par l'apparence des troisième et quatrième feuilles.

IIIe. PARTIE.

Exposition détaillée des germinations observées.

Ire. *Tribu.* SOPHORÉES.

Les Sophorées sont une des tribus dont j'ai eu le moins d'occasions d'étudier la germination ; je n'en connois que quatre exemples.

Le *Sophora japonica* a une tige droite filiforme, qui a la hauteur de huit à dix lignes, porte deux cotylédons étalés, sessiles, verts, ovales, très-obtus et un peu épais. Les feuilles primordiales sont alternes, rapprochées l'une de l'autre, ailées à deux ou trois paires de folioles avec une impaire terminale ; elles naissent à trois, à cinq lignes au-dessus des cotylédons (pl. 4 fig. 1).

Le *Virgilia aurea* offre de même une tige grêle, droite et cylindrique, des cotylédons ovales, obtus, étalés, verts et un peu épais ; mais ses feuilles primordiales présentent très-peu d'uniformité ; elles sont toujours placées à une distance notable des cotylédons, mais tantôt opposées, tantôt alternes (pl. 4, fig. 2 et 3), tantôt ailées avec une foliole impaire et une ou deux paires de folioles, tantôt ayant leurs folioles soudées plus ou moins simplement en un limbe qui prend alors la forme d'une feuille à trois lobes obtus et échancrée à la base. Quelquefois une des folioles latérales est libre, et l'autre reste soudée avec la terminale. J'ai fait réunir ces diverses anomalies dans la pl. 4, fig. 2. 2 * Ces figures ont été faites d'après des plantes crues pêle-mêle et provenant des mêmes graines.

L'*Anagyris fœtida* a les cotylédons sessiles opposés, munis à leur base de deux oreillettes assez saillantes; leur forme est oblongue, obtuse, toujours plus ou moins arquée: ils sont de couleur verte, de nature épaisse et un peu ferme. Les premières feuilles alternes le long de la tige, naissent à quelque distance des cotylédons; elles sont pétiolées, et portent trois, quelquefois quatre folioles qui naissent du sommet du pétiole (pl. 4, fig. 3).

Le *Baptisia australis* a la tige courte du collet aux cotylédons : ceux-ci sont étalés, opposés, presque sessiles, avec un pétiole court, large et demi-embrassant. Leur forme est ovale, obtuse; leur consistance presque foliacée, et leur couleur verte; ils offrent une légère nervure moyenne, pennée. Les feuilles primordiales naissent à près d'un pouce des cotylédons; elles sont alternes, sessiles, à trois folioles, en forme de coin, un peu échancrées au sommet (pl. 4, fig. 4).

2ᵉ. *Tribu.* LOTÉES.

Cette tribu, la plus nombreuse de la famille des Légumineuses, et celle qui est, à proportion, la plus répandue dans les jardins, est aussi celle dont j'ai vu le plus grand nombre de genres et d'espèces à l'époque de la germination. J'en ai observé cent-vingt-quatre espèces appartenant à trente-quatre genres différens. Toutes ont des cotylédons opposés, presque sessiles, verts, foliacés, obtus, sortant de terre, et soutenus à quelques lignes au-dessus du sol. Toutes ont la racine pivotante et fibreuse, la tige droite et filiforme au dessous des cotylédons. Je ne mentionnerai par conséquent ces divers caractères que lorsqu'ils présenteront quelque chose de particulier.

Les *Genets* ont la consistance de la tige déjà ligneuse à sa naissance; les cotylédons sont assez grands si on les compare à la grandeur ordinaire des feuilles de ces plantes; les feuilles sont opposées ou alternes, simples ou à trois folioles sessiles dans toutes les espèces que j'ai vues. Je joins ici la figure du *Genista sphœrocarpa* qui les a opposées et simples, et du *G. candicans* où elles sont alternes et à trois folioles (pl. 5, fig. 5-6).

Les *Cytises* offrent des cotylédons très-analogues à ceux des Genets, mais les feuilles sont portées sur un long pétiole dans les deux espèces que j'ai observées, le *C. Laburnum* et le *scoparius*. Ces feuilles sont, dans l'un et l'autre, à trois folioles partant du sommet du pétiole. Dans le *scoparius* elles naissent très-près des cotylédons et sont opposées; dans le *Laburnum* elles sont alternes, et l'inférieur naît immédiatement au-dessus des cotylédons. Il serait curieux de voir, en étudiant les autres espèces, si cette différence d'avoir les feuilles primordiales sessiles ou pétiolées se trouveroit d'accord avec la division admise ou quelque autre à établir entre ces deux genres si voisins (pl. 5, fig. 7, 8).

Les *Crotalaria*, dont j'ai observé neuf espèces, ont des cotylédons assez grands, ovales, oblongs, obtus aux deux extrémités, étalés et munis d'une nervure moyenne, et souvent de deux autres plus petites partant de la base. Les feuilles primordiales sont toujours alternes, et naissent à quelques lignes au-dessus des cotylédons, déjà simples dans les espèces qui auront les feuilles simples à l'état adulte, pétiolées et à trois folioles dans celles qui doivent être trifoliolées. Je donne des figures de ces deux systèmes (fig. 9, 10, 11).

J'ai vu la germination des *Ononis natrix*, *Columnæ*, *mitissima*, et d'une quatrième incertaine : elles ont la tige courte, les cotylédons ovales, quelquefois presque orbiculaires, étalés, sessiles, plus ou moins pubescens en dessus, circonstance assez rare dans les feuilles séminales. Les feuilles primordiales sont alternes, pétiolées, simples, et naissent à peu de distance des cotylédons; leur pétiole est muni de deux stipules adhérentes à sa base, et le limbe est dentelé en scie dans ces quatre espèces, circonstance qui rend encore ce genre facile à reconnoître. Il n'y a qu'une feuille simple dans l'*O. mitissima*, et la deuxième est déjà à trois folioles; on en trouve deux ou trois simples dans les autres espèces (voy. fig. 12).

Les *Anthyllis vulneraria* (deux variétés) et *barbajovis* sont celles dont la germination m'est connue : leurs cotylédons sont un peu pétiolés, ovales, planes et glabres. Leurs feuilles primordiales sont alternes, très-rapprochées de la base des cotylédons, et formées par le pétiole couvert, dilaté, court, terminé par un limbe simple et ovale; la troisième feuille offre, outre le limbe terminal qui est très-grand, une ou deux folioles latérales fort petites; les suivantes en ont trois ou quatre. Cette disposition n'a rien de remarquable dans l'*A. vulneraria* qui la conserve pendant sa vie entière, mais il est curieux de la retrouver dans l'*A. barbajovis*, qui, à l'âge adulte, a toutes les folioles à peu près égales. A l'époque de la germination son affinité avec l'*A. vulneraria* est plus frappante qu'à aucune autre époque de sa vie (voy. fig. 13).

L'*Ebenus cretica*, dont l'affinité avec les *Anthyllis* est douteuse, en diffère assez notablement par sa germination, ou du moins si je n'ai pas été induit en erreur sur le nom de cette jeune plante que j'ai vue jadis au jardin de Paris, mais dont je n'ai pu suivre le développement. Ses cotylédons naissent presque à fleur de terre, étalés, foliacés, verts, un peu épais, ovales, oblongs, déjetés tous les deux du même côté, et quelquefois presque collés ensemble par les bords. Les feuilles primordiales au nombre de trois ou quatre sont simples, réunies en un pétiole court, un peu élargi (pl. 5, fig. 14).

J'ai observé la germination de quinze espèces de *Medicago*; toutes ont les feuilles séminales oblongues, obtuses, un peu rétrécies à la base, sessiles, très-légèrement cornées, et situées très-près du collet. Dans toutes, la première feuille naît solitaire, immédiatement au dessus des cotylédons; son pétiole est long, muni à sa base de deux stipules adhérentes: il est terminé par un limbe arrondi, obtus, dentelé vers le sommet. La deuxième feuille qui naît un peu au dessus de la première est à trois folioles. Ces caractères sont communs, avec de légères nuances dans les formes (voy. fig. 15), aux *Medicago sativa*, *marina*, *nigra*, *radiata*, *intertexta*, *minima*, *elegans*, *rigidula*, *ciliaris*, *compressa*, *orbicularis*, *scutellata*, etc.; espèces qui, comme on voit, appartiennent à diverses sections.

Les *Mélilots*, dont j'ai observé six espèces, savoir: *Melilotus italica* (voy. fig. 16), *officinalis*, *indica*, *messanensis*, *hungarica* et *mauritanica*, ne diffèrent des Luzernes que par leurs cotylédons plus elliptiques, plus décidément pétiolés, et leur feuille primordiale entière, arrondie, mais presque toujours plus large que longue. La deuxième feuille est déjà à trois folioles.

Les *Trigonelles*, dont j'ai aussi observé six espèces, ne diffèrent point des deux genres précédens; ils ont de même des cotylédons à fleur de terre; la première feuille pétiolée simple et légèrement dentelée, et la deuxième à trois folioles; mais, dans celle-ci, la foliole terminale est plus évidemment pétiolulée. Le *T. Fœnum-græcum* a les cotylédons elliptiques portés sur un pétiole assez long (pl. 6, fig. 17, 18.) Les *T. ægyptiaca*, *laciniata*, *corniculata*, *polycerata et pinnatifida* ont les cotylédons oblongs à pétiole un peu moins distinct.

Les *Trèfles*, dont j'ai observé une dizaine appartenant à

toutes les sections du genre, ne diffèrent point des Trigonelles et des Mélilots par les caractères généraux.

Les *Lotus* commencent à s'écarter de ces genres par leurs feuilles primordiales, écartées des cotylédons, alternes, portées sur un pétiole court et à trois folioles, partant du sommet. C'est ce que j'ai observé dans les *L. rectus* et *cytisoides* dont je donne la figure 6, 7 (fig. 19, 20), et dans les *L. hirsutus*, *arabicus*, *oligoceratos*, *ornithopodioides* et *maritimus*.

Les *Dorycnium* et les *Tetragonolobus* ne diffèrent pas, sous ce rapport, des vrais *Lotus*.

Les *Psoralea* ont tous les cotylédons planes, foliacés, obtus, ovales, ou un peu oblongs, portés sur un long pétiole; leurs feuilles primordiales sont opposées, pétiolées, simples, ovales, penninerves; les suivantes sont simples et semblables à celle de la plante adulte dans le *P. lathyrifolia* dont je donne la figure (pl. 17, fig. 21) et dans le *corylifolia*; elles sont pétiolées, ailées, à trois folioles dans celles qui doivent avoir les feuilles trifoliolées, telles que les *P. verrucosa* (fig. 22*), *glandulosa*, *bituminosa*, *palæstina*, etc.

Les *Dalea* se reconnoissent dès leur premier âge des *Psoralea*, au moins à en juger par le *D. annua*, le seul que j'aie eu occasion de voir. Ses cotylédons sont elliptiques, sessiles; ses feuilles primordiales, alternées, ailées, avec impaire. La première à trois folioles, la deuxième à cinq, les autres à neuf ou onze, etc. (Voy. fig. 23, pl. 8).

Le *Cyamopsis* a une tige très-courte et pubescente au-dessus des cotylédons; ceux-ci sont planes, glabres, foliacés, ovales, à trois nervures, munis d'un très-court pétiole, étalés et assez grands. La tige au-dessus d'eux est un peu anguleuse, pubescente, chargée de feuilles alternes, distantes de trois lignes environ, simples, ovales, penninerves, dentelées en scie à dents rares et saillantes, à nervures pennées, à pétiole très-court dans la feuille inférieure, un peu plus long dans la deuxième, plus encore dans la troisième; la quatrième commence à avoir trois folioles. Cette germination démontre jusqu'à l'évidence que ce genre ne peut appartenir aux Phaséolées (pl. 7, fig. 24).

Les *Indigofera* dont j'ai observé six espèces, et que la nature de leurs poils (en fausse navette) fait reconnoître sous toutes leurs formes, offrent quelques différences entre eux dans leur germination; tous ont les feuilles séminales portées sur une tige filiforme, courte, glabre, munies d'un pétiole très-court; leur forme est ovale ou un peu oblongue, leur surface glabre. Tous ont la tige allongée et les feuilles naissant à une distance notable des cotylédons; mais les uns, tels que les *I. hirsuta, tinctoria, caroliniana, purpurascens,* ont ces feuilles primordiales opposées, pétiolées, simples, et la troisième commence à être alterne à trois folioles (voy. fig. 25); mais dans l'*Indigofera stricta* les premières feuilles sont alternes, tantôt à un seul limbe obové, quelquefois ayant une foliole latérale, et une autre qui semble formée de deux soudées; la deuxième feuille est déjà à trois folioles (pl. 8, fig. 29).

Le *Glycine clandestina* a des cotylédons à fleur de terre, elliptiques, un peu obovés, étalés, munis d'une nervure longitudinale, un peu épais, mais verts comme dans les *Clitoria;* les feuilles primordiales naissent immédiatement auprès d'eux, opposées et croisées, à angle droit, portées sur de longs pétioles, lesquels sont terminés par un limbe ovale. La troisième feuille est alterne, écartée des primordiales et à trois folioles partant du sommet du pétiole. (Voy. fig. 36). Les autres Glycinés que j'ai observées sont trop douteuses, quant à leur nomenclature pour oser les citer ici. Leur caractère général est d'avoir les cotylédons plus ou moins épais et les feuilles primordiales opposées.

Les *Glycyrhiza* ressemblent par leur mode de développement à cette dernière espèce. Leurs cotylédons sont ovales, planes et pétiolés : la première feuille naît à quelques lignes au-dessus des feuilles séminales, pétiolée, munie de deux stipules, et formée par un limbe terminal simple, arrondi, et penninerve. La seconde feuille est déjà à trois folioles. Ces caractères sont communs aux *Glycyrhiza fœtida* et *echinata* (pl. 8, fig. 30 et 31).

Les *Clitoria* dont j'ai observé trois espèces, le *C. Ternatea,* le *Virginiana,* et une troisième appelée *Lanceolata* dans les jardins, et qui ressemble beaucoup au *Virginiana,* ont toutes une tige droite, allongée, des cotylédons elliptiques, obtus, portés sur un court pétiole, verts, foliacés, un peu épais. Les feuilles primordiales sont écartées des cotylédons, opposées, simples, tantôt ovales, tantôt échancrées en cœur à leur base. Ces dernières, qui ont les cotylédons plus charnus, s'approchent beaucoup des Phaséolées (pl. 9, fig. 33 à 35).

Le *Galega officinalis* a les cotylédons foliacés, oblongs, obtus, rétrécis à la base, étalés à fleur de terre. La première feuille naît immédiatement au-dessus des cotylédons, pétiolée, simple, obovée, entière, obtuse, penninerve, munie de deux stipules à la base du pétiole. La deuxième feuille, qui naît un peu au dessus, a déjà le pétiole plus long, et deux folioles, l'une terminale et l'autre latérale, situées très-près de l'autre. La troisième est ailée à trois folioles (pl. 8, fig. 32). Une autre plante que je crois être le *Tephrosia purpurea* a présenté aussi une première feuille voisine des cotylédons, simple et pétiolée, et les autres à trois folioles. Cet exemple me fait penser que les *Tephrosia*, si voisins des *Galega*, n'en diffèrent que par la germination.

Le genre *Nissolia* se trouve rarement dans les semis des jardins. Si je n'ai pas été induit en erreur sur le nom, j'ai observé la germination d'un *Nissolia* que je pense être le *fruticosa* : ses cotylédons étoient sessiles, elliptiques, obtus, planes et étalés ; la tige, allongée au-dessus des cotylédons, portoit des feuilles primordiales pétiolées et alternes : dans certains individus la première étoit simple, obcordée ; la deuxième ailée à trois folioles, quelquefois à quatre, dont une terminale plus grande : ailleurs la première feuille étoit ailée, à trois folioles ; la deuxième à cinq : ailleurs enfin les deux premières étoient à cinq folioles (voy. fig. 37).

L'*Amorpha fruticosa* a les cotylédons foliacés, opposés, sessiles, ovales, oblongs et obtus. Sa tige, qui à cette époque est courte et herbacée, porte deux feuilles primordiales rapprochées, pétiolées et orbiculaires.

Le *Robinia Pseudacacia*, qu'on doit considérer comme le type véritable du genre, offre, à sa germination, une tige droite filiforme sortant de terre, deux cotylédons opposés, ovales, oblongs, portés sur un très-court pétiole, obtus aux deux extrémités, planes, coriaces, verts, sans nervure sensible. Les premières feuilles sont alternes le long de la tige, et pétiolées; l'inférieure est simple, arrondie, entière, tantôt située très-près des cotylédons, tantôt à quelque distance d'eux : la deuxième est ailée à trois folioles; la troisième à cinq. J'ai lieu de croire que les *Lonchocarpus* diffèrent peu de cette germination d'après deux exemples que j'ai eu sous les yeux; mais il règne tant d'incertitude sur la nomenclature des espèces que je n'ose les citer ici.

Le *Coursetia virgata*, à l'époque de sa germination, offre une tige cylindrique qui porte deux cotylédons verts, épais, coriaces, opposés, oblongs, obtus aux deux extrémités, munis d'un pétiole court, épais et convexe. La tige s'allonge rapidement, et les premières feuilles, qui sont alternes, ne naissent qu'à un pouce et demi de distance des cotylédons. La première est simple, ovale, un peu mucronée, munie d'un pétiole court et de deux stipules. Les suivantes sont ailées sans impaire, à quatre paires de folioles, et ensuite à un plus grand nombre.

Les *Sesbania* (voy. pl. 10, fig. 38, 41), dont j'ai observé cinq espèces en germination, présentent à cette époque des caractères très-prononcés. La tige qui porte les cotylédons y est assez longue; les cotylédons sont planes, droits, oblongs, obtus, à trois nervures, munis d'un pétiole très-court; la tige se prolonge au-delà des cotylédons, et les premières feuilles sont séparées des feuilles séminales par un intervalle prononcé. Ces premières feuilles sont alternes ou opposées : lorsqu'elles sont alternes comme cela a lieu dans les *S. ægyptiaca* et *occidentalis* (voy. fig. 38, 39), la première est simple, pétiolée, oblongue; la deuxième ailée avec deux paires de folioles et une terminale ; les suivantes avec un plus grand nombre de paires de folioles. Lorsque les feuilles primordiales sont opposées, comme cela a lieu dans le *S. aculeata* et deux autres dont j'ignore le nom , il y en a une simple , ovale ou oblongue et entière, et l'autre ailée à deux ou trois paires de folioles avec une impaire. Ces deux feuilles , si différentes, ont leurs stipules soudées de chaque côté de manière à n'en former qu'une entière sur l'un et l'autre côté de la tige.

Le *Daubentonia punicea* a dans sa germination des rapports prononcés avec les *Sesbania*. Sa tige est distincte et droite; ses cotylédons ovales, oblongs, obtus, sans nervures, foliacés, un peu épais, légèrement pétiolés; les feuilles primordiales alternes, pétiolées, à deux stipules, subulées, non adhérentes au pétiole : les unes n'avoient qu'une foliole terminale, ovale , oblongue ; les autres avoient en outre une paire de petites folioles latérales et inégales ; les feuilles suivantes étoient ailées sans impaire, à trois paires de folioles , et le pétiole se terminoit en une petite soie. On voit ici que même dans les plantes qui doivent avoir les feuilles ailées sans impaire, la foliole terminale existe dans les feuilles primordiales (fig. 42).

Le *Caragana Redowskii*, le seul que j'ai observé, a les cotylédons ovales, oblongs, près de terre, planes, obtus, foliacés, coriaces. La tige s'élève très-peu dans sa jeunesse, et les premières feuilles sont très-rapprochées; les unes à trois folioles, puis à cinq, puis ailées sans impaire, à deux paires de folioles (voy. fig. 45).

Le *Diphysa Carthagenensis* a une tige droite, longue de

quatre à six lignes au-dessous des cotylédons. Ceux-ci sont foliacés, sessiles, ovés, très-obtus, presque arrondis, à base un peu inégale. La tige se prolonge de cinq à six lignes, puis porte deux feuilles primordiales alternes, ailées avec impaire. La première a deux, la deuxième trois paires de folioles. La première feuille naît au-dessus de la commissure des cotylédons de leur côté droit; la deuxième du côté opposé (pl. 10, fig. 43).

Les *Baguenaudiers* ont la tige cylindrique longue de huit à dix lignes, entre le collet et les cotylédons; ceux-ci sont foliacés, opposés, presque sessiles, obovés, très-obtus. La tige se prolonge au-dessus, et porte à quelques lignes de distance des feuilles primordiales, alternes et pétiolées; je les ai vues quelquefois simples (c'est-à-dire composées de la foliole terminale seule), par exemple, dans le *Colutea orientalis*, plus souvent ailées à trois folioles dans ce même *C. orientalis* et dans le *C. haleppica*; enfin ailées à deux paires de folioles et une terminale dans le *C. arborescens*. Je donne ici la figure de ces deux dernières espèces (pl. 11, fig. 46-47;) le *Sutherlandia*, récemment séparé des *Colutea* à cause de la structure de sa corolle, n'en diffère pas pour la germination. Les feuilles primordiales sont alternes et petiolées avec impaire, la première à trois, la seconde à cinq folioles (pl. 11 fig. 48).

Le *Lessertia annua* s'approche un peu plus des Astragales par ses cotylédons presque à fleur de terre, à peu près sessiles, un peu courbés en faux, ovales-oblongs, obtus, foliacés et étalés; ses feuilles primordiales sont alternes, petiolées, ailées avec impaire; les deux ou trois premières à trois, la troisième ou quatrième à cinq folioles (pl. 11, fig. 49).

Les *Oxytropis*, parmi lesquels j'ai observé l'*O. montana* et l'*O. Halleri*, ont les cotylédons ovales-oblongs, obtus, foliacés, presque sessiles, situés près du collet. Les feuilles primordiales alternes, pétiolées, à trois folioles. Enfin l'immense genre des *Astragales*, dont j'ai observé dix-neuf espèces (voy. planche 11, fig. 50, 53) appartenant à la plupart des sections (sauf celles des Tragacanthes), offre en général des cotylédons foliacés, situés à fleur de terre, étalés, sessiles, ovales-oblongs, un peu courbés en faux, et souvent légèrement soudés par leur base. Les feuilles primordiales sont alternes, très-rapprochées et naissent immédiatement au-dessus des cotylédons, toujours munies d'un long pétiole, terminées par une foliole impaire, et portant une, deux, trois ou même quatre paires de folioles latérales. On ne compte qu'une paire (outre la terminale) ou trois folioles dans les *A. Cicer*, *longiflorus* *Glycyphyllos, Alopecuroides, Onobrychis,* etc. Souvent la deuxième n'a encore que trois folioles, mais alors l'impaire est souvent écartée notablement des deux latérales, par exemple dans les *A. longiflorus* et *Onobrychis*. Ailleurs la première feuille a cinq folioles, deux paires outre la terminale, comme dans les *A. hamosus*, *trimestris*, *galegiformis*, et alors la seconde a ordinairement une paire de plus, et ainsi de suite, jusqu'à ce que le nombre propre à l'espèce soit atteint : c'est ce qu'on voit dans la figure de l'*A. sesameus.*

3e. *Tribu.* HÉDYSARÉES.

Les Hédysarées, dont j'ai observé la germination, sont au nombre de trente-sept espèces appartenant à quinze genres différens. Toutes ont des cotylédons foliacés, sortant de terre à l'époque de leur développement; la plupart s'élèvent peu au-dessus du sol, vu que la partie de la tige qui est au dessous d'eux est généralement assez courte. Ils sont de forme rarement linéaire, ordinairement oblongue, ovale ou arrondie, obtus à leur sommet, jamais échancrés ni au sommet ni à la base.

L'*Alhagi* a deux cotylédons oblongs un peu épais, qui naissent très-près de terre. La tige s'élève droite et rameuse; les feuilles primordiales sont alternes, simples, munies à leur base de deux petites stipules un peu épineuses.

L'*Alysicarpus*, dont j'ai observé le *bupleurifolius* en germination, est très-caractérisé, 1°. par sa tige courte et ses cotylédons ovales très-obtus, munis d'un très-court pétiole, et marqués d'un très-court pétiole à sa base; 2°. surtout par ses feuilles primordiales simples, opposées, à nervures pennées, de forme ovale; portées sur un court pétiole, croisées à angle droit avec les cotylédons, et naissant immédiatement au-dessus d'eux; les feuilles suivantes sont plus allongées. L'opposition des feuilles primordiales rapproche ce genre des *Desmodium*, mais il en diffère quant à la germination par leur rapprochement immédiat des cotylédons (voy. fig. 54).

Les *Scorpiurus* ont leurs cotylédons linéaires, presque demi-cylindriques, souvent calleux à l'extrémité, sans nervures sensibles, et fort allongés: ils tendent à être un peu engaînans par leur base. Les feuilles primordiales sont simples, alternes, très-rapprochées, rétrécies en pétiole, et penninerves. Le spermoderme reste persistant en forme de cône, tantôt au bout d'un des cotylédons, tantôt enfilé vers leur milieu. Je ne vois pas de différences sensibles entre les *S. muricata* et *vermiculata* (voy. fig. 55).

Les Coronilles ont les cotylédons oblongs, obtus, rétrécis à la base, en forme de coin, sans nervures saillantes. Les premières feuilles sont alternes, souvent la première à une foliole, la deuxième à deux, savoir : la terminale et une latérale plus petite ; puis à trois folioles partant du sommet du pétiole, puis à cinq folioles, savoir : les trois du sommet et une paire à quelque distance au dessous. Il arrive quelquefois que la première ou la deuxième ont déjà trois folioles ; quelquefois aussi que ces trois folioles encore soudées forment un limbe trilobé. Ces notes sont déduites de la germination des *C. glauca*, *juncea* et *Emerus*. Cette dernière diffère des deux premières en ce que les feuilles primordiales naissent beaucoup plus près des cotylédons (voy. fig. 56, 57).

Les *Astrolobium* ont les cotylédons de forme semblable à ceux des Coronilles, et très-peu élevés au-dessus du sol. Leurs premières feuilles naissent immédiatement au-dessus des cotylédons. Dans l'*A. ebracteatum*, les feuilles primordiales sont déjà ailées à quatre ou cinq paires de folioles avec une terminale (voy. fig. 58). Dans l'*A. durum* la première feuille est longuement pétiolée, portant à son sommet trois folioles égales (voy fig. 59) : c'est l'âge où ces deux espèces sont peut-être le plus distinctes. L'*A. scorpioides* a la première feuille simple, ovale, rétrécie en pétiole ; les stipules, qui sont très-petites, existent déjà à la base de cette feuille, mais soudées ensemble en une stipule simple, opposée à la feuille.

L'*Ornithopus compressus* a la germination tout-à-fait analogue à celle de l'*Astrolobium ebracteatum*, c'est-à-dire les cotylédons très-près de terre, obovés, un peu rétrécis à la base; les feuilles primordiales ailées avec quatre ou cinq paires, et une foliole terminale; elles naissent très-près des cotylédons.

Les *Hippocrepis* ont les cotylédons linéaires, assez épais parmi ceux qui sont foliacés, ressemblant à ceux du *Scorpiurus*, mais beaucoup plus courts. La première feuille est à une, deux, ou plus souvent à trois folioles, dont une terminale. Elle est munie d'un long pétiole; les suivantes sont ailées à deux paires de folioles et une terminale. Toutes naissent très-près des cotylédons. L'*H. unisiliquosa* a le pétiole des feuilles primordiales plus long que l'*H. multisiliquosa* (v. fig. 60).

Le *Securigera* a les cotylédons ovales, oblongs, très-obtus, rétrécis en coin à la base, planes, et naissant immédiatement au-dessus de la surface du sol. Les feuilles primordiales naissent de l'aisselle même des cotylédons; elles sont munies de longs pétioles d'abord dressés, puis étalés. Leurs folioles sont au nombre de cinq, savoir : deux paires, et une terminale. Ces folioles sont obovées, échancrées au sommet : au moment de leur développement elles sont redressées sur leur pétiole commun à angle droit; les feuilles suivantes ont graduellement trois et quatre paires de folioles, et l'impaire y est plus écartée de la dernière paire (voy. fig. 61).

Le *Lourea vespertilionis* a les cotylédons à peine élevés audessus de terre, ovales, oblongs, obtus, sans nervures, planes et étalés. Les feuilles primordiales sont alternes le long de la tige unique qui s'élève; elles sont toutes simples, pétiolées, de forme déjà presque semblable à celle des feuilles, et n'en diffèrent que par leur petitesse ; elles sont, à proportion, moins larges et moins courtes (voy. fig. 62).

L'immense genre *Desmodium*, dont j'ai observé 9 espèces en germination (voy. pl. 13, fig. 53 à 68), se reconnoît assez bien parce que ses deux premières feuilles sont toujours pétiolées, simples et opposées ; et sous ce rapport il a quelque analogie avec les Phaséolées : les cotylédons sont un peu élevés au-dessus de terre, presque tous ovales, obtus aux deux extrémités, et munis d'un pétiole si court qu'on pourroit presque le passer sous silence : dans les espèces observées, savoir : les *D. gyrans*, *alatum*, *Gangeticum* et *Canadense*, et cinq dont les noms d'espèce sont douteux, la tige se prolonge au-delà des cotylédons, et les feuilles primordiales sont par conséquent distinctes des séminales par un intervalle prononcé : ces feuilles sont pétiolées, oblongues, presque linéaires dans le *D. gyrans*, ovées dans l'*alatum*, obovées ou agrandies dans le *Gangeticum* et le *Canadense*; les feuilles suivantes sont alternes, simples ou à trois folioles.

Les vrais *Hedysarum*, dont j'ai observé l'*H. coronarium* seulement, ont, comme les *Desmodium*, les feuilles primordiales simples et opposées; mais elles naissent immédiatement au-dessus des cotylédons : en quoi ils se rapprochent des *Alysicarpus*, mais ils en diffèrent parce qu'elles sont longuement pétiolées, et les cotylédons ne présentent pas non plus trois nervures saillantes (voy. fig. 69.70, pl. 13).

Dans les *Onobrychis* les cotylédons naissent presque immédiatement à fleur de terre; ils sont ovales, obtus, sans nervures, et à pétiole très-court ; les feuilles naissent immédiatement au-dessus des cotylédons comme dans l'*Hedysarum*, et portées sur de longs pétioles ; tantôt comme dans l'*O. Pallasii*, la première est simple et ovale, et alors la deuxième seule commence à produire une petite foliole latérale très-voisine de la terminale ; tantôt comme dans l'*O. Caput galli*, l'*O. sativa* et l'*O. saxatilis*, une des feuilles primordiales est simple, et l'autre est déjà à trois folioles naissant ou au sommet, comme dans le *saxatilis* (voy. fig. 71), ou l'impaire écartée des autres comme dans le *Caput galli* (voy. fig. 71). Dans ces cas la troisième ou quatrième feuille est déjà ailée à deux paires de folioles et une impaire. Dans la plupart des *Onobrychis* la graine ou même la gousse reste en terre ou à fleur de terre, enfilée par la plante près du collet.

Enfin les *Lespedeza*, dont j'ai vu deux espèces germantes, ont des cotylédons ovales, obtus, munis d'une nervure longitudinale : les feuilles primordiales sont alternes le long de la tige, et un peu écartées des cotylédons. La première est simple, obovée, un peu échancrée ; les suivantes ailées à trois folioles, obovées ou ovales. Dans leur premier développement les folioles pendent vers la terre (pl. 14, fig. 73).

4e. *Tribu*. VICIÉES.

La tribu des Vicées, dont j'ai observé vingt-deux espèces distribuées dans les genres qui la composent, se distingue, quant à la germination, en ceci que leurs cotylédons sont épais, décolorés, dépourvus de stomates, et restent cachés sous terre et enfermés dans le spermoderme à l'époque de leur germination : la jeune tige sort de terre et porte des feuilles primordiales alternes. Ce dernier caractère distingue les Viciées du petit nombre de Phaséolées dont les cotylédons restent sous terre : celles-ci ont les feuilles primordiales opposées.

Le *Cicer arietinum* a les cotylédons souterrains, très-épais, un peu échancrés à leur base, de manière à former deux petites oreillettes récurrentes assez prolongées : la tige est droite, cylindrique; les premières feuilles alternes, ailées, avec deux, trois ou quatre paires de folioles et une terminale; les stipules et les folioles semblables à l'état ordinaire de l'espèce : cette germination est remarquable en ce qu'on y trouve les feuilles ailées avec impaire (voy. fig. 83).

Les *Vesces*, dont j'ai observé neuf espèces, et la *Fève*, ont aussi leurs cotylédons cachés sous terre : leur tige s'élève presque toujours un peu anguleuse, et porte deux feuilles primordiales réduites à une écaille embrassante qui représente la base du pétiole : dans la troisième feuille le pétiole s'allonge, se termine en une petite soie, et porte deux folioles opposées, comme on le voit dans le *V. Narbonensis* (fig. 74-77), le *V. Bithynica*, le *V. Faba* et le *V. Syriaca :* quelquefois les deux ou trois feuilles suivantes ne portent de même qu'une paire de folioles, comme par exemple dans le *Vicia Nissoliana :* quelquefois, au contraire, on trouve dès la troisième feuille deux ou trois paires de folioles, comme par exemple dans les *Vicia articulata* (fig. 75), *Benghalensis* et *Ervilia* (fig. 76). Dans les feuilles primordiales réduites à une simple écaille, on trouve souvent les deux stipules latérales qui sont un peu soudées avec le pétiole, et donnent à l'écaille l'apparence trifide.

L'*Ervum Lens* offre entièrement les mêmes phénomènes que les *Vicia* : ses cotylédons sont souterrains, ses deux feuilles primordiales alternes et squamiformes ; les deux suivantes à une paire de folioles. Ainsi, par la germination comme par la fructification, le genre *Ervum* n'est pas sensiblement distinct des *Vicia* (voy. fig. 77).

J'en dirai tout autant du genre *Pisum*, pourvu qu'on le débarrasse du *P. Ochrus* qui est un vrai *Lathyrus* par sa germination : les *P. sativum* et *arvense* ont les cotylédons souterrains; la tige droite; les feuilles primordiales alternes réduites, l'une inférieure à la base du pétiole, l'autre supérieure formée de la base du pétiole et des rudimens des deux stipules qui sont grandes, foliacées et adhérentes au pétiole par leur base seulement; les trois et quatrième feuilles ont une paire de folioles, une paire de stipules foliacées, et un pétiole terminé en soie souvent assez allongée (voy. fig. 78).

Les cotylédons de tous les *Lathyrus* restent sous terre dans le spermoderme ; la tige s'élève un peu anguleuse et porte des feuilles primordiales, mais celles-ci se présentent sous trois types différens. 1°. Dans la plupart des espèces telles que les *L. hirsutus*, *amphicarpos*, *annuus*, *cicera*, etc., les deux premières feuilles sont réduites à la base du petiole, tantôt simple, tantôt trifide à cause des deux stipules latérales; les deux suivantes ont une paire de folioles, une paire de stipules et un pétiole terminé en soie comme dans les *Pisum* et la plupart des *Vicia* (voy. fig. 79-80).

2°. Dans plusieurs espèces telles que le *L. Ochrus*, le *L. articulatus*, etc., les feuilles primordiales sont réduites à une écaille simple, très-petite, et les suivantes ne présentent qu'un pétiole allongé, foliacé, dépourvu de folioles et ayant l'apparence d'une feuille simple et entière : on sait que le *L. Nissolia* conserve cette manière d'être toute sa vie; les autres finissent par prendre quelques folioles latérales à leur état adulte (voy. fig. 81).

3°. Enfin le *L. aphaca* offre les deux feuilles primordiales très-petites, l'inférieure réduite à la base du pétiole étroite et aiguë, la supérieure offrant outre cette base pétiolaire les rudimens des deux stipules latérales. La troisième feuille présente deux stipules et un pétiole plus long qu'elles, portant une paire de petites folioles; la quatrième offre encore la même organisation; mais dès la cinquième, et pour tout le reste de la vie de la plante, on ne trouve plus que les stipules qui deviennent alors grandes et foliacées, et le pétiole dépourvu de folioles, et prolongé en soie, ou ensuite en vrille simple (voy. fig. 82).

Les *Orobes* ont aussi les cotylédons souterrains et enfermés dans le spermoderme.

5e. *Tribu.* PHASEOLÉES.

Les Phaséolées, dont j'ai vu vingt espèces, sont au nombre des plantes dont j'ai le plus suivi la germination; mais si j'ai observé un assez grand nombre d'espèces dans les genres *Phaseolus* et *Dolichos*, je n'ai pu malheureusement en observer de genres différens autant qu'il eût été utile de le faire : leur caractère général est d'avoir les cotylédons charnus, dépourvus de stomates, et les feuilles primordiales opposées.

Le *Glycine tomentosa* a les cotylédons souterrains, les

feuilles primordiales opposées, pétiolées, en forme de cœur; les suivantes alternes et à trois folioles.

Le *Sweetia longifolia*, que j'ai détaché des *Galega*, à cause de son calice à deux lobes, me paroît plus voisin des *Glycine*, et appartenir aux Phaséolées; mais n'ayant observé sa germination qu'une seule fois et sans oser arracher la jeune plante, il me reste quelque doute à cet égard. Je soupçonne qu'il a les cotylédons souterrains; sa tigelle porte deux feuilles primordiales opposées, pétiolées, simples, ovales, échancrées à la base, obtuses au sommet, à cinq ou sept nervures palmées. Les suivantes sont alternes, pétiolées, à trois folioles oblongues pétiolulées (voy. fig. 87, pl. 16).

Parmi les Haricots, j'ai observé les *Phaseolus vulgaris*, *nanus*, *striatus*, *Mungo*, *vexillatus* (voy. fig. 88), et plusieurs autres espèces ou variétés mal déterminées. Tous ont pour caractères communs: 1°. que la partie de la tige, située au dessous des cotylédons, est longue, cylindrique, et saillante hors de terre; 2°. que les cotylédons sont épais, charnus, ovales ou oblongs, planes en dessus, convexes en dessous, blanchâtres ou à peine un peu verdâtres, sessiles ou munis d'un pétiole à peine visible; 3°. que la tige se prolonge au dessus des cotylédons d'une longueur notable, de deux ou trois lignes dans le *P. vexillatus*, mais qui dépasse souvent un pouce dans le Haricot commun; 4°. que les feuilles primordiales sont opposées, pétiolées, tronquées ou échancrées en cœur à leur base, acuminées à leur sommet, à nervures pennées, et ayant à leur base, outre la côte du milieu, deux nervures latérales, rameuses du côté extérieur; 5°. qu'il se trouve une stipule entre chacune de ces deux feuilles primordiales, probablement formée par la soudure des deux stipules des deux feuilles; 6°. enfin, que les feuilles suivantes sont alternes et ailées à trois folioles (voy. fig. 88).

Le *Dolichos lignosus* et d'autres espèces du même genre dont j'ai observé la germination, le *Canavalia obtusifolia*, et le *Mucuna urens* ressemblent absolument, à cette époque de leur vie, aux vrais Haricots, et n'en diffèrent que par des nuances spécifiques. Dans le *D. lignosus*, les cotylédons, quoique hors de terre, restent long-temps enfermés dans le spermoderme (fig. 89).

Les *Cajans* ont des cotylédons épais, charnus, blanchâtres, comme les Haricots, situés à fleur de terre ou un peu au dessous, au collet de la plante, enfermés dans le spermoderme, échancrés à leur base et munis d'un très-court pétiole. La tige s'élève droite et porte deux feuilles primordiales opposées, ovales ou lancéolées, portées sur de très-courts pétioles, et nullement échancrés à leur base. Les feuilles suivantes sont alternes, à deux ou trois folioles, quelquefois même simples (pl. 18, fig. 91, 92). J'ai observé deux espèces d'*Erythrina*; savoir, l'*E. Corallodendron* et une autre que je soupçonne être le *Crista galli*. Elles ont la tige allongée, cylindrique, sans poils ni épines au-dessous des cotylédons, qui sont ainsi élevés, comme dans les Haricots, au-dessus du sol. Ces cotylédons sont ovales, obtus, très-épais et sans stomates. La tige se prolonge au-dessus d'eux et porte d'abord des aiguillons épars. Les feuilles primordiales sont opposées, pétiolées, échancrées en cœur, un peu pointues au sommet, déjà munies de quelques aiguillons sur le pétiole ou les nervures. On observe deux stipules étroites à la base du pétiole, et deux tubercules glanduleux remplacent les stipules à la base. Les feuilles suivantes sont encore quelquefois opposées et simples, quelquefois alternes et à trois folioles (pl. 18. fig. 93).

Les *Lupins* sont très-reconnoissables à cause de leurs cotylédons, qui, quoique verts et foliacés, sont épais, presque charnus, un peu pétiolés, souvent légèrement ridés ou inégaux ; leurs feuilles primordiales naissent opposées à peu de distance des cotylédons, et ont déjà comme les feuilles ordinaires un long pétiole muni à sa base de deux stipules adhérentes et terminé par cinq folioles. Ces caractères sont communs au *L. angustifolius*, dont je donne la figure (pl. 18. fig. 94), et aux *L. varius* et *hirsutus*. La seule vue de la germination du *Lupinus trifoliatus* prouve qu'il n'appartient pas à ce genre. Les *Lupins* peuvent être placés auprès des *Crotalaria* ou dans les Phaseolées ; leur germination les rapproche davantage de ces dernières.

La place du genre *Abrus* offre quelques difficultés à résoudre : si je considère ses feuilles ailées sans impaire et son pétiole terminé en soie, je suis disposé à le placer parmi les Viciées ; mais sa tige ligneuse et grimpante, ses gousses et ses graines semblables à celles des Glycinés, et enfin sa germination, le rapprochent davantage des Phaséolées : ses cotylédons sont épais, charnus, à peine verdâtres, convexes en dessous, oblongs, obtus, et sortent de terre et hors du spermoderme comme dans les Haricots. Ses feuilles primordiales sont munies de deux petites stipules ailées sans impaire, à pétiole terminé en soie courte et à six paires de folioles. Malheureusement j'ai oublié de noter dans ma description si les feuilles sont alternes ou opposées, et cette circonstance seule m'empêche d'affirmer la place de ce genre. Si, comme je crois me le rappeler, elles sont opposées, l'*Abrus* appartiendroit certainement aux Phaséolées, malgré ses feuilles sans impaire ; si elles sont alternes, il devroit être joint aux Viciées.

6e. *Tribu.* DALBERGIÉES.

J'ai vu une seule fois un *Dalbergia* en germination ; mais ayant égaré sa figure et sa description, je ne retrouve en note autre chose, sinon que ses cotylédons étoient foliacés et saillans hors de terre, et que ses feuilles primordiales étoient simples, pétiolées et opposées : ce dernier caractère tend à confirmer leur rapprochement avec les Phaséolées.

7e. *Tribu.* SWARTZIÉES.

Je n'en ai vu aucune en germination.

8e. *Tribu.* MIMOSÉES.

Les Mimosées forment sans aucun doute une des tribus les plus naturelles et les plus distinctes de la famille des Légumineuses, mais je n'ai pu observer la germination que d'un petit nombre d'entre elles; et la plupart arrivées de leurs patries respectives étoient nommées trop inexactivement pour que j'aie pu toujours savoir à quelle espèce et par conséquent auquel des genres actuels se rapportoient les germinations observées. Je les décrirai donc sans oser encore les lier d'une manière définitive avec la classification générique.

J'ai vu la germination de l'*Entada Gigalobium ;* elle offre deux cotylédons épais, charnus, enfermés dans le spermoderme, lequel reste caché sous terre très-près de la surface; ces cotylédons sont portés sur un court pétiole fléchi horizontalement. La tige s'élève droite, cylindrique, rougeâtre, et s'entortille déjà autour des corps qu'elle rencontre. Les premières feuilles naissent à cinq pouces de distance des cotylédons; les deux primordiales alternes, mais plus rapprochées entre elles que les suivantes, pétiolées, palmatipartites, c'est-à-dire, composées de cinq folioles qui sont encore soudées ensemble. Le lobe du milieu est long, linéaire, entier; les deux latéraux plus courts, quelquefois un peu dentés du côté extérieur; les deux externes plus courts encore et munis d'une dent à leur base extérieure; les feuilles suivantes presque pinnatipartites, avec le lobe terminal très-long et les latéraux plus courts. Cette singulière germination est d'autant plus bizarre que la plante adulte finit par avoir des feuilles deux fois ailées sans impaire, et le pétiole terminé en vrille : malheureusement la mort des jeunes plantes m'a empêché de suivre cette progression. Remarquons que l'*Entada* qui seul, parmi les Mimosées, ressemble aux Viciées par ses pétioles terminés en vrilles et ses tiges grimpantes, leur ressemble aussi par ses cotylédons souterrains et inclus dans le spermoderme. Y a-t-il quelque rapport nécessaire entre ces phénomènes?

J'ai reçu et semé, sous le nom d'*Inga Unguis cati*, une graine de Mimosée qu[illegible] n'ai pu examiner adulte. Elle avoit, comme la précédente, les cotylédons épais et cachés sous terre; sa tige étoit saillante, droite et grêle; ses feuilles primordiales alternes : le pétiole commun se divisoit au sommet en deux branches qui portoient chacune deux folioles opposées, ovales, pointues, inégales par leur base et pubescentes. Des stipules setacées, et de très-petites feuilles, étoient à la base des pétioles et de leurs branches. Ces feuilles primordiales étoient extrêmement petites, et les suivantes devenoient graduellement plus grandes. Si d'autres espèces d'*Inga*, analogues à l'*Unguis cati*, présentent ce mode de germination, j'ai peu de doute qu'on devra en former un genre distinct des vrais *Inga*, comme la structure de leur fruit peut déjà le faire présumer.

L'*Inga Saman* présente une germination très-différente de la précédente, et qui se rapproche davantage des autres Mimosées. Sa tige s'élève hors de terre droite, cylindrique, longue de près d'un pouce ; elle porte deux cotylédons opposés, épais, verts, elliptiques, très-obtus, fortement échancrés à leur base, avec deux oreillettes larges, droites et obtuses, d'où résulte que les cotylédons sont comme appliqués et dressés le long de la tige, et réellement insérés plus haut qu'ils ne le semblent. Les deux feuilles primordiales sont opposées et munies de chaque côté d'une stipule intermédiaire ; l'une d'elles est simplement ailée à trois paires de folioles sans impaire ; l'autre a déjà comme la troisième feuille le pétiole à deux branches chargées chacune de deux paires de folioles (voy. fig 95).

Les vrais *Mimosa*, dont j'ai étudié deux espèces, savoir le *M. pudica* et le *sensitiva*, [illegible] comme l'*Inga Saman* une première feuille primordiale simplement ailée à trois paires de folioles, opposées avec une autre à pétiole bifide, dont chaque branche porte deux ou trois paires de folioles.

Mais ses cotylédons naissent très-près du collet : ils sont étalés, munis d'un court pétiole, planes, un peu épais, verts, sans nervures bien sensibles, de forme presque parallélogramique ou plutôt ovés avec les deux extrémités tronquées. Les feuilles primordiales naissent opposées entre elles immédiatement au-dessus des cotylédons, et munies de pétioles assez longs. Dans ces deux plantes, les stipules et les folioles des feuilles primordiales ressemblent déjà à ce qu'elles seront dans la plante adulte.

Dans le *Mimosa pudica*, comme on l'a déjà observé, les cotylédons eux-mêmes, et à plus forte raison les feuilles primordiales, sont déjà susceptibles de se mouvoir par l'effet du choc. Dans le *M. pudica*, le spermoderme reste quelquefois comme un capuchon au sommet de l'un des cotylédons (voy. fig. 96). Dans le *M. sensitiva*, les feuilles primordiales sont sensibles au choc, mais non les cotylédons (voy. fig. 97).

Le *M. rubicaulis* appartient à la section des *Batocaulon*, qu'à plusieurs égards on peut considérer déjà comme un genre distinct. Elle diffère aussi des précédentes par sa germination. Sa tige est saillante, hors de terre, mais assez courte; ses cotylédons sont étalés, foliacés, larges, ovales, très-obtus au sommet et échancrés à leur base, qui forme deux petites oreillettes dentiformes, portés sur un très-court pétiole et munis à leur base de trois à cinq petites nervures. La tige se prolonge au-dessus des cotylédons : la première feuille qui naît un peu au-dessus d'eux est simplement ailée à trois paires de folioles. La deuxième qui naît un peu au-dessus de la première a le pétiole fourchu, et dont chaque branche porte trois paires de folioles. La troisième qui est à peu près au-dessus de la première, est comme elle simplement ailée à trois paires de folioles, et la quatrième qui est au-dessus de la deuxième, a comme elle le pétiole fourchu à trois paires de folioles sur chaque branche. Cette singulière alternative de feuilles simplement et doublement ailées est un phénomène que je n'ai vu dans aucune autre légumineuse (voy. fig. 98).

Le genre *Acacia* qui renferme comme on sait un nombre immense d'espèces très-différentes entre elles, offre aussi quelques variétés notables de germination. Dans toutes les espèces observées, les cotylédons sont portés sur une tige saillante hors de terre, droite et cylindrique; ses cotylédons sont ovés, très-obtus au sommet, tronqués ou échancrés à la base, de couleur verte, de consistance épaisse et sans nervures bien visibles.

1° Dans les Acacies hétérophylles, les cotylédons sont oblongs, coriaces, presque charnus, à peu près sessiles, échancrés à leur base avec deux petites oreillettes aiguës. La première feuille est simplement ailée à quatre paires de folioles. La deuxième a déjà le pétiole bifide à branches chargées de quatre paires de folioles : mais à mesure que la plante avance en âge, on voit les feuilles suivantes prendre un pétiole ailé qui affecte une position verticale, le nombre des folioles diminue, il disparoît complètement et les feuilles sont réduites à un pétiole dilaté ou *phyllodium*, quoique dans leur origine elles aient été ailées et même bipennées comme les autres Acacies.

2° Dans l'*Acacia acanthocarpa* et quelques autres telles que le *glauca*, etc., on trouve des cotylédons ovales ou arrondis, très-obtus, tronqués ou un peu échancrés à la base, un peu pétiolés, planes, verts et étalés : la première feuille primordiale naît de la tige immédiatement au-dessus des cotylédons; elle est pétiolée simplement ailée et à cinq paires de folioles. Les autres qui naissent au-dessus de la première, alternes entre elles, ont le pétiole à deux branches chargées chacune de quatre paires de folioles (voy. fig. 99). Un *Acacia* que j'ai reçu sous le nom de *divaricata*, ne diffère des précédentes que par le grand rapprochement des premières feuilles, et par ses cotylédons plus échancrés en cœur, mais toujours obtus (voy. fig. 100). D'autres espèces, dont malheureusement le nom spécifique m'est inconnu, ne diffèrent des précédentes qu'en ceci, que la première feuille a un plus grand nombre de folioles et naît écartée au-dessus des cotylédons; les suivantes qui sont alternes sont déjà à deux branches. J'ai observé trois espèces dans ce cas : je donne la figure d'une d'elles (voy. fig. 101-104).

3° L'*Acacia Farnesiana* est le type d'un troisième mode de germination, dans lequel les cotylédons sont ovales ou oblongs, échancrés à la base, obtus au sommet, mais qui ont deux feuilles primordiales simplement ailées et opposées, les suivantes alternes et à pétiole fourchu. L'*A. Farnesiana* (voy. fig. 102) en particulier est remarquable, 1° parce que ses deux feuilles primordiales naissent immédiatement au-dessus des cotylédons et portent de 7 à 9 paires de folioles; 2° parce que le collet y est fortement prononcé par un rebord circulaire qu'on voit rarement marqué au même degré. Une autre espèce dont j'ignore le nom, mais dont je donne la figure (voy. fig. 103), se distingue de la précédente par deux caractères : 1° Ses deux feuilles primordiales, bien qu'opposées, naissent à quelque distance au-dessus des cotylédons; 2° ses cotylédons sont épais, ovales, attachés à la tige presque par le centre et pourroient être appelés peltés : ils est, je crois, plus exact de les comparer à ceux de l'*Inga Saman*, et de dire qu'ils sont fortement échancrés à leur base, ayant les deux oreillettes prolongées et soudées ensemble. Au reste, toutes les feuilles peltées doivent être considérées de la même manière (voy. fig. 104).

4° L'*Acacia Bancroftiana*, espèce encore mal connue quant à sa fructification, et que j'ai laissée à la suite du genre sans déterminer sa place, présente aussi une germination différente des précédentes. Comme l'*A. Farnesiana*, le collet y offre un rebord circulaire très-proéminent. La tige est cylindrique, droite, longue d'un pouce environ au-dessous des cotylédons. Ceux-ci ont un pétiole à peine visible; ils sont étalés, foliacés, arrondis, un peu échancrés à la base, planes et munis de cinq nervures presque palmées. La tige s'allonge au-dessus des cotylédons, et porte des feuilles primordiales, alternes, pétiolées, simplement ailées, à pétiole terminé en soie, et chargée d'une seule paire de folioles opposées; celles-ci sont très-inégales à leur base et bordées de quelques cils épineux. Cette germination a plus de rapport avec celle du *Ceratonia*, qu'avec les autres Mimosées.

9ᵉ. *Tribu*. GEOFFRÉES.

De tous les genres de la famille des Légumineuses, le plus difficile à bien placer est peut-être l'*Arachis* : je l'ai mis dans la tribu des Geoffrées à cause de son embryon droit et huileux, et de ses étamines soudées : peut-être trouvera-t-on que sa germination comparée à celle du *Moringa* confirme ce rapprochement.

L'*Arachis hypogœa* offre une racine garnie de fibrilles latérales et nombreuses : sa tige est un peu courbée à sa base, puis dressée, cylindrique, épaisse, longue de huit à dix lignes jusqu'aux cotylédons. Ceux-ci ont un pétiole long, un peu plane, demi-embrassant, et les deux bases semblent un peu soudées ensemble. Ces cotylédons sont étalés un peu au-dessus de terre, épais, charnus, décolorés, nullement verts, chargés des débris du spermoderme : la tige s'élève droite, et porte à quelques lignes au-dessus des cotylédons deux feuilles primordiales presque opposées, et déjà semblables à celles de l'âge adulte, munies de longues stipules, simplement ailées à deux paires de folioles très-rapprochées, et à pétiole dépourvu de soie et de vrilles. A l'aisselle des deux cotylédons, on voit de jeunes rameaux se développer (voy. fig. 105).

J'ai aussi observé la germination du *Voandzeia*, dont la graine m'a été envoyée sous le nom d'*Arachis* comme venant de Madagascar, et que j'ai en effet au premier coup d'œil prise pour l'*Arachis* ordinaire; elle en est bien certainement distincte, mais elle appartient au même groupe. Ses cotylédons sont aussi épais et charnus : ils naissent à fleur de terre et même un peu enterrés, à moitié enfermés dans le spermoderme; la tige est droite, très-courte jusqu'à l'origine des feuilles primordiales; celles-ci sont opposées, munies de longs pétioles, composées de trois folioles qui naissent ensemble du sommet du pétiole, oblongues et sensiblement égales. Au-dessous de leur origine se trouvent deux tubercules glanduleux en guise de stipules. Les feuilles suivantes sont un peu alternes, mais très-rapprochées à leur origine à cause que la tige ne s'allonge pas (voy. fig. 106).

Le *Voandzeia* et l'*Arachis* ne peuvent pas, ce me semble, être séparés, et devront probablement former un jour une tribu particulière.

Le genre *Moringa* a des rapports très-prononcés avec les Geoffrées, par ses graines huileuses et par sa germination qui diffère peu de celle de l'*Arachis* et du *Voandzeia*. J'en ai observé deux espèces que je présume être le *M. pterigosperma* et l'*aptera* (pl. 21 et 21*)

Ce dernier que j'ai étudié avec plus de détails, a une racine grêle, pivotante, peu rameuse. Les cotylédons naissent au collet, cachés sous terre et enfermés dans le spermoderme qui est triangulaire et sans ailes : lorsqu'on enlève cette pellicule on trouve que les deux cotylédons forment une masse ovoïde; chacun d'eux considéré séparément est épais, blanchâtre, ovale, arrondi, muni d'un très-court pétiole et légèrement échancré à sa base, de manière à former deux petites oreillettes dentiformes. La tige est droite, cylindrique, nue, longue de quatre pouces des cotylédons aux feuilles primordiales : deux petits jets naissent à l'aisselle des cotylédons, comme dans l'*Arachis*. Les feuilles primordiales sont opposées, munies chacune à leur base de deux petites stipules distinctes entre elles; le pétiole est long, étalé, divisé au sommet en trois branches; celle du milieu porte une ou trois folioles obovées : les deux latérales portent une foliole terminale grande, et une ou deux latérales beaucoup plus petites. Toutes les folioles sont pétiolulées; il existe des stipules à la base des divisions du pétiole. Les feuilles suivantes sont assez semblables à celles-ci, mais alternes.

Le *Moringa pterigosperma* ne diffère du précédent que par ses graines dont les trois angles sont prolongés en ailes un peu crénelées, que sa structure est plus petite, quoique la graine soit plus grosse, et que ses folioles sont oblongues, presque linéaires : mais d'ailleurs la germination n'offre aucune différence importante (voy. fig 107, 108).

10e. *Tribu*. CASSIÉES.

Les *Cassiées* se distinguent du groupe probablement hétérogène auquel j'ai donné le nom de Geoffrées, 1° parce que leurs graines ne sont jamais huileuses, et 2° parce que leurs cotylédons sortent de terre et du spermoderme d'une manière prononcée à l'époque prononcée; mais on y trouve encore des cotylédons charnus et foliacés, des feuilles primordiales, alternes et opposées, simples et ailées. Le nombre des genres où j'ai observé la germination se réduit à dix.

J'ai vu deux espèces ou variétés de *Gleditsia*, le *triacanthos* et l'*inermis*. A cet âge on ne peut nullement les distinguer, et l'on sait que dans le reste de leur vie cette distinction est douteuse. L'un et l'autre ont presque dès leur naissance une racine déjà ligneuse et brune, d'abord pivotante, puis latéralement rameuse. Leur tige est droite, cylindrique; les cotylédons naissent au-dessus de terre, demi-étalés, verts, foliacés, un peu coriaces, sessiles, échancrés à leur base qui forme deux oreillettes, ovales, obtus, marqués de trois à cinq nervures fines et un peu ramifiées : la tige se prolonge droite, et porte les feuilles primordiales à la distance d'environ un pouce ; les deux premières feuilles sont tantôt décidément alternes, tantôt très-rapprochées, quelquefois parfaitement opposées ; toujours simplement ailées, ayant de trois à sept paires de folioles sans impaire : les suivantes sont décidément alternes, et ne diffèrent des primordiales que par un plus grand nombre de folioles (voy. fig. 109).

Le *Coulteria mollis* ressemble assez au genre précédent quant à la germination : ses cotylédons sont situés six à huit lignes au-dessus du collet, opposés, verts, foliacés, un peu épais, ovales, très-obtus, même un peu échancrés au sommet, sessiles et échancrés, à deux petites oreillettes obtuses à la base, obliquement ouverts et un peu convexes en dessus, concaves en dessous. La tige s'élève de près d'un pouce avant de pousser une première feuille ; elle est glabre au dessous des cotylédons, mollement velue au dessus d'eux ; les feuilles primordiales sont ailées à trois paires de folioles, plus une quatrième presque terminale, qui offre une foliole bien développée et une autre rudimentaire ; de sorte que dans cet état, elle tient presque le milieu entre la feuille avec ou sans impaire (voy. fig. 110).

Le *Poinciana pulcherrima* a la racine pivotante, un peu rameuse sur les côtés : la tige droite, cylindrique, longue de près d'un pouce au dessous des cotylédons ; ceux-ci sont verts, foliacés, opposés, ovales, très-obtus, et même un peu échancrés au sommet, légèrement en cœur à leur base, plus pétiolés, planes, mais ayant les bords déprimés, de manière à être concaves en dessous et convexes en dessus. Les feuilles primordiales naissent opposées l'une à l'autre, à huit ou dix lignes au dessus des cotylédons; elles sont ailées à cinq paires de folioles sans impaire, et le pétiole est terminé en soie fort courte : les suivantes sont alternes, deux fois ailées, à une ou deux pinnules (voy. fig. 111, pl. 23).

Le *Parkinsonia aculeata* a une racine pivotante, qui part d'un collet renflé circulairement, comme dans l'*Acacia Farnesiana*; la tige est grêle, cylindrique, longue d'environ un pouce au dessous des cotylédons : au commencement de la germination, elle est fléchie au sommet, et les cotylédons pendans; le spermoderme reste ordinairement en terre, quelquefois les cotylédons l'emportent comme un capuchon (voy. fig. 112). Ces cotylédons sont opposés, foliacés, verts, un peu épais, ovales, oblongs, étalés, sessiles, munis à leur base de trois foibles nervures, et très-légèrement auriculés. La tige se prolonge de quatre à cinq lignes entre les cotylédons et les premières feuilles : celles-ci sont ordinairement opposées, quelquefois un peu alternes, ailées à quatre ou cinq paires de folioles, et une impaire plus ou moins avortée, quelquefois même le pétiole se prolonge au-delà de la dernière foliole en une petite pointe; les feuilles suivantes sont alternes, ailées à six paires de folioles sans impaire (voy. fig. 112).

Le *Tamarindus indica* ou *occidentalis* a comme le précédent une racine pivotante et une tige droite et cylindrique; le collet n'est point renflé; la tige est couverte d'un duvet mou, ligneux et velouté en dessous des cotylédons : au dessus d'eux elle est plutôt mollement hérissée de poils fins et serrés;

les cotylédons sont épais, charnus, un peu verdâtres, sessiles, ovales, obtus aux deux extrémités, dressés, convexes en dessous, ordinairement opposés, très-rarement alternes, comme on le voit dans la figure 113. Les feuilles primordiales qui naissent à un pouce, environ au dessus des cotylédons, sont étalées, velues, opposées, ailées à dix paires de folioles sans impaire. Chacune d'elles a à sa base deux stipules, qui forment par leur réunion un verticille à la base de la jeune tige ; les feuilles suivantes sont alternes.

Le Caroubier (*Ceratonia Siliqua*) a la racine pivotante, la tige droite, cylindrique, déjà un peu ligneuse, longue d'un pouce environ au dessous des cotylédons, munie de quatre petites nervures, qui semblent leurs projectures. Ces cotylédons sont opposés, sessiles, étalés, ovales, très-obtus au sommet et même à la base, planes, verts, foliacés, de consistance ferme, munis de trois nervures à leur base, les premières feuilles sont alternes ; la plus inférieure naît immédiatement au dessus des cotylédons ; les suivantes à quelques lignes de distance : toutes ces premières feuilles sont pétiolées à une paire de folioles, obovées ou presque obcordées, à deux stipules subulées, et à pétiole terminé par une pointe : les folioles ont déjà la consistance ferme de la plante adulte (fig. 114.).

Le nombreux genre des *Casses*, dont j'ai vu environ quinze à seize espèces (voy. pl. 25, fig. 115-119), présente en général une grande uniformité dans sa germination : les espèces observées sont les *Cassia Fistula*, *grandis*, *glauca*, *nictitans*, *Marylandica*, *corymbosa*, *alata*, *speciosa*, et quelques autres dont les noms d'espèce sont un peu incertains. Toutes ont la racine grêle et pivotante, la tige droite et filiforme, les cotylédons élevés au dessus du sol de six à douze lignes, ovales ou arrondis, sessiles, planes, verts, foliacés, très-obtus, munis de trois nervures à leur base, étalés à leur développement complet, et de consistance un peu ferme. Les feuilles primordiales sont alternes, pétiolées, ailées sans impaire, et naissent à quelque distance des cotylédons; le nombre des paires varie; j'en compte huit dans le *C. grandis*, six dans le *Fistula,* trois dans le *nyctitans,* deux dans l'*alata,* le *purpurea,* le *Marylandica,* le *speciosa*, le *corymbosa*, etc., une seule dans le *C. glauca.* Cette uniformité n'est rompue que par une seule espèce que j'ai reçue d'Italie, sous le nom de *Cassia piccola*, qui a les feuilles primordiales opposées; mais je ne l'ai point étudiée, et elle pourroit ne pas être de ce genre.

L'*Hymenæa Courbaril* (fig. 120) pousse hors de terre une tige cylindrique, épaisse, longue d'environ deux pouces au dessous des cotylédons; ceux-ci sont opposés, sessiles, dressés, très-épais, planes en dessus, convexes en dessous. Un peu au dessus des cotylédons naissent deux feuilles primordiales opposées, sessiles, simples, ovées, très-obtuses et marquées à leur base de trois nervures saillantes : les feuilles suivantes sont alternes, pétiolées, à deux folioles, comme toutes celles de l'âge adulte.

Le *Bauhinia tomentosa* (fig. 121) présente une tige grêle, cylindrique, longue d'un pouce environ, portant deux cotylédons opposés, sessiles, ovales, à trois foibles nervures à la base, planes, verts, un peu coriaces; les feuilles primordiales sont alternes; la première naît à quelque distance; elles sont simples, pétiolées, à limbe presque orbiculaire très-obtus.

Le *Cercis Siliquastrum* (fig. 122), genre très-voisin, comme on sait, des *Bauhinia*, n'en diffère presque pas, quant à la germination. Les cotylédons ont une nervure moyenne, un peu pennée. La feuille primordiale offre la même disposition; mais elle est échancrée à son sommet, lequel se termine par deux dents, circonstance qui tend à confirmer son rapport avec les *Bauhinia*.

11e. *Tribu.* DÉTARIÉES.

Je n'en ai vu aucune espèce en germination.

TROISIÈME MÉMOIRE.

COMPARAISON

DES LÉGUMINEUSES

AVEC LES FAMILLES QUI ONT QUELQUE ANALOGIE AVEC ELLES.

Nous avons indiqué dans les deux mémoires précédens les caractères essentiels des Légumineuses. Nous devons maintenant déduire de ces caractères, 1°. la place de la famille dans l'ordre naturel, 2°. les principes de sa sous-division en sous-ordres et en tribus, ou de sa classification particulière : le premier objet fera le sujet de ce mémoire, et le deuxième sera renvoyé au suivant.

Bernard de Jussieu, qui a le premier admis la famille des Légumineuses dans les limites que nous reconnoissons aujourd'hui, l'avoit placée entre les Malvacées et les Campanulacées : je ne sais s'il mettoit à la place respective des familles autant d'importance qu'au choix des genres qui devoient composer chacune d'elles ; mais ce qui est certain, c'est que dès-lors on n'a point suivi le rapprochement indiqué par cet illustre botaniste, et que même on a peine à comprendre les motifs qui l'y avoient amené.

J'en dirai autant de l'opinion de Linné, qui plaçoit les Légumineuses entre les *Vepreculæ* qui correspondent aux Thymélées des modernes, et les Cucurbitacées; ce rapprochement singulier n'a point été motivé par son auteur et nous paroît, ainsi que le précédent, abandonné maintenant par tous les Botanistes. Batsch, quoique postérieur aux meilleurs travaux faits sur la classification, s'est encore plus écarté des principes de la taxonomie, en plaçant les Légumineuses seules avec les Orchidées dans une même classe.

Adanson nous paroît avoir mieux compris la structure des Légumineuses, en les plaçant entre les Jujubiers qui correspondent aux Rhamnées de Jussieu, et les Pistachiers qui correspondent aux Térébinthacées. Il fait remarquer que ces rapports sont sur-tout fondés sur l'insertion des étamines au calice; et il paroît ainsi avoir compris l'un des premiers l'importance de ce caractère.

Mais M. A.-L. de Jussieu a heureusement modifié l'opinion d'Adanson, et nous semble avoir entièrement résolu la question, en plaçant les Légumineuses entre les Térébinthacées et les Rosacées, dans la quatorzième classe qui correspond aux Calyciflores.

§ I. *Comparaison avec les Térébinthacées.*

La famille des Térébinthacées est elle-même si mal définie et si mal circonscrite, malgré les excellens travaux qui ont été publiés sur ce sujet dans ces derniers temps, qu'il est difficile d'établir quelque chose d'exact dans sa comparaison avec les Légumineuses. Je continue à la considérer, dans son ensemble, telle que M. de Jussieu l'a établie, et en prenant par conséquent pour de simples tribus les divisions de MM. Brown et Kunth, à l'exception, toutefois, de celle des Juglandées qui me paroît une famille très-prononcée, à raison de son ovaire adhérent, famille dont j'ai proposé la formation dès 1813 (Théor. élém., éd. 1.), et qui a été admise depuis lors par MM. Ach. Richard et Kunth.

Si nous comparons les Térébinthacées ainsi circonscrites avec les Légumineuses, nous verrons qu'elles en diffèrent un peu quant au port général, soit parce qu'elles sont toutes des arbres ou des arbrisseaux, et qu'il n'y en a aucune d'herbacées, tandis que cet état est fréquent chez les Légumineuses; soit parce qu'elles sont toutes, ou presque toutes, assez abondamment munies de sucs propres, résineux ou analogues aux baumes, tandis que ces sécrétions sont plus rares chez les Légumineuses.

Les feuilles des Térébinthacées présentent des diversités fort analogues à celles des Légumineuses; elles sont alternes, pétiolées, tantôt simples, tantôt ailées avec ou sans impaire, très-rarement palmées ou deux fois ailées; mais ce qui établit une différence assez habituellement vraie entre les deux familles, c'est que les stipules manquent dans presque toutes les Térébinthacées, et existent souvent même très-développées dans presque toutes les Légumineuses : cette règle offre cependant quelques exceptions dans les deux groupes. Ainsi on trouve des stipules parmi les Térébinthacées, aux feuilles supérieures du *Canarium*, et peut-être dans le genre *Bru-*

nellia; on trouve aussi des Légumineuses sans stipules, telles sont quelques espèces de *Sophora*, *Swartzia*, etc., et en particulier les diverses espèces de *Myrospermum*, qui à cet égard comme à plusieurs autres s'approchent plus des Térébinthacées que la plupart des Légumineuses.

Les fleurs des Térébinthacées sont en général plus petites que celles des Légumineuses, et en diffèrent assez par leur apparence, quoiqu'on ne puisse citer aucun caractère bien rigoureux entre les deux familles.

1°. Il est vrai de dire que les fleurs des Térébinthacées sont régulières, ce qui est rare dans les Légumineuses; mais c'est ce qu'on trouve cependant dans les Mimosées, et même dans quelques Césalpinées.

2°. L'une et l'autre famille offrent des calices et des corolles à estivation valvaire ou embriquée; le premier mode est cependant plus fréquent parmi les Térébinthacées, ce qui s'accorde avec la régularité plus habituelle de leurs fleurs.

3°. Les fleurs des Térébinthacées sont fréquemment unisexuelles par l'avortement de l'un des sexes; celles des Légumineuses sont presque toujours hermaphrodites, à l'exception de l'*Amphicarpæa monoïca*, et d'un petit nombre d'autres.

4°. Les carpelles des Térébinthacées sont presque toujours en nombre multiple, soit libres entre eux comme dans les Aïlantes ou dans les vraies Connaracées, soit soudés en un seul corps comme dans les Burséracées ou les Amyridées; ceux des Légumineuses sont presque toujours solitaires. Mais on trouve des Térébinthacées à carpelles solitaires, soit habituellement comme les Anacardiées, soit accidentellement comme l'*Aïlantus*, le *Connarus monocarpus*, etc.; et nous avons vu plus haut qu'on rencontre çà et là des Légumineuses à plusieurs carpelles.

5°. Les étamines des Térébinthacées sont presque toujours libres entre elles, excepté dans les genres *Omphalobium* et *Connarus*, où les filets sont légèrement monadelphes par la base. Nous savons qu'elles sont très-fréquemment soudées dans les Légumineuses.

6°. Les étamines des Térébinthacées sont presque indifféremment en nombre égal ou double de celui des pétales, tandis que dans les Légumineuses on trouve presque toujours un nombre d'étamines double des pétales; cependant quelques Mimosées et quelques Césalpinées n'ont qu'un nombre d'étamines égal aux pétales.

7°. On trouve également dans les deux familles des pétales et des étamines périgynes ou hypogynes; mais elles s'y présentent cependant avec des apparences diverses. Quand les Térébinthacées sont périgynes, elles portent un disque qui part du calice et entoure l'ovaire d'une manière analogue à ce qui a lieu dans les Rhamnées; alors les pétales et les étamines naissent au bord extérieur de ce disque : lorsque les fleurs des Térébinthacées sont hypogynes, leur torus est épais, proéminent; il ressemble tantôt au disque que nous venons de mentionner, tantôt à un vrai gynobase, et donne à ces genres hypogynes une ressemblance assez réelle avec les Rutacées; de telle sorte que les limites de ces deux familles ne sont pas toujours faciles à tracer, et quelques genres ont été et sont encore placés par divers botanistes dans l'une ou dans l'autre; tels sont le *Zanthoxylum*, l'*Elaphrium*, etc. Rien de ce que nous venons de décrire n'a lieu dans les Légumineuses ; quand elles sont périgynes, le torus est appliqué sur la base du calice, sous forme de lame sans former le disque; quand elles sont hypogynes leur torus n'est pas proéminent sans forme de gynobase ; il est ou très-petit, ou formant une sorte de gaîne. Ainsi, quoique les deux familles présentent des fleurs périgynes et hypogynes mélangées, le mode même de l'insertion des organes peut servir avantageusement à les distinguer.

Si nous passons à la comparaison des fruits des deux familles, ils offrent d'abord de grandes différences. Ainsi toutes les Térébinthacées à carpelles soudés ont des fruits à plusieurs loges disposées symétriquement autour de l'axe, et qui ne ressemblent point à des gousses ; et plusieurs de celles où l'on a coutume de dire qu'il n'y a qu'un carpelle, comme dans les Légumineuses, ne doivent cet état qu'à un avortement. Ainsi je donne (pl. 2, fig. 7) la figure du fruit du *Pistacia vera*, où l'on reconnoît très-clairement deux loges avortées. Lorsque les carpelles des Térébinthacées sont ou isolés les uns des autres, ou réduits à l'unité par l'avortement des autres, alors ils ressemblent beaucoup à des gousses, et offrent toutes les variétés de nature qu'on observe dans les fruits des Légumineuses, savoir, d'être déhiscens ou indéhiscens, secs ou charnus, etc.; mais le point d'attache des graines établit ordinairement une différence bien prononcée entre les deux familles. Dans presque toutes les Térébinthacées, les ovules qui sont en général au nombre d'un ou deux, sont situés à la base, ou plus rarement au sommet de la loge carpellaire; tandis que dans les gousses, les graines, quel que soit leur nombre, sont attachées à l'angle interne ou supérieur de la loge, et par conséquent latérales. Deux considérations tendent à diminuer l'importance de cette différence.

1°. C'est que dans les gousses monospermes, l'attache de la graine est souvent située si près de l'extrémité de la suture séminale, que la graine semble naître de la base du fruit.

2°. Qu'il existe trois genres de Térébinthacées qui ont les graines attachées latéralement : l'un est le genre *Aïlantus*, dont les carpelles libres et au nombre de un à cinq se changent en samares oblongues assez semblables à celles des Frênes; ces samares ne présentent qu'une seule loge, dans laquelle on voit une graine unique attachée au côté du fruit, vers les trois quarts environ de sa longueur. Cette espèce de gousse ailée et indéhiscente a des rapports d'un côté avec le fruit des *Ptelea*, de l'autre avec celui du *Myrospermum*.

Le second genre où l'on remarque cette disposition latérale des graines, est celui auquel j'ai donné le nom de *Dyctioloma*; mais quoique cette disposition y soit très-prononcée et parfaitement conforme à celle des Légumineuses, on ne peut douter que le *Dyctioloma* n'en fait pas partie, et même il est douteux qu'il appartienne aux Térébinthacées. Enfin, le genre *Omphalobium* offre de grands rapports avec les Césalpinées à graines arillées et à cotylédons charnus : il a de même ses graines au nombre de un à deux attachées le long d'une des sutures; mais c'est toujours à la suture courbe qu'elles adhèrent, tandis que dans les Légumineuses, lorsqu'il n'y a qu'une des sutures qui soit courbe, c'est toujours à la suture droite que les graines sont attachées; la position de l'embryon est d'ailleurs très-différente dans ce genre de ce qu'elle est dans toutes les Légumineuses (voy. Mém. sur les Connaracées, inséré dans les Mémoires de la Soc. d'Hist. Nat. de Paris, tom. II, 2ᵉ. partie).

Enfin les graines des deux familles offrent quelques différences dignes de remarque : 1°. celles des Térébinthacées ont souvent un albumen dont celles des Légumineuses sont toujours dépourvues; 2°. la radicule y est souvent dirigée du côté supérieur, ce qui n'a pas lieu dans les Légumineuses. La radicule des Térébinthacées est comme dans les Légumineuses, tantôt droite, tantôt courbée : cette dernière disposition, qui y est assez fréquente, établit une ressemblance entre les graines de plusieurs Térébinthacées et des Légumineuses curvembriées.

D'ailleurs on trouve parmi les Térébinthacées, comme parmi les Légumineuses, des graines à cotylédons charnus et à cotylédons foliacés; mais parmi les Légumineuses cette différence est indépendante de l'albumen qui n'y existe pas, tandis que chez les Térébinthacées, les cotylédons sont en général charnus quand il n'y a point d'albumen, foliacés quand l'albumen existe.

La germination de ces deux sortes de graines présente beaucoup d'analogie dans les deux familles; on peut s'en assurer en comparant la germination de l'*Anacardium* représentée pl. 27, avec celle de l'*Hymenæa* pl. 26, ou du *Tamarindus* pl. 24.

Ainsi, en définitive, les Légumineuses diffèrent des Térébinthacées essentiellement par le mode d'insertion des pétales et des étamines, soit qu'il s'agisse de genres périgynes ou hypogynes; elles en diffèrent accessoirement par la présence des stipules, l'irrégularité des fleurs, la soudure fréquente des étamines, l'unité habituelle des carpelles, l'attache unilatérale des graines, l'absence habituelle de l'albumen.

§ 2. *Comparaison avec les Rosacées.*

Les rapports des Légumineuses avec les Rosacées sont encore beaucoup plus intimes qu'avec les Térébinthacées : ils ont été indiqués succinctement par M. de Jussieu, et très-bien exposés par M. H.-G. Bronn. Si je les représente ici, c'est que cet examen me donnera occasion, soit d'indiquer quelques faits qui se rattachent à la théorie générale de la Botanique, soit d'exposer les motifs de l'ordre que j'ai admis parmi les tribus des Légumineuses.

Si l'on compare les deux familles d'une manière générale, on voit d'abord que l'une et l'autre renferment des arbres ou des herbes, à feuilles ordinairement alternes, tantôt simples, tantôt diversement composées, et presque toujours munies de stipules. On voit que l'écorce de plusieurs d'entre elles présente séparément ou simultanément, soit des propriétés astringentes dues à la présence du tannin, soit des exsudations de gommes presque pures et très-analogues entre elles.

La disposition des fleurs, considérée dans son ensemble, approche plus souvent de l'état de grappe dans les Légumineuses, et de celui de corymbe dans les Rosacées; mais outre que cette différence comporte beaucoup d'exceptions, la réalité est très-analogue dans l'une et l'autre famille, et se réduit à des nuances délicates.

La plupart des Légumineuses, savoir, les Papilionacées et les Césalpinées, ont, comme les Rosacées, les pétales et les étamines insérés sur le calice, et tendent à ranger ces deux familles parmi les Calyciflores; mais les Légumineuses appartiennent moins décidément à cette classe, soit parce que deux des tribus qui en font partie, les Swartziées et les Mimosées, ont en général les fleurs hypogynes, soit parce que dans la plupart de celles qui sont vraiment périgynes, l'insertion des étamines a lieu très-près de la base du calice. Dans les Rosacées, au contraire, les pétales et les étamines naissent le plus souvent vers le haut du tube du calice; mais il faut bien se garder de croire que cette différence soit générale. Un grand nombre de Césalpinées ont les étamines insérées au sommet du tube du calice, comme on le voit dans l'*Arachis*, dans l'*Ionesia*, le *Tachigalia*, l'*Heterostemon*, le *Crudya*, et surtout dans le *Detarium* et le *Cordyla*. On ne peut donc tirer aucun parti réel de ce caractère pour la distinction des familles.

Le calice des Légumineuses et des Rosacées est formé de cinq (ou très-rarement de quatre) sépales soudés par la base en un tube de longueur très-variable dans les deux familles. Jusques à présent le tube du calice est considéré comme sans adhérence avec l'ovaire chez les Légumineuses, et offre souvent une adhérence très-prononcée chez les Rosacées; mais cette différence ne peut entrer que d'une manière bien secondaire dans les caractères; car 1°. il existe un grand nombre de Rosacées à ovaire libre, et ce sont celles précisément qui, comme les Amygdalées, ont le plus de rapport avec les Légumineuses; 2° parmi ces dernières on en trouve quelques unes, telles que l'*Ionesia*, etc., ayant le pédicelle propre de l'ovaire soudé avec le calice, qui nous conduisent à croire qu'on pourra bien trouver un jour des Légumineuses à ovaire adhérent, et qui, par cette adhérence latérale du pédicelle de l'ovaire avec le calice, ont un rapport très-prononcé avec les Rosacées-Chrysobalanées.

La disposition des lobes du calice avant leur épanouissement présente des variations analogues dans les deux familles : lorsque les fleurs sont régulières elles ont souvent les sépales en estivation valvaire; c'est ce qu'on voit chez les Légumineuses dans les Mimosées; chez les Rosacées dans les Potentilles et genres voisins. Une autre estivation est commune dans les deux familles, savoir, l'estivation embriquée quinconciale, comme on la voit chez les Légumineuses dans les Cassiées, et chez les Rosacées dans les Amygdalées et les Roses. Les Papilionacées présentent souvent, il est vrai, des estivations irrégulières, et plus ou moins labiées, qu'on ne retrouve jamais dans les Rosacées; mais outre que ce caractère ne pourroit s'appliquer qu'à un des sous-ordres des Légumineuses, il n'y est pas même général.

Le nombre des pétales ne peut être admis dans cette distinction des deux familles. Il est ordinairement égal à celui des sépales; mais il se réduit par avortement à des nombres inférieurs, et même les pétales manquent complétement chez les Rosacées dans la tribu des Alchemilles et dans plusieurs Légumineuses. Il faut remarquer cependant ici que si l'absence totale des pétales est un fait insignifiant dans les deux familles, la diminution partielle de leur nombre, soit par avortement, soit par soudure, est un fait plus fréquent parmi les Légumineuses, parce qu'il est une des conséquences de leur irrégularité dont nous parlerons tout à l'heure.

L'estivation des pétales offre entre les deux familles une différence qui, bien qu'elle ne soit pas générale, mérite d'être mentionnée. Dans les Légumineuses à fleur vraiment régulière, telles que les Mimosées, on trouve des pétales en estivation valvaire, et des traces de cette disposition se retrouvent même parmi les Papilionacées dans les deux pétales de la carène, soudés par les bords. Il résulte de ce fait que dans ces deux sous-ordres de Légumineuses on peut plus facilement trouver et l'on trouve en effet des fleurs gamopétales ou dont tous les pétales sont soudés ensemble. Rien de semblable n'existe dans les Rosacées, et celles même qui ont les calices en estivation valvaire ont les pétales en estivation embriquée quinconciale. Mais il en est de même de toutes les Césalpinées : leurs pétales offrent la même disposition que les Rosacées, et cette circonstance tend à prouver que si ce caractère ne peut être admis comme universel, il indique tout au moins que les Césalpinées sont celles des Légumineuses qui s'approchent le plus des Rosacées.

L'irrégularité des tégumens floraux dans les Légumineuses et leur régularité dans les Rosacées est un caractère souvent cité pour distinguer les deux familles; mais il est encore bien inexact. Les Mimosées, en particulier, ont le calice, la corolle et les étamines plus réguliers qu'aucune Rosacée; mais il est vrai que dans les Papilionacées, les Swartziées et même les Césalpinées, l'inégalité des tégumens de même sorte est presque toujours bien prononcée, tandis que dans les Rosacées elle est nulle ou presque nulle. Ce caractère est donc de quelque prix, pourvu 1°. qu'on le combine avec celui tiré de l'estivation des pétales; 2°. qu'on considère qu'une estivation quinconciale est un commencement d'irrégularité; 3°. qu'on reconnoisse que l'inégalité des tégumens de quelques Césalpinées est à peine sensible, comme dans les *Gleditsia*; 4°. enfin qu'on avoue que lorsque les pétales manquent, comme dans les Détariées, ce caractère distinctif devient nul.

Le nombre des étamines est aussi un des caractères généraux qui tendent à séparer les deux familles : il est, en général, dans les Légumineuses, double de celui des pétales; il en est ordinairement quadruple ou quintuple dans les Rosacées : mais 1°. dans l'une et l'autre famille le nombre habituel est fréquemment réduit par avortement au dessous du nombre naturel, comme, par exemple, chez les Légumineuses dans le *Tamarindus* et toutes les Cassiées qui ont moins de dix étamines, et chez les Rosacées dans l'*Alchemilla* et la plupart des Agrimoniées. 2°. Il y a des Légumineuses où le nombre des étamines égale et dépasse même celui des Rosacées comme on le voit dans les Swartziées, plusieurs Mimosées et le *Cordyla*.

La soudure des étamines par les filets en un ou deux faisceaux est un des caractères qui, lorsqu'il existe, sert le plus commodément à distinguer les deux familles. On sait que toutes les Rosacées ont les étamines libres entre elles, tandis que la plupart des Papilionacées, des Mimosées et des Geoffrées ont les filets soudés; mais on sait aussi que les Sophorées, les Swartziées, plusieurs Mimosées, toutes les Cassiées et les Détariées ont les étamines libres entre elles. Cette soudure des filets sur un seul rang semble en rapport avec l'estivation valvaire des pétales; ainsi elle est en monadelphie régulière chez les Mimosées: elle est plus prononcée dans les étamines inférieures comme dans les pétales inférieurs des Papilionacées; elle n'existe point dans les Rosacées et dans toutes celles des Légumineuses où il n'y a aucune trace d'estivation valvaire.

Le nombre des pièces ou carpelles dont le pistil se compose a été souvent considéré comme le caractère le plus évident des deux familles; mais ce caractère fondé sur un simple avortement ne peut soutenir l'examen. En effet, 1°. nous avons vu dans le premier mémoire qu'on trouve des exemples de Légumineuses à deux, trois et même cinq carpelles (voy. pl. 3, fig. 1); 2°. une partie des Rosacées est dans le même état habituel de carpelle solitaire que les Légumineuses; tels sont plusieurs genres d'Agrimoniées; telles sont surtout toutes les Amygdalées : ces dernières n'ont à l'état ordinaire qu'un seul carpelle, comme cela est évident dans l'Amandier, le Prunier, le Cerisier, etc.; mais chacun sait qu'on trouve assez souvent des Cerises, des Prunes doubles : je donne ci-joint la figure d'une de ces dernières (pl. 11, fig. 3.4). Il faut faire attention qu'on trouve des Cerises doubles d'après deux phénomènes différens : tantôt deux fleurs se soudent ensemble dès leur origine, et alors les pédicelles sont plats et marqués de chaque côté par un sillon qui indique leur formation par deux pédicelles soudés (1); leur calice et leur corolle offrent tous les nombres intermédiaires

(1) Voyez Duham. Phys. arb. liv. 3, pl. 13, fig. 315, 316, 317.

entre cinq et dix, leurs étamines entre vingt et quarante, et les carpelles, au nombre de deux plus ou moins soudés, forment un fruit à deux nervures et à deux loges. J'ai vu bien des fois ce phénomène, et j'ai le regret de n'en avoir point fait faire de dessin. Tantôt le pédicelle est cylindrique; le calice, la corolle et les étamines à leur état ordinaire; mais le pistil seul est formé de deux carpelles : c'est ce qui avoit lieu dans la Prune ici figurée. Que l'on compare ce fait avec celui des *Gleditsia*, représenté pl. 11, fig. 6, et que l'on dise si ces deux faits ne sont pas absolument identiques. Il existe même des variétés de Cerisiers dans lesquels on trouve plusieurs carpelles plus ou moins bien développés : telle est celle qui est connue sous le nom de *Cerasus polygyna*. Elle a un nombre de carpelles variable de deux à trois jusqu'à huit ou dix, et lorsqu'elle porte des fruits mûrs, ce qui est assez rare, ces fruits sont formés par l'agrégation et la soudure de plusieurs carpelles charnus, et rappellent assez bien ceux des Anones ou des *Dillenia*. Le *Cerasus polygyna* mûrit très-rarement, parce que ses carpelles sont le plus souvent dans un état foliacé analogue à celui observé dans le *Lathyrus latifolius*, et figuré pl. 11, fig. 12, c'est-à-dire formé par une petite feuille pliée sur la nervure du milieu, et plus ou moins prolongée en style. Ainsi la cause même de cet avortement est un nouveau rapport entre la structure du pistil des Amygdalées et celui des Légumineuses.

Mais, dira-t-on, si le nombre des carpelles n'est pas un caractère constant entre les Légumineuses et les Rosacées, leur nature est très-différente. Examinons à quoi se réduisent ces différences. Dans l'une et l'autre famille, comme dans toutes les Phanérogames, un carpelle n'est autre chose qu'une feuille pliée ou courbée en long sur elle-même, dont la surface supérieure devenue interne forme l'endocarpe, dont la surface inférieure devenue externe forme l'épicarpe, et dont le plexus parenchymateux forme le mésocarpe. Elle porte des ovules sur ses bords repliés, c'est-à-dire du côté de l'axe central de la fleur, soit tout du long de ces bords, comme dans la plupart des gousses, soit vers la base ou vers le sommet. Voyons si, sous quelqu'un de ces rapports, les fruits des deux familles ont des différences réelles.

Les gousses ou carpelles des Légumineuses ont le plus souvent la consistance membraneuse ou foliacée; mais les carpelles des Spirées ont précisément la même organisation, et chacun d'eux, pris isolément, est une véritable gousse. Leur déhiscence a lieu en deux valves comme dans les gousses; les ovules sont attachées ou le long des bords comme dans la plupart des Légumineuses, ou vers la base comme dans la plupart des gousses monospermes.

Quelle différence y a-t-il, autre que le nombre, entre les gousses membraneuses monospermes et indéhiscentes des Trèfles, des Mélilots, des Anthyllis, et les carpelles monospermes et indéhiscens de la plupart des Agrimoniées et des Dryadées?

L'endocarpe des Amygdalées est ligneux ou transformé en noyau; mais n'en est-il pas de même dans le *Geoffræa* et le *Detarium?* et le noyau de ce dernier genre en particulier est tellement semblable à celui de la Pêche, que si on n'avoit connu que le fruit du Détar, je ne doute pas qu'on ne l'eût pris pour un genre d'Amygdalées.

Le mésocarpe des Amygdalées est tantôt à l'état de brou fibreux, tantôt à l'état de chair proprement dite. Mais tout cela se retrouve dans les genres de Légumineuses les plus voisins. Ainsi l'endocarpe de l'*Inga*, du *Tamarindus*, du Caroubier, du *Dipterix*, est épais, fibreux, demi-charnu ou demi-pulpeux ; celui du *Geoffræa*, du *Detarium* et du *Cordyla* est entièrement charnu.

L'endocarpe fibreux de l'Amandier se détache du noyau en emportant l'épicarpe, et constitue un brou irrégulièrement déhiscent. Le genre *Entada*, parmi les Mimosées, présente un phénomène analogue.

Enfin, dira-t-on, les gousses sont ordinairement très-allongées, et les drupes des Amygdalées très-raccourcies : quoique une foule d'exemples bien connus tendent à prouver le peu de valeur de cet argument, j'ai cru devoir présenter ici la figure d'une monstruosité de Prunier où, sur le même arbre, on trouve des fruits à l'état naturel, et d'autres allongés outre mesure, sous forme de cylindres un peu comprimés, ou de gousses charnues (voyez pl. 3, fig. 1). J'ai rencontré ce singulier accident dans plusieurs arbres des environs du village de Lullin en Chablais.

Il n'est donc pas possible d'établir une limite précise entre la structure du fruit des Rosacées, et de celui des Légumineuses, et l'on pourroit dire, à juste titre, que les Spirées ont des gousses multiples, ou que les Amygdalées ont des gousses drupacées.

La nature des graines n'offre pas de moyen plus précis de séparation, au moins entre les Rosacées et les Légumineuses rectembriées ; toutes ont la graine sans albumen et la radicule droite ; les cotylédons sont foliacés dans les Cassiées comme dans les Dryadées, charnus dans les Geoffrées et les Détariées comme dans les Amygdalées. Le mode même de germination, tantôt hors de terre, tantôt souterraine, se retrouve dans les deux familles.

Ainsi, de même que nous avons vu que les Légumineuses curvembriées ont des rapports prononcés avec les Térébinthacées, de même aussi les Légumineuses rectembriées soutiennent des rapports analogues et plus intimes encore avec les Rosacées.

Si je voulois les séparer de ces dernières, je ne trouverois, en définitive, que des caractères ou incomplets ou ambigus. Le seul qui puisse s'exprimer sans exception est que les Légumineuses ont ou la corolle régulière à estivation valvaire, ou la corolle plus ou moins irrégulière, et à estivation embriquée. Les Rosacées ont la corolle régulière et à estivation embriquée ; par conséquent les genres sans pétales ne peuvent se classer que par un certain ensemble déduit ou du port ou de caractères ambigus et exceptionnels. Tels sont les suivans.

Les Légumineuses ont les étamines ou les pétales souvent soudés entre eux, et les Rosacées toujours libres.

Les premiers ont souvent ces organes insérés au bas du calice : ils naissent plus fréquemment vers le haut du calice dans les Rosacées.

Le calice est presque toujours libre de toute adhérence avec l'ovaire dans les Légumineuses, souvent soudé dans les Rosacées.

Le pistil est ordinairement réduit à un seul carpelle dans

les Légumineuses, et composé de plusieurs dans le plus grand nombre des Rosacées.

Les fruits des Légumineuses sont plus évidemment en forme de gousse et de consistance membraneuse ; ceux des Rosacées s'écartent de cette apparence, ou par leur nombre, ou par leur consistance plus charnue, ou par leur adhérence avec l'ovaire.

Enfin les Légumineuses ont plus souvent les carpelles polyspermes ; ceux des Rosacées ne contiennent presque jamais qu'un ou deux ovules.

Ainsi les Légumineuses sont très-justement placées par M. de Jussieu entre les Térébinthacées et les Rosacées ; et elles s'approchent tellement de ces dernières que leur distinction est très-difficile à faire avec précision, et que les Détariées forment une véritable transition de l'une à l'autre famille.

QUATRIÈME MÉMOIRE.

DIVISION DE LA FAMILLE
DES LÉGUMINEUSES
EN SOUS-ORDRES ET EN TRIBUS.

§ I. *Exposé de l'état de la science.*

La classification des Légumineuses a présenté de grandes difficultés, et il y a eu peu d'accord entre les botanistes qui s'en sont occupés. Sans remonter jusques aux temps trop anciens pour que la Botanique eût acquis une marche méthodique, nous passerons ici rapidement en revue les principales opinions publiées à ce sujet.

Adanson (1763), qui me semble avoir mieux connu cette famille que tous ses devanciers et que plusieurs de ses successeurs, l'admettoit ainsi que Bernard de Jussieu dans les limites que nous lui donnons aujourd'hui; il la divisoit en six sections ou tribus : 1°. les *Casses*, qu'il caractérisoit par la liberté des étamines indépendamment de tout autre caractère; 2°. les *Genets*, distincts, selon lui, par l'ovaire uniloculaire et la radicule courbée; 3°. les *Astragales*, qui ont le fruit divisé en deux loges par une cloison parallèle aux valves; 4°. les *Haricots*, dont la gousse est divisée en loges par des cloisons transversales; 5°. les *Coronilles*, qui ont la gousse formée d'articles posés bout à bout; et 6°. les *Vesces*, reconnoissables par leur pétiole continu et non articulé sur la tige. Les grandes divisions étoient certainement remarquables pour l'époque; mais on peut objecter à cette division, 1°. que parmi les Casses d'Adanson, il y a évidemment mélange de genres à embryon droit et courbé, à étamines périgynes et hypogynes, à estivation vexillaire ou valvaire, etc.; 2°. que les Astragales se lient avec les Genets par le genre, tels que le *Phaca* et le *Colutea*, où la suture séminifère est tuméfiée à l'intérieur; 3°. que les sections des Haricots et des Coronilles se lient par des passages nombreux, tandis qu'on ne prend les caractères que dans la différence des cloisons transverses aux articulations.

Linné a divisé les Légumineuses en deux familles, les Papilionacées et les Lomentacées : il a admis dans la première tous les genres à corolle vraiment Papilionacée, et a rejeté tous les autres parmi les Lomentacées, en y joignant quelques genres hétérogènes, tels que le *Polygala*. Cette division est assez juste, au moins quant aux Papilionacées qui forment un groupe bien naturel, mais peu déterminé, quand on ne s'en tient qu'à la forme de la corolle. Les Lomentacées présentent au contraire un mélange un peu hétérogène, quoique un peu moins que les Casses d'Adanson.

M. A.-L. de Jussieu (1789) considère les Légumineuses comme une famille unique, qu'il divise en dix sections fondées sur la corolle régulière ou irrégulière, les étamines libres, monadelphes et diadelphes, le fruit multiloculaire ou uniloculaire, et le mode de composition des feuilles. Ce système de distribution des Légumineuses se trouve infirmé aujourd'hui en ce que l'auteur n'a donné d'importance, ni à l'estivation diverse des fleurs, d'où il a été conduit à réunir les Mimosées avec les Cassiées ; ni à la direction de la radicule, ce qui l'a forcé à réunir dans la même section le *Cercis* et l'*Anagyris;* ni à la nature des cotylédons et au mode de germination, ce qui l'a conduit à mélanger les Haricots avec les Trèfles, etc.

Gœrtner (1789) a le premier introduit dans la classification des Légumineuses, comme caractère fondamental, la considération de la direction de la radicule, ou droite, ou courbée sur la commissure des cotylédons; et cette idée heureuse, développée par ses lumineuses analyses des fruits, a commencé à jeter un grand jour sur l'étude de cette famille.

M. Rob. Brown (1814), suivant une route analogue, a introduit dans l'examen des Légumineuses deux autres caractères de première importance, savoir, l'insertion des étamines périgynes ou hypogynes, et la disposition valvaire ou embriquée des pétales. Fondé sur ces données, il a proposé de diviser les Légumineuses en trois familles, savoir : les Papilionacées qui ont l'embryon courbé et les fleurs périgynes et en estivation embriquée; les Césalpinées qui ont l'embryon droit et les fleurs périgynes en estivation embriquée ; et les Mimosées qui ont l'embryon droit et les fleurs hypogynes en estivation valvaire. M. Kunth ne s'est écarté de M. Brown qu'en ce qu'il a conservé les Légumineuses comme famille unique, et admis les trois groupes de M. Brown comme sections de cette famille.

M. Henr.-Georg. Bronn (1822) a admis aussi les Légumineuses comme une famille unique, qu'il a divisée en deux sous-ordres comme Gærtner, d'après l'embryon droit ou courbé. Le premier sous-ordre, celui des *Rectembricæ*, est divisé en trois tribus : 1°. les Mimosées de R. Brown; 2°. les Cassiées qui correspondent aux Césalpinées de Brown; et 3°. les Cercées, qu'il a séparées des précédentes à cause de leurs corolles plus irrégulières. Le deuxième sous-ordre, celui des *Curvembricæ*, se sous-divise en deux tribus, les Sophorées qui ont les étamines libres, et les Diadelphes qui les ont soudées en un ou deux faisceaux. Celles-ci renferment, selon lui, six groupes, les Génistées, les Trifoliées, les Phaséolées, les Viciées, les Coronillées et les Galégées : enfin il a rejeté à la fin de la famille, sous le nom de Dalbergiées et d'Intsiées, tous les genres dont les caractères ne lui paroissent pas suffisamment connus. Cette classification, qui est une combinaison de celles d'Adanson, de Jussieu, de Gærtner et de R. Brown, offre encore quelques objections de détail. 1°. Les Cercées sont trop peu distinctes des Cassiées; 2°. les Sophorées, si on les considère comme uniquement distinguées entre les Curvembriées par leurs étamines libres, devroient admettre quelques genres qui ne peuvent s'y rapporter, tels que l'*Adesmia*, le *Martiusia*; 3°. il est impossible d'assigner aucun caractère entre les Génistées et les Trifoliées; 4°. les Galégées mêmes, en les admettant pour distinctes, sont trop écartées de ces deux groupes; 5°. enfin les Dalbergiées et les Intsiées sont des assemblages d'objets hétérogènes. Malgré ces objections, la méthode de M. Bronn est encore, je dois le dire ici, l'une de celles qui, dans l'étude détaillée de la famille, m'a présenté le plus d'utilité.

Enfin M. Ebermayer (1824) a publié une méthode que je ne connois que par l'extrait publié dans l'Isis. Il adopte pour division primaire la différence des fleurs papilionacées, ou plus ou moins régulières. Il divise les Papilionacées en neuf tribus assez semblables à celles de M. Bronn, savoir: Génistées, Trifoliées, Phaséolées, Viciées, Coronillées, Dalbergiées, Intsiées, Sophorées; et les Légumineuses à fleurs régulières ou à peu près régulières en deux, les Cassiées et les Mimosées. Cette méthode n'a de mérite sur celle de M. Bronn que d'avoir réuni les Cercées aux Cassiées; mais d'ailleurs elle est exposée à toutes les autres exceptions faites ci-dessus, et à quelques autres qui lui sont propres, comme d'avoir confondu plus explicitement encore des objets hétérogènes dans les Dalbergiées et les Intsiées, et surtout d'avoir négligé les caractères carpologiques.

§ II. *Des affinités des Légumineuses entre elles.*

Tel étoit l'état de la science lorsque j'ai commencé à m'occuper des Légumineuses. La théorie générale de la science, l'analogie avec les autres familles, la place des Légumineuses dans l'ordre naturel, et enfin les analyses détaillées de la plupart, m'ont conduit à la fois à admettre comme division primaire celle fondée sur la structure de l'embryon, et établie par Gærtner : les noms de *Curvembriæ* et de *Rectembriæ* établis par cet habile naturaliste, pour distinguer les Légumineuses à embryon dont la radicule est courbée sur la commissure des lobes, et celles à embryon droit; les noms, dis-je, peuvent bien être critiqués sous le rapport philologique, mais ils expriment si clairement l'idée, que je n'ai pas cru devoir y subsituer des termes qui, plus réguliers peut-être, seroient moins vite compris. D'ailleurs le mot *embryo*, quoique d'origine grecque, étant devenu latin, peut bien s'allier avec des adjectifs latins dans le latin botanique, qui, comme on sait, est loin d'être toujours bien rigoureux.

Quant à la division elle-même, elle me paroît d'une exactitude complète et d'une grande importance. Les Curvembriées s'approchent par là des Térébinthacées, qui la plupart ont l'embryon courbé, et les Rectembriées des Rosacées, qui ont comme elles l'embryon droit.

Après ce premier caractère il en existe deux autres, que dans l'importance taxonomique je suis tenté de regarder comme à peu près égaux, savoir, l'estivation des organes floraux et leur insertion. Ainsi on trouve dans les deux grandes divisions, 1°. des organes floraux plus ou moins embriqués, et des organes floraux à estivation valvaire; 2°. des étamines situées comme les pétales, ou sur le calice, ou sur le torus sans adhérer au calice. J'aurois sans doute été fort embarrassé pour assigner en théorie, à l'un de ces caractères, quelque prééminence sur l'autre; mais l'examen détaillé de la famille m'en a évité l'embarras en me prouvant qu'ils marchent sensiblement d'accord.

J'ai donc été conduit à diviser les Curvembriées en deux groupes : 1°. les vraies *Papilionacées*, qui ont les étamines périgynes ou adhérentes au calice, et la fleur vraiment papilionacée; 2°. les *Swartziées,* qui ont les étamines hypogynes, la corolle nulle ou très-irrégulière et le calice en vessie sans suture, qui se rompt à la floraison en lobes irréguliers.

J'ai divisé de même, en suivant l'exemple de M. R. Brown, les Rectembriées en deux groupes : 1°. les Mimosées, qui ont les étamines ordinairement hypogynes, et les calices et corolles toujours réguliers, et à estivation valvaire, 2°. les Césalpinées, qui ont les étamines toujours plus ou moins périgynes, et les calices et corolles jamais en estivation valvaire, mais embriqués d'une manière plus ou moins prononcée.

Je me trouve donc avoir ainsi divisé la famille en quatre sous-ordres de valeur assez sensiblement égale; les Papilionacées, les Swartziées, les Mimosées et les Césalpinées. Mais malheureusement le nombre des genres qui composent ces quatre groupes étant très-inégal, il restoit encore beaucoup de sous-divisions à établir, surtout dans les Papilionacées et les Césalpinées.

Les Papilionacées qui comprennent à elles seules environ deux mille huit cents espèces, c'est-à-dire, les trois quarts de la famille, offrent de grandes difficultés pour cette sous-division en tribus. Si je ne suis pas parvenu, je dois l'avouer, à les vaincre de manière à me satisfaire moi-même, je crois cependant que celles auxquelles j'ai été conduit, sont préférables à ce qui a été fait jusqu'ici : j'en dirai franchement les motifs, les avantages et les inconvéniens, soit dans ce premier exposé général, soit dans les Mémoires relatifs à chaque tribu.

J'ai donné la première importance à la nature des cotylédons foliacés ou charnus : non seulement ce caractère qui se voit bien dans la graine modifie la forme de cet organe important, mais il détermine surtout un mode complètement différent de germination : il se lie d'ailleurs avec l'aspect général des Légumineuses à un tel point, que la plupart des classificateurs ont senti la distinction des Viciées et des Phaséolées d'avec les autres Légumineuses, quoiqu'ils ne sussent pas exprimer leurs caractères. Celui qui est déduit de la nature des cotylédons n'offre qu'une objection ; c'est le genre *Clitoria*, et peut-être quelques uns de ceux qui l'avoisinent : ces genres ont les cotylédons épais dans la graine ; mais à l'époque de la germination ils deviennent presque foliacés, et prennent ainsi le milieu entre les Lotées dont ils s'approchent par leurs cotylédons foliacés, et les vraies Phaséolées, auxquels ils ressemblent par leurs gousses non articulées et leur port. J'ai donné, je crois avec juste motif, mais non sans hésiter, la préférence au premier de ces rapprochemens ; mais je dois mentionner cette exception à la régularité de la division des Papilionacées.

Parmi celles à cotylédons foliacés j'ai admis trois tribus.

1°. Les Sophorées qui ont les étamines libres, et dont la gousse n'est jamais composée d'articles placés bout à bout : elles correspondent aux Papilionacées décandres de Smith, et aux Sophorées de Sprengel.

2°. Les Lotées dont les étamines sont monadelphes ou diadelphes, et dont la gousse n'est jamais composée d'articles placés bout à bout : elles comprennent les Génistées et les Astragalées d'Adanson. Quelques genres grimpans, à germination inconnue, seront peut-être un jour rejetés parmi les Phaséolées.

3°. Les Hédysarées dont les étamines sont très-variables dans leurs soudures, et quelquefois libres comme dans l'*Adesmia*, mais dont les gousses sont lomentacées, c'est-à-dire formées d'articles placés à la suite les uns des autres : elles correspondent aux Coronillées d'Adanson et de Bronn ; mais je n'ai pas admis ce nom, parce que les Coronillées pourront bien former un jour une petite tribu distincte par ses fleurs en ombelle.

Ces trois tribus me paroissent assez naturelles malgré de légères transitions. Celle des Lotées sera peut-être un jour sous-divisée ; mais je doute que l'ordre des genres en soit beaucoup modifié.

Parmi les Papilionacées à cotylédons charnus au moins à l'état de graines mûres, je distingue aussi trois tribus.

1°. Les Viciées ont les gousses libres et polyspermes, les cotylédons toujours charnus, cachés sous terre dans leur enveloppe, les feuilles primordiales alternes, les feuilles toujours ailées sans impaire, et dont le pétiole adhère à la tige sans articulation. Elles correspondent, quant au rapprochement des genres, aux Viciées d'Adanson et de Bronn ; mais je crois en avoir fixé le caractère classique.

2°. Les Phaséolées ont les gousses bivalves et polyspermes, les graines épaisses à test lisse souvent coloré, les cotylédons plus ou moins charnus, sortant presque toujours hors de leur enveloppe et s'élevant au-dessus de terre, les feuilles primordiales opposées et les feuilles articulées sur la tige, et avec des folioles en nombre impair. Elles correspondent aux Phaséolées d'Adanson, mais elles sont mieux déterminées.

3°. Les Dalbergiées ne diffèrent des Phaséolées que par

leur gousse indéhiscente à une ou deux graines, au lieu d'être déhiscente et polysperme : les Dalbergiées sont trop mal connues, surtout quant à la germination, pour que cette tribu puisse être considérée comme définitivement établie. Je serois peu surpris qu'elle rentrât un jour dans les Phaséolées si les cotylédons sont charnus, et près des *Robinia* s'ils sont foliacés.

Les Swartziées n'offrent aucune sous-division, et ne renferment qu'un ou tout au plus deux genres.

Les Mimosées seront peut-être un jour sous-divisées en deux tribus, savoir, les Entadées, qui ont les cotylédons charnus et souterrains comme les Viciées, et les vraies Mimosées, qui ont les cotylédons foliacés, et parmi lesquelles les genres à gousse articulée rappellent les Hédysarées; ceux à gousse continue, les Lotées, et ceux à étamines libres, les Sophorées. Mais les Mimosées ne sont point encore assez connues, quant à leur germination, pour qu'il soit possible actuellement d'établir une division fondée sur ce principe, et je conserve par conséquent le sous-ordre en une seule tribu.

Les Césalpinées, quoique moins nombreuses que les Mimosées, ont été divisées en trois tribus, mais d'une manière encore incertaine, vu que l'on connoît mal la plupart des genres qui forment ce sous-ordre. Les trois tribus que j'y ai adoptées sont les suivantes :

1°. Les Geoffrées, dont les étamines sont plus ou moins soudées ensemble, et dont les graines sont huileuses, au moins dans les genres où elles sont bien décrites, et dont les cotylédons épais viennent sous terre dans le spermoderme à la germination, au moins dans les classes qui ont été observées à cette époque. Cette tribu renferme des objets hétérogènes, et sera très-probablement divisée quand on la connoîtra mieux.

2°. Les Cassiées dont les étamines sont libres, la corolle plus ou moins irrégulière, mais non papilionacée, le calice à cinq lobes distincts se recouvrant en estivation embriquée, et le fruit à valves peu ou point charnues. Les cotylédons sortent de terre à la germination; mais les uns sont charnus comme dans les Phaséolées, les autres foliacés, ce qui indique que cette tribu pourra bien dans la suite être divisée en deux.

3°. Enfin les Détariées, dont les étamines sont libres, qui n'ont point de pétales, qui offrent un calice semblable à celui des Swartziées, c'est-à-dire, en vésicule coriace, sans suture, et s'ouvrant en lambeaux à la fleuraison : elles ont de plus une gousse charnue munie d'un vrai noyau, et tellement semblable au fruit des Rosacées-Amygdalées, qu'on a tout lieu d'hésiter à laquelle des deux familles cette tribu appartient. Le *Cordyla* en particulier se rapproche des Amygdalées, par sa fleur à trente ou trente-deux étamines.

Nous reviendrons dans les Mémoires suivans sur chacune de ces tribus pour exposer plus en détail, et leurs caractères, et les genres qui les composent. Je dois dire encore quelques mots sur leur ordre respectif.

Cet ordre est nécessairement déterminé par les rapports avec les familles voisines; ainsi les Curvembriées doivent se trouver à côté des Térébinthacées, et les Rectembriées à côté des Rosacées.

Parmi les Curvembriées, il est naturel de placer en première ligne celles qui ont les étamines périgynes comme les

Térébinthacées et de réserver pour la fin, celles qui ont les étamines hypogynes comme les Swartziées.

Entre les Papilionacées, les Sophorées sont certainement celles qui s'approchent le plus des Térébinthacées, soit parce que ce sont des arbres, soit parce qu'elles ont des étamines libres et des fleurs moins irrégulières, soit enfin parce que leurs stipules sont ou très-petites, ou tout-à-fait nulles, comme dans les Térébinthacées.

Le genre *Myrospermum* en particulier semble tout-à-fait se rapprocher des Térébinthacées, soit par l'absence habituelle des stipules, soit par la nature balsamique du suc qu'on trouve dans sa gousse.

Une fois fixé sur la nécessité de commencer par les Sophorées, j'ai dû faire suivre les autres Papilionacées à cotylédons foliacés, savoir, les Lotées (en commençant par les Génistées qui se rapprochent beaucoup des Sophorées de la Nouvelle-Hollande) et les Hédysarées. Quant à l'ordre des Papilionacées à cotylédons charnus, il m'a été impossible de l'établir avec quelque rigueur. En effet, les Phaséolées touchent de si près aux Hédysarées d'un côté, et de l'autre aux Dalbergiées, qu'on peut à peine les en séparer. Mais si j'avois suivi cet ordre, j'aurois dû rejeter les Viciées entre les Dalbergiées et les Swartziées, et alors elles auroient été entre deux tribus avec lesquelles elles ont peu d'analogie, tandis que les Dalbergiées et les Swartziées ont au moins des ressemblances marquées dans le port : j'ai donc laissé les Viciées entre les Hédysarées et les Phaséolées, fondé sur quelques rapports généraux entre l'*Adesmia* ou l'*Æschinomene* et le *Cicer*, mais sans me dissimuler qu'elles forment, dans quelque genre qu'on les place, une certaine interruption dans l'ordre naturel. Les Swartziées s'approchent des Dalbergiées par leur port et l'apparence générale de leurs fleurs et de leurs fruits, mais se rapprochent des Mimosées par leurs étamines hypogynes.

Le point de contact des Rectembriées avec les Curvembriées peut s'établir, ou par les Geoffrées dont la fleur est assez semblable à celle des Papilionacées, ou par les Détariées dont le calice ressemble à celui des Swartziées, ou par les Mimosées qui ont les sépales et les pétales en estivation valvaire, et les Papilionacées qui ont les sépales et deux des cinq pétales avec la même estivation. Avant de me décider à cet égard, j'ai examiné quelles étoient, de toutes les Rectembriées, celles qui s'approchoient les plus des Rosacées, et en particulier des Amygdalées : je n'ai pas hésité à sentir que ce sont les Détariées; elles ont en effet les étamines toujours libres, souvent au nombre de trente et trente-cinq, rangées régulièrement au sommet du tube du calice, et un fruit en drupe charnu, tellement semblable à celui des Pêchers, qu'on peut à peine l'en distinguer : comme elles n'ont point de corolle on ne peut affirmer leur vraie place, quant à l'estivation; mais leurs feuilles ailées les distinguent des Drupacées, et leur calice semblable à celui des Swartziées les rattache aux Légumineuses.

Dès que les Détariées, qui font partie des Césalpinées, devoient terminer la famille, j'étois obligé à placer les Mimosées en tête des Rectembriées; et l'examen de leurs caractères m'a prouvé que c'étoit bien là leur place. En effet, elles s'approchent des Swartziées par leurs étamines hypogynes, et les

Papilionacées qui ont souvent les lobes du calice et toujours les deux pétales inférieurs de la fleur en estivation valvaire, sont réellement moins éloignées des Mimosées qu'on ne l'avoit cru. Il existe même quelques rapports curieux entre les Viciées et quelques Mimosées : ainsi l'*Entada* a comme les Viciées des tiges grimpantes, des pétioles terminés en vrille, des feuilles ailées sans impaire, des cotylédons charnus restant sous terre à la germination, et des feuilles primordiales alternes.

Entre les trois tribus des Césalpinées je n'avois d'hésitation que pour placer les Geoffrées avant ou après les Cassiées; mais ces deux tribus sont encore si mal déterminées que je n'ai pas attaché grande importance à ce choix. J'ai commencé par les Geoffrées, parce qu'elles ont les étamines soudées comme la plupart des tribus précédentes, et j'ai suivi par les Cassiées, parce qu'elles ont les étamines libres comme les Détariées et les Rosacées; mais si quelque autre, plus frappé du rapport du *Gleditsia* avec les Mimosées, et du *Geoffræa* avec les Drupacées, vouloit suivre l'ordre inverse, je n'y verrois pas grande objection.

SOUS-ORDRES. — TRIBUS.

LÉGUMINEUSES.

- **CURVEMBRIÉES**, c'est-à-dire dont la radicule est repliée sur la commissure des cotylédons.
  - **PAPILIONACÉES.** Lobes du calice distincts. Corolle papilionacée. Étamines périgynes.
    - **PHYLLOLOBÉES**, ou à cotylédons foliacés.
      - Gousse continue. Etamines libres............. SOPHORÉES. Mém. V.
      - Gousse continue. Etamines soudées par les filets. LOTÉES. Mém. VI.
      - Gousse articulée en travers. Etamines le plus souvent soudées par les filets................ HÉDYSARÉES. Mém. VII.
    - **SARCOLOBÉES**, ou à cotylédons charnus.
      - Gousse polysperme déhiscente. Feuilles munies de vrilles, les primordiales alternes........ VICIÉES. Mém. VIII.
      - Gousse polysperme déhiscente. Feuilles sans vrille, les primordiales opposées................ PHASÉOLÉES. Mém. IX.
      - Gousse indéhiscente à une ou deux graines. Feuilles sans vrille...................... DALBERGIÉES. Mém. X.
  - **SWARTZIÉES.** Lobes du calice indistincts surtout avant la fleuraison. Etamines hypogynes. Corolle nulle ou à une ou deux pétales.. SWARTZIÉES. Mém. XI.
- **RECTEMBRIÉES**, c'est-à-dire à embryon droit.
  - **MIMOSÉES.** Sépales et pétales en estivation valvaire. Etamines hypogynes........................ MIMOSÉES. Mém. XII.
  - **CÉSALPINÉES.** Pétales à estivation embriquée; étamines périgynes.
    - Sépales distincts avant la fleuraison. Pétales embriqués.
      - Etamines réunies par les filets..... GÉOFFRÉES. Mém. XIII.
      - Etamines libres................ CASSIÉES. Mém. XIII.
    - Sépales indistincts avant la fleuraison. Point de pétales............ DÉTARIÉES. Mém. XIII.

§ III. *Des analogies des Légumineuses entre elles.*

On sait que depuis qu'on s'est occupé de l'étude philosophique des rapports naturels, MM. Fries et Macleay ont distingué les affinités et les analogies; que sous le nom d'affinités ils désignent les rapports réels, fondés sur des caractères de première importance, et que sous celui d'analogies ils désignent les ressemblances qui existent entre des familles de la même classe, ou des tribus de la même famille, ou des genres de diverses tribus d'une famille, mais qui, étant fondées sur des caractères d'ordre inférieur, ne peuvent motiver leur rapprochement, quoiqu'elles indiquent une espèce de parallélisme.

Ces analogies ou parallélismes avoient déjà été indiquées d'une manière un peu vague peut-être, mais intéressante pour son époque, par M. de Lamarck, à l'article Classe du Dictionnaire encyclopédique, où il établit les analogies des classes des deux règnes organisés. J'en ai présenté moi-même un exemple plus détaillé, mais plus circonscrit, dans mon Mémoire sur la famille des Crucifères. Je reconnois cependant volontiers que les idées théoriques les plus curieuses à ce sujet sont dues à M. Fries qui les a appliquées à l'ordre des Champignons, et à M. Macleay qui les a appliquées à quelques groupes d'insectes.

Je n'ai point encore fixé ma propre opinion sur le degré de généralisation et d'importance qu'on doit donner à ces idées, et je n'en parlerai ici que d'une manière succincte.

Le point de vue pratique sous lequel l'étude des analogies

a de l'intérêt, c'est de mettre en garde contre certaines ressemblances qui existent entre certains organes d'êtres d'ailleurs très-différens entre eux. L'importance qu'on attribue à ces ressemblances déduites d'organes subordonnés est l'un des plus grands écueils que présente l'étude des rapports naturels, et l'une des causes d'erreurs les plus fréquentes. C'est ainsi que l'on avoit réuni, à diverses époques, les Equisetacées avec les Casuarinées; dans des groupes communs, les Alismacées avec les Renonculacées, les Cycadées avec les Conifères; les Orchidées avec les Stylidées, les Aroïdées avec les Pipéritées, etc.; parce que ces familles, quoique les unes Monocotylédones et les autres Dicotylédones, sont analogues entre elles.

Le point de vue théorique sous lequel je conçois l'intérêt de ces analogies me paroît reposer sur cette idée, savoir : que lorsqu'un caractère dominateur ou de première importance a déterminé la formation d'un groupe, ce caractère décide, il est vrai, la structure de tous les organes qui en dépendent, mais que ceux des organes qui n'en dépendent pas immédiatement peuvent présenter une série de modifications semblables à celles qu'on peut rencontrer dans un autre groupe. C'est ainsi que M. Corréa a montré que presque toutes les formes connues de péricarpe peuvent se rencontrer dans les deux grandes classes des végétaux Phanérogames, les Dicotylédones et Monocotylédones. C'est ainsi que parmi les Crucifères toutes les formes connues de péricarpes se retrouvent dans les deux grandes séries déterminées par la structure de l'embryon, savoir : celles à cotylédons accombans et incombans, et peut-être même, dans les quatre sous-ordres à cotylédons incombans (voy. Tab. des Crucif. dans les Mém. du Mus., vol. VII, p. 252, pl. 7; et dans le Syst. nat., vol. 2, p. 146).

1°. Il résulte de cette manière de concevoir les analogies une conséquence qui a de l'importance quant à l'histoire physiologique et pratique des végétaux; c'est que lorsqu'il existe des analogies partielles d'organes entre des êtres de groupes différens, on devra trouver entre ces êtres des phénomènes analogues, quoiqu'ils n'aient pas entre eux d'affinité générale. C'est ainsi que dans l'étude de la physiologie et même dans celle de l'organographie, on est souvent obligé de rapprocher entre eux des êtres réellement très-différens. Ainsi les Mammifères volans ou les poissons volans ont de certaines analogies avec les oiseaux, sans avoir pour cela de véritables affinités. Ainsi les plantes à racines tubéreuses, ou à fleurs en tête de toutes les familles, ont entre elles certaines analogies sans affinités réelles; et s'il est bon que le physiologiste ou l'anatomiste les étudie collectivement, il ne faut pas exagérer les conclusions de cette étude en la confondant avec celle des affinités.

2°. Il résulte de cette même théorie que lorsque, dans un groupe quelconque, divisé en deux ou plusieurs séries, on a trouvé une bonne sous-division de l'une des séries, il y a une grande probabilité que cette même sous-division pourra s'appliquer avantageusement à l'autre série : circonstance qui donne de la facilité et de la sécurité dans la division secondaire de plusieurs groupes.

3°. Il résulte encore de la manière dont je viens d'indiquer les analogies, qu'elles peuvent être multiples, c'est-à-dire que les êtres d'un groupe naturel peuvent être analogues à ceux d'un second groupe par un de leurs organes, et d'un troisième, d'un quatrième, etc., par d'autres organes : circonstance qui peut, dans plusieurs cas, servir pour distinguer les analogies des affinités réelles.

Revenant maintenant à la classification des Légumineuses, je puis faire remarquer quelques analogies entre les groupes que j'ai admis. Si je pars de la division fondamentale en Curvembriées et en Rectembriées, je remarque les analogies suivantes :

1°. Les Swartziées et les Détariées sont analogues par leur calice d'une seule pièce et sans sutures ni déhiscence régulière ; par le nombre de leurs étamines plus grand, et celui de leurs pétales moindre que dans le reste de la famille; par la liberté des filets des étamines; par leurs feuilles ailées avec impaire, leurs tiges ligneuses, etc.

2°. Les Phaséolées comparées aux Geoffrées ont avec elles de l'analogie, à cause de leurs étamines soudées toutes ou neuf ensemble, de leurs cotylédons charnus même après la germination, de leurs corolles papilionacées, de leurs feuilles primordiales opposées, etc.

3°. Les Viciées ont des analogies avec l'*Entada* par leurs tiges grimpantes, leurs feuilles à folioles paires et à pétiole terminé en vrille, leurs cotylédons charnus restant sous terre dans le spermoderme, et leurs feuilles primordiales alternes.

4°. Les Sophorées peuvent être comparées aux Cassiées, à cause de leurs étamines libres.

5°. Les Hédysarées ressemblent aux *Mimosa* par leurs gousses articulées en travers et à articles monospermes.

6°. Les Lotées sont analogues aux Acacies par leurs gousses continues et uniloculaires, etc., etc.

Peut-être un jour, lorsque les Rectembriées seront mieux connues, on pourra établir les deux séries d'après un plan plus régulier que je n'ai su le faire dans l'état actuel de la science; mais j'ai tenté de suppléer à cette espèce de lacune en indiquant par une espèce de carte les rapports de ces divers groupes. Je présente ici cet essai sans prétendre y donner une grande importance, mais pour rappeler l'attention des naturalistes sur cette manière graphique de peindre à la fois les affinités et les principales analogies des êtres naturels.

Nous allons maintenant reprendre chacune des tribus de la famille, pour en faire connoître l'essence et les sous-divisions, et pour décrire les genres nouveaux et quelques unes des espèces qui pourront le mériter.

CINQUIÈME MÉMOIRE.

REVUE

DE LA

TRIBU DES SOPHORÉES.

La tribu des Sophorées, établie par M. Sprengel et admise par M. Bronn, est une de celles qui paroissent les plus naturelles, et dont les caractères sont les plus faciles à saisir : elle comprend toutes les vraies Papilionacées décandres, c'est-à-dire, les Légumineuses à embryon crochu, à corolle papilionacée, à étamines libres, à fruit non articulé, et à cotylédons foliacés. Presque toutes sont des arbres ou des arbrisseaux à feuilles ailées ternées ou simples.

Elles diffèrent des Cassiées par leur radicule crochue au lieu d'être droite, des Lotées par leurs étamines libres, des Hédysarées par leur fruit continu et non articulé ; mais elles offrent quelques transitions vers ces dernières tribus.

1°. Ainsi, il est une section du genre *Sophora* qui a les étamines légèrement et inégalement soudées, et une section du genre *Astragalus* qui a les étamines presque libres ; ces deux sections ont des rapports assez prononcés, et il est à désirer que l'étude de leurs fruits constate réellement leur place dans la série des Papilionacées.

2°. Les étamines sont libres dans le genre *Adesmia* comme dans les Sophorées; mais son port et la structure de son fruit articulé sont tellement semblables aux *Æschinomene*, que j'ai cru, à l'exemple de M. Bronn, devoir sacrifier le caractère déduit de la non-adhérence des étamines, et laisser ce genre parmi les Hédysarées.

3°. Le genre *Mirbelia* a une gousse à deux loges séparées par une cloison longitudinale due au repli des valves : ce caractère est analogue à la structure du fruit des Astragales; mais ses étamines sont libres, et son port est tellement semblable à toutes les Sophorées de la Nouvelle-Hollande, que j'ai dû sacrifier ici le caractère du fruit, et conserver le genre dans les Sophorées.

Je n'ai fait aucune modification notable dans cette tribu dont les genres ont été, dans ces dernières années, très-bien étudiés par MM. Smith et R. Brown. En les passant en revue, j'indiquerai rapidement le peu de changement que j'ai cru devoir y apporter.

1°. Myrospermum.

Linné, et, à son exemple, la plupart des auteurs ont admis ici trois genres distincts, savoir : *Myrospermum*, *Myroxylum* et *Toluifera*. MM. Achille Richard et Kunth ont prouvé, il y a quelques mois, que les deux derniers n'en forment qu'un seul, et que même les deux arbres sur lesquels ils étoient établis diffèrent très-peu l'un de l'autre comme espèces : reste donc deux groupes seulement à comparer. Ces deux groupes ne diffèrent entre eux que par ce seul point, que dans le *Myrospermum* les filamens des étamines sont persistans, et qu'ils tombent dans le *Myroxylum:* mais ils se ressemblent d'ailleurs complètement, et en particulier par la singulière structure de leur fruit qui a un long pédicelle épanoui en aile foliacée et membraneuse, et est lui-même une samare indéhiscente membraneuse à une loge, à dix-neuf graines, et ayant la loge remplie d'un suc aromatique, et de nature balsamique. Outre cette organisation très-particulière, ils se ressemblent, parce que leurs folioles sont marquées de points glanduleux et transparens, et que ces feuilles sont dans les mêmes individus tantôt terminées par une foliole impaire, tantôt abruptement ailées, de manière que leur vraie nature est difficile à fixer. J'ai cru me conformer davantage à l'esprit général de la classification en les considérant comme deux sections d'un genre unique; et dans ce cas le nom de *Myrospermum*, établi en 1763 par Jacquin, a mérité la préférence sur celui de *Myroxylon* publié en 1781 seulement par Linné fils. MM. Schreber et de Lamarck avoient déjà proposé la réunion de ces deux genres, qui me paroissent en effet former de simples sections. Pour éviter d'employer le même nom comme genre et section, je reprends celui de *Calusia* que M. Bertero donnoit au *Myrospermum frutescens*, et j'établis les deux sections comme suit :

Calusia. Etamines persistantes. C'est ici que se rapporte le *M. frutescens*. — *Myroxylon*. Etamines tombantes. Ici se placent le *M. peruiferum* qui comprend peut-être quelques espèces confondues entre elles, le *M. pubescens* de Kunth et le *M. Toluiferum* d'A. Richard.

2°. Sophora.

Cet ancien genre de Linné doit être débarrassé de plusieurs espèces hétérogènes qui forment les genres suivans, et réduit aux limites que M. R. Brown lui a assignées dans le jardin de Kew. Réduit à ces limites, il offre deux sections : la première, que je nomme *Eusophora*, a les étamines tout-à-fait libres ; la deuxième, que j'appelle *Pseudosophora*, a les étamines un peu réunies ensemble, et semble s'approcher des Astragales de la division des Chronopodes. Mais les fruits moniliformes de cette seconde section et son analogie avec le *S. flavescens* me font penser qu'elle appartient au *Sophora*; j'y rapporte avec doute, d'après M. Nuttall, son *Sophora sericea*, dont Pursh avoit fait un Astragale et Rafinesque un genre particulier sous le nom de *Patrinia*. Cette dernière opinion me paroît la plus vraisemblable : mais la plante est trop mal connue pour oser l'admettre. Dans ce cas, le nom de *Patrinia*, déjà admis pour un genre de Valérianées, devra être changé.

On doit exclure du genre *Sophora* (outre les espèces rapportées aux suivans) le *Sophora bifolia* de Pallas, ou *Podalyria argentea* de Willdenow, que je mentionnerai ci-après (Mém. XIV), sous le nom d'*Ammodendron*, parmi les Légumineuses mal connues.

3°. Edwardsia de Salisbury. Genre très-distinct, et qui, outre les trois espèces décrites par ce botaniste, comprend l'*Edwardsia nitida* ou *Sophora nitida* de Smith, *Soph. sericea* de Jaume, l'*Edw. denudata* ou *S. denudata* de Bory, *S. retusa* de Persoon.

4°. Ormosia de Jackson et Brown.

5°. Virgilia de Lamarck et Brown. Outre les espèces connues de *Virgilia*, le *Robinia Capensis* de N.-L. Burmann me paroît appartenir à ce genre, ainsi que le *Sophora sylvatica* de Burchell, et une belle espèce découverte à la Guadeloupe par M. Bertero, et que j'ai nommée *V. rubiginosa* (Ann. sc. nat. 4, p. 98).

6°. Macrotropis.

Je désigne provisoirement sous ce nom les *Anagyris* de Loureiro, qu'on ne peut confondre avec les vrais *Anagyris*, soit à cause de leurs feuilles ailées avec impaire et de leurs fleurs blanches, soit à raison de leur calice en godet renflé, de leurs ailes égales à l'étendard, et de leur fruit presque cylindrique. Les espèces sont très-mal connues.

7°. Anagyris de Tournefort et Linné.

8°. Thermopsis de R. Brown. Genre très-naturel, que M. Nuttall a nommé *Thermia* et M. Rafinesque *Scolobus*, et qui, outre les espèces connues, doit renfermer :

Le *Th. Corgonensis*, qui est le *Sophora Alpina* de Pallas, mal rapporté au *Podalyria* par Willdenow ;

Et le *Th. Napaulensis*, belle espèce découverte au Napaul par M. Wallich, et dont j'ai indiqué le caractère (Ann. Sc. nat. 4, p. 98).

9°. Baptisia de Ventenat et Brown. Genre américain qui correspond au *Podalyria* de Michaux. Celui-ci l'avoit désigné dans son herbier sous le nom de *Crotalopsis*.

10°. Cyclopia de Ventenat et Brown. C'est l'*Ibbetsonia* de Sims, genre tout originaire du Cap de Bonne-Espérance, auquel, outre les espèces connues, je rapporte le *C. latifolia*, espèce inédite, remarquable en ce genre par ses folioles ovées presque en cœur, et dont le *Genista buxifolia* de N.-L. Burmann est une très-légère variété à feuilles un peu plus ovées ou elliptiques.

11°. PODALYRIA de Salisbury et de Brown. Genre tout composé d'espèces du Cap de Bonne-Espérance, et auquel se rapportent plusieurs des *Hypocalyptus* de Thunberg.

12°. CHORIZEMA de La Billardière, qui, ainsi que tous les suivans, est composé d'espèces de la Nouvelle-Hollande.

13°. PODOLOBIUM de Brown, qui diffère à peine du précédent, et avoit été, peut-être avec raison, réuni à lui par Smith.

Le *Podolobium* est un genre qui, quoique peu nombreux en espèces, renferme des types assez différens, et il ne sera peut-être pas inutile d'attirer sur lui l'attention des observateurs : il diffère du *Chorizema*, parce que l'ovaire est distinctement pédicellé et non sessile, ou presque sessile. J'y distingue trois petites sections, savoir :

1°. Les espèces à feuilles opposées, lobées, à lobes terminés en épines : elles ont, par ces deux derniers caractères, tout le port du *Chorizema*, mais en diffèrent même sous ce rapport par leurs feuilles opposées. Je rapporte ici le *P. trilobatum* de Brown, bien figuré dans le *Botanical Magazine*, pl. 1477, et une nouvelle espèce que j'ai reçue de M. Sieber, sous le nom de *P. staurophyllum*. Celle-ci mériteroit mieux que la précédente le nom de Trilobée, et je l'ai reçue sous ce nom de quelques collections. Elle a en effet les trois lobes de ses feuilles égaux, entiers, terminés en épine ; la feuille est glabre sur les deux surfaces, rétrécie en coin à sa base ; les fleurs sont nombreuses, disposées en petites grappes ou corymbes axillaires, assez semblables par leur structure à celles du *P. trilobatum;* leur ovaire est parfaitement glabre et évidemment pédicellé.

La deuxième section se distingue par ses feuilles opposées, il est vrai, comme dans la première, mais entières sur les bords, de forme elliptique, et nullement épineuses au sommet. Les deux espèces que j'y rappporte ont la tige grimpante, les feuilles munies d'une seule nervure longitudinale, des stipules en alêne très-petites, des fleurs disposées en grappe au sommet des rameaux. C'est ici qu'appartient le *P. scandens* ou *Chorozema scandens* de Smith : son port est si différent de celui de la première section, que je m'étonne peu que M. Sieber ait eu l'idée de le placer parmi les *Daviesia*, dont il diffère par son ovaire à quatre ovules, au lieu de deux : peut-être, malgré ce caractère, devra-t-on réunir cette section aux *Daviesia*. Le *Daviesia humifusa* de Sieber ne me paroît qu'une variété à feuilles plus arrondies et plus courtes du *P. scandens*. C'est à cette même section que je rapporte, d'après la description, le *Chorozema sericeum* de Smith, qui a les feuilles inférieures souvent alternes, et les supérieures opposées.

Enfin je réunis en une troisième section les espèces à feuilles alternes : tel est le *P. coriaceum*, qui est le *Chorozema coriaceum* de Smith, et qui ne m'est connu que par sa description : tel est surtout mon *P. aciculare* (DC. ann. sc. nat. 4, p. 98), espèce très-remarquable par ses feuilles linéaires étroites, entières, épineuses au sommet, et surtout par son ovaire qui a de douze à seize ovules. Je pense qu'il devra ou être réuni aux *Oxylobium*, malgré son ovaire légèrement pédicellé et ses feuilles alternes, ou former un genre particulier; mais la corolle m'est inconnue, et j'ai préféré le réunir provisoirement au genre avec lequel il a le plus d'analogie.

14°. Oxylobium. Ce genre établi par MM. Andrews et Brown est très-voisin du *Callistachys*, soit par ses feuilles simples et verticillées, soit par les caractères de la fructification : on ne peut établir entre ces deux genres de différences, sinon que dans le *Callistachys* l'ovaire est décidément pédicellé, tandis qu'il est sessile ou presque sessile dans l'*Oxylobium*; encore l'*O. ellipticum* est-il intermédiaire à cet égard. Les étamines paroissent hypogynes dans le *Callistachys*; mais il y a des *Oxylobium*, et notamment mon *O. Pulteneæ*, qui avec l'ovaire absolument sessile présentent cette apparence.

Aux espèces connues d'*Oxylobium*, j'en ajoute deux, savoir :

L'*O. spinosum*, qui a du rapport avec le *cordifolium*, mais dont les feuilles ovées se prolongent par l'extrémité de la nervure moyenne en une forte épine. Quoique je n'aie pu en voir le fruit, j'ai peu de doute qu'il restera dans ce genre. Mais il en est autrement de la seconde espèce que je lui adjoins provisoirement.

L'*O. Pulteneæ* est la même plante qui fait partie des collections de M. Sieber, sous le nom de *Pultenæa sylvatica*. Ce sous-arbrisseau a, en effet, au premier aperçu, le port d'un *Pultenæa*; mais je conçus des doutes sur sa classification, en remarquant qu'il n'a point de stipules et que ses feuilles linéaires obtuses et un peu roulées sur les bords, sont çà et là verticillées trois ou quatre ensemble, ces deux caractères étant étrangers aux vrais *Pultenœa.* L'analyse détaillée de sa fructification a confirmé ce que m'avoient indiqué ces détails des formes végétatives. Chaque fleur naît à l'aisselle d'une bractée oblongue, caduque, de la longueur du pédicelle. Celui-ci porte, sur le milieu de sa longueur, deux bractéoles caduques très-petites, en forme d'alêne; le calice est persistant, à cinq lobes réfléchis après la floraison, et à peine plus longs que le tube; les pétales et les étamines tombent après la floraison, et paroissent naître du torus, ou tout au moins de la base du calice, qui en est la plus voisine, car on sait qu'il est difficile de rien affirmer de bien positif dans ces insertions ambiguës : l'étendard est arrondi; la carène est égale en longueur aux ailes et à l'étendard; les dix étamines libres. L'ovaire est décidément sessile, ovale, oblong, couvert de poils soyeux; le style est glabre, courbé vers le haut, terminé par un stigmate simple. La gousse est entourée par la base du calice, de forme ovée, pointue, et prolongée par le style, couverte de poils, à deux valves concaves, lisses à l'intérieur. Les ovules sont au nombre de huit, dont un ou deux seulement viennent à maturité; les cordons ombilicaux se prolongent à leur sommet en une petite strophiole ou arille obtus : cette dilatation a quelquefois lieu même quand la graine avorte.

Cette espèce formera peut-être le type d'un nouveau genre.

15°. Callistachys de Ventenat, dont le *Callist. cuneifolia* devra être exclus.

16°. Brachysema de Brown, remarquable par l'analogie de son port avec le *Kennedya.*

17° Gompholobium de Smith, modifié par Brown.

18°. BURTONIA, séparé du précédent par Brown, et dont je décrirai deux espèces nouvelles : *B. sessilifolia,* et *B. conferta.*

19°. JACKSONIA de Brown, genre très-remarquable par les valves de son fruit, velues en dedans. Outre les espèces connues, le *Gompholobium furcellatum* de Bonpland, le *Daviesia reticulata* de Smith, et une nouvelle espèce que j'appelle *Jacksonia horrida*, doivent y être rapportées.

20°. VIMINARIA de Smith et Brown.

21°. SPHÆROLOBIUM des mêmes auteurs.

22°. AOTUS desdits.

23°. DILLWYNIA de Smith, auquel je réunis comme section le *Xeropetalum* de Brown, qui n'en diffère que par ses pétales et ses étamines marcescens.

24°. EUTAXIA de Brown, remarquable par ses feuilles opposées.

25°. SCLEROTHAMNUS de Brown.

26°. GASTROLOBIUM de Brown.

27°. EUCHILUS de Brown.

28°. PULTENÆA de Smith.

Ce genre est très-naturel par son port, et bien tranché par ses caractères. Le nombre des espèces en est devenu très-considérable : il s'élève aujourd'hui à trente-deux, dont la moitié, à peu près, est due aux collections de M. Sieber, qui sont répandues dans quelques herbiers, mais non encore décrites. Cet accroissement a déterminé la division du genre en deux sections.

La première, ou celle des vrais *Pultenæa*, qui comprend toutes les espèces décrites et plusieurs nouvelles, a reçu le nom d'*Hymenota :* elle se compose d'espèces toutes munies de stipules sétacées, scarieuses ou membraneuses; celles des feuilles supérieures sont ou plus grandes que les autres, ou soudées ensemble en dedans de la feuille; les fleurs sont en tête ou en grappe serrée, et toujours entourées de bractées ou de bractéoles semblables aux stipules pour la consistance, souvent même pour la forme. Cette section comprend vingt-huit espèces, dont plusieurs nouvelles.

La seconde section, que je nomme *Phyllota,* pour indiquer que les bractéoles sont de consistance foliacée, se distingue 1°. en ce que les stipules manquent complètement, et 2°. en ce que les fleurs portent à leur base deux bractéoles opposées, ou géminées, de nature foliacée, et au moins aussi longues que le calice. Les quatre espèces inédites de cette section ont des fleurs qui naissent à l'aisselle des feuilles supérieures, et forment, par leur rapprochement au sommet, des rameaux, des capitules ou des épis feuillés. Toutes ont les feuilles linéaires plus ou moins roulées en dessous par les bords, et munies en dessus de petits tubercules qui les rendent âpres au toucher. Il seroit bien possible que lorsqu'on connoîtra leur fruit, on fût obligé de les considérer comme un genre distinct. J'ai dû me borner, vu la similitude de leurs fleurs avec celles de la première section, à les regarder comme un groupe distinct dans le genre.

29°. Daviesia de Smith.

30°. Mirbelia de Smith.

Je n'ai rien à observer sur les caractères de ces deux derniers genres des Sophorées.

SIXIÈME MÉMOIRE.

REVUE
DE LA
TRIBU DES LOTÉES.

§ I. *Des Lotées en général.*

Je réunis sous la tribu des Lotées toutes les Papilionacées à cotylédons foliacés (ce qui les distingue des Viciées, des Phaséolées, et peut-être des Dalbergiées), à étamines monadelphes ou diadelphes (ce qui les sépare des Sophorées), et à fruit continu à une loge, ou à deux loges longitudinales formées par le repli de l'une des sutures, mais toujours dépourvues d'articulations transversales (ce qui les distingue des Hédysarées).

Ce caractère clair et simple laisse peu de doute sur leur classification, et il n'y a qu'un petit nombre de cas où l'on puisse entrevoir des affinités contraires à cette division : ainsi quelques Astragales à étamines presque libres s'approchent par là des Sophorées, soit à cause du fruit biloculaire du *Mirbelia*, soit à cause des étamines légèrement soudées de quelques *Sophora*. Ainsi les *Anthyllis* de la section des *Cornicines*, les *Medicago* de la section des *Hymenocarpes*, et surtout la première section des *Nissolia*, semblent, par leur fruit cloisonné ou articulé en travers, s'approcher des Hédysarées, tandis que les Hédysarées uniloculaires pourroient être confondues avec les Lotées. Je ne prétends nullement nier ces objections, et je me bornerai à faire observer, 1°. qu'elles ne sont pas propres à mon travail, mais qu'elles atteignent également toutes les méthodes proposées sur les Légumineuses; 2°. que dans ce petit nombre de cas, le port est tellement conforme à la marche adoptée, que tout le monde reconnoît ces exceptions en opposition aux caractères les plus précis.

Cette tribu des Lotées est trop vaste, je le sens très-bien; mais je n'ai su trouver aucun moyen pour la séparer en plusieurs, sans rompre des affinités très-naturelles si je m'en rapportois seulement aux caractères, ou sans établir des groupes dépourvus de tout caractère classique si je me laissois guider par le port.

Adanson, qui a pris le premier de ces deux partis, a séparé cette tribu en deux, savoir : les Génistées, qui ont le fruit uniloculaire, et les Astragalées, qui l'ont biloculaire. Cette division est admissible comme coupe artificielle; mais si on veut la considérer comme division naturelle, elle ne peut se soutenir sans joindre aux quatre genres à fruit réellement biloculaire (*Astragalus*, *Biserrula*, *Guldenstædtia* et *Oxytropis*), les genres dont la suture supérieure est un peu renflée en dedans, et dont le port est tellement semblable aux précédens, qu'on les a fréquemment confondus : tels sont les genres *Phaca*, *Colutea*, et ceux qui en ont été séparés. Mais si l'on réunit aux Astragalées ces genres à fruit uniloculaire, où s'arrêtera-t-on? L'*Halodendron*, qui est si voisin par le fruit du *Colutea* et du *Sphærophysa*, en fera-t-il partie? Le *Caragana* et le *Calophaca* ont-ils la suture supérieure assez renflée pour y mériter une place? J'ai tenté cette division sous une multitude de formes, parce que je sens qu'elle a quelque chose de réel; mais plus je l'ai étudiée, plus j'ai senti les difficultés qu'elle présente, et j'ai dû l'abandonner.

M. de Jussieu a réparti toutes mes Lotées dans ses divisions V et VI, distinguées uniquement par les feuilles simples ou ternées dans la cinquième, ailées avec impaire dans la sixième; mais cette division ne peut être admise, parce qu'elle rompt trop de rapports, et qu'elle est contraire à la nature réelle de la plupart de ces feuilles. Ainsi la section V présente des feuilles ailées avec impaire dans une section des *Ononis*, la moitié des *Anthyllis*, tous les *Dalea*, tous les *Petalostemon*, une partie des *Psoralea*, etc., etc.; et l'on trouve au contraire des feuilles simples ou palmées parmi les *Tephrosia* et les *Indigofera* qui appartiendroient à la cinquième section.

D'autres ont proposé une division déterminée d'après les étamines monadelphes ou diadelphes; mais il y a trop de genres évidemment voisins qui offrent ces deux structures pour y mettre de l'importance : ainsi le *Priestleya* et l'*Achyronia*, qui sont diadelphes, touchent le *Borbonia* et l'*Aspalathus*, qui sont monadelphes. Ainsi les *Ononis*, les

Psoralea, les *Tephrosia* offrent des espèces monadelphes et d'autres diadelphes.

M. H-G. Bronn a établi trois divisions formées des genres que je réunis ici, savoir : ses Génistées, ses Trifoliées et ses Galégées ; mais il ne leur a attribué aucun caractère propre, et paroît les avoir simplement divisées d'après le port. Je ne nie point que ces groupes ne soient assez conformes à l'aspect général de ces plantes, et j'ai suivi à peu près la même série dans l'ordre que j'ai adopté : ainsi les genres qui commencent ma tribu des Lotées, jusques et y compris l'*Anthyllis*, forment les Génistées de Bronn : du *Medicago* jusques au *Psoralea*, on trouvera ses Trifoliées, et de là jusques à la fin ses Galégées : on pourroit même encore sous-diviser celles-ci, car les cinq derniers genres de la série forment les Astragalées d'Adanson. Cette série est donc conforme aux affinités des genres ; mais je ne connois encore aucun moyen exact d'y établir quelques coupes secondaires. Considérée dans son ensemble, elle commence par les genres à étamines monadelphes, et arrive ainsi à ceux à étamines diadelphes ; par les genres à feuilles simples, puis ternées, puis ailées avec impaire ; par les genres à fruit uniloculaire, et se termine par ceux à fruit biloculaire : mais il existe tant de rapports multiples entre ces genres, que je n'ai pu établir entre eux aucune division bien méthodique. Si l'on vouloit indiquer les rapports les plus généraux, mais en se contentant de caractères un peu vagues, on pourroit, en attendant que la germination d'un plus grand nombre de genres soit connue, ranger les Lotées comme suit :

1re. *Série*. Les GÉNISTÉES de Bronn.

Étamines le plus souvent monadelphes. Feuilles simples ou à folioles partant du sommet du pétiole. Fruit toujours uniloculaire. Tiges souvent ligneuses.

C'est ici que se rangent les genres suivans :

Hovea de Brown.

Platylobium de Smith.

Platychilum de l'Herbier de l'Amateur.

Bossiæa de Ventenat.

Goodia de Salisbury.

Templetonia de Brown.

Rafnia de Thunberg, qui comprend l'*OEdmannia*, et dont je parlerai plus bas, § 2.

Vascoa. Genre nouveau que j'établirai ci-après, § 3.

Borbonia, dont je fixerai ci-après le vrai caractère, § 4.

Achyronia de Wendland (diadelphe).

Liparia de Linné (diadelphe).

Priestleya. Genre diadelphe dont je parlerai plus tard en détail, § 5.

Hallia de Thunberg. Genre monadelphe à feuilles simples, jadis rapporté aux Hédysarées.

Heylandia. Genre nouveau qui avoit été confondu avec le précédent, et que je mentionnerai § 6.

Crotalaria de Linné.

Hypocalyptus de Thunberg, qui doit être réduit à l'*H. obcordatus*, toutes les autres espèces étant des Sophorées.

Viborgia de Thunberg.

Loddigesia de Sims.

Dichilus. Genre nouveau que je décrirai plus bas, § 7.

Lebeckia de Thunberg.

Sarcophyllum de Thunberg.

Aspalathus de Linné, dont il faut exclure l'*A. Indica*, qui est un *Indigofera;* de sorte que le genre reste entièrement composé de plantes du Cap.

Ulex de Linné.

Stauracanthus de Link.

Spartium de Linné; réduit au *Sp. junceum,* comme je l'exposerai ci-après, § 8.

Genista de Lamarck, dont je donnerai les divisions ci-après, § 9.

Cytisus de Lamarck (voy. § 10).

Adenocarpus de la Flore française, mentionné § 11.

Ononis de Linné, qui commence à présenter quelques espèces à feuilles ailées (voy. § 12).

Requienia. Genre qui, malgré ses étamines monadelphes, avoit été confondu avec les *Podalyria,* et qui sera décrit § 13.

Anthyllis de Linné, qui a aussi des espèces à feuilles ailées, et qui se termine par la section des Cornicines, dont la gousse est divisée en loges transversales, § 14.

2e. *Série*. Les TRIFOLIÉES.

Étamines diadelphes. Feuilles à folioles palmées, ou rarement ailées; les primordiales alternes. Stipules souvent adhérentes au pétiole. Gousse uniloculaire. Tiges herbacées ou sous-arbrisseaux peu élevés.

Medicago de Linné, qui commence par la section des Hyménocarpes, laquelle a le fruit divisé en loges transversales, et quelquefois les feuilles ailées comme dans la dernière section dont elle ne diffère que par les étamines diadelphes.

Trigonella de Linné.

Pocockia de Seringe. Genre formé du seul *Melilotus Cretica.*

Melilotus de Tournefort et de Lamarck.

Trifolium desdits.

Dorycnium de Tournefort et Willdenow.

Lotus de Linné, débarrassé du genre précédent et du suivant.

Tetragonolobus des Anciens.

Cyamopsis. Genre monadelphe que j'établirai ci-après, § 15.

3e. *Série.* Les CLITORIÉES.

Étamines presque toutes diadelphes. Tige ligneuse ou herbacée, souvent volubile. Feuilles le plus souvent ailées à trois folioles. Feuilles primordiales opposées.

Psoralea de Linné. Genre analogue, d'un côté aux Trèfles, de l'autre au *Dalea.*

Indigofera de Linné, sur lequel je reviendrai en détail, § 16.

Clitoria, dont je ferai aussi mention, § 17.

Neurocarpum de Desvaux.

Martiusia de Schultes, qui est à peine distinct du précédent.

Cologania de Kunth.

Galactia de Brown et Michaux.

Odonia de Bertoloni, qui diffère peu du précédent.
Vilmorinia, dont je parlerai ci-après, à l'art. 18.
Barbieria. Genre nouveau dont je donnerai plus bas les caractères, § 19.
Grona de Loureiro.
Collæa. Genre nouveau décrit plus bas, § 20.
Pueraria, idem, § 21.
Otoptera, idem, § 22.
Dumasia, idem, § 23.
Glycine, dont je parlerai avec quelque détail, § 24.
Chætocalyx, de même, § 25.

N. B. Plusieurs des genres grimpans de cette série seront rejetés parmi les Phaséolées, lorsque leur germination sera connue.

4e. *Série*. Les GALÉGÉES.

Étamines monadelphes ou diadelphes. Fruit uniloculaire. Feuilles presque toujours ailées avec impaire. Tiges herbacées ou ligneuses. Feuilles primordiales alternes ou dissemblables.

Petalostemum de Michaux.
Dalea de l'*Hortus Cliffortianus*.
Glycyrhiza de Linné.
Galega de Tournefort et de Persoon.
Tephrosia de Persoon, dont j'exposerai l'histoire, § 26.
Amorpha de Linné.
Eysenhardtia de Kunth.
Nissolia de Linné, dont la place est douteuse, et que je décrirai § 27.

Mullera de Linné fils, dont on peut en dire autant.

Lonchocarpus de Kunth.

Robinia des auteurs, réduit aux seuls *Pseudacacia*, et que je discuterai ainsi que les suivans, § 28.

Poitæa de Ventenat (voy. § 28).

Sabinea. Genre nouveau que je ferai connoître plus bas (voy. § 28).

Coursetia. Genre nouveau qui sera établi ci-après, § 28.

Sesbania de Persoon et de Desvaux.

Agati de Rheede et de Desvaux, qui comme le précédent avoit été confondu tantôt avec l'*Æschinomene*, tantôt avec le *Coronilla*, mais sont très-différens de l'un et de l'autre, et n'ont pas le fruit articulé.

Glottidium de Desvaux.

Corynella. Genre nouveau, à feuilles ailées sans impaire et à pétiole un peu épineux, qui sera décrit plus bas, § 27.

Piscidia de Linné, réduit aux espèces monadelphes à feuilles ailées avec impaire.

Daubentonia, détaché du précédent, et sur lequel je reviendrai, § 29.

Caragana de Lamarck, § 28.

Halimodendron, séparé du précédent par les motifs que j'exposerai au § 27.

Diphysa de Jacquin, inséré ici avec doute.

Calophaca de Fischer, voisin du *Caragana* et du *Colutea*.

Colutea de Linné, débarrassé des quatre genres suivans (voy. § 29.30).

Sphærophysa, mentionné plus bas, § 30.

Swainsona de Salisbury, § 30.

Lessertia de l'histoire des Astragales, § 30.
Sutherlandia de Brown.
Phaca de Linné, qui est très-voisin des précédens et du suivant.

5e. *Série.* Les ASTRAGALES d'Adanson.

Étamines diadelphes. Fruit à deux loges longitudinales. Feuilles ailées : les primordiales alternes.
Oxytropis, tel que je l'ai établi jadis.
Astragalus, débarrassé du genre précédent.
Guldenstædtia de Fischer, qui diffère des Astragales parce que les loges du fruit renferment un peu de pulpe.
Biserrula de Linné.

§ 2. *Du genre* RAFNIA.

Le genre *Rafnia* a été bien décrit par Thunberg et Willdenow, et je ne le mentionne ici que pour expliquer comment l'*OEdmannia* doit lui être réuni.

Les *Rafnia* sont très-reconnoissables dans les herbiers par la teinte de leur feuillage qui, à la dessiccation, devient plus ou moins noirâtre, par leur surface entièrement glabre, leurs étamines monadelphes comme dans les *Crotalaria*, et leurs gousses lancéolées et comprimées. On a coutume d'ajouter que leur calice est à deux lèvres, la supérieure bifide, l'inférieure tripartite avec le lobe du milieu très-étroit.

On donne pour caractère à l'*OEdmannia* que son calice est à deux lèvres, la supérieure bifide, et l'inférieure sétacée.

Examinons la nature réelle du calice et de ses variations.

Le calice de tous les *Rafnia*, y compris l'*OEdmannia*, est formé de cinq sépales soudés jusques à la moitié environ de leur longueur.

Dans le *R. triflora* les cinq lobes sont aigus; les deux supérieurs sont séparés très-profondément; les deux moyens leur sont égaux et semblables; l'inférieur est très-étroit, en forme de soie ou d'alêne. Il en est de même des *R. opposita*, *angulata*, *filifolia*, etc.

Dans le *R. lancea*, ou l'*OEdmannia* de Thunberg, la seule différence consiste en ce que les quatre lobes supérieurs sont un peu soudés ensemble, de manière à sembler former une lèvre concave bifide dont les deux côtés sont à deux dents; l'inférieur seul reste libre jusques à la moitié de sa longueur, et en forme de soie ou d'alêne.

Cette différence est donc d'une importance anatomique presque nulle : on pourroit conserver le genre s'il s'agissoit de plantes fort différentes par leur port; mais l'espèce dont il s'agit est tellement semblable aux *Rafnia* à feuilles lancéolées, que la seule vue de la plante suffit pour convaincre qu'elle est du même genre. Je l'ai vue long-temps dans mon herbier, placée au milieu des autres *Rafnia*, sans imaginer qu'on pût penser à l'en séparer, et il n'a fallu rien moins qu'un échantillon de la plante, étiqueté d'une manière authentique par M. Agardh, pour me faire reconnoître que ma plante étoit l'*OEdmannia*; je la regarde comme un *Rafnia* tellement semblable aux autres qu'on n'en pourroit faire qu'une section artificielle.

§ 3. *Du genre* VASCOA.

Linné avoit réuni aux *Crotalaria*, sous le nom de *C. amplexicaulis*, un sous-arbrisseau du Cap de Bonne-Espérance, à feuilles arrondies et fortement embrassantes. Thunberg ayant remarqué que cette plante n'avoit pas le fruit renflé comme les Crotalaires, la retira de ce genre pour la placer dans le *Rafnia*, et en même temps il plaça parmi les *Borbonia*, sous le nom de *B. perfoliata*, une espèce tellement voisine de celle-ci qu'à peine on peut l'en séparer comme espèce avec certitude.

Ayant eu occasion d'examiner ces deux espèces en fleur, je crois être assuré qu'elles forment un genre particulier auquel je donne le nom de *Vascoa*, pour rappeler le nom du célèbre voyageur Vasco de Gama, qui s'est illustré par la découverte du pays même dont ces végétaux sont indigènes.

Les *Vascoa* diffèrent des *Crotalaria* par leur fruit non renflé, des *Borbonia* par leur corolle glabre et leurs lobes calicinaux non-prolongés en épines, des *Rafnia* par leur calice à cinq lobes sensiblement égaux, et dont l'inférieur n'est pas en forme de soie ou d'alêne; elles se distinguent dès le premier coup d'œil de ces trois genres par leur port tout particulier. Ces sous-arbrisseaux sont glabres, à branches cylindriques, à feuilles sessiles, arrondies, échancrées en cœur et fortement embrassantes à leur base; ces feuilles sont de consistance ferme et marquées par un réseau de veines saillantes et anastomosées. Celles des branches principales sont alternes, et celles qui terminent les rameaux floraux sont opposés. Les fleurs naissent des aisselles supérieures, et forment de petits faisceaux en corymbe ; elles sont portées sur de courts pédicelles, dépourvues de bractéoles, et de couleur jaune.

Je rapporte à ce genre deux espèces :

1°. *Vascoa amplexicaulis.*

Cette plante est certainement le *Crotalaria amplexicaulis* de Linné, de Thunberg et de Burmann ; leurs caractères spécifiques ne laissent aucun doute, et de plus j'en possède (grâce à l'obligeance de mon ami M. B. Delessert) un échantillon qui provient de l'herbier de Burmann, et qui est étiqueté de sa main *Crotalaria amplexicaulis.* Mais la figure de *Seba*, citée par tous les auteurs pour cette espèce, appartient à la suivante. C'est cette circonstance qui est cause que M. de Lamarck, auquel on doit une bonne description de ces deux plantes, a transporté à la suivante le nom d'*amplexicaulis*, et a donné à celle-ci le nom de *Crotalaria reniformis*.

On peut distinguer cette espèce, 1°. à ses feuilles caulinaires, orbiculaires, arrondies et obtuses au sommet, qui ont près de deux pouces de diamètre, et naissent rapprochées les unes des autres; 2°. à ses feuilles florales minces, membraneuses, peu ou point veinées, et colorées d'une teinte jaunâtre qui rappelle celle des involucres de quelques *Buplevrum*.

2°. *Vascoa perfoliata.*

Un échantillon authentique, qui m'a été envoyé par M. Agardh, m'a appris que cette plante est le *Borbonia perfoliata* de Thunberg; mais en même temps elle répond rigoureusement à la figure de *Seba* (*Thes.* 1, t. 24, fig. 5), citée par les auteurs pour la précédente, et c'est celle-ci que Lamarck a désignée sous le nom de *Crotalaria amplexicaulis*. Il faut noter, pour éviter toute équivoque de nomenclature, 1°. que, comme on sait, le *Crotalaria perfoliata* n'a aucun rapport avec cette plante, et qu'à raison de ses étamines libres, elle appartient au genre *Baptisia*; 2°. que le *Crotalaria perforata* de Linné est le *Borbonia ciliata*. Elle se distingue assez facilement de la précédente, 1°. à ses feuilles caulinaires de moitié environ plus petites, plus roides, plus fortement réticulées, et dont la sommité est surmontée par une petite pointe mousse; 2°. parce que les feuilles florales ne sont presque pas différentes des autres pour la consistance et la couleur.

§ 4. *Du genre* BORBONIA.

Le genre *Borbonia* de Linné, très-différent, comme on sait, de celui de Plumier, est devenu régulier et naturel par la formation du genre *Priestleya*, qui en a retranché toutes les espèces diadelphes, et du genre *Vascoa*, qui en a fait sortir les espèces à corolles glabres et à lobes calicinaux, peu aigus et point épineux. Il se trouve maintenant réduit à un groupe d'espèces très-analogues entre elles : elles sont toutes originaires du Cap de Bonne-Espérance; leurs tiges sont ligneuses, à branches cylindriques; leurs feuilles sont dépourvues de stipules, et munies de trois, cinq, sept ou même neuf nervures saillantes qui partent de la base et atteignent le sommet; leurs fleurs sont jaunes, à calice rétréci à sa base, divisé jusques à la moitié et plus de sa longueur en cinq lobes égaux, très-acuminés et presque épineux. Leur corolle est fortement velue à l'extérieur ; leurs étamines monadelphes ont la graine fendue du côté supérieur ; leurs gousses sont planes, linéaires, droites, uniloculaires et polyspermes.

Dix espèces rentrent complètement dans ce caractère, et composent la partie de ce genre qui est bien connue. Je laisse encore à leur suite trois espèces sur lesquelles je crois devoir appeler l'attention des observateurs.

La première est le *B. undulata* indiqué par Thunberg dans son *Prodromus*, et omis dans sa Flore du Cap. Ses feuilles amplexicaules peuvent faire douter si elle appartient aux *Borbonia* ou aux *Vascoa*, et en tout état de cause elle est à peine connue.

2°. Le *B. villosa* de la Flore du Cap, de Thunberg, pourroit bien être un *Priestleya*; mais sa description est tellement incomplète qu'il est impossible de s'en assurer.

3°. Le *B. monosperma* est une espèce singulière dont je possède un échantillon en fruit, et qui pourroit peut-être former le type d'un genre particulier.

Ses branches sont cylindriques, glabres, excepté vers l'origine des fleurs où elles portent quelques poils. Les feuilles sont lancéolées, oblongues, acuminées, marquées de trois nervures longitudinales, dépourvues de toutes nervures transverses, glabres, lisses, un peu courbées en cornet à leur base, longues de douze à quinze lignes sur trois de largeur, dressées et très-serrées les unes contre les autres. Les pédicelles sont beaucoup plus courts que les feuilles à l'aisselle desquelles ils naissent, filiformes, garnis de poils longs et épars, recourbés au sommet, au moins à l'époque de la maturité du fruit; le calice est persistant, à cinq lobes étroits très-acuminés, presque sétacés, mais non épineux; la fleur m'est inconnue; le fruit est une gousse demi-ovale, amincie aux deux extrémités, presque pédicellée, à deux valves, à peu près plane et à une seule graine. Ce sous-arbrisseau croît au Cap de Bonne-Espérance; la branche sèche que j'en possède en herbier rappelle un peu l'aspect de certaines Restiacées.

§ 5. *Du genre* PRIESTLEYA (1).

Linné, dans sa *Mantissa*, avoit établi le genre *Liparia*, en avertissant formellement qu'il en déduisoit les caractères d'une seule espèce qu'il nommoit *Liparia sphærica*. Après cet avertissement il y adjoint lui-même quelques espèces qu'il connoissoit moins bien, et qu'il jugeoit analogues à l'espèce fondamentale. Les botanistes subséquens, et Thunberg en particulier, suivirent cet exemple; et le genre actuellement admis sous le nom de *Liparia* se trouve composé 1°. du *L. sphærica*, type du genre; 2°. de toutes les autres espèces qui ont entre elles de grands rapports, et s'approchent par leur port des *Borbonia*. En examinant ces plantes, je me suis convaincu que pour être conséquent avec les principes les plus reconnus de la classification des Légumineuses, il

---

(1) Lu à la Soc. de Phys. et d'Hist. nat. de Genève, le 19 fév. 1824, sous le nom de *Brongniartia* que j'ai dû changer, parce que, six mois après ma lecture, mais avant ma publication, M. Kunth s'est emparé de ce nom cher aux sciences pour désigner un autre genre.

falloit considérer le *L. spherica* comme un genre particulier, et réunir toutes les autres espèces sous un nom commun. Linné ayant si parfaitement décrit la première, je n'ai pas cru devoir lui ôter le nom de *Liparia*, mais plutôt donner un nom nouveau au deuxième groupe, bien qu'il soit plus nombreux en espèces. J'ai imposé à ce genre intermédiaire entre le *Liparia* et le *Borbonia* le nom de *Priestleya;* désirant ainsi consacrer dans la Botanique un nom déjà cher à toutes les sciences naturelles, et que la science des végétaux réclame particulièrement, puisque c'est Priestley qui a découvert l'exhalaison du gaz oxygène par les parties vertes des plantes exposées au soleil.

Les *Priestleya* diffèrent du *Liparia* par les caractères suivans : 1°. Leur calice est à cinq lobes presque égaux, tandis que celui du *Liparia* a les quatre lobes supérieurs égaux entre eux, et le cinquième très-long, elliptique, et de consistance pétaloïde ; 2°. l'étendard de leur corolle est arrondi ; celui du *Liparia*, ovale, oblong ; 3°. leurs ailes sont planes même dès leur premier développement, tandis que l'une des ailes de la fleur du *Liparia* se replie sur l'autre par le sommet pendant l'estivation , caractère singulier, et que je ne connois dans aucune autre Papilionacée ; 4°. la carène des *Priestleya* a le dos courbe et convexe ; celle du *Liparia* est droite et pointue. Ces quatre caractères, et surtout les deux tirés du calice et des ailes, sont tellement remarquables qu'il y a beaucoup de genres de Légumineuses fondés sur des différences analogues. Pour donner une idée du point où les deux genres diffèrent par le port, je pourrois ajouter peut-être que le *Liparia sphærica* a été pris par N.-L. Burmann pour une

Protéacée, et qu'il est désigné dans son Prodrome de la Flore du Cap, sous le nom de *Leucadendron splendens*, comme je m'en suis assuré par son propre herbier, conservé chez M. Delessert; et il ne falloit rien moins pour se douter d'une pareille erreur.

Si on compare les *Priestleya* avec les *Borbonia*, on les distingue 1°. par les lobes de leur calice peu ou point prolongés en épine à l'extrémité; 2°. par leur corolle glabre et non velue; 3°. par leurs étamines diadelphes et non monadelphes; 4°. par leurs gousses remplies d'un moindre nombre de graines; 5°. on peut ajouter à ces caractères la structure des feuilles qui sont munies à leur base d'une seule nervure dans les *Priestleya*, de plusieurs dans les *Borbonia*. Ce dernier caractère reste commun à toutes les espèces de *Borbonia* sans exception, maintenant que l'examen détaillé des espèces en a exclu toutes les espèces anomales pour former les genres *Priestleya* et *Vascoa*.

Le genre *Priestleya* se compose de deux sections tellement distinctes par le calice, que si l'analogie du reste de leur structure ne s'y opposoit pas, on pourroit en faire deux genres. La première se caractérise parce que la base du calice est repoussée en dedans à peu près comme le fond d'une bouteille; la deuxième parce que le calice est aminci à la base à la manière ordinaire.

Je donne au premier groupe, comme nom de section, le nom d'*Eisothea* (1), pour rappeler son caractère. Elle com-

(1) Εἰσωθέω *Intrudo.*

prend trois espèces déjà connues, savoir : le *myrtifolia*, le *lævigata*, dont je joins ici la figure, pl. 29, et le *hirsuta*, dont on trouve la figure à la pl. 8 du *Botan. Register*, sous le nom de *Liparia hirsuta.*

La deuxième section a reçu, par opposition, le nom d'*Aneisothea.* Cette section comprend, parmi les espèces connues, les *P. sericea* et *axillaris*, que Lamarck avoit confondus avec les *Borbonia;* les *B. villosa*, *graminifolia* et *vestita*, que Linné avoit placés dans ses *Liparia* anomales; le *P. ericæfolia*, qu'il avoit mis parmi les *Borbonia;* le *P. capitata*, qui est le *Liparia capitata* de Thunberg, et deux espèces nouvelles dont je donnerai ci-après les caractères. Je crois en outre que les *Liparia tecta*, *graminifolia*, *teres*, *tomentosa* et *umbellifera* de Thunberg appartiennent au genre *Priestleya;* mais l'extrême brièveté de cet auteur ne permet pas de démêler dans ses descriptions ni les caractères du genre, ni ceux de la section à laquelle ils doivent se classer : je présume qu'il faut les placer dans les *Aneisothea;* mais je n'en ai aucune preuve, sinon la probabilité qu'un caractère aussi marquant que celui du calice intrus n'auroit pas été passé sous silence.

Les *Eisothea* ressemblent davantage aux espèces du vrai genre *Liparia*, et les *Aneisothea* aux *Borbonia* par la forme de la base de leur calice.

Le genre *Priestleya* se trouve donc composé de dix espèces certaines, et de cinq encore douteuses. Toutes sont originaires du Cap de Bonne-Espérance : ce sont de petits sous-arbrisseaux à rameaux grêles, cylindriques ou un peu anguleux; leurs feuilles sont simples, parfaitement entières, dépourvues de stipules ou n'en ayant que de très-petites et à peine visibles, sans nervures ou à une seule nervure moyenne; les fleurs sont jaunes, en tête, en grappe ou en épi; les gousses sont sessiles dans le calice, ovales, oblongues, comprimées, terminées par la base du style persistant, et à quatre ou cinq graines. Je terminerai en joignant ici la description des espèces les moins connues.

1°. *Priestleya myrtifolia.* Tab. 29.

Ce sous-arbrisseau a été décrit par Thunberg sous le nom de *Liparia myrtifolia*: j'en donne ici une figure faite d'après des échantillons du Cap de Bonne-Espérance, qui m'ont été obligeamment communiqués par M. Lambert.

Il est entièrement glabre sauf la gousse; ses branches sont cylindriques, roussâtres, marquées par les cicatrices un peu saillantes des anciennes feuilles; celles-ci sont alternes, ovales, lancéolées, pointues, presque entièrement dépourvues de nervures, sinon vers la base où celle du milieu est un peu saillante en dessous. Les pédoncules qui naissent à l'aisselle des feuilles supérieures et dépassent leur longueur, sont disposés en corymbe lâche, et divisés en deux ou trois pédicelles divergens; les bractées qui se trouvent à la base de ceux-ci sont un peu membraneuses, oblongues, pointues et courbées de manière à les engaîner jusques à la moitié ou aux deux tiers de leur longueur. Le calice est en forme de cloche, avec la base repoussée à l'intérieur. Il se divise en cinq lobes égaux, ovales, un peu pointus; la corolle est trois à quatre fois plus longue, et paroît de couleur jaune; son étendard est arrondi, onguiculé, réfléchi; ses ailes un peu courbées, obtuses, de forme et de grandeur analogues à la carène;

celle-ci a ses pétales libres dans le bas, soudés vers le haut. Le style est arqué. La gousse est plane, ovale, lancéolée, terminée par une pointe un peu crochue, entourée à sa base par le calice et les étamines qui persistent; ses valves sont planes, couvertes de poils longs et couchés; les graines sont au nombre de deux par chaque valve, de forme ovale, de couleur rousse.

2°. *Priestleya lævigata*. Tab. 30.

Cette espèce a été désignée dans le *Mantissa* de Linné sous les noms de *Liparia umbellata* et de *Borbonia lævigata*, réunion qui tend à prouver le peu de rigueur qu'avoient les anciens caractères génériques. M. Thunberg l'a décrite sous le nom de *Borbonia lævigata*; mais comme il n'en existe aucune figure, j'ai cru devoir en donner une. Ce sous-arbrisseau a les branches et les feuilles glabres, excepté celles qui sont voisines des fleurs sur lesquelles, ainsi que sur les calices, on remarque des poils courts, soyeux et couchés. Les branches sont cylindriques, les feuilles alternes, nombreuses, dressées, oblongues, rétrécies en pointe aux deux extrémités, lisses, tout-à-fait dépourvues de nervures. Les fleurs forment une tête serrée à l'extrémité des rameaux. Leur calice a, dans sa jeunesse, sa base prolongée en pointe, puis elle se refoule en dedans quand la fleuraison avance. Ses lobes sont plus obtus que ceux de l'espèce précédente; la fleur n'offre aucune différence importante; l'ovaire et le jeune fruit sont plus fortement hérissés de poils longs et soyeux.

3°. *Priestleya ericæfolia*. Tab. 31.

Je désigne sous ce nom l'espèce que Linné a décrite dans

ses *Amœnitates Academicæ*, sous le nom de *Borbonia ericæfolia*, et que j'ai retrouvée sous le même nom dans l'herbier du Cap de N.-L. Burmann, qui l'a mentionnée dans son *Prodromus*. Comme on ne possède ni description détaillée, ni figure de cette plante, j'ai cru devoir en faire mention ici.

Ce sous-arbrisseau a la tige cylindrique, rameuse; les feuilles sont alternes, lancéolées, pointues, et paroissent presque linéaires, parce que leurs bords se replient en dessous; elles sont d'abord droites, puis étalées et même un peu réfléchies dans la vieillesse, longues de trois ou quatre lignes, sur une à une et demi de largeur. On peut distinguer deux variétés de cette plante : la var. α, qui est celle de l'herbier de Burmann, a les rameaux peu velus, les jeunes feuilles couvertes de poils soyeux et couchés, mais qui deviennent glabres en dessus, en vieillissant; la var. β a les rameaux plus décidément velus, et les feuilles couvertes sur les deux surfaces, pendant toute leur vie, de poils soyeux et couchés, qui lui donnent quelque ressemblance d'apparence avec certains *Passerina* ou avec le *Chenolea* : c'est celle dont je donne la figure.

L'une et l'autre variété offrent des fleurs petites, blanchâtres, sessiles ou presque sessiles, réunies au sommet des rameaux, au nombre de huit à dix en tête serrée. Dans quelques branches des mêmes individus, elles naissent par petits faisceaux sessiles aux aisselles supérieures, de manière à former une sorte d'épi feuillé et irrégulier.

Le calice est en cloche, rétréci à sa base, à cinq dents peu aiguës, couverts de poils courts; la corolle a son étendard ovale, échancré légèrement au sommet, les ailes oblongues, obtuses ; la carène a deux pétales séparables , obtus, marqués vers le sommet d'une tache pourpre; les étamines sont diadelphes; l'ovaire un peu poilu; le style filiforme, légèrement arqué. Je n'ai pas vu le fruit.

4°. *Priestleya axillaris*. Tab. 32.

La plante que je désigne sous ce nom est celle que Lamarck a décrite sous celui de *Borbonia axillaris*. Elle a de grands rapports avec le *P. sericea*, qui est le *Borbonia*, peut être aussi l'*Indigofera sericea* de Linné, et sûrement le *Crotalaria imbricata* de N.-L.Burmann. Je ne serois pas surpris qu'on ne dût un jour la regarder comme une simple variété; et c'est comme moyen de constater les caractères d'une espèce très-controversée , que je crois en devoir donner ici une figure.

Les deux espèces sont des sous-arbrisseaux rameux, à tige et branches cylindriques. Leurs jeunes branches sont velues, à poils presque appliqués dans le *P. sericea*, et plus rares et plus étalés dans le *P. axillaris*. Les feuilles de l'une et de l'autre espèce sont ovales, planes, pointues, à une seule nervure; celles du *P. sericea* plus petites, couvertes de poils soyeux, appliqués, et qui leur donnent un aspect très-luisant; celles du *P. axillaris* ont des poils soyeux et luisans dans leur jeunesse, puis leurs poils se hérissent de manière à les faire paroître simplement velues. Les fleurs du *P. sericea* sont axillaires aux aisselles supérieures , très-rapprochées en têtes ou en épis feuillés : celles du *P. axillaris* sont axillaires, solitaires , écartées de manière à occuper un espace plus long sur les branches, et à leur donner une apparence assez différente. Le calice du *P. sericea* a ses poils presque couchés; celui du *P. axillaris* les a tout-à-fait hérissés. Les détails de la fleur n'offrent rien de remarquable : celle du *P. axillaris* est un peu plus grande.

5°. *Priestleya elliptica.* Tab. 33.

Cette espèce me paroît entièrement nouvelle, et je n'ai pu en trouver aucune trace ni dans les livres, ni dans les herbiers. Je la décris d'après un échantillon du Cap de Bonne-Espérance, que je dois à l'obligeance de M. Lambert.

Elle forme un sous-arbrisseau à branches cylindriques, marquées de tubercules dues aux cicatrices des anciennes feuilles. Les jeunes branches sont, ainsi que les deux surfaces des feuilles et le calice, couverts de poils grisâtres, couchés, peu soyeux, et qui donnent à la plante un aspect cendré : les feuilles sont elliptiques, planes, munies d'une nervure longitudinale, terminées par une petite pointe mousse et calleuse, longues de cinq lignes, sur trois de largeur. Les fleurs forment au sommet une tête sessile, presque en ombelle; elles sont au nombre de sept à dix, assez rapprochées; leurs bractées sont très-petites, pointues; le pédicelle à peine visible; le calice aminci à sa base, à cinq lobes courts, presque obtus; la corolle beaucoup plus grande que le calice; les étamines diadelphes; l'ovaire velu; le style filiforme, un peu courbé.

§ 6. *Du genre* HEYLANDIA.

Le nom que je donne à ce nouveau genre est celui de M. Heyland, dessinateur de cet ouvrage, qui m'a paru mériter cette distinction par le zèle, le talent et l'exactitude qu'il met aux dessins d'histoire naturelle, et qui y verra, j'espère, un nouveau motif pour redoubler d'efforts.

Les plantes auxquelles je fais allusion dans cet article ont été placées dans les Hédysarées par le petit nombre de botanistes qui en ont eu connoissance, les unes sous le nom d'*Hallia*, les autres sous celui de *Lespedeza;* mais on ne peut les confondre avec les *Hallia*, soit parce que leur port est fort différent, soit parce que leur carène, au lieu d'être obtuse, est prolongée à la façon des *Ononis*, soit parce que la gaîne des étamines est non-entière, mais fendue en long du côté supérieur ; elles s'écartent encore plus des *Lespedeza*, soit par le port, soit par la forme de la carène, soit par les étamines monadelphes et non diadelphes, etc. Enfin ces plantes sont remarquables par leur style qui n'est ni droit ni courbé, à la façon ordinaire des Légumineuses, mais subitement et abruptement soudé vers le tiers environ de sa longueur.

Ce dernier caractère ne se rencontre, à ma connoissance, que dans quelques *Crotalaria*, et établit un point de rapport entre ces deux genres; mais les *Crotalaria* ont, comme on sait, la gousse renflée, tandis qu'elle est comprimée, et comme aplatie dans les *Heylandia :* il est impossible cependant d'écarter celles-ci des *Crotalaria*, et, comme d'ailleurs le genre *Hallia* a des rapports avec l'*Heylandia,* j'ai été conduit à penser que ces deux genres devoient être sortis des Hédysarées, et placés près des *Crotalaria :* leurs étamines monadelphes et leur port me paroissent confirmer cette manière de voir.

Les *Heylandia* ont un calice en cloche, aminci à sa base, divisé en cinq lobes presque égaux; leur corolle est papilionacée, à étendard obcordé, à ailes oblongues, à carène obliquement tronquée et acuminée comme dans les *Ononis;* les étamines sont monadelphes avec la gaîne fendue en long du côté supérieur; l'ovaire ovale, comprimé, surmonté d'un style filiforme, coudé à angle droit; la gousse est comprimée, à deux valves presque planes et déhiscentes, de forme ovale, à une loge et à une graine.

Les espèces de ce genre sont des herbes filiformes, ou de très-petits sous-arbrisseaux originaires de l'Inde orientale; leurs tiges sont grêles, cylindriques, dichotomes, hérissées de poils étalés peu abondans, qu'on retrouve vers le bord des feuilles. Les stipules manquent, ou sont extrêmement petites; les feuilles ont un pétiole velu très-court, un limbe arrondi, échancré en cœur à sa base. Les fleurs sont axillaires, solitaires, presque sessiles, petites, de couleur jaune, ou jaunâtre.

Les trois espèces, extrêmement analogues entre elles, que je rapporte ici, sont les suivantes :

1°. *Heylandia hebecarpa*. Tab. 34.

Elle répond entièrement à la description générique, et se distingue comme espèce, 1°. par ses feuilles munies d'un très-court pétiole, à limbe arrondi, échancré en cœur; 2°. par ses gousses hérissées de longs poils épars.

J'ai reçu cette plante de M. Leschenault qui l'a recueillie dans l'île de Ceylan.

2°. *Heylandia leiocarpa*.

Celle-ci se distingue de la précédente par ses fruits glabres. Elle est figurée par Plukenet (t. 454, fig. 8), et par Petiver (t. 30, fig. 11). C'est elle que Willdenow a décrite sous le nom d'*Hallia hirta*. J'en ai vu un échantillon dans l'herbier du Muséum de Paris, qui vient de l'herbier de Vaillant, et, je crois, de celui de Petiver.

3°. *Heylandia latebrosa*.

Cette plante est l'*Hedysarum latebrosum* de Linné, dont Persoon avoit fait un *Lespedeza*, et dont j'ai vu des échantillons dans l'herbier du Muséum de Paris, et dans celui de M. Desfontaines. Elle a la gousse un peu poilue, les feuilles sessiles, ovées, pointues à leur sommet, à peine échancrées en cœur à leur base.

§ 7. *Du genre* DICHILUS.

Je désigne sous ce nom, qui signifie à deux lèvres, une plante découverte par M. Burchell, au Cap de Bonne-Espérance, qui, par ses étamines monadelphes à gaîne fendue du côté supérieur, a des rapports avec les genres *Loddigesia*, *Lebeckia* et *Aspalathus*, mais qui diffère de tous trois par son calice à deux lèvres très-prononcées. Il s'approche du *Loddigesia*, en ce que l'étendard est plus court que la carène ; mais il en diffère 1°. par son calice qui n'est nullement renflé, mais aminci à sa base ; 2°. par son ovaire linéaire, allongé, et à huit ovules.

Il ressemble par son port aux *Lebeckia* à trois feuilles ; mais il en diffère soit parce que sa gousse, jugée il est vrai d'après l'ovaire, paroît comprimée et non cylindrique, soit par son calice à deux lèvres profondes, la supérieure terminée par deux dents, l'inférieure par trois dents.

Il s'approche enfin de l'*Aspalathus ;* mais outre le caractère du calice que j'ai mentionné, il s'en distingue par son étendard plus court que la carène, et par son ovaire linéaire à huit ovules.

La seule espèce connue de ce genre est la suivante.

Dichilus lebeckkoïdes. T. 35.

Ce sous-arbrisseau est originaire du Cap, où, comme je l'ai dit, il a été découvert par M. W. Burchell. Sa tige est blanchâtre, droite, cylindrique, rameuse, grêle, couverte de très-petits poils couchés, à peine visibles à la loupe. Elle paroît s'élever au moins à deux pieds. Les feuilles sont alternes, munies de très-courtes stipules à peine visibles, composées d'un pétiole de une à deux lignes de longueur, et de trois folioles qui partent du sommet, linéaires, droites, glabres, pointues, d'un vert un peu pâle, longues de quatre à cinq lignes, sur une de largeur. Les fleurs naissent solitaires vers le sommet des rameaux latéraux, portées sur un pédicelle de deux ou trois lignes, recourbé à son sommet, et muni de petites bractéoles : ces fleurs sont pendantes, de couleur pâle, peut-être jaunâtres.

Leur calice a le tube court, rétréci en cône à sa base; il est divisé profondément en deux lèvres terminées par des dents larges et aiguës, deux à la supérieure, trois à l'inférieure.

La corolle a un étendard glabre, obové, plus court que la carène, mais plus long que les ailes : elles sont de la longueur du calice, obtuses à leur sommet. La carène est pâle, obtuse, plus longue que l'étendard, à deux pétales distincts seulement à la base.

Les dix étamines sont réunies en une gaîne fendue du côté supérieur.

L'ovaire est linéaire, pubescent, droit, et renferme huit ovules ; le style est coudé en arc à sa base, filiforme, court et terminé par un stigmate un peu en tête.

Le fruit ne m'est pas connu.

§ 8. *Du genre* SPARTIUM.

Tournefort avoit désigné sous le nom de *Spartium* les espèces de Génistées à fruit ne renfermant qu'une ou deux graines. Cette classification, suivie par Adanson, Mœnch et Link même, ne paroît pas admissible par les motifs que je déduis à l'article *Genista*. Linné avoit établi son genre *Spartium* d'après le *Spartium junceum*, mais avoit réuni avec lui le *Spartium* de Tournefort et quelques espèces de Cytises. En éliminant de ce genre les espèces hétérogènes à rapporter aux vrais Genêts et aux vrais Cytises, il reste isolé ce *Spartium junceum* dont Linné avoit tiré le caractère générique. M. Link ayant bien senti que cette espèce n'est complètement analogue à aucune autre, et voulant ne pas la confondre avec le *Spartium* de Tournefort et rappeler son nom primitif, en a formé un genre sous le nom de *Spartianthus*. En adoptant l'opinion de ce célèbre botaniste quant au fond, je ne me range pas à sa nomenclature, pour éviter un nouveau nom qui me paroît peu utile, et je conserve le nom de *Spartium* pour le genre qui comprend la seule espèce d'après laquelle Linné a formé son caractère. Ce genre se distingue 1°. à son calice membraneux, spathacé, fendu du côté supérieur, à cinq dents formant deux lèvres à peine distinctes ; 2°. à sa carène très-acuminée au sommet, et dont les pétales à peine soudés se séparent facilement l'un de l'autre ; 3°. à sa gousse plane, polysperme, dépourvue de glandes.

Ce genre, ainsi réduit, correspond 1°. au caractère que Tournefort a assigné au *Genista* dans sa planche 411, mais en excluant toutes les autres espèces du texte ; 2°. au caractère que Linné donne à son *Spartium* (Gen. n°. 858), mais en excluant toutes les autres espèces; 3°. aux genres *Genista* d'Adanson et *Spartianthus* de Link, sans modifications.

§ 9. *Du genre* GENISTA.

Les opinions des naturalistes ont beaucoup varié sur les vrais caractères et les limites du genre *Genista*, surtout en le comparant au genre *Cytisus*. Tournefort les considérant surtout d'après le port, et mettant en première ligne le caractère des feuilles simples ou à trois folioles, en avoit formé six genres, dont quatre à feuilles simples, savoir, *Genista*, *Spartium*, *Genista-spartium*, et *Genistella*; un à feuilles ternées, savoir, *Cytisus*; et un à feuilles tantôt simples, tantôt ternées, qu'il nommoit *Cytiso-Genista*. Cette division ne pouvoit être admise, soit parce qu'elle ne reposoit sur aucun caractère de la fructification, et qu'elle n'étoit même que foiblement d'accord avec le port.

Linné réduisit ces genres à trois : *Genista*, *Spartium* et *Cytisus*. Sous le nom de *Genista*, il comprit les *Spartium*, les *Genistella* de Tournefort et une partie des *Genista* et *Genista-Spartium* du même auteur; le reste de ces deux genres, et une partie des *Cytisus* de Tournefort forma son genre *Spartium*. Il distingua celui-ci (caractère qui n'est vrai que pour son *Sp. junceum*) du *Genista* par son calice membraneux, déjeté de côté en un limbe à cinq petites dents, et par sa carène à deux pétales distincts. Quant aux Cytises, il leur associa le *Cajanus,* et établit, probablement d'après cette espèce, qu'ils avoient tous les étamines diadelphes, ce qui n'étoit vrai que pour cette seule espèce.

MM. de Lamarck et de Jussieu réunirent les genres *Genista* et *Spartium* de Linné en un seul genre, qu'ils caractérisèrent par sa carène étroite et qui ne renferme pas complètement les organes sexuels, et laissèrent intact le genre *Cytisus,* distingué du Genêt par sa carène, assez large pour renfermer les étamines.

J'ai adopté cette classification dans la Flore française, et j'ai ensuite retiré des Cytises, 1°. les Cajans, qui ont les étamines diadelphes; 2°. les Adenocarpes, qui ont les calices et les fruits glanduleux.

Dès lors les auteurs de la Flore de Wettéravie et M. Link ont cherché à diviser ces groupes en plusieurs genres : et en effet, lorsqu'on n'examine que les espèces européennes, on est tenté de suivre en entier la marche proposée par ces auteurs. J'avois été séduit par son accord avec l'apparence générale des plantes les plus communes; mais dès que j'ai voulu l'étendre à la totalité du genre, j'ai vu qu'il étoit impossible de la suivre complètement: c'est ce dont on se convaincra facilement, je pense, en examinant les caractères des divers genres proposés pour séparer les espèces que Lamarck réunit sous le nom de *Genista*.

1°. Le genre *Spartium* de Tournefort, de Mœnch et de Link, caractérisé par une gousse à une ou deux graines, semble assez distinct; mais il réunit des espèces qui se ressemblent peu, telles que les *G. parviflora* et *clavata*, qui ont des feuilles à trois folioles, avec les *G. aphylla, monosperma* et *sphærocarpa*, qui ont les feuilles simples: de plus on trouve deux à trois graines dans les *G. OEthnensis*, *radiata*, etc.; deux à quatre dans les *Genista Scorpius*, *Hispanica*, etc.; de sorte que la limite du genre seroit difficile. Enfin ce caractère déduit du nombre des graines tendroit à séparer des espèces très-voisines entre elles, et à faire ainsi des coupes artificielles.

2°. Le genre *Genistella* de Tournefort et de Mœnch, qui est le même que le *Listera* d'Adanson et le *Satzwedelia* de la Flore de Wettéravie est absolument dépourvu de caractères distinctifs; et plusieurs espèces à tiges ligneuses et ailées tendent même à le lier par le port avec la masse des vrais Genêts.

3°. Les genres *Genistoïdes* de Mœnch et *Corniola* d'Adanson ne sont que le vrai *Genista* dont ils ont changé le nom, vu qu'il avoit réservé le nom de *Genista* pour le *Spartium junceum* ou *Spartianthus* de Link.

4°. Enfin le genre *Voglera* de la Flore de Wettéravie, fondé sur le *G. Germanica*, semble d'abord possible à soutenir, à cause que les valves du fruit y sont bombées au lieu d'être planes; mais l'analogie du port de ses espèces avec plusieurs autres à fruit plane est très-frappante, et on trouve bien des nuances dans le degré de convexité des valves du fruit de diverses espèces.

5°. Le genre *Spartianthus* de Link dont j'ai parlé à l'article *Spartium*.

Il résulte de cet examen que des quatre genres proposés le *Voglera* seroit le seul qu'on pourroit admettre à cause de son fruit un peu bombé; mais il a d'ailleurs tant de ressemblance dans le port avec les espèces à fruit plane qu'il y aura peu d'avantage à cette séparation.

C'est d'après ces motifs que je me suis décidé à conserver le genre *Genista* dans les limites que M. de Lamark lui avoit assignées, sauf la séparation du *Spartianthus* de Link, c'est-à-dire en y réunissant toutes les Génistées à étamines monadelphes, à calice non spathacé, et à carène obtuse, oblongue, étroite au point de ne pas contenir en entier les organes sexuels. Ce genre, ainsi défini, comprend des espèces à une, deux, trois, quatre ou plusieurs graines, à gousses planes ou bombées, à calice membraneux ou foliacé, mais toujours à deux lèvres; ces différences sont tellement combinées entre des espèces analogues qu'il me paroît même impossible de s'en servir pour distinguer les sections, et que j'ai cru plus conforme à l'ordre naturel de séparer les espèces d'après le port, en quatre groupes, savoir :

1°. Celles sans épines, à feuilles à trois folioles.

2°. Les épineuses à feuilles à trois folioles au moins dans le bas.

3°. Les épineuses à feuilles simples, ou peut-être devroit-on dire réduites à la foliole du milieu.

4°. Les espèces sans épines, à feuilles simples comme les précédentes.

Quelques espèces de la Corse et de l'Orient mériteront ici une courte mention.

1°. *Genista sessilifolia.*

Je décris cette espèce d'après des échantillons recueillis par M. Casimir Rostan sur les collines de la Galatie. Elle doit être placée à la fin des Genêts sans épines, à trois folioles, et a beaucoup de rapports avec plusieurs espèces épineuses.

Ses branches sont grêles, striées en long, alternes, non épineuses, et même très-menues et molles à l'extrémité; elles ne portent qu'un très-petit nombre de feuilles, et sont, ainsi qu'elles, couvertes de petits poils courts peu apparens, couchés et un peu soyeux quand on les voit à la loupe. Les feuilles sont alternes ou opposées, sessiles, composées de trois folioles qui partent du même point: ces folioles sont presque filiformes, longues de deux à quatre lignes; quelques unes des feuilles supérieures sont réduites à la foliole du milieu.

Les fleurs naissent sessiles et écartées le long des branches supérieures, et forment ainsi un épi allongé et interrompu. Les bractées des fleurs inférieures sont à trois folioles beaucoup plus courtes que le calice; celles des fleurs supérieures n'ont qu'une foliole plus petite encore. Le calice et la corolle sont couverts de poils soyeux et couchés. Le calice est en cloche à cinq dents dont les deux supérieures sont un peu plus larges et plus divisées que les trois autres. L'étendard est plus court que la carène; la gousse est ovale, comprimée, acuminée, pubescente, à une ou deux graines.

2°. *Genista acanthoclada.*

Cette espèce a été découverte par MM. Olivier et Bruguière dans leur voyage d'Orient; mais les échantillons de leur herbier sont étiquetés, les uns de Tschesmé, les autres de

Grèce, de sorte que je doute du lieu précis où ils l'ont cueillie. Un autre échantillon, qui paroît appartenir à la même espèce, a été trouvé en Grèce par M. d'Urville qui l'a inséré dans son catalogue sous le nom de *Genista Lobelii* dont elle est certainement différente.

Ce Genêt forme un arbrisseau de deux à trois pieds de hauteur. Sa tige et ses grosses branches sont dures, fermes, glabres, striées en long : les jeunes rameaux sont cylindriques, épineux au sommet, couverts d'une pubescence couchée visible à la loupe seulement, le plus souvent opposés, et presque entièrement dégarnis de feuilles. Celles-ci sont presque sessiles, très-écartées, composées de trois folioles linéaires, un peu pliées en long, et couvertes de poils soyeux et couchés.

Les fleurs naissent le long des rameaux, sessiles, écartées les unes des autres, et souvent opposées. La bractée qui est à leur base est à trois folioles, dont les deux latérales plus courtes. Le calice et la corolle sont couverts de poils soyeux et couchés. Le calice est à cinq dents, les deux supérieures plus larges et plus profondes, les trois inférieures plus petites et plus réunies ensemble. L'étendard a son limbe échancré, obtus à son sommet, aussi long que la carène. L'ovaire est ovale, comprimé, acuminé, couvert de poils couchés, et renferme une ou deux graines : il se prolonge en un style arqué : je n'ai pas vu le fruit.

Ce Genêt diffère du *G. sessiliflora* par ses rameaux épineux ; du *G. Lobelii* par sa tige droite et non couchée ; des *G. radiata*, *umbellata*, *Lusitanica* et *horrida* par ses fleurs latérales et non réunies en tête terminale ; du *G. ephedroïdes* par ses fleurs beaucoup plus velues, et ses calices à dents presque obtuses.

3°. *Genista ephedroïdes*. T. 36.

Cette espèce est originaire de l'île de Sardaigne où elle croît sur les bords de la mer. Elle y a été observée par Vahl qui en avoit envoyé un échantillon à L'Héritier sous le nom de *Spartium radiatum;* mais L'Héritier avoit ajouté dans son herbier que ce n'étoit pas le *Sp. radiatum*, mais une espèce nouvelle. Dès lors M. Soleirol a retrouvé cette espèce en Sardaigne, près Sarda, et m'en a envoyé un bel échantillon, en soupçonnant que ce pourroit être le *G. umbellata*, qui en est fort différent.

J'ai donné à cette nouvelle espèce le nom de *G. ephedroïdes*, parce que son port ne rappelle pas mal celui de l'*Ephedra distachya*. Elle forme un sous-arbrisseau droit, rameux, très-branchu; les tiges et les grosses branches sont cylindriques, glabres, striées en long. Les jeunes rameaux sont roides, épineux au sommet, dépourvus de stries, et couverts, ainsi que les feuilles, d'une légère pubescence visible à la loupe; les feuilles sont en très-petit nombre, sessiles, composées de trois folioles linéaires; les supérieures n'en offrent souvent qu'une seule.

Les fleurs naissent le long des branches supérieures, portées sur de très-courts pédicelles, solitaires, toutes alternes, un peu écartées, et disposées en épi allongé et interrompu. Les bractées sont de la longueur du pédicelle, c'est-à-dire, à peine d'une ligne, oblongues et simples. Le calice est à peine pubescent; les deux lobes ou dents supérieures sont plus courtes et plus séparées; les trois inférieures plus longues et plus réunies ; toutes plus aiguës que dans les espèces voisines. La corolle est presque glabre, ou du moins beaucoup moins velue que dans les espèces analogues. L'étendard est plus court que la carène. La gousse est ovale, comprimée, terminée en pointe, couverte de poils soyeux, et ne renferme à la maturité qu'une seule graine.

4°. *Genista Salzmanni.*

Cette plante a été trouvée en Corse dans les lieux pierreux près Corte par M. Salzmann. Elle a beaucoup de rapports avec les *G. ephedroïdes* et *aspalathoïdes*, mais me paroît bien distinguée de l'une et de l'autre. M. Salzmann l'avoit désignée dans ses Centuries de plantes sèches, sous le nom de *Genista umbellata*, dont elle diffère encore plus que des deux citées tout à l'heure.

Elle forme un sous-arbrisseau dressé, très-rameux ; les tiges sont cylindriques, striées, glabres ; les jeunes rameaux latéraux ne sont point épineux dans leur jeunesse et le deviennent ensuite. Ils paroissent, ainsi que les feuilles, légèrement pubescens lorsqu'on les voit à la loupe. Les feuilles sont sessiles, plus nombreuses que dans les espèces précédentes ; à trois folioles linéaires, oblongues dans les principales branches et près des fleurs ; à une seule foliole, ou, comme on a coutume de dire, simples sur les branches latérales. Les fleurs sont disposées le long des branches en épi ou en grappe ; elles ont un court pédicelle et des bractées à trois folioles plus grandes et plus distinctes que dans les espèces voisines ; le calice est presque glabre ; il a ses deux dents supérieures larges, profondes, presque obtuses ; les trois inférieures réunies en une lèvre et peu prononcées à son sommet; la corolle a l'étendard pubescent, plus court que la carène qui est couverte de poils soyeux. Je ne connois pas le fruit.

Au reste, je dois ajouter ici que cette plante, désignée par M. Loiseleur sous le nom de *Spartium umbellatum* comme originaire de Corse, et que sur son témoignage seul j'avois désignée sous le nom de *G. umbellata*, me paroît aujourd'hui une espèce douteuse. Dès lors j'ai reçu sous ce nom tantôt le *G. ephedroïdes* de Sardaigne, tantôt le *G. Salzmanni*, ou même l'*Anthyllis erinacea* de Corse; et je n'ai aucune preuve que le vrai *G. umbellata* de Barbarie se trouve en Corse; tout au moins il seroit singulier qu'une plante qui croît sur les collines chaudes et arides d'Arzeau se trouvât en Corse dans les hautes montagnes. J'engage les observateurs à vérifier, quand ils en trouveront l'occasion, quelle est l'espèce de Corse qui a reçu ce nom.

§ 10. *Du genre* CYTISUS.

Sous le nom de *Cytisus* les anciens paroissent, comme on sait, avoir désigné le *Medicago arborea*. A la renaissance des sciences, les premiers des botanistes modernes, et Tournefort à leur exemple, se sont servis de ce nom pour nommer un genre dans lequel ils ont compris toutes les Génistées monadelphes à trois folioles. Linné y réunit le Cajan, et décrivant probablement d'après cette seule espèce, il lui donna pour caractère d'avoir les étamines diadelphes, ce qui ne pouvoit s'appliquer à aucune autre. Adanson considéra avec raison le Cajan comme un genre très-éloigné des Cytises, et qui fait partie de la tribu des Phaséolées : j'ai suivi son exemple en l'établissant comme genre dans le catalogue du jardin de Montpellier.

Les Cytises, ainsi réduits aux espèces monadelphes, présentent encore des difficultés à résoudre. On pourroit en faire sept genres assez prononcés par les caractères; on pourroit les réunir tous en un seul groupe; enfin, guidé plus peut-être par le port et la série des genres voisins que par les caractères, j'ai tenté de le diviser en deux genres, savoir : les Cytises proprement dits, qui se subdivisent en six sections, et les Adénocarpes, qui établissent le passage des Cytises aux *Ononis*.

Le genre Cytise, tel que je l'admets, et qui diffère peu du genre de Lamarck et de Jussieu, se distingue 1°. du *Spartium* par sa carène obtuse et son calice non spathacé; 2°. du *Genista* par sa carène assez grande pour envelopper complètement les organes sexuels; 3°. de l'*Adenocarpus*, parce que ni son calice ni sa gousse ne sont couverts de glandes. Toutes les espèces de Cytises ont les feuilles à trois folioles, mais plusieurs espèces à trois folioles font partie des Genêts, tandis qu'aucune de celles à feuilles simples n'entrent dans les Cytises.

Je divise ce genre en cinq sections :

1°. Les *Alburnoïdes* ont le calice en cloche qui ne se rompt point en travers vers la base ; la gousse qui n'a que quatre ovules au plus dont deux à trois manquent souvent à la maturité, les fleurs blanches, les rameaux sans épines et presque sans feuilles. C'est ici que je rapporte les *Spartium nubigenum* et *album* que M. Link a, avec raison, placé parmi les Cytises.

2°. Les *Laburnum* ont le calice en cloche à deux lèvres, la supérieure presque entière, l'inférieure à trois dents, et leur gousse, qui a plus de quatre ovules, n'a point la suture supérieure élargie et dilatée. Cette section contient des espèces à fleurs jaunes, à feuilles nombreuses et à rameaux sans épines, telles que les *C. Laburnum*, *Alpinus*, *nigricans*, *patens*, *scoparius*. J'aurois voulu trouver dans la fructification de quoi séparer plus clairement ces deux groupes, mais leur port est si prononcé que j'ai cru devoir m'y conformer.

Les espèces de cette section sont la plupart des exemples de l'ambiguité qui existoit dans les caractères génériques ; car si l'on en excepte les *C. Laburnum*, *Alpinus* et *nigricans*, presque toutes les autres ont été placées indifféremment par divers classificateurs dans les Genêts, les *Spartium* ou les Cytises.

3°. Les *Calycotome* forment la troisième de mes sections, et M. Link les a considérés comme un genre particulier : ils ont le calice en cloche et à deux lèvres comme les *Laburnum;* mais à la fin de la fleuraison ce calice se coupe en travers près de la base ; de plus, leur gousse a la suture supérieure épaissie et dilatée, de manière à paroître plate et comme tronquée. Ces deux caractères prennent une nouvelle force si on ajoute que les arbrisseaux de cette section (les *C. spinosus* et *lanigerus*) ont les rameaux fortement épineux. Cependant leur fleur et leur feuillage sont tellement semblables à ceux des *Laburnum* et surtout aux *C. patens* et *scoparius* que je n'ai pas osé les en séparer.

4°. Les *Tubocytisus* qui correspondent aux *Viborgia* de Mœnch, mais non de Thunberg, pourroient former aussi un genre assez prononcé par leur calice tubuleux terminé en deux lèvres dont la supérieure est presque entière. On trouve ici des espèces à fleurs blanches, comme le *C. leucanthus;* à fleurs rouges comme le *purpureus*, ou jaunes comme l'*elongatus;* on en trouve aussi de jaunâtres ou blanchâtres, telles que les *C. albidus*, *supinus*, etc., qui semblent indiquer le peu d'importance que la couleur des fleurs présente dans ce groupe très-naturel.

5°. J'ai donné à la cinquième section le nom de *Lotoïdes* pour rappeler celui d'une de ses espèces, et donner une idée de son port. Leur calice a le tube court, à deux lèvres très-prononcées : la supérieure a deux lobes profonds, l'inférieure a trois dents. La corolle dépasse à peine la longueur du calice. Les espèces de ce groupe sont de très-petits sous-arbrisseaux couchés, à fleurs jaunes, peu nombreuses; tels sont les *C. argenteus*, *calycinus*, *lotoïdes*.

6°. Enfin j'admets comme sixième section, sous le nom de *Chronanthus*, le *C. orientalis* de la nouvelle édition de Duhamel, qui doit peut-être former un genre particulier, distinct 1°. par sa gousse à deux graines, 2°. par ses corolles persistantes, 3°. par son calice à cinq lobes aigus et à peine distribués en deux lèvres distinctes.

On doit exclure du genre *Cytisus :*

1°. Les *C. Cajan* et *pseudo-cajan*, qui forment le genre *Cajanus* dans les Phaséolées.

2°. Le *C. speciosus* de Loiseleur, qui forme mon genre *Collæa*.

3°. Le *C. Wolgaricus* de Pallas, qui fait le genre *Calophaca* de Fischer.

4°. Le *C. sessiliflorus* de Poiret, qui fait partie du genre *Rhynchosia*.

5°. Le *C. tomentosus* d'Andrews, qui appartient au genre *Goodia*.

6°. Les *C. Hispanicus*, *complicatus*, *Telonensis* et *foliolosus*, qui forment le genre *Adenocarpus*.

7°. Je présume qu'il faudra aussi en retirer, quand il sera mieux connu, le *C. Persicus* de N.-L. Burmann, qui paroît un *Indigofera*.

Je ne nie point que le genre *Cytisus*, tel que je le propose, ne contienne des groupes hétérogènes, et qu'on pourroit séparer; je crois seulement que les caractères des sections sont tellement de valeur analogue qu'on ne peut pas en séparer une, sauf la dernière, que je ne connois que d'une manière imparfaite, et laisser les autres réunies, mais qu'il faut faire plusieurs genres ou les laisser tous en un seul.

§ 11. *Du genre* ADENOCARPUS.

Qu'on admette le genre *Adenocarpus* tel que je l'ai proposé dans le supplément de la Flore française, ou qu'on en forme une septième section des Cytises, c'est, je l'avoue, un point susceptible d'être soutenu dans les deux sens avec des raisons presque égales. Je me suis décidé pour la séparation générique par les motifs suivans.

1°. Le caractère d'avoir des glandes sur le fruit et souvent sur le calice est admis comme caractère générique dans plusieurs genres voisins, et en particulier dans le genre *Psoralea*; celui-ci n'a guère d'autre caractère distinctif.

2°. Le port des espèces que je réunis sous ce nom est très-semblable à lui-même : tous les Adénocarpes sont des arbrisseaux à écorce blanchâtre, à feuilles trifoliolées, à folioles pliées en long sur leur côte moyenne, à fleurs jaunes, disposées en grappe terminale, à rameaux divergens, etc. Plusieurs d'entre elles ont été facilement prises les unes pour les autres.

3°. La manière dont leur carène enveloppe les organes sexuels quoique plus analogue à l'organisation des Cytises se rapproche assez de celle des Genêts pour que ces espèces, laissées dans le genre Cytise, le rendent très-difficile à distinguer des Genêts; aussi les mêmes auteurs ont-ils placé des espèces très-voisines de ce genre, les unes dans les Cytises, les autres dans les Genêts ou les *Spartium*.

4°. Le calice des Adénocarpes a sa lèvre supérieure divisée profondément en deux lobes, tandis que dans les vrais Cytises elle est ou entière ou à deux dents.

5°. Ce groupe, établi comme genre, fait bien sentir la transition des Cytises aux *Ononis* et aux *Psoralea*.

C'est aux Adénocarpes qu'il faut rapporter :

1°. L'*A. Hispanicus*.

2°. L'*A. intermedius*.

3°. L'*A. parvifolius*.

4°. L'*A. Telonensis*.

5°. L'*A. foliolosus ;* espèces que j'ai établies ou indiquées dans la Flore française.

6°. L'*A. frankenioïdes*, que M. Choisy a établi dans mon herbier d'après des échantillons récoltés sur les hauteurs de Ténériffe, par M. Chr. Smith, et qui paroît être le *Genista viscosa* de Willdenow.

7°. Il est possible que le *Cytisus Africanus* de Loiseleur doive aussi y être rapporté, mais il m'est inconnu.

§ 12. *Du genre* ONONIS.

Le genre *Ononis* est à la fois un des plus naturels et des plus mal déterminés de toute la famille des Légumineuses, et son étude fournit un exemple frappant pour prouver combien le port est plus important que tel ou tel caractère pour la fixation des genres. *Character non facit genus.* Nulle part, peut-être, cet adage profond de philosophie botanique n'est plus vrai. Si on laisse de côté les *Ononis* du Cap de Bonne-Espérance, sur lesquels nous reviendrons, il n'est peut-être aucun genre qu'on reconnoisse aussi promptement que celui-ci; et, certes, ce n'est pas d'après la constance ni la gravité de ses caractères. Il a, dit-on, les étamines monadelphes, mais la dixième est souvent plus ou moins libre, et d'ailleurs la monadelphie des étamines se retrouve dans tous les genres voisins. Sa carène est acuminée comme dans le *Crotalaria* et le *Spartium.* Son étendard, strié dans plusieurs espèces communes, est loin de l'être dans toutes. Son calice est en cloche à cinq lobes étroits, aigus et égaux entre eux : ce caractère, le meilleur de tous ceux de ce genre, se retrouve cependant, quoiqu'à un moindre degré, dans d'autres Papilionacées monadelphes, telles que le *Psoralea*, l'*Ebenus*, etc. Le fruit est une gousse ordinairement renflée, et alors elle diffère peu de celle des *Crotalaria*, mais souvent elle est comprimée comme dans l'*O. Gussoniana*, ou même linéaire et toruleuse comme dans l'*O. ornithopodioïdes.* Les caractères de la fructification ne suffisent donc pas pour distinguer clairement les *Ononis*. Ceux de la végétation offrent de grandes variétés; ainsi on y trouve des herbes annuelles ou vivaces, et des sous-arbrisseaux, des surfaces glabres, poilues ou visqueuses, des feuilles à une ou à trois folioles, et même des feuilles ailées avec impaire, des fleurs pédonculées ou presque sessiles, jaunes, rougeâtres ou blanches, etc. Qu'est-ce donc qui fait si facilement reconnoître qu'une plante donnée appartient à ce genre? C'est, 1°. quant à la fructification, que leurs étamines sont monadelphes, leur carène acuminée, leur étendard souvent rayé; que leur calice n'est jamais renflé comme dans les *Anthyllis*, et qu'il ne porte jamais de glandes sessiles comme dans les *Psoralea;* 2°. quant aux organes de la végétation, que leurs fleurs ont le pédicelle articulé vers son sommet d'une manière qui leur est propre; que leurs folioles sont fréquemment dentées en scie d'une manière assez prononcée; que les poils, quand ils existent, secrètent souvent une matière gluante; et surtout pour les vraies *Ononis*, qu'elles ont les stipules adhérentes au pétiole dans une partie notable de leur longueur: Ce dernier caractère est d'autant meilleur qu'on ne le retrouve que dans des genres de Papilionacées à étamines diadelphes. 3°. La germination fournit, comme nous l'avons vu, un caractère très-prononcé, en ce que les feuilles séminales sont velues.

Pour mettre quelque ordre dans les nombreuses espèces de ce genre difficile, et surtout pour distinguer ce qui est bien connu de ce qui l'est à peine, j'ai divisé les *Ononis* en deux grandes sections. La première, que je nomme Vraies Ononis (*Euononis*), comprend les espèces à stipules adhérentes au pétiole; la deuxième, à laquelle je donne le nom de *Lotononis* pour indiquer son analogie avec les *Lotus*, comprend les espèces à stipules non adhérentes.

La première section renferme environ soixante-quinze espèces assez bien connues et toutes originaires de l'Europe, du bassin de la Méditerranée et de l'Orient. La deuxième se compose d'une trentaine d'espèces mal décrites, originaires du Cap de Bonne-Espérance, et qui, au moins pour la plupart, devront être exclues du genre.

Les *Euononis*, ou *Ononis* proprement dites, ont entre elles de grandes analogies, et j'ai eu recours, pour les classer, à des divisions purement déduites de leur port; savoir :

1°. Les *Natrix* ont les feuilles à une ou plus souvent trois folioles, les fleurs portées sur de longs pédicelles axillaires et les corolles jaunes; l'étendard seulement est, dans quelques espèces, un peu rougeâtre ou rayé de rouge. La plupart des *Natrix* sont remarquables par la viscosité de leurs surfaces.

2°. Les *Natridium* ou faux *Natrix* ont les feuilles et les pédoncules semblables aux *Natrix*, mais les fleurs sont rougeâtres ou blanches.

3°. Les *Bugranes* ont les feuilles à une ou à trois folioles, les fleurs rougeâtres ou blanches portées sur des pédicelles courts et rapprochés au sommet des branches en épis serrés, entremêlés de bractées, lesquelles sont principalement formées par les stipules adhérentes au pétiole, d'où résulte que la plupart sont trifides au sommet.

4°. Les *fausses Bugranes* ou *Bugranoïdes* ne diffèrent des précédentes que parce qu'elles ont la fleur jaune.

5°. Les *Pterononis* ou vraies *Ononis* à feuilles ailées avec impaire. Cette dernière section est encore mal connue et mérite une mention particulière. Dans l'état actuel de la science, j'y réunis quatre espèces très-analogues entre elles, savoir : l'*O. pinnata* de Brotero, et trois espèces nouvelles au moins pour les modernes, savoir : les *O. rosæfolia*, *cicerifolia* et *inæquifolia*. Toutes sont remarquables en ceci que leur pétiole, au lieu de porter une seule foliole terminale comme dans les *O. monophylla*, *oligophylla*, *euphrasiæfolia*, *variegata*, etc.; ou trois folioles dont une terminale et deux latérales opposées, formant une paire éloignée du sommet, comme la plupart des espèces du genre; leur pétiole, dis-je, porte, outre la terminale, trois ou quatre paires de folioles opposées. Les stipules sont adhérentes et les folioles dentées en scie, comme dans les quatre précédentes divisions, et leur port est tellement analogue que, malgré cette différence, il est impossible de ne pas reconnoître sur-le-champ leur analogie.

L'*O. rosæfolia* est presque aussi bien caractérisé par son nom que par son caractère, tant ses feuilles ressemblent à celles des Rosiers. C'est un sous-arbrisseau droit, hérissé; ses feuilles ont quatre paires de folioles ovées, dentées en scie, un peu velues, outre une terminale impaire, écartée de la paire supérieure; les feuilles supérieures n'ont graduellement que trois, deux, ou même qu'une paire de folioles, et il en est même vers le sommet qui sont réduites à la foliole terminale. Les stipules sont grandes, demi-ovales, pointues dentées en scie; les fleurs sont en épi serré; leur calice est très-velu; leur corolle grande, rougeâtre. Cette espèce a été découverte en Espagne, et Tournefort l'a insérée dans ses *Institutiones* sous le nom de *Anonis Hispanica frutescens folio Rosæ sylvestris* : elle est conservée sous ce nom dans l'herbier de Vaillant, où je l'ai vue, et où j'ai appris que c'étoit elle que M. de Lamarck avoit désignée comme var. β de son *O. Arragonensis* : elle m'en paroît une espèce bien distincte.

L'*O. cicerifolia* diffère de la précédente par ses folioles oblongues, presque en coin, bordées vers le sommet seulement de dentelures en scie fort aiguës. Ses fleurs, qui sont en épi, ont les lobes du calice linéaires, presque en alêne. J'ai vu un échantillon en fleurs de cette plante dans l'herbier de Vaillant, mais sa patrie n'y est point indiquée : je présume qu'elle est originaire de l'Orient, d'après un échantillon sans fleurs qui m'a été communiqué par M. Rousseau, consul à Bagdad. Le nom spécifique peint assez bien l'aspect de son feuillage.

L'*O. inæquifolia* est une plante presque herbacée, droite, velue et visqueuse : ses feuilles inférieures ont trois paires de folioles velues, ovales, oblongues, dentées en scie, et une foliole terminale qui, au lieu d'être écartée de la dernière paire, naît immédiatement au-dessus d'elle : les grappes sont terminales, entremêlées de feuilles florales simples, plus courtes que les pédicelles des fleurs; les stipules sont lancéolées, allongées : l'étendard est strié.

Je connois cette espèce d'après un échantillon de l'herbier de Vaillant, originaire de l'Orient, et qui est intitulé dans son herbier : *Anonis orientalis pentaphylla et heptaphylla viscosa.*

La grande section que, par respect pour l'habitude et faute de renseignemens, je joins à ce genre sous le nom de *Lotononis*, se compose, comme je l'ai dit, de trente espèces du Cap de Bonne-Espérance, décrites la plupart sous le nom d'*Ononis* par Thunberg, d'*Anthyllis* par N.-L. Burmann, et quelques unes sous ceux de *Lotus* ou de *Cytisus*. Elles ont les étamines monadelphes comme les *Ononis*, et les stipules non adhérentes au pétiole comme les *Lotus*. Je n'ai pu examiner qu'un petit nombre d'espèces de cette section, mais ce petit nombre même m'a convaincu qu'elle renferme des espèces hétérogènes, et mérite un examen détaillé de la part de ceux qui en possèdent des échantillons. Ainsi, parmi celles que j'ai vues, et qui sont au nombre de douze, les unes ont une carène acuminée, et semblent de vraies *Ononis*; les autres ont une carène obtuse, et semblent des *Aspalathus*. Les unes ont le calice à tube court et peu renflé comme les *Ononis*, les autres ont le calice renflé à la façon des *Anthyllis*, dont leur port est cependant fort différent : celles-ci ont un fruit court, ovale, un peu bombé; celles-là un fruit linéaire, plane, bosselé par les graines proéminentes à peu près comme dans l'*O. ornithopodioïdes*. Les stipules sont tantôt petites et peu apparentes, quelquefois grandes et foliacées comme dans les vrais *Lotus*.

En réunissant, sous cette division, toutes ces plantes du Cap, j'ai eu en vue de ne pas disséminer ces espèces douteuses dans plusieurs genres, afin de rendre leur comparaison plus facile, et surtout afin d'attirer sur elle l'attention des observateurs. Je présume qu'au moins la plupart d'entre elles formeront un genre intermédiaire entre les *Ononis*, les *Aspalathus* et les *Anthyllis*.

§ 13. *Du genre* REQUIENIA (1).

MM. de Lamarck et Poiret ont fait connoître, sous le nom de *Podalyria obcordata*, une plante du Sénégal qui diffère beaucoup par son port de toutes les *Podalyria* connues. Frappé de cette différence de port, et possédant d'ailleurs une autre espèce du Cap de Bonne-Espérance fort analogue à celle du Sénégal, j'ai cru devoir les examiner l'une et l'autre avec attention. Je me suis bientôt assuré qu'elles n'appartiennent, ni l'une ni l'autre, ni au genre *Podalyria*, ni même à la tribu des Sophorées, dont le *Podalyria* fait partie, car les Sophorées ont les étamines libres, et mes deux espèces les ont monadelphes. Elles appartiennent à la série des Génistées, et sont assez voisines du genre *Anthyllis*, et notamment de la section des *Aspalathoïdes*; mais elles doivent, dans mon opinion, former un genre particulier auquel je donne le nom de *Requienia*, pour rappeler celui de M. Requien d'Avignon, qui a beaucoup contribué à la connoissance des plantes du midi de la France, et duquel la botanique attend la monographie des *Galium*.

Les *Requienia* ont le calice à cinq lobes pointus, ou inégaux, et qui atteignent environ la moitié de sa longueur. Ce calice ne se renfle point après la fleuraison, et c'est une des circonstances qui les distinguent des *Anthyllis*. Il est à cinq

(1) Lu à la Soc. de Phys. et d'Hist. nat. de Genève, le 19 fév. 1824, sous le nom de *Colladonia*, que j'ai dû abandonner, puisqu'un an après ma lecture, mais avant ma publication, M. Sprengel a donné ce nom à un autre genre.

dents, dont les deux supérieures un peu soudées par leur base, et l'inférieure un peu plus longue. Leur corolle est papilionacée, à cinq pétales libres, ou, en d'autres termes, la carène a ses pétales libres et non soudés ensemble; les étamines ont les filets tous soudés ensemble : après la fleuraison, la gaîne formée par les filets se trouve fendue du côté supérieur : je n'ose affirmer s'il en est ainsi à un âge plus jeune. Je n'ai trouvé que cinq anthères dans les fleurs que j'ai examinées; les cinq autres étoient-elles avortées naturellement, ou détruites par quelque accident? C'est ce que je ne puis décider. La gousse est comprimée, ovale, terminée en un crochet formé par la base du style. Elle ne renferme, à la maturité, qu'une seule graine.

Les espèces de ce genre sont de très-petits sous-arbrisseaux originaires de l'Afrique. Leurs rameaux sont grêles, cylindriques, peu branchus; leurs feuilles alternes, simples, presque sessiles, munies à leur base de deux stipules en forme d'alêne; les feuilles ont la forme d'un coin échancré au sommet; elles sont traversées dans leur longueur par une nervure moyenne qui émet des nervures latérales pennées, et se prolonge au sommet en une petite arête. Les fleurs sont très-petites, sessiles ou presque sessiles à l'aisselle des feuilles où elles sont ou solitaires ou réunies en petit nombre : la couleur de leur corolle paroît, d'après le sec, blanchâtre ou jaunâtre; les gousses sont velues ou pubescentes.

Les deux espèces qui composent ce genre sont :

1. R. OBCORDATA : *stipulis calycis longitudinem adæquantibus; leguminibus villoso-hirsutis, basi obtusis; seminibus ovato-oblongis*. Tab. 37.

C'est cette espèce que M. de Lamarck a figurée, mais sans aucuns détails à la pl. 327 fig. 5 de ses *Illustrationes*, et que M. Poiret a désignée d'après lui sous le nom de *Podalyria obcordata*. Elle habite le Sénégal. Les échantillons que j'ai sous les yeux en ont été rapportés par M. Bacle. Cette espèce peut, outre les caractères cités dans la phrase spécifique, se distinguer de la suivante par ses fleurs tout-à-fait sessiles.

2. R. SPHÆROSPERMA : *stipulis calyce brevioribus; leguminibus pubescentibus, basi attenuatis; seminibus sphæricis.* Tab. 38.

Elle croît au Cap de Bonne-Espérance où elle a été découverte par M. W. Burchell. Ses fleurs sont légèrement pédicellées. D'ailleurs elle ressemble tout-à-fait à la précédente, sauf les différences indiquées dans la phrase spécifique.

§ 14. *Du genre* ANTHYLLIS.

Quoique le genre *Anthyllis* soit un des plus anciennement établis parmi les Légumineuses, il n'est pas celui dont la détermination m'a donné le moins d'embarras. Il a les étamines monadelphes, à tube entier et non fendu pendant la fleuraison, et le calice tubuleux à cinq dents, persistant, et plus ou moins renflé après la fleuraison; mais le premier caractère est commun à presque tous les genres de Génistées, et le deuxième a quelque chose de vague et d'indéterminé. Aussi les espèces réunies par ce caractère sous le nom d'*Anthyllis*, et que j'y conserve encore, offrent-elles des disparates prononcés dans le port et les caractères. Pour les rendre plus saillans, je divise les *Anthyllis* en cinq sections naturelles.

Sect. 1. Dorycnioïdes. Les deux espèces qui forment cette section (*A. Gerardi* et *A. onobrychioïdes*), ressemblent beaucoup par leur port à un *Dorycnium* ou à un *Dalea*, mais leurs étamines monadelphes les écartent de l'un et de l'autre: leur calice est à peine renflé; leur gousse à une loge et à une graine; les têtes de fleurs sont axillaires, portées sur de longs pédoncules, et dépourvues de bractées foliacées; les feuilles sont ailées avec impaire; les folioles sont oblongues ou linéaires, presque égales entre elles, et l'impaire est sessile. Ce sont des herbes vivaces, à racine ou souche un peu ligneuse.

Sect. 2. Aspalathoïdes. J'ai donné ce nom à cette section parce que toutes les espèces qui la composent ressemblent aux *Aspalathus*, et l'une d'elles, mon *Anthyllis aspalathi*, avoit même été confondue avec ce genre sous le nom d'*Aspalathus cretica*. Ces espèces, au nombre de quatre, diffèrent des Aspalaths parce que la gaîne des étamines est entière à la façon des *Anthyllis*, et non fendue longitudinalement comme dans les Aspalaths : elles ont le calice peu renflé; la gousse à une ou deux graines; les fleurs disposées en épis terminaux interrompus, ou plutôt naissant aux aisselles des feuilles supérieures qui sont ou petites ou avortées, de manière qu'on peut les dire en épi. Ce sont des petits arbrisseaux très-rameux; leurs branches sont cylindriques, et s'endurcissent quelquefois jusqu'à devenir épineuses (*A. Hermanniæ* et *A. aspalathi*); les feuilles sont tantôt à trois folioles, dont les deux latérales plus petites, tantôt simples, c'est-à-dire réduites à la foliole du milieu par l'avortement des latérales. Les fleurs sont jaunes et petites; les stipules sont nulles ou peu apparentes.

Sect. 3. Erinacea. Sous ce nom, établi par Clusius, je désigne comme section l'*Anthyllis erinacea*, qui par ses grandes fleurs bleues diffère de toutes les autres, et semble établir cependant le lien qui les réunit toutes ensemble; par sa tige ligneuse très-ramifiée et presque épineuse et par ses feuilles simples, elle se rapproche des deux sections précédentes; mais par ses fleurs en tête et par son calice évidemment renflé après la fleuraison, elle ressemble à la suivante : elle a, comme toutes les premières sections, le fruit à une loge, et une ou deux graines seulement; mais ce fruit mûr est comprimé, lancéolé, plus long que le calice, ce qui la distingue beaucoup de toutes les autres sections.

Sect. 4. Vulneraria. Ce nom étoit celui que Tournefort appliquoit au genre entier, et que je restreins pour désigner la section dont l'*Anthyllis vulneraria* fait partie : les calices y sont évidemment renflés en vessie après la fleuraison; les gousses à une loge, à une ou deux graines de forme ovale, égales au calice ou plus courtes que lui; les fleurs sont en têtes pédonculées, entourées de bractées foliacées. Toutes les espèces ont les feuilles ailées avec impaire, tantôt à peu près égales entre elles, tantôt très-inégales; et dans ce cas l'impaire est la plus grande de toutes. Les tiges sont ligneuses ou herbacées, mais les racines sont toujours vivaces.

Sect. 5. Cornicina. Cette section, que je désigne ainsi parce que l'*Anth. cornicina* en fait partie, présente des caractères fort bizarres. Elle ressemble aux *Vulneraria* par son calice très-renflé en vessie, par ses feuilles dont les folioles sont inégales et l'impaire plus grande que les autres, et par ses fleurs en tête entourée de bractées; mais elle diffère de toutes les Anthyllides par ses gousses divisées intérieurement en deux ou plusieurs loges monospermes par des cloisons transversales. Ces loges sont au nombre de deux dans l'*A. tetraphylla*, deux ou trois dans l'*A. cornicina*, quatre à six dans l'*A. hamosa*, six à huit dans l'*A. lotoïdes*. Cette structure de la gousse rapproche un peu cette section des *Hedysarum;* mais les étamines monadelphes, le calice en vessie et l'ensemble de l'organisation ne permettent pas de l'écarter des *Anthyllis:* je n'ose même la considérer comme un genre distinct, quoique à la rigueur on pût l'établir sans manquer aux lois de l'analogie. Cette section ou genre, comme on voudra l'appeler, renferme toutes les espèces annuelles d'*Anthyllis.* Leurs feuilles sont ailées avec une impaire ordinairement plus grande que les autres. Cette disproportion est surtout très-prononcée dans l'*A. tetraphylla*, qui offre encore une particularité remarquable d'où l'on a tiré son nom : quoique ailée avec impaire, elle a quatre folioles : ce phénomène peut s'expliquer de deux manières, ou bien en disant qu'elle a, outre l'impaire, deux paires de folioles, et que dans la paire inférieure, une des folioles avorte constamment; ou bien, ce qui me paroît plus vraisemblable, qu'elle a, outre l'impaire, une paire de folioles et une paire de stipules, l'une petite, pointue mais visible, et l'autre avortée.

On voit, d'après ces détails, qu'il seroit facile de diviser les *Anthyllis* en deux ou en cinq genres; mais je crois suffisant d'indiquer ces groupes comme sections, et de faire ainsi saillir leurs caractères sans les exagérer, et sans détruire la nomenclature habituelle.

§ 15. *Du genre* CYAMOPSIS.

La plante que je désigne sous ce nom générique, qui veut dire analogue à la Fève, a été classée par Linné dans les *Psoralea* (*P. tetragonoloba*); par Lamarck et L'Héritier, parmi les *Dolichos* (*D. psoraloïdes seu D. fabriformis*); par Cavanilles, entre les Lupins (*L. trifoliatus*); par Rottboll, dans les *Galega* (*Gal. esculenta*), et par quelques-uns, selon Steudel, entre les *Indigofera* (*I. fabæformis*). Cette extrême diversité d'opinions tend presque seule à prouver que cette plante n'entre dans aucun de ces genres, et en forme un à elle seule. En effet, elle diffère des *Psoralea* par son calyce non glanduleux, par son fruit polysperme, et parce que ses graines sont séparées par des cloisons de tissu cellulaire; des *Dolichos*, par ses cotylédons foliacés, ses étamines monadelphes, son étendard sans callosités; des *Lupins*, par son calice non labié, mais à cinq lobes presque égaux, et par ses feuilles à trois folioles, ailées à une paire et une terminale; des *Galega*, par son style barbu, son fruit et ses graines comprimées; enfin des *Indigofera*, par ses étamines monadelphes. Elle diffère de tous ces genres parce que la gousse porte sur chaque valve, vers la suture supérieure, une nervure parallèle à cette suture et analogue à ce qui a lieu dans les *Tetragonolobus* et dans les *Canavalia*. Je n'ai donc aucun doute que cette plante forme un genre très-prononcé; mais quelle place doit-on lui assigner?

Ses cotylédons foliacés et toute sa structure m'engagent à l'écarter des Phaséolées, et je lui trouve des rapports très-prononcés avec le *Psoralea* et l'*Indigofera*. Le *Cyamopsis* ressemble au *Psoralea* par ses étamines monadelphes et par ses feuilles à trois folioles dentées, très-semblables à celles du *Psoralea dentata*; il ressemble à l'*Indigofera* par sa carène qui s'ouvre avec élasticité, par ses graines tronquées aux deux bouts, séparées par des cloisons analogues, et surtout par ses poils en fausse navette. Je place donc le *Cyamopsis* entre ces deux genres.

La seule espèce connue est le *C. psoraloïdes*, bien figuré par L'Héritier (*Stirp.* t. 78), et par Cavanilles (*Icon.* t. 59): elle paroît originaire de l'Arabie, et avoir été transportée aux Antilles.

§ 16. *Du genre* INDIGOFERA.

Les Indigotiers forment un genre très-naturel, et dont personne ne peut contester la vérité dès qu'il en connoît les espèces, mais qui n'est appuyé cependant sur aucun caractère bien précis. Leur calice est à cinq lobes égaux ou à peu près égaux; leur corolle a son étendard arrondi, un peu échancré; leurs étamines sont diadelphes; leur style glabre et filiforme; leurs stipules petites et distinctes du pétiole; leurs pédoncules axillaires; leurs corolles purpurines, bleues ou blanches, mais jamais jaunes. Tous ces caractères leur sont communs avec plusieurs des genres voisins. Ceux qui semblent un peu plus précis sont 1°. que leur carène (au moins dans le petit nombre des espèces que j'ai vues vivantes) porte sur les deux côtés des espèces de crochets qui sont reçus dans des cavités analogues des ailes. Lorsque la fleuraison s'exécute, les ailes s'écartent un peu, et alors les crochets se dégagent, et la carène devenant libre se déjette en arrière avec élasticité : cette secousse paroît déterminer la sortie du pollen. J'ignore si cette organisation est réellement commune à toutes les espèces, mais elle est frappante dans plusieurs.

2°. Le fruit des Indigotiers est une gousse à deux valves tantôt allongées et courbées de manière à ce que la gousse est cylindrique, tantôt allongées et pliées sur le milieu de leur longueur, ce qui forme une gousse presque tétragone, tantôt planes, et alors la gousse est très-comprimée, quelquefois courtes et convexes, d'où résulte une gousse ovoïde ou globuleuse. M. Desvaux a voulu séparer l'*I. linifolia* sous le nom générique de *Sphæridiophorum*, à cause de sa gousse arrondie et monosperme; mais je ne puis me ranger à son opinion, soit à cause de l'extrême analogie de cette espèce avec tous les Indigotiers à feuilles simples, soit parce que cette unité de graines n'est probablement due qu'à l'avortement d'un ovule, et qu'on retrouve des gousses à deux graines dans les *I. disperma*, *biflora*, *enneaphylla*, *semitrijuga*, *pulchra*, etc.; à une, deux ou trois dans l'*I. diversifolia*; à deux, trois ou quatre dans l'*argentea*, le *Domingensis*, l'*olygosperma*, le *Senegalensis*, etc.; à quatre graines dans le *sessilifolia*, le *tetrasperma*, etc.; et ainsi jusques à dix ou douze, et même au-delà, on trouve tous les nombres de graines. Lorsque celles-ci sont nombreuses, elles sont, le plus souvent, tronquées aux deux extrémités, et souvent séparées par des cloisons transversales, minces peu apparentes. Ces graines sont toujours moins comprimées que dans les *Tephrosia*.

3°. Les poils des Indigotiers servent à les faire reconnoître avec une grande facilité : la plupart des espèces de ce genre ont des poils en fausse navette, c'est-à-dire couchés horizontalement sur l'épiderme, attachés par le centre, et pointus aux deux bouts : on retrouve des poils semblables dans quelques espèces d'Astragales, mais leur présence est plus fréquente et plus constante dans les Indigotiers que dans aucun autre genre, sans cependant qu'ils lui soient exclusifs. Il est quelques espèces où l'on trouve des poils de deux sortes, savoir, ceux en fausse navette, couchés sur les rameaux, les feuilles et les calices, et d'autres hérissés, simples et en forme de soie, entremêlés avec les premiers, ou occupant seuls la surface de certains organes : tel est, en particulier, l'*I. heterotricha,* que M. Burchell a trouvé au Cap de Bonne-Espérance, et l'*I. lanuginosa* rapporté du Sénégal par M. Bacle; tels sont encore les *I. viscosa*, *inquinans*, *polyphylla*, *filiformis*, etc.; mais dans toutes ces espèces on trouve des poils en fausse nervure, au moins sur la surface supérieure des feuilles. De toutes les espèces que j'ai observées, il n'y a que l'*I. juncea* qui au moins à l'état de culture offre des feuilles parfaitement glabres et sans aucun poil en fausse navette. Ce caractère que M. Kunth a fait remarquer plus qu'on ne l'avoit fait avant lui, m'avoit déjà servi depuis long-temps à rapporter au genre Indigotier l'*Aspalathus Indica* de Linné, et l'analyse de sa fleur a confirmé ce rapprochement. Le *Lotus alopecuroïdes* de N.-L. Burmann appartient aussi à ce genre. Les Indigotiers sont peut-être le seul genre de la famille des Légumineuses dont on ne doive exclure aucune des espèces qui y ont été rapportées.

Les feuilles des Indigotiers présentent des variétés de forme qui hors de la famille dont ils font partie seroient très-extraordinaires : on peut dire que leur état normal est d'être ailées avec impaire, mais cet état dégénère dans certaines espèces sous deux rapports.

1°. Parmi les feuilles ailées avec impaire, les unes ont plusieurs paires de folioles latérales, d'autres n'en ont que deux et même qu'une seule. Ceci est un changement fréquent dans les Légumineuses : on le remarque en particulier parmi les Indigotiers, dans presque tous ceux dits à trois folioles, savoir : les *I. virgata*, *amœna*, *denudata*, *trifoliata*, etc. ; mais il arrive souvent ou que l'une des folioles de la paire inférieure manque, comme on le voit dans l'*I. diphylla* Vent. (choix. t. 30), ou même que les deux folioles latérales manquent, et que la feuille est réduite à une foliole terminale articulée au sommet du pétiole, comme on le voit dans mon *I. monophylla*. Ici il n'y a aucun doute sur la nature de cette foliole, parce que le pétiole est long ; mais lorsqu'il est très-court, la feuille réduite ainsi à une seule foliole sessile, semble une feuille simple, et en reçoit habituellement le nom : c'est ce qui arrive dans les *I. echinata*, *paniculata*, *simplicifolia*, *linifolia*, etc.

2°. Les feuilles ailées avec impaire ont en général les paires de folioles écartées les unes des autres, et c'est ce qui arrive dans la plupart des Indigotiers ; mais il est des espèces où les feuilles, quoique encore ailées, ont le pétiole court, et surtout les folioles très-rapprochées vers le sommet. Telles sont les *I. enneaphylla*, *pulchra*, etc. On passe ainsi par des gradations insensibles à des espèces dont les feuilles sont pétiolées à trois, cinq ou sept folioles vraiment palmées; telles sont l'*I. digitata*, *cinerea*, *Moluccana*, etc., ou même à des feuilles sessiles à trois ou cinq folioles partant de la cicatricule, comme, par exemple, dans les *I. aspalathoïdes*, *sulcata*, *filiformis*, *sessilifolia*, etc.

Ainsi la seule étude du genre *Indigofera* suffiroit pour faire bien comprendre ce qu'il y a de réel dans les modifications les plus remarquables de la plupart des feuilles. C'est pour faire comprendre ce double genre de dégénérescences que j'ai classé les espèces d'Indigotiers en plaçant au centre celles à feuilles vraiment ailées avec impaire, et aux deux extrémités les deux systèmes de dégénérescence, comme suit:

§ 1. Espèces dites à *feuilles simples*, c'est-à-dire réduites à une foliole terminale sessile, ou à pétiole très-court.

§ 2. Espèces dites *oligophylles*, c'est-à-dire composées d'un pétiole distinct portant une foliole terminale articulée, et une, deux ou trois folioles latérales.

§ 3. Espèces *ailées avec impaire*, à deux ou plusieurs paires latérales écartées les unes des autres, et à pétiole allongé.

§ 4. Espèces *brachypodes*, c'est-à-dire ailées avec impaire, à paires rapprochées et à pétiole court.

§ 5. Espèces *digitées*, ou à trois, cinq ou sept folioles palmées, naissant soit du sommet du pétiole, soit de la cicatrice de la feuille, si le pétiole manque.

Les espèces d'Indigotiers sont au nombre de plus de cent, parmi lesquelles j'en compte vingt-six nouvelles.

§ 17. *Du genre* CLITORIA.

Le genre *Clitoria*, quoique bien connu, mérite ici une légère mention pour indiquer l'un de ses principaux caractères, et sa division en sections. Il avoit été établi par Tournefort sous le nom de *Ternatea*, que Linné a supprimé comme nom de pays, et remplacé par celui qu'il porte, nom qui lui avoit été donné primitivement par Breyn et Petiver, en faisant allusion à un nom populaire assez grossier, par lequel l'espèce des Moluques y est désignée, et qu'on retrouve dans les Antilles, appliqué à une autre espèce du genre. Dès lors, quelques naturalistes ont voulu diviser ce genre et reprendre le nom de *Ternatea* pour les espèces à feuilles ailées; je crois que cette opinion est peut-être provenue de ce que l'on n'avoit comparé celles-ci qu'avec celles que j'indique dans ma troisième section, tandis qu'il existe des espèces intermédiaires qui ne permettent point de séparation générique.

Les vrais caractères communs à toutes les *Clitoria*, sont 1°. d'avoir le calice à cinq divisions, et muni à sa base de deux bractées arrondies, ou au moins très-obtuses; 2°. d'avoir la corolle et les étamines insérées non à la base du calice, mais au-dessus de la base, de manière à laisser toujours un petit intervalle calleux au-dessous de leur insertion, intervalle qui, le plus souvent, est même visible à l'extérieur; 3°. d'avoir l'étendard large et arrondi; 4°. de présenter un style plus ou moins dilaté vers son sommet; 5°. d'avoir la fleur le plus souvent résupinée, circonstance qui, en faisant voir la carène plus facilement qu'à l'ordinaire, a motivé la métaphore indécente d'où le nom a été tiré; 6°. d'offrir une gousse comprimée à deux valves, à plusieurs graines séparées par de fausses cloisons celluleuses.

Toutes les *Clitoria* sont des herbes ou des sous-arbrisseaux grimpans; leurs fleurs sont grandes, axillaires, pédicellées, solitaires, de couleur blanche, bleue ou pourpre, et jamais jaunes. Leurs feuilles sont toujours ailées avec impaire, tantôt à deux ou trois paires de folioles, tantôt à une seule paire. Comme on a long-temps confondu ensemble toutes les feuilles à trois folioles, soit qu'elles fussent palmées ou ailées, ou, en d'autres termes, soit qu'elles eussent les trois folioles partant du sommet du pétiole, ou deux latérales et une terminale écartée des deux autres, il en est résulté qu'on a souvent exagéré l'importance de ce dernier caractère. Sans doute des feuilles palmées diffèrent beaucoup des feuilles ailées; mais des feuilles ailées avec impaire ne sont pas fort différentes entre elles, lorsqu'elles ont deux ou trois paires de folioles latérales, ou une seule.

Le genre *Clitoria* se divise en quatre sections très-naturelles.

1°. Les *Ternatea*, qui ont le calice tubuleux, l'étendard dépourvu d'éperon, et les feuilles ailées à deux ou trois paires de folioles outre la terminale. C'est ici que se rapporte le *C. heterophylla* de l'Ile-de-France, et le *C. Ternatea* des Moluques, dont le *C. bracteata* de Poiret ne paroît être qu'une variété. Ces espèces, à cinq ou sept folioles, sont les seules de ce genre qui ne soient pas d'Amérique. Leur style est un peu barbu vers son sommet, mais dilaté presque autant que dans les sections suivantes.

2°. Les vraies *Clitoria* (*Euclitoriæ*) ne diffèrent des Ternatées que parce que leurs feuilles sont ailées à une seule paire de folioles latérales, que leur style est peu ou point barbu, un peu plus dilaté. Je rapporte à cette section le *C. Mariana* de Linné, les *C. angustifolia* et *formosa* de Kunth, probablement le *C. Mexicana* de Link, et deux espèces nouvelles de la Guiane, que M. Poiteau a données à M. Delessert sous le nom générique de *Pilanthus*.

3°. La troisième section, qui est la plus remarquable, a reçu le nom de *Centrosema*, en faisant allusion à ce que son étendard est muni, vers la base externe du limbe, d'un éperon saillant : caractère qui n'appartient qu'à cette section dans la famille entière des Légumineuses. Il avoit été vu, mais non publié, par L'Héritier, sur une espèce du Pérou, qui paroît rentrer comme variété dans le *C. Plumieri*, puis décrit et bien représenté, à la planche 51 du *Parad. Londin.*, par M. Salisbury sur le *C. Virginiana*; je l'ai revu dès-lors, soit dans les deux espèces, soit dans le *C. Brasiliana*. Les Centrosèmes ont, en outre, le calice plus en cloche ou à tube plus court que les deux premières sections; mais leur port et l'ensemble de leurs caractères est tellement semblable aux vraies *Clitoria* que je ne saurois les séparer comme genre.

4°. Enfin je classe comme quatrième section, sous le nom de *Glycinopsis*, une belle plante découverte à Saint-Domingue par M. Bertero, qui a le calice court et en cloche, et des bractées striées en long comme le *Centrosema*, mais dont l'étendard est dépourvu d'éperon, et où la corolle est insérée très-près de la base du calice : ce dernier caractère pourroit faire croire qu'elle n'appartient pas au genre *Clitoria*, mais son style dilaté au sommet et son port l'en rapprochent tout-à-fait : son étendard présente même, près de sa base, une petite dépression qui remplace l'éperon des *Centrosema*, et semble indiquer son extrême analogie avec cette section. Voici la description de cette belle espèce.

Clitoria Berteriana.

Tige volubile, pubescente; feuilles alternes, munies d'un long pétiole, pubescentes sur les deux faces, mais surtout en dessous, à trois folioles, deux latérales pétiolulées, une terminale écartée des précédentes; toutes munies à leur base de stipelles très-petites et caduques. Ces folioles sont ovales, aiguës, longues de trois pouces sur un et demi de largeur. Les pédoncules deux fois plus longs que le pétiole, c'est-à-dire, de cinq pouces de longueur, cylindriques, pubescens, portent sur leur sommet une grappe courte de cinq à six fleurs si rapprochées qu'elles semblent en ombelle. Les pédicelles sont filiformes, plus longs que le calice; les bractéoles sont ovales, oblongues, striées en long, et dépassent le calice. Celui-ci est en cloche, à cinq dents, dont les deux supérieures très-petites, et l'inférieure plus longue que les latérales. La corolle est insérée près de la base, résupinée, grande, de couleur jaunâtre. L'étendard est arrondi, plié sur la nervure moyenne, pubescent en dehors, muni vers sa base d'une dépression glanduleuse à l'intérieur, à la place où les Centrosèmes ont un éperon. La carène est obtuse ainsi que les ailes : l'onglet de tous les pétales est fort court. Les étamines sont diadelphes avec la dixième étamine très-distincte, et la gaîne un peu rugueuse. Les anthères sont ovales, arrondies, insérées par le milieu du dos. Le style se dilate en une espèce de cône renversé, et porte une petite rangée circulaire de poils à son extrémité. L'ovaire est pubescent, et se change en une gousse sessile, glabre, linéaire, comprimée, longue de cinq à six pouces sur deux lignes de largeur, à nervures calleuses, à valves planes, terminée par une pointe aiguë, due à la base du style dont la partie dilatée tombe; les graines sont nombreuses et comprimées : je ne les ai pas vues en état assez avancé pour les décrire.

§ 10. *Du genre* VILMORINIA.

Parmi les espèces qui ont été placées dans les *Clitoria*, il en est une qui ne peut leur rester associée; c'est le *Clitoria multiflora* de Swartz. Son port et tous ses caractères l'éloignent des vraies *Clitoria*, et j'ai cru devoir le considérer comme un genre distinct. J'ai donné à ce genre le nom de *Vilmorinia*, pour rappeler les services que M. Vilmorin, membre de la Société d'Agriculture de Paris, ne cesse de rendre à l'étude des végétaux, en apportant de la précision dans le diagnostic des variétés et espèces cultivées.

Le *Vilmorinia*, comparé aux *Clitoria*, est un arbrisseau droit et non grimpant. Ses feuilles sont ailées avec impaire à plusieurs paires de folioles, et non à trois folioles; son calice est tubuleux, cylindracé et non en cloche, à quatre dents obtuses et non à cinq lobes aigus; ses pétales sont insérés tout-à-fait à la base du calice et non au-dessus de la base : ils sont tous allongés et étroits, et non plus ou moins élargis; le style est filiforme, aigu et non dilaté à son sommet; la gousse est pédicellée, et non sessile dans le calice.

L'ensemble de ces caractères est si frappant qu'il est impossible de croire que cette espèce ne forme pas le type d'un genre nouveau. Peut-être devra-t-on un jour y réunir ou le *Clitoria vicioides* de Nees et Martius, ou le *Galactia Elliottei* de Nuttall, qui ont l'un et l'autre les feuilles pennées avec impaire, et le calice à quatre dents? Mais ne connoissant pas ces espèces, je ne puis que les recommander à l'attention des observateurs.

§ 19. *Du genre* BARBIERIA.

M. Poiret a, le premier, fait connoître, sous le nom de *Clitoria polyphylla*, une plante rapportée de Porto-Ricco par M. Ledru, et fort remarquable par ses longues fleurs rouges. Bientôt après, M. Persoon la transporta dans le genre *Galactia*, sous le nom de *G. pinnata*. Mais elle n'a, en réalité, ni le port, ni les caractères de ces deux genres, et mérite de former un genre particulier, distinct 1°. du *Galactia* par son calice à cinq lobes, et non pas à quatre seulement; 2°. du *Clitoria* par son style fortement barbu sur le côté intérieur terminé en pointe courbée et non dilatée: ce dernier caractère l'écarte aussi de la plupart des autres genres avec lesquels on pourroit être tenté de le confondre: en outre ses étamines offrent quelque chose d'assez particulier, en cêci que, sur les neuf qui composent la gaîne, on les voit décroître assez régulièrement de longueur depuis celles situées au centre de la gaîne jusques à celles du bord, et que la dixième, qui reste libre, est plus courte que toutes les autres. Enfin l'allongement de toutes les parties de la fleur forme un dernier caractère qui rend ce nouveau genre facile à distinguer. Ayant à le désigner par un nom, je lui ai donné celui de M. J.-B.-G. Barbier, auteur des nouveaux principes de Pharmacologie, et d'un excellent Traité de Matière médicale, désirant rendre hommage à l'esprit d'ordre et de méthode qui le caractérise si éminemment.

Comme il n'a point encore été publié de figure de cette plante, et que la description trop abrégée qui en existe laisse quelque chose à désirer, je crois devoir joindre ici l'une et l'autre.

Barbieria polyphylla. Tab. 39.

Je décris cette plante d'après un échantillon recueilli par M. Ledru à Porto Ricco.

Elle paroît ligneuse vers sa base; ses tiges ou branches sont allongées, cylindriques, garnies de poils longs, étalés, mous, un peu roussâtres, nombreux sur les jeunes pousses, plus rares à mesure que les branches deviennent âgées.

Les feuilles sont alternes, ailées avec impaire; leur pétiole est grêle, garni des mêmes poils que la tige. Les folioles sont au nombre de huit à dix paires, outre la terminale; elles sont pétiolulées, ovales, oblongues, obtuses aux deux extrémités, terminées par une très-courte arête, d'un vert foncé, et munies en dessus de quelques poils épars, très-pâles, et couvertes en dessous de poils nombreux et couchés, longues de douze à quinze lignes, sur cinq à sept de largeur. A la base des feuilles se trouvent deux stipules lancéolées, linéaires, acuminées, un peu scarieuses, roussâtres et pubescentes; des stipelles analogues mais plus étroites se trouvent à la base de chaque foliole, et dépassent la longueur des pétiolules. Les pédoncules naissent solitaires à l'aisselle des feuilles, droits, grêles, poilus, un peu plus courts que le pétiole, terminés par deux à trois fleurs disposées en grappe, et assez écartées; chaque fleur est portée sur un court pédicelle. A la base du pédicelle se trouvent deux bractées semblables aux stipules, et deux autres sont placées au sommet du pédicelle immédiatement à la base du calice, et dressées le long du tube.

Le calice offre un tube cylindrique, marqué de dix nervures fines et longitudinales, hérissé comme les branches, long de neuf lignes, terminé par cinq lobes étroits, acuminés, presque égaux, dressés, un peu poilus, et longs de quatre lignes.

La corolle est de couleur rouge, longue de dix-huit à vingt lignes; ses pétales sont rétrécis à leur base en un long onglet; l'étendard est elliptique, oblong, dépourvu d'oreillettes ou de callosités, replié longitudinalement sur la nervure moyenne qui est peu visible; les ailes ont le limbe elliptique; la carène est formée de deux pétales à limbe oblong, peu soudés ensemble, et plus longs que les ailes.

Les étamines sont au nombre de dix, et diadelphes; neuf d'entre elles forment une gaîne fendue du côté supérieur; la partie libre des filets se prolonge un peu plus haut pour ceux du milieu de la gaîne, et décroît assez régulièrement sur les bords. Une dixième étamine libre est de moitié environ plus courte que les autres. Toutes ces étamines se terminent par des anthères ovales, à deux loges attachées par le milieu de leur face externe.

L'ovaire est linéaire, oblong, très-velu, surmonté d'un long style filiforme courbé à son extrémité et garni de longs poils vers le haut sur le côté qui regarde l'ouverture de la gaîne des étamines; son extrémité est aiguë.

Je n'ai pas connoissance du fruit qui, d'après l'ovaire, doit être une gousse linéaire, ou oblongue, à plusieurs graines

§ 20. *Du genre* COLLÆA.

Le genre des Cytises (voy. § 10) a été, pendant longtemps, une espèce de dépôt où l'on a entassé un grand nombre de plantes très-disparates; c'est ainsi que j'en ai déjà dû jadis retirer le genre *Cajanus* pour le placer parmi les Phaséolées, et que je me vois forcé d'en sortir encore l'espèce dont je forme le genre *Collæa*, en le dédiant à M. A. Colla, membre de l'Académie des Sciences de Turin, qui a enrichi la Botanique de deux ouvrages importans (1). Si l'on compare cette espèce aux vrais Cytises, on voit qu'elle en diffère évidemment par ses étamines diadelphes et son calice à quatre lobes. Ce dernier caractère, joint à son port général, me fait penser que le genre *Collæa* doit être placé ou parmi les Phaséolées, non loin du *Cajanus*, ou dans les Clitoriées, près du *Galactia* : il diffère du premier, et se rapproche du deuxième par le calice à quatre lobes à peu près égaux; il se distingue du *Galactia* par son calice nu à sa base; par ses

(1) *Antolegista botanica*, 6 vol. in-8. 1813, et *Hortus Ripulensis*, 1 vol. in-4. 1824.

feuilles à trois folioles partant du même point, et peut-être aussi par la structure et le nombre des étamines. L'ignorance où je suis de la nature des graines et de leur mode de développement, m'empêche d'affirmer si ce genre appartient aux Phaséolées ou aux Lotées Clitoriées.

Avant d'aller plus loin je commencerai par décrire l'espèce sur laquelle j'ai primitivement établi le genre, puis je ferai connoître une seconde espèce que j'y crois devoir réunir avec quelque doute, et partant de ces faits je donnerai quelques considérations sur le caractère du genre.

1°. *Collæa speciosa*. Tab. 40.

Cette plante a été indiquée par M. Loiseleur (Duham. arb. nouv. ed. v. 5, p. 160) sous le nom de *Cytisus speciosus*. Je la décris d'après un échantillon recueilli dans le Pérou, près Huasa-Huasi, et qui m'a été communiqué par M. Lagasca : je l'ai vue aussi dans l'herbier du Muséum, provenant de l'herbier de Dombey.

Cet arbrisseau a les rameaux cylindriques, velus dans leur jeunesse, glabres dès la seconde année. Les stipules sont petites, ovales, et tombent de très-bonne heure. Les feuilles sont alternes, munies d'un pétiole commun, velu, à peine plus long que les stipules. Du sommet de ce pétiole naissent trois folioles pétiolulées, oblongues, terminées par une très-petite pointe souvent déjetée en dessous, entière sur les bords; glabres et un peu luisantes en dessus, cotonneuses en dessous, munies d'une nervure longitudinale, un peu saillante en dessous, déprimée en dessus, longues de deux pouces sur sept lignes de largeur, presque égales entre elles, de consistance un peu coriace.

Les fleurs forment de petites grappes qui naissent des aisselles supérieures et deviennent presque terminales ; ces grappes sortent de bourgeons écailleux et caducs. Leurs pédoncules et leurs pédicelles sont, ainsi que les calices et les bractées, hérissés de poils mous, serrés et roussâtres. Le calice a son tube en forme de cône renversé, et se divise en quatre lobes presque égaux, droits, ovales, lancéolés, un peu pointus.

La corolle est grande, purpurine ; tous ses pétales sont distincts et munis d'un onglet assez long ; l'étendard est ovale, plié en long sur le milieu, muni de deux oreillettes à sa base ; les deux ailes et les deux pétales de la carène, fort semblables entre eux, sont droits, obtus, munis d'une seule oreillette du côté qui regarde l'étendard. Les étamines sont au nombre de huit, savoir : sept réunies ensemble en une gaîne fendue du côté supérieur, et la huitième libre, ou à peine légèrement cohérente avec les autres par la base. La gaîne présente des stries longitudinales, alternativement transparentes et colorées, qui indiquent la trace de la soudure des filets. Sur les huit étamines, je n'en vois que cinq garnies d'anthères, savoir : celle qui est libre, et quatre autres situées parmi celles de la gaîne, de manière à ce qu'elles sont alternes avec les trois stériles. Ces anthères sont ovales, à deux loges attachées au filet par le milieu de leur dos.

L'ovaire est linéaire, oblong, très-velu ; il renferme cinq à six ovules, et se prolonge en un style linéaire, glabre, de la longueur des étamines, et terminé par un stigmate arrondi et comme tronqué.

Le fruit n'est pas connu.

J'ai trouvé sur les feuilles de mes échantillons des taches noires produites par une espèce de *Xyloma*, que je désigne comme suit:

1°. Xyloma Collææ : *epiphyllum, indehiscens atronitens planum, receptaculis irregulariter ramosis confluentibusve.* — *In foliis Collææ speciosæ, in Peruviâ.*

2°. *Collæa trinervia.* Tab. 41.

Je décris cette plante d'après un échantillon recueilli par M. Leschenault dans les montagnes de Nelligery dans l'Inde orientale, et qu'il a eu la bonté de me communiquer, en la nommant avec doute Espèce de Cytise. Il est possible qu'elle doive former un genre distinct du *Collæa*, mais elle lui ressemble tellement pour le port et la plupart des caractères, que je n'ai pas osé l'en séparer.

Elle forme un sous-arbrisseau de un et demi à deux pieds de hauteur; ses branches sont cylindriques, velues et roussâtres dans leur jeunesse, glabres dans un âge plus avancé. Les stipules sont ovales, oblongues, pointues, très-velues; elles persistent plus long-temps que dans l'espèce précédente, mais finissent aussi par tomber. Les pétioles communs ont près de trois lignes de longueur, et sont très-velus; les trois folioles partent de leur sommet portées sur des pétioles velus; elles sont presque égales entre elles, elliptiques, rétrécies en coin à la base, obtuses, avec un très-petit mucro; leur surface supérieure est pubescente, l'inférieure presque cotonneuse; elles sont en dessous marquées près de la base de trois nervures saillantes et réticulées sur le reste de la surface; leur longueur est d'un pouce sur quatre lignes de largeur.

Les pédoncules naissent de l'aisselle des feuilles supérieures; ils sont velus, chargés de deux fleurs pédicellées, et longs de quatre à cinq lignes.

Les fleurs ont le tube du calice rétréci à la base, et le limbe à quatre lobes allongés presque égaux. Ce calice est tout couvert de poils roussâtres, analogues à ceux des pédoncules et des jeunes branches.

La corolle paroît avoir été purpurine, assez semblable à la précédente, mais trop mal conservée pour que j'ose la décrire. Dans l'une et l'autre espèce elle semble un peu persistante.

Les étamines sont au nombre de dix, toutes fertiles, savoir : neuf réunies en une gaîne fendue du côté supérieur et une libre.

L'ovaire est linéaire, oblong, très-velu.

Le fruit est une gousse comprimée, oblongue, très-velue, surtout dans sa jeunesse, terminée par une petite pointe crochue, qui est le reste de la base du style, formée de deux valves planes et déhiscentes. Ces valves offrent, à l'intérieur, des traces obliques de fausses cloisons celluleuses qui séparoient les graines comme dans le Cajan. Les graines sont au nombre de quatre, ovales, planes, attachées à la suture supérieure.

Il est facile de voir par les deux descriptions précédentes que si ces deux plantes diffèrent sensiblement parce que l'une a huit étamines, dont trois stériles, et l'autre dix toutes fertiles, elles offrent d'ailleurs des rapports très-prononcés. J'ai donc cru devoir les réunir (jusqu'à ce que du moins la découverte de nouvelles espèces puisse modifier cette opinion) en un seul genre caractérisé 1°. par le calice à quatre lobes presque égaux, et dépourvu de bractéoles à sa base ; 2°. par ses étamines diadelphes ; 3°. par son stigmate obtus ; et quant au port, parce que ce sont des arbrisseaux à stipules entières, à trois folioles partant du sommet du pétiole, à fleurs purpurines naissant par petites grappes aux aisselles supérieures des feuilles.

§ 21. *Du genre* OTOPTERA.

Quoique je ne connoisse pas le fruit de ce nouveau genre, je n'ai pu éviter de l'établir ; il est fondé sur une plante du Cap de Bonne-Espérance, découverte par M. Burchell, et se rapproche par son port, à certains égards, des *Clitoria*, et à d'autres, des *Psoralea*.

Ses rapports avec le *Clitoria* et les genres voisins tiennent principalement à ce que les folioles de chaque feuille ont à leur base des stipelles en alêne, savoir, deux à la foliole terminale, et une à chacune des folioles latérales. Mais ses étamines sont monadelphes, ce qui n'a lieu dans aucun des genres où se trouvent des stipelles, sauf dans les *Pueraria*. Cette monadelphie des étamines pourroit bien le faire distinguer des *Psoralea* qui sont généralement décrites comme ayant des étamines diadelphes ; mais on trouve plusieurs espèces de *Psoralea* qui ont la dixième étamine soudée par sa base avec les autres, et qui, à toute rigueur, pourroient s'appeler monadelphes. Notre nouveau genre s'écarte d'ailleurs des *Psoralea*, soit par la présence des stipelles, soit par l'absence totale des glandes sur la tige, sur les feuilles et sur les calices ; par son ovaire linéaire qui m'a paru évidemment renfermer plusieurs ovules, au lieu d'un ou peut-être deux que contient celui des *Psoralea*.

Enfin ce nouveau genre, comparé à tous ceux que je connois parmi les Papilionacées, en diffère par la structure des ailes de la corolle ; celles-ci ont un pédicelle qui est muni vers le milieu de sa longueur d'une oreillette saillante, ou crochet aigu qui est distinct du limbe même au lieu d'en faire partie comme dans toutes les autres fleurs papilionacées ; c'est de là que j'ai tiré le nom qui veut dire aile à oreillette (ὠς, ὠτὸς *auris*, πτερὸν *ala*). J'ai donné à l'espèce le nom d'*O. Burchellii*, pour rappeler celui du naturaliste qui l'a découverte et me l'a communiquée.

S'il est assez facile d'établir que l'*Otoptera* forme un genre distinct, il l'est beaucoup moins de dire à quelle division de la famille il faut le rapporter. Ses étamines monadelphes et sa ressemblance avec quelques *Psoralea* peuvent faire croire que ce genre doit être placé dans les Génistées ; sa tige un peu volubile, ses stipelles et son ovaire linéaire et polysperme, qu'il va dans les Phaséolées. Dans la première opinion, il diffère de toutes les Génistées par ses stipelles ; dans la deuxième, de presque toutes les Phaséolées par ses étamines monadelphes ; et quoique ce dernier caractère passe pour plus important que celui des stipelles, j'ai un penchant assez prononcé pour croire que sa place naturelle sera près du *Clitoria*. La connaissance des fruits, et surtout celle des graines et de la germination pourra seule éclaircir ce doute.

Dans cet état de choses, voici la description détaillée de la plante qui fait le sujet de cet article.

Otoptera Burchellii. Tab. 42.

Burch. *cat. geogr. pl. Afr. aust.* n. 2436.

La plante entière est glabre; sa tige filiforme, cylindrique, allongée, semble, d'après le sec, un peu grimpante; les stipules sont oblongues, presque fixées par le centre, c'est-à-dire ayant un limbe oblong, un peu aigu, dressé, prolongé par la base en une oreillette aussi grande que le limbe lui-même, et de même forme. Le pétiole est anguleux, long de six lignes; les folioles, au nombre de trois, oblongues, lancéolées, acuminées, mucronées, réticulées, d'un vert pâle; une terminale longue de douze à quinze lignes sur deux de largeur, munie à sa base de deux stipelles; deux latérales situées par paire, presque au milieu du pétiole, longues de neuf à dix lignes seulement, et munies chacune d'une seule stipelle; ces stipelles sont longues et aiguës.

Les pédoncules naissent de l'aisselle, sont longs d'un pouce, étalés, cylindriques, terminés par deux pédicelles courts, qui portent chacun une seule fleur. A la base des pédicelles se trouvent deux bractées aiguës, et deux petites bractéoles situées au sommet du pédicelle sont appliquées sur le calice.

Le calice a son tube court, aminci à la base; il se divise en cinq lobes aigus, dont les deux supérieurs sont si rapprochés qu'on pourroit les prendre facilement pour une lèvre indivise; et des trois autres celui du milieu est plus long que les deux latéraux.

La corolle est papilionacée; l'étendard est grand, arrondi, muni d'un onglet très-court; les ailes oblongues, obtuses, rétrécies en un onglet assez long, muni vers le milieu de sa longueur d'une oreillette crochue; la carène a deux pétales libres et onguiculés à la base, soudés au sommet, courbés sur le dos, acuminés au sommet, munis de petites oreillettes à la base du limbe.

Les étamines sont au nombre de dix, monadelphes, à gaîne entière; la partie libre des filets est très-menue; les anthères sont petites, ovales, à deux loges.

L'ovaire est droit, linéaire, comprimé, glabre, et renferme environ cinq à six ovules. Le style est courbé, un peu épais au sommet, légèrement velu à la loupe dans toute sa longueur. Le stigmate paroît d'abord obtus; vu à une forte loupe on y remarque deux lèvres obtuses, dont la supérieure, qui est la plus grande, semble former à elle seule la sommité du style.

Le fruit est inconnu.

§ 22. *Du genre* PUERARIA.

Ce genre se compose de deux espèces de l'Inde, dont une avoit été, sans aucun motif, réunie aux *Hedysarum*. Je lui ai donné le nom de *Pueraria*, pour consacrer le nom de mon compatriote et ami, M. M.-N. Puerari, ancien professeur à Copenhague, élève et ami de Vahl, qui m'a communiqué, en les accompagnant de notes utiles, un grand nombre de plantes rares, et en particulier celles qui font le sujet de cet article.

Il suffit de dire que les *Pueraria* n'ont point la gousse articulée, pour prouver qu'ils n'appartiennent point aux Hédysarées; leur port et leur caractère les placent parmi les Clitoriées, près des Glycines et autres genres analogues dont ils se distinguent surtout par leurs étamines monadelphes; mais l'ignorance où je suis de la germination me laisse quelques doutes.

Les *Pueraria* ont le calice en cloche un peu allongée, à cinq dents courtes et obtuses, dont les deux supérieures plus ou moins réunies ensemble forment une lèvre tantôt entière, tantôt à deux petites dents. Ce calice est muni à sa base de deux bractéoles si petites et si caduques, qu'il est facile de croire qu'elles manquent absolument. La corolle est papilionacée, beaucoup plus longue que le calice; les pétales ont de courts onglets; l'étendard est obové, avec de très-petites oreillettes; les ailes oblongues, à une oreillette; les pièces de la carène soudées, excepté à leur base, obtuses, à peu près de la longueur des ailes.

Les étamines sont au nombre de dix, toutes fertiles, soudées par les filets en une gaîne plus ou moins fendue sur le côté supérieur; quelquefois la dixième étamine est à moitié séparée; les anthères sont petites, ovales, à deux loges.

L'ovaire est linéaire, aminci au sommet en un style filiforme; le stigmate est terminé sous la forme d'une petite, arrondie, pubescente, lorsqu'on le voit à la loupe.

Le fruit est une gousse comprimée, plane, linéaire ou oblongue, rétrécie à la base, un peu stipitée, terminée en pointe par la base du style, à deux valves continues dans toute leur longueur, et à cinq ou six graines.

Je n'ai pas vu les fruits assez âgés ni en assez bon état pour oser décrire celles-ci.

Les tiges des *Pueraria* sont ligneuses, grimpantes et cylindriques; leurs stipules sont caduques, non soudées au pétiole; les stipelles sont aiguës, très-petites; les feuilles sont ailées avec impaire, à trois folioles, larges, ovales, pointues, à nervures réticulées; les grappes de fleurs sont axillaires, rameuses, presque paniculées; leurs pédicelles naissent géminés ou ternés, chargés chacun d'une seule fleur; les corolles paroissent jaunâtres d'après le sec.

Les deux espèces que je rapporte à ce genre sont:

1°. *Pueraria tuberosa.*

Cette plante est celle que Roxburgh a désignée, et que Willdenow a décrite (*Spec.* 3. p. 1197) sous le nom d'*Hedysarum tuberosum.* Les échantillons que j'en possède proviennent, les uns de M. Lambert, qui les avoit reçus sous ce nom de Roxburgh; les autres de M. Puerari, qui les avoit eus sous le même nom du jardin de Calcutta. J'ai conservé le nom spécifique peut-être à tort, car la racine n'est point décrite, et elle m'est inconnue; et si elle est tubéreuse, ce caractère pourroit bien exister aussi dans l'autre espèce.

Le P. tubéreux est originaire du Bengale. La description publiée par Willdenow convient assez bien à ma plante, excepté que les grappes des fleurs sont tantôt simples, tantôt rameuses. Ces grappes, qui atteignent un et demi à deux pieds de longueur, rendent cette espèce aisée à reconnoître; leur axe, et surtout les pédicelles et les calices sont couverts d'un duvet pubescent, court, serré, soyeux et blanchâtre, qu'on retrouve aussi à la face inférieure des feuilles.

2°. *Pueraria Wallichii.* Tab. 43.

Cette espèce est originaire de Napaul, et m'a été envoyée avec plusieurs autres plantes de ce pays par M. Wallich dont j'ai desiré qu'elle portât le nom.

Ses tiges, ses pétioles, ses pédoncules, la surface inférieure de ses feuilles et de ses calices sont à peine pubescens, à poils courts et épars; les folioles sont très-pâles en dessous, longues de trois pouces sur deux de largeur : les deux latérales sont très-dilatées du côté extérieur; celle du milieu rétrécie en coin; les grappes sont axillaires, rameuses, à branches plus écartées que dans le P. de Roxburgh, mais surtout elles s'en distinguent parce qu'elles sont beaucoup plus courtes, n'atteignent guère que trois à quatre pouces, ou environ la longueur des feuilles. Le calice a les dents très-courtes et peu apparentes; l'étendard est plus allongé, et la même proportion se retrouve dans toutes les parties de la fleur; le jeune fruit est presque entièrement glabre.

§ 23. *Du genre* DUMASIA.

Ce nouveau genre est composé de deux plantes originaires du Napaul, que j'ai reçues de M. Wallich, directeur du Jardin de Calcutta. Je lui ai donné le nom de *Dumasia*, pour rappeler celui de M. Dumas, l'un des rédacteurs des Annales des Sciences naturelles, qui s'est placé aux premiers rangs des Physiologistes par ses belles recherches sur la génération des animaux, et qui voudra bien, je l'espère, voir dans cette dédicace un sincère témoignage de mon attachement.

Le genre *Dumasia* est composé d'herbes grimpantes qui, par leur port, ressemblent aux Glycines ou aux *Sweetia*; peut-être sont-elles un peu ligneuses à leur base. Leurs tiges sont grêles et cylindriques; leurs feuilles sont à trois folioles, ailées avec impaire; le pétiole commun est plus long que les folioles, muni à sa base de stipules presque en alène : on retrouve des stipelles, mais plus petites, à la base des folioles.

Celles-ci sont ovales, oblongues, obtuses; les fleurs naissent en grappes simples, axillaires, et plus courtes que la feuille; elles sont de couleur violette, portées sur de courts pédicelles munis de deux bractées à leur base, remarquables par leur calice cylindrique, obliquement tronqué, et dépourvu de lobes et même de dents saillantes. La base de ce calice offre deux très-petites bractéoles, comme cela arrive fréquemment dans les Légumineuses qui ont les folioles munies de stipelles.

La corolle est papilionacée, double de la longueur du calice; les pétales sont rétrécies en onglets égaux au calice; l'étendard a le limbe ovale, échancré en cœur à sa base, plié sur la ligne moyenne; les ailes sont oblongues, avec une petite oreillette à la base; la carène est obtuse, à deux pétales soudés par le haut, et libres par le bas.

Les étamines sont au nombre de dix, diadelphes à la manière ordinaire, toutes fertiles et peu inégales entre elles; elles persistent à la base du fruit.

L'ovaire est oblong, surmonté d'un style filiforme à la base et au sommet, dilaté dans le milieu de sa longueur d'une manière tout-à-fait particulière à ce genre, glabre dans toute son étendue; le stigmate est obtus, terminal.

La gousse est comprimée, oblongue, rétrécie à la base, bivalve, déhiscente, bosselée à la place des graines; celles-ci sont en petit nombre, un peu bombées, à radicule crochue et à cotylédons un peu épais.

Je ne connois que deux espèces de ce genre, et elles se ressemblent tellement entre elles que peu de mots suffiront pour les distinguer.

1°. *Dumasia villosa*. Tab. 44.

Elle a les rameaux, les pétioles, les pédoncules, les calices et les jeunes feuilles hérissés de poils nombreux, assez longs, et qui lui donnent un aspect général, velu, et d'un jaune roussâtre; ses folioles sont ovées, lancéolées, longues de deux pouces sur dix à douze lignes de largeur. Dans un âge avancé elles deviennent presque glabres. Les grappes portent de douze à quinze feuilles; celles-ci sont, à l'état de dessiccation, de couleur pâle, longues de cinq lignes environ. La gousse est trois fois seulement plus longue que le calice, quelquefois double environ de la longueur du calice, à peine terminée en pointe, couverte d'une pubescence courte, serrée et veloutée.

2°. *Dumasia pubescens*. Tab. 45.

Elle diffère de la précédente en ce que les rameaux, les pétioles, les pédoncules et les jeunes feuilles sont légèrement pubescens, même dans leur jeunesse; les folioles sont ovées, plus obtuses, longues de seize à dix-huit lignes sur dix à douze de largeur, pâles en dessous, pubescentes, à poils courts et épars sur les deux faces; les pétioles et les pédoncules sont un peu plus longs; les grappes ne portent que six à neuf fleurs de couleur violette, plus foncées et un peu plus grandes; le calice est glabre; la gousse est quatre fois au moins plus longue que le calice, terminée par une pointe plus prononcée et un peu courbée, pubescente sur la surface des valves.

§ 24. *Du genre* GLYCINE, *et de ceux qui ont été confondus avec lui.*

Tous les genres de la famille des Légumineuses ont été plus ou moins embrouillés par le mélange d'espèces hétérogènes; mais le genre Glycine offre cette confusion au plus haut degré possible, et il n'étoit plus dans ces derniers temps qu'un dépôt où l'on rejetoit toutes les Légumineuses grimpantes dont on ne voyoit pas clairement l'affinité avec quelque autre genre. Aussi M. Sims disoit-il au numéro 2103 de son *Bot. Mag.*, que le *Glycine* n'étoit plus qu'un composé hétérogène, et M. Ker, au numéro 799 du *Bot. Reg.*, qu'il étoit formé de genres hétérogènes. Il ne sera peut-être pas inutile de suivre la trace de cette confusion pour arriver à la faire disparoître. La première espèce de ce groupe a été assez bien décrite en 1727 par Boerhaave, qui établit le genre *Apios*. Ce genre fut admis, sans changement notable, en 1737, par Linné, dans son *Hortus Cliffortianus* et dans la première édition de son *Gen. Plant.*; mais il changea le nom d'*Apios* anciennement connu en celui de *Glycine*.

Dès la première édition du *Species Plantarum*, il réunit aux deux espèces qui formoient primitivement le genre *Glycine*, et qui, à toute rigueur, peuvent rester ensemble; il y ajouta, dis-je, six autres espèces tellement différentes des précédentes, et tellement différentes entre elles, qu'il n'y avoit aucune possibilité de les réunir par un caractère commun. Il laissa subsister dans les deux éditions du *Gen. Pl.* de 1744 et de 1764 le caractère du *Glycine*, qui étoit inapplicable à la plupart des espèces, et l'accompagna d'une note qui indiquoit l'hétérogénité de quelques unes.

Dès lors le nombre des espèces qu'on ajouta à ce genre hétérogène ne fit que s'accroître et qu'augmenter la confusion : quelques efforts furent tentés par Necker et Mœnch pour en retirer les espèces les plus prononcées; mais on s'étoit accoutumé à ne faire aucune attention aux idées d'amélioration proposées par ces deux botanistes trop indépendans pour leur siècle. Willdenow, et même Lamarck et Persoon, continuèrent à conserver intact ce groupe incohérent des *Glycine*, quoique tous sentissent la nécessité de le soumettre à une réforme.

Ventenat la commença en 1800 par l'établissement du genre *Kennedya;* M. du Petit-Thouars en 1810, par la formation de son genre *Voandzeia*, et Pursh en établissant le vrai genre *Apios* de Boerhaave; mais ce fut M. Elliot, l'estimable auteur de l'Essai sur les plantes de la Caroline et de la Géorgie, qui a le plus contribué à indiquer les groupes principaux dont le genre *Glycine* se compose, et c'est un des points sur lesquels il mérite la reconnoissance des Botanistes.

Il me paroît évident que le genre *Glycine* des auteurs doit être divisé en neuf genres dont plusieurs ont été indiqués par divers botanistes, et dont je ferai une mention plus détaillée chacun à leur place; tels sont :

1°. L'*Amphicarpæa*, mentionné avec doute parmi les Phaséolées. (Voy. Mém. IX.)

2°. Le *Voandzeia*, qui a l'embryon droit, et appartient aux Geoffrées. (Voy. Mém. XIII.)

3°. Le *Kennedya*, qui trouve sa place parmi les Phaséolées. (Voy. Mém. IX.)

4°. Le *Rhynchosia*, très-voisin du précédent. (Voyez Mém. IX.)

5°. Le *Fagelia*, que je mentionne aussi parmi les Phaséolées.

6°. Le *Wisteria*,

7°. Et l'*Apios*, qui en font aussi partie. (Voyez Mém. IX.)

Il ne reste, après toutes ces éliminations, qu'un petit nombre d'espèces dont je forme le vrai genre *Glycine* et le *Chætocalyx*.

Ainsi le genre *Glycine* des auteurs se trouve composé de neuf groupes qu'il est presque impossible de ne pas considérer comme autant de genres distincts. Mais si l'on réfléchit en même temps qu'au lieu des huit espèces qui le composoient dans la première édition de Linné, il en renfermeroit aujourd'hui quatre-vingt-dix, on verra que sa division n'est pas motivée par un désir exagéré de séparations génériques, mais qu'elle laisse le nombre moyen des espèces de chaque genre plus grand encore qu'il n'étoit primitivement. Il est facile de voir en compulsant les caractères des genres précédens que tous ces genres n'ont de commun que la tige plus ou moins volubile, et qu'aucun caractère ne pourroit s'établir sur ces neuf groupes réunis; c'est ce qui fait qu'on ne peut les considérer comme des sections, mais comme des genres dont plusieurs même appartiennent à des tribus différentes.

Après les éliminations précédentes, il reste, parmi les Glycinés dont les feuilles sont à trois folioles, un certain nombre d'espèces qui devront, selon moi, conserver le nom de *Glycine*. Ce nom, composé en réalité pour deux espèces à feuilles pennées (et que nous décrirons plus bas sous les noms d'*Apios* et de *Wisteria*), se trouve ainsi en réalité détourné de son sens primitif; mais il faut observer 1°. que le nom d'*Apios* est réellement le nom primitif de ce groupe; 2°. que j'ai conservé religieusement tous les noms proposés dans l'ordre de leur priorité, et que celui-ci a autant de droit qu'un autre à garder le nom de Linné, puisque le *G. Javanica* en fait partie; 3°. que de cette manière on élude la formation d'un nom nouveau.

Ce genre Glycine, ainsi réduit, se compose d'herbes ou sous-arbrisseaux grimpans, à feuilles trifoliolées, à fleurs axillaires, en grappes ou en faisceaux; leur calice est à cinq lobes distribués en deux lèvres, deux à la supérieure, trois à l'inférieure; ce qui le caractérise si on le compare à l'*Amphicarpæa* et au *Voandzeia*, surtout en y joignant la circonstance que ses fleurs sont toutes fertiles et hermaphrodites. La corolle a un étendard dépourvu de callosités à sa base, ce qui le distingue des *Dolichos* et genres analogues; la carène n'est pas tordue en spirale, ce qui le sépare du *Phaseolus* et autres genres à carène ainsi tortillée; ses étamines sont diadelphes, ce qui empêche de le confondre avec le *Pueraria*, le *Rothia*, l'*Otoptera*, etc.; son style aigu et non dilaté le distingue du *Clitoria*; sa gousse est linéaire, comprimée, droite et polysperme, ce qui le distingue du *Rhynchosia* et du *Fagelia*; enfin cette gousse n'a point de fausses cloisons transversales comme celle du *Kennedya*, qui est cependant celui de tous les genres dont le Glycine, réduit aux limites que j'adopte, s'approche le plus : mais sa gousse est très-comprimée, ce qui indique que les cotylédons sont foliacés : et en effet le *G. clandestina*, que j'ai vu germer, offre ce caractère : ce qui me décide à laisser le Glycine entre les *Clitoria* et les *Galega*, et à l'éloigner des Phaséolées.

Tous ces caractères sont presque négatifs, et aussi les espèces qui restent dans le genre Glycine actuel n'ont-elles pas entre elles une physionomie bien prononcée : beaucoup moins hétérogène qu'il n'étoit, il offre encore l'inconvénient de renfermer trop d'espèces mal connues, et pourra bien dans la suite recevoir de nouvelles modifications.

Je réunis ici les *G. clandestina*, *debilis*, *hedysaroïdes*, *minima*, *striata*, *sericea*, *tenuiflora*, *parviflora* et *umbellata* des auteurs, dont les fruits sont connus, et je présume, sans pouvoir l'affirmer, qu'il faudra aussi y réunir les *G. angulata*, *emarginata*, *leucosperma*, *lancifolia*, *secunda*, *erecta*, *heterophylla*, *argentea*, *Javanica* et *villosa*, dont les fruits sont peu ou point connus. Le *Monniera trifolia* de N.-L. Burmann (Prod. Fl. cap. p. 20), très-différent de celui de Linné, paroît aussi devoir être rapporté à ce genre.

§ 25. *Du genre* CHÆTOCALYX.

Je réunis sous ce nom nouveau deux espèces de Légumineuses qui ont été confondues avec les Glycinés, mais qui m'en paroissent trop distinctes par le port, pour que dans l'état imparfait de nos connoissances à leur égard on puisse les considérer comme congénères ; ce sont le *G. Vincentina* du *Bot. Register*, pl. 799, et une espèce nouvelle, désignée dans l'herbier de M. Bertero sous le nom de *G. pubescens*. Elles ont des tiges ligneuses et volubiles, des feuilles ailées à deux paires de folioles, plus une foliole impaire terminale. Ces folioles sont ovales, mucronées; les stipules sont étalées, lancéolées, linéaires. Les pédicelles qui naissent plusieurs ensemble des aisselles, sont filiformes, et portent chacun une fleur jaune. Le calice est tout hérissé de soies roides, presque épineuses, partant d'une base un peu tuberculeuse : il se divise en cinq lobes distribués en deux lèvres, deux à la lèvre supérieure et recourbés, trois à l'inférieure. Le reste de la structure est assez semblable au Glycine, mais le style est velu, et les gousses sont inconnues. Ce groupe se caractérise donc, quant à la fructification, par les soies épineuses du calice, et quant au port, par ses feuilles ailées à deux paires de folioles et une impaire. Ce port est si prononcé que j'ai peu de doute qu'un examen plus détaillé de la fleur, et surtout du fruit, fera connoître quelques autres caractères de ce groupe que je propose ici provisoirement, et que je laisse à la suite des Glycinés.

§ 26. *Du genre* GALEGA *et du* TEPHROSIA.

Dans sa première édition Linné admit (1743) le genre *Galega* de Tournefort sans aucun changement notable, et en mentionnant en particulier sa gousse cylindrique et un peu toruleuse; plus tard, dans sa Flore de Ceylan (1747), et dans ses *Amœnitates* (1751), il admit, sous le nom de *Cracca*, un genre distinct du *Galega* par son fruit comprimé; mais dans la suite il réunit ces deux genres sous le nom de *Ga-*

lega, et donna alors (*Gen.pl.* ed. 1764) au genre unique qui en résultoit, le caractère du *Cracca*, c'est-à-dire, d'avoir le fruit comprimé, ce qui étoit vrai de ses espèces étrangères, et faux de celles d'Europe; et d'avoir les étamines diadelphes, ce qui est vrai de quelques espèces étrangères, et faux de la plupart. Tous les auteurs subséquens ont conservé sans altération ce caractère erroné, et quelques-uns ont accru l'embarras par l'addition d'espèces hétérogènes. Mœnch et Necker ont, les premiers, tenté d'introduire quelque exactitude dans le caractère du *Galega* par l'établissement des genres *Reineria* et *Brissonia;* mais leurs opinions, habituellement et souvent injustement négligées, ne changèrent rien à l'état des choses. M. Persoon fut plus heureux en rétablissant les deux genres primitifs de Linné sous les noms de *Galega* et de *Tephrosia*, et ces genres me paroissent en effet parfaitement dignes d'être admis.

Avant de m'en occuper en détail, je dirai que pour avoir une idée exacte de ces deux genres, il faut en exclure encore quelques espèces qui y avoient été réunies sans examen suffisant. Ainsi M. Brown a déjà fait remarquer que le *Galega dubia* de Jacquin est une espèce de *Lessertia*. Ainsi je me suis assuré, par l'analyse du fruit qui est à deux loges, que le *Galega Dahurica* est un véritable Astragale : ainsi les *Galega longifolia* et *filiformis* de Jacquin, qui ont les deux lobes supérieurs du calice soudés en un seul, constituent un genre de Phaséolées voisin du *Glycine*, et dont je parlerai plus tard sous le nom de *Sweetia*.

Le genre *Galega*, rétabli par Persoon dans ses anciennes limites, ne comprend plus que les *G. officinalis*, *Persica* et *orientalis :* ce sont des herbes vivaces, glabres, droites, à feuilles ailées avec impaire, à stipules demi-sagittées, à pédoncules axillaires, terminés en grappes multiflores, à corolles blanches ou bleues. Leur herbe a une odeur un peu fétide, et qu'on a comparée à celles de la Rue. Les caractères de la fructification sont 1°. que le calice est à cinq dents subulées, presque égales ; 2°. que la corolle a la carène obtuse, et l'étendard un peu oblong ; 3°. que les étamines sont monadelphes; 4°. que le style est glabre et filiforme; 5°. (et ce dernier caractère est celui qui le distingue éminemment du *Tephrosia*) que sa gousse est cylindrique, un peu toruleuse, marquée de stries obliques, et renfermant plusieurs graines presque cylindriques, et un peu tronquées aux extrémités.

Les *Tephrosia* de Persoon correspondent, comme je l'ai dit, aux *Cracca* de Linné; mais malgré l'antériorité évidente de ce dernier nom, j'ai préféré celui de *Tephrosia*, soit parce que le nom de *Cracca* étoit, avant la publication de la *Flora Zeylanica*, appliqué à d'autres plantes, soit parce que ayant été abandonné par Linné et oublié des Botanistes, il rappelleroit à leur esprit l'idée du *Vicia Cracca* plutôt que celle d'un genre voisin du *Galega*. Les *Tephrosia* diffèrent du genre précédent par la gousse comprimée, à valves planes, non striées, et par les graines comprimées, et souvent encore par les étamines quelquefois diadelphes; ce sont ou des herbes ou des sous-arbrisseaux, ou même des arbrisseaux, ou de petits arbres dont le port varie beaucoup, mais qui n'ont jamais les stipules en fer de flèche des vrais *Galega*.

Ce genre est composé d'espèces originaires des pays situés entre les tropiques, du Cap de Bonne-Espérance, ou de la partie moyenne des États-Unis. Plusieurs d'entre elles, encore mal connues, rendent leur classification difficile. J'ai peu de doute qu'il devra un jour être divisé en plusieurs genres ; mais dans l'état actuel des connoissances, j'ai cru plus prudent d'en former de simples sections.

1re. *Section.* MUNDULEA.

La première de ces sections renferme toutes les espèces de l'Inde orientale, décrites par Roxburgh sous le nom de *Robinia*, mais qui sont fort différentes des vraies *Robinia*. Ce sont toutes des arbres ou des arbrisseaux à feuilles pennées avec impaire ; leurs grappes sont axillaires, droites, quelquefois paniculées ; leurs fleurs sont roses ou blanches ; leur calice est presque tronqué, ou à cinq dents larges, courtes, un peu pointues ; leurs étamines sont constamment monadelphes ; leur style est filiforme, glabre ; leurs gousses sont très-planes, et ne s'ouvrant pas facilement à leur maturité. Ces caractères sont tels que je n'aurois pas hésité à considérer cette section comme genre, si le *T. candida* n'avoit présenté un style barbu sur un des côtés, comme dans la section suivante, et un fruit parfaitement semblable à la section des *Reineria*. Dans cet état de choses, et en attendant que les espèces de tous ces groupes soient mieux débrouillées, j'ai cru plus convenable de ne pas les séparer des *Tephrosia*. Je réunis ici six espèces, dont trois, les *T. fruticosa*, *tuberosa* et *candida* ont été indiqués sans description par Roxburgh, sous le nom de *Robinia ;* une, le *T. sericea*, par Willdenow, sous celui de *Cytisus,* et deux entièrement nouvelles ont été découvertes au Napaul par M. Wallich.

2ᵉ. *Section.* BRISSONIA.

Cette section correspond au genre *Brissonia* de Necker et à l'*Erebinthus* de Mitchell. Elle comprend toutes les espèces des États-Unis, et le *T. toxicaria* de Cayenne. Les *Brissonia* ont les lobes du calice acuminés, allongés, les étamines monadelphes, le style barbu du côté inférieur; leurs feuilles sont ailées avec impaire; leurs gousses plus ou moins velues ou hérissées; leurs grappes tantôt axillaires, tantôt disposées en faisceaux dont la réunion forme une espèce de panicule terminale.

3ᵉ. *Section.* CRACCOIDES.

Je donne ce nom à une section peu nombreuse, composée d'espèces originaires des Antilles et des parties chaudes de l'Amérique, qui diffèrent des *Brissonia*, presque uniquement par leurs étamines diadelphes. C'est ici qu'appartient le *T. ochroleuca*, qui par sa fleur jaunâtre et ses gousses très-étroites diffère de toutes les espèces. C'est encore ici que, d'après les descriptions de M. Kunth, on doit rapporter les *T. mollis*, *astragalina* et *oroboïdes* des *Nova Genera Amer.* La dernière de ces espèces, à cause de son fruit presque cylindrique, pourra bien être exclue de ce genre.

4ᵉ. *Section.* REINERIA.

Cette quatrième section correspond au genre *Reineria* de Mœnch. Elle diffère des *Mundulea* par son calice à dents linéaires, presque subulées; des *Brissonia* et des *Craccoïdes* par son style peu ou point barbu. Elle renferme des espèces à étamines, ou entièrement diadelphes, ou dont la dixième est légèrement réunie à la base ; les feuilles sont ailées avec impaire ; les fleurs purpurines, roses ou blanches ; les grappes axillaires ou opposées aux feuilles. Cette section comprend la plupart des *Tephrosia* de Persoon, non indiquées dans les trois premières, le *Galega lancifolia* de Roxburgh, le *G. lanceæfolia* de Link, diffèrent de la précédente espèce, le *G. mucronata* de Thunberg, etc., et plusieurs espèces inédites dont j'ai parlé dans le *Prodromus*.

Après avoir ainsi classé les espèces de ce genre qui sont tolérablement connues, il en reste un nombre malheureusement très-grand sur lesquelles, faute de documens, je n'ai pu établir aucune opinion. Je me suis borné à les énumérer d'après la disposition de leurs feuilles.

La première série des espèces mal connues comprend celles à feuilles ailées avec impaire, qui, selon toute apparence, rentreront dans l'une des quatre sections précédentes, et surtout dans la dernière : c'est à cette série que paroît appartenir, outre plusieurs *Tephrosia* de Persoon, le *Coronilla myrtifolia* de N.-L. Burmann, au moins d'après l'échantillon en fruit, conservé dans son herbier ; c'est encore ici qu'il semble qu'on doit rapporter le *Man-Todda-Vaddi* de Rheed (*Hort. malab.* 9, t. 22), dont Scopoli avoit fait son genre *Rochea*. Rheede a dit qu'il n'avoit que trois pétales, probablement parce que la carène y est très-petite.

La deuxième série des *Tephrosia* mal connues se compose de deux espèces nouvelles, remarquables par leurs folioles au nombre de cinq, palmées, ou naissant toutes du sommet du pétiole ; elles sont originaires d'Afrique.

La troisième série comprend des espèces toutes originaires du Cap, et à trois folioles; mais les descriptions ne sont pas assez complètes pour savoir si la foliole du milieu est, comme on dit, pétiolée, ou, en d'autres termes, si elles sont ailées ou palmées.

Enfin je place en dernière ligne le *T. mimosoïdes* de Persoon, qui a les feuilles ailées sans impaire, et le *T. frutescens* ou *Galega frutescens* de Miller. L'une et l'autre seront très-vraisemblablement exclues du genre dès qu'elles seront observées avec le moindre soin.

Ainsi des soixante-quatorze espèces de *Tephrosia* connues, ou du moins nommées dans les livres, il est probable qu'un tiers ou la moitié sortira du genre lorsqu'on pourra les étudier en détail, et établir les caractères avec précision. Je suis entré dans ces considérations, afin d'appeler sur ce genre l'attention des observateurs.

§ 27. *Du genre* NISSOLIA.

Tous les Botanistes savent que, sous le nom de *Nissolia*, nous désignons aujourd'hui, avec Jacquin et Linné, non le *Nissolia* de Tournefort, qui est rentré dans le genre *Lathyrus*, mais un groupe composé d'espèces étrangères, et assez difficile à placer convenablement dans l'une des tribus des Légumineuses. Ce genre se reconnoît à son fruit composé d'une ou d'un très-petit nombre de loges monospermes, et qui se prolonge en une grande aile membraneuse. D'après ce caractère, il doit peut-être appartenir à la tribu des Hédysarées, mais son port a si peu d'analogie avec ces plantes que je ne puis me résoudre à l'y réunir; je suis d'ailleurs engagé à le placer parmi les Génistées, et près des *Robinia*, soit parce que la plupart des espèces n'ont qu'une loge, et que dans celles qui en ont plusieurs, la nature ou même l'existence des cloisons qui les séparent n'est pas encore bien éclaircie, comme on pourra s'en convaincre, en comparant les descriptions de Jacquin et de Gærtner.

Tous les *Nissolia* ont un calice en cloche à cinq dents, une corolle papilionacée, des étamines monadelphes ou diadelphes, la gousse stipitée, comprimée, prolongée en aile membraneuse. La plupart sont des arbrisseaux grimpans; tous ont des feuilles ailées avec impaire, à folioles dépourvues de stipelles.

M. Persoon a proposé de diviser les *Nissolia* en deux genres; et cette opinion, adoptée par quelques naturalistes de premier ordre, sera peut-être un jour définitivement adoptée, lorsque les espèces seront mieux connues, et les caractères mieux circonscrits. Dans l'état actuel de la science, j'ai préféré laisser toutes ces plantes réunies dans un seul genre, et diviser celui-ci en trois sections dont les deux premières correspondent au *Nissolia* de Persoon, et la troisième à ses *Machærium*.

Ma première section, celle des vrais *Nissolia*, se reconnoît à ce que son calice est nu à sa base (et non muni de deux bractées), terminé par cinq dents étroites et aiguës; à sa carène, dont les pétales sont entièrement soudés; à ses étamines monadelphes avec une fissure du côté supérieur; enfin à son fruit qui, selon Jacquin, n'a qu'une loge renfermant une graine et quelques ovules avortés, et selon Gærtner, à plusieurs articles monospermes. N'ayant pas vu le fruit des espèces de cette section, je ne puis rien affirmer sur ce dernier caractère, le plus important de tous. Les fleurs des vrais *Nissolia* naissent en faisceaux à l'aisselle des feuilles, où quelquefois ces faisceaux, par leur rapprochement, forment une grappe terminale. C'est ici qu'appartient le *N. fruticosa* de Jacquin, et deux espèces nouvelles, le *N. hirsuta* et le *N. racemosa*, dont j'ai parlé dans le *Prodromus*.

La deuxième section, que je nomme *Gomezium*, pour rappeler celui de Juan Gomez, sous lequel la graine de l'une des espèces est connue à Carthagène. Cette section a, comme la précédente, le calice nu à sa base, et comme la suivante, le fruit à une seule graine, sans même présenter des ovules avortés, au moins d'après Jacquin. Elle se distingue encore des vrais *Nissolia*, 1°. par son calice à lobes obtus; 2°. par sa carène dont les pétales ne sont soudés qu'au sommet; 3°. par ses étamines diadelphes. Elle se compose de petits arbres droits et nullement grimpans. Je rapporte ici le *N. arborea* de Jacquin, et le *N. glabrata* que M. Link dit voisin du précédent. Cette section, comparée à la première, a trop de différences dans les caractères, et, comparée à la deuxième, trop de ressemblances dans le port pour que j'aie pu admettre la séparation des *Machærium* autrement que comme section.

La troisième section, celle des *Machærium*, se distingue essentiellement à son calice, muni extérieurement de deux bractéoles concaves et obtuses : ce calice est à cinq lobes arrondis comme dans le *Gomezium;* elle lui ressemble encore par sa carène à pétales presque libres, et surtout par son fruit monosperme. Elle offre des espèces dressées et grimpantes, à étamines monadelphes ou diadelphes. J'y rapporte le *N. ferruginea* de Willdenow, les *N. polyphylla* et *microptera* de Poiret, le *Machærium acuminatum* de Kunth, et trois espèces nouvelles que j'ai fait connoître dans le *Prodromus*.

Si l'on pèse maintenant les caractères de ces trois sections, on appréciera mieux les motifs qui m'engagent à les conserver réunies en un seul genre. Les deux premières ont le calice nu, les deux dernières le fruit monosperme. Je concevrois mieux la réunion des deux dernières en un seul genre; mais le caractère carpologique de la première est encore obscur, et le genre qui résulteroit de l'union des deux secondes, comprendroit des objets hétérogènes. Enfin plusieurs espèces mal connues ne pourroient trouver place dans cette division.

Parmi ces espèces mal connues, je me bornerai à en mentionner une dont la description a besoin de rectifications. C'est celle à laquelle Lamarck et Poiret ont donné le nom de *Nissolia punctata*, et dont le fruit est figuré fig. 1, pl. 600 des *Illustrations*. Ce nom provient de ce que l'aile du fruit est, dit-on, ponctuée; mais en examinant, dans le Musée d'Hist. nat. de Paris, les échantillons de l'herbier de Commerson, sur lesquels cette espèce a été établie, j'ai reconnu que ces points n'étoient autre chose que de petites *Sphæria* parasites sur la partie extrême de l'aile du fruit, qui devient alors blanchâtre, parce qu'elle est ou souffrante, ou déjà tuée par ces champignons. Une deuxième observation à faire sur cette espèce est que les feuilles qu'on lui a attribuées paroissent, d'après l'herbier original, appartenir probablement au *N. reticulata*. D'après ces motifs, je n'ai pu conserver ni le nom spécifique, ni le caractère de cette espèce, et je l'ai relatée parmi les espèces mal connues sous le nom de *N. stipitata* : ce qui fait en effet son vrai caractère, c'est que ses gousses sont portées sur un pédicelle égal à la plus grande largeur du fruit. D'ailleurs ses fleurs et ses feuilles sont inconnues. Il faut encore observer que cette plante a été dite originaire de Madagascar, parce qu'on lui avoit attribué les feuilles du *N. reticulata*, mais que Commerson dit l'avoir trouvée à Rio Janeiro où on la désigne par le nom vulgaire d'*Arasseiro*.

§ 28. *Du genre* ROBINIA, *et des genres qui ont été confondus avec lui.*

Le genre *Robinia* a été primitivement établi par Tournefort (Elem. 1694) pour le seul faux Acacia des jardins, et sous le nom de *Pseudacacia*. Bientôt après (1703), Plumier trouva dans l'Amérique méridionale plusieurs arbres légumineux, qui avoient quelque chose, dans le port, d'analogue au faux Acacia, et il les réunit à ce genre. Tournefort lui-même admit ce mélange dans ses *Institutiones rei herbariæ* publiées en 1719. Linné adopta le genre de Tournefort, devenu hétérogène par le mélange des espèces de Plumier, se contenta de substituer au nom de *Pseudacacia* celui de *Robinia*, qui rappelle celui de Robin, l'introducteur du faux Acacia en Europe, et continua à considérer ce genre comme une espèce de réceptacle, où, à l'exemple de ses devanciers, il rejeta toutes les Légumineuses arborescentes dont la place étoit indécise. Son exemple fut suivi et dépassé par tous les botanistes imitateurs. On eut soin de donner au *Robinia* un caractère assez vague pour qu'on pût y mettre toutes les plantes dont on avoit besoin pour débarrasser les autres genres, et ce caractère tout vague qu'il étoit, on ne s'y conformoit presque point. Ainsi, selon l'une des définitions admises (Willd. *Sp.* 3. p. 855), toute Légumineuse diadelphe, à gousse uniloculaire et polysperme, et à étendard arrondi et réfléchi, seroit un *Robinia;* ce qui comprendroit les espèces d'une foule d'autres genres. Selon une autre définition (Willd. *Sp.* 3. p. 1131), le *Robinia* se reconnoîtroit à son calice à quatre lobes, dont le supérieur est bifide, et sa gousse bosselée et allongée; mais ce caractère est inexact sur presque tous les points. 1°. On ne peut pas dire que le calice soit à quatre lobes; il est à cinq dont les deux supérieurs sont un peu plus rapprochés ou soudés que les autres, et même il est parfois à cinq dents égales, ou tronqué et entier. 2°. La gousse est tantôt comprimée avec ou sans bosselures, ou cylindrique ou même renflée : elle est, il est vrai, ordinairement allongée, mais ce caractère est même inapplicable au *R. Halodendron* qui a la gousse ovoïde; et quand il seroit vrai de toutes, il est trop vague pour pouvoir suffire.

Il est arrivé quelquefois que des caractères mal déterminés ont cependant servi tant bien que mal à grouper des plantes qui avoient entre elles des rapports réels; nous verrons tout à l'heure qu'il n'en étoit point ainsi pour le *Robinia*, et que ce genre, tel qu'il est présenté aujourd'hui par les meilleurs botanistes, renferme des espèces tout-à-fait hétérogènes, et qui doivent être dispersées en quinze ou seize genres différens, les uns déjà très-bien connus, quelques autres nécessaires à établir. Le premier essai de rectification de ce genre malencontreux a été fait par M. de Lamarck, qui a proposé de le diviser en deux, les *Robinia* et les *Caragana*. C'étoit déjà une vraie amélioration ; mais faute d'avoir analysé un assez grand nombre d'espèces étrangères, les caractères de ces deux groupes, tels qu'ils ont été présentés, laissoient encore quelque incertitude : ainsi toutes les espèces à feuilles sans impaire n'étoient pas, d'après la structure de leur style, parmi les *Caragana,* et les deux groupes de Lamarck, quoique déjà meilleurs que le genre trop vaste de Linné, offroient encore un mélange d'objets hétérogènes.

Ayant eu occasion d'analyser un assez grand nombre d'espèces, et d'examiner avec soin le témoignage des auteurs sur plusieurs autres, je crois pouvoir présenter une division des *Robinia*, qui y mettra plus d'ordre et de précision. Je commencerai d'abord par indiquer les espèces qu'on doit immédiatement en exclure pour les rapporter à des genres existans, puis je ferai connoître les genres que je crois nécessaire d'établir.

Pour commencer par les extrêmes, je dirai que, quoique le caractère du genre fût d'être diadelphe, on y a réuni quelques espèces à étamines libres, savoir :

1°. Le *Robinia rubiginosa* de Poiret se trouve, d'après l'observation de M. Kunth, appartenir non à la famille des Légumineuses, mais à celles des Sapindacées, et former une nouvelle espèce de *Cupania*. J'ajouterai seulement, en confirmation de cette observation, que la plante originale qui est conservée dans l'herbier de M. de Jussieu, a les feuilles ailées sans impaire, et le pétiole terminé par un filet court et épais, comme dans les *Cupania*, et non ailées avec impaire, comme les *Robinia*.

2°. Le *R. subdecandra* de L'Héritier a déjà été rapporté, avec raison, par M. R. Brown au genre *Virgilia*, sous le nom de *Virgilia aurea*.

3°. Le *R. rubiginosa* de Bertero et non de Poiret, qui a beaucoup de rapports avec le précédent, est pour moi le *Virgilia rubiginosa*.

4°. On savoit déjà, par le travail de M. Jackson et celui de M. Brown, que le *R. Coccinea* d'Aublet est une espèce d'*Ormosia*.

5°. Le *R. Panacoco* d'Aublet, ou *R. tomentosa* de Willdenow doit aussi être exclu des Légumineuses diadelphes. Ce bel arbre de la Guyane est certainement une espèce de *Swartzia*. La description est bonne pour ce qui tient au tronc et au feuillage, mais elle est fausse pour tout ce qui tient à la fleur, soit qu'Aublet l'ait décrite de souvenir, soit qu'il ait rapporté à la feuille du *Panacoco* une fleur qui ne lui appartenoit pas, erreur dont on a quelques autres exemples dans le même ouvrage. Quoi qu'il en soit, le *Panacoco* dont je possède des échantillons recueillis à Cayenne par M. Perrotet, et un dessin accompagné de description par M. Patris, le *Panacoco* est certainement un *Swartzia*.

Parmi les erreurs moins graves, on peut citer :

1°. Le *R. grandiflora* de la première édition de Linné, dont lui-même a fait ensuite un *Æschinomene*.

2°. Le *R. alata* de Miller, qui s'est trouvé être la même plante que le *Piscidia Erythrina* de Linné.

3°. Le *R. mitis* de Linné, après avoir été placé dans divers genres par divers auteurs, paroît devoir rester type du genre *Pongamia* de Ventenat.

4°. Le *R. mitis* de Loureiro, qui, au lieu d'être un grand arbre comme le précédent, est un arbuste de trois à quatre pieds, devra sans doute être aussi placé parmi les *Pongamia*.

5°. Le *R. uliginosa* de Willdenow est aussi certainement une espèce de *Pongamia*, comme Roxburgh l'avoit senti en lui donnant le nom de *Galedupa*.

6°. M. Bonpland a déjà fait observer que le *R. striata* de Willdenow appartient au genre *Geoffræa*.

7°. J'ai reçu de M. Balbis, sous le nom de *R. sepium*, une espèce découverte à Saint-Domingue par M. Bertero, fort différente du vrai *R. sepium*, et qui, à l'examen, s'est trouvé former une nouvelle espèce du genre *Poitea* de Ventenat.

8°. Le même naturaliste a encore découvert à Saint-Domingue un arbuste qui y porte le nom de *Campanilla*, et qui m'a été communiqué sous le nom de *R. latifolia;* mais ce n'est ni le *R. latifolia* de Poiret, ni celui de Miller, et cet arbuste constitue une troisième espèce du genre *Poitea;* je l'ai nommé *Poitea Campanilla.*

9°. Tous les *Robinia* de l'Inde orientale, décrits par Roxburgh, ont les étamines monadelphes, et ne peuvent, par conséquent, rester dans le véritable genre *Robinia*. Ce groupe est composé de six espèces dont j'en possède cinq qui n'ont jamais été décrites. Je lui ai donné le nom de *Mundulea*, et l'ai réuni comme section au genre *Tephrosia*.

Voilà donc environ vingt espèces désignées jusques ici comme des *Robinia* qu'il faut exclure de ce genre, et rapporter à onze genres différens déjà connus, et même à cinq des grandes divisions de la famille des Légumineuses. Examinons maintenant la masse des espèces qu'on ne peut rapporter à aucun des genres anciennement établis. Nous y trouverons encore des groupes très-distincts.

1°. M. Kunth a établi, sous le nom de LONCHOCARPUS, un genre tout composé d'espèces indigènes des Antilles ou des parties chaudes de l'Amérique, et dont plusieurs avoient été confondues avec les *Dalbergia*. Les Lonchocarpes se distinguent des vrais *Robinia* 1°. par leurs étamines souvent monadelphes ; 2°. par leur gousse stipitée, qui n'a jamais que de quatre à huit ovules, au lieu d'un grand nombre ; 3°. par son style peu ou point barbu ; 4°. par ses feuilles qui, bien que ailées avec impaire, ont les folioles dépourvues de stipelles.

Toutes les espèces de ce genre sont des arbres sans épines, à fleurs en grappe, et à corolles purpurines ou blanches. Outre les espèces désignées par M. Kunth, j'y rapporte le *Dalbergia heptaphylla* de Poiret, qui n'est peut-être pas suffisamment distinct du *L. pentaphyllus ;* le *Pterocarpus pubescens* de Poiret ; le *Robinia rosea* de Miller ; le *Robinia sepium* de Jacquin ; et peut-être le *Robinia maculata* de Kunth, qu'on ne doit pas, selon cet auteur, séparer du précédent ; le *Robinia sepium* de Swartz, qui paroît différent de celui de Jacquin ; le *Robinia Nicou* d'Aublet ; et l'*Ame rimnum pinnatum* de Jacquin. Au reste les espèces de *Lonchocarpus* méritent toutes d'être revues avec soin, et il est probable que plusieurs des *Robinia* mal connus rentreront dans ce genre.

2°. Le *Pseudacacia* de Tournefort, qui doit garder le nom de ROBINIA, et qui se caractérise par son calice à cinq dents lancéolées, dont les deux supérieures sont plus courtes et plus rapprochées que les autres; par son style barbu longitudinalement du côté qui regarde l'étendard; par sa gousse comprimée, sessile ou presque absolument sessile, renfermant plusieurs graines aplaties. Sous ce caractère je comprends seulement les *Robinia* de l'Amérique septentrionale : ils ont tous les fleurs blanches ou roses disposées en grappes simples et pendantes; leurs feuilles sont ailées avec impaire; et chaque foliole est munie d'un petit pétiole propre, et à la base de celui-ci se trouve une stipelle en forme d'alêne, caractère qui manque dans tous les genres suivans, et qui a quelque valeur dans cette famille. Ces *Robinia* sont tous des arbres ou des arbrisseaux; ils n'ont point de vraies stipules, mais portent souvent d'un et d'autre côté de la base du pétiole une épine d'abord molle, puis endurcie, de forme conique, comprimée à la base, et dirigée horizontalement. Ces épines ne peuvent que difficilement être considérées comme des stipules endurcies, et paroissent plutôt des expansions latérales du coussinet.

Le genre, ainsi circonscrit, comprend les cinq espèces les plus communes des jardins, savoir : les *R. pseudacacia*, le *R. umbraculifera*, qui n'est peut-être qu'une variété du précédent, le *R. dubia* de Foucault, qui semble une hybride du *Pseudacacia* et du *viscosa*, le *R. viscosa* de Ventenat, et le *R. hispida*.

3°. Toutes les espèces non comprises dans le genre *Robinia* tel que je viens de le circonscrire, en diffèrent par leur style complètement glabre; et ce fait tend déjà à prouver qu'on ne peut conserver la division en deux genres seulement, telle que M. de Lamarck l'avoit proposé. Parmi ces genres à style glabre, je mentionnerai d'abord le *Pictetia*, qui se rapproche du vrai *Robinia* par ses feuilles ailées avec impaire, par la forme de son calice et de sa corolle, mais qui en diffère, quant aux caractères de la fructification, par son style glabre et filiforme, par sa gousse évidemment pédicellée, et plus ou moins clairement articulée. Ce genre sera mentionné en détail, en parlant des Hédysarées.

4°. J'indiquerai ici un genre que je nomme Sabinea, pour rendre hommage aux services que M. Sabine, secrétaire de la Société d'Horticulture de Londres, a rendus et ne cesse de rendre à la Botanique et à la culture des végétaux. Le *Sabinea* abonde en caractères distinctifs. Son calice est en forme de cloche évasée, tronqué et entier sur les bords, ou ne présentant que des dents à peine perceptibles. La carène est très-obtuse, et comme arrondie en dôme à son extrémité, de sorte que les organes génitaux qui suivent la même flexion sont presque roulés en crosse. Le style est glabre, filiforme ; les étamines ont ceci de particulier que l'étamine libre et quatre des étamines soudées sont très-courtes, et les cinq autres au moins doubles en longueur. La gousse est pédicellée, comprimée, à valves planes, et à plusieurs graines.

Les *Sabinea* sont des arbrisseaux originaires des Antilles, dépourvus de toute espèce d'épines; les stipules sont lancéolées, très-aiguës, membraneuses; les feuilles ailées sans impaire, à folioles glabres, mucronées, dépourvues de stipelles. Les fleurs naissent, comme dans les *Caragana*, solitaires, sur des pédicelles courts disposés en faisceaux axillaires. Ces fleurs sont de couleur rougeâtre ou purpurine.

Je rapporte à ce genre le *R. florida* de Vahl, et le *R. dubia* de Poiret : ces deux espèces se ressemblent extrêmement, mais semblent différer en ce que dans la première les fleurs naissent avant les feuilles, et dans la deuxième après elles.

5°. Je me vois encore obligé d'établir, comme distinct du *Sabinea*, un quatrième genre auquel je donne le nom de Corynella (qui signifie petite massue), pour deux autres plantes des Antilles qui se rapprochent encore plus que celles-ci des *Caragana*, et qui diffèrent trop des uns et des autres pour les confondre. Les *Corynella* ont, comme les *Sabinea* et les *Caragana*, les feuilles ailées sans impaire, les pédicelles uniflores et en faisceaux; mais ils diffèrent du *Sabinea* par le calice à cinq dents subulées, allongées et étalées, et par les étamines toutes sensiblement égales en longueur; du *Caragana* par la gousse comprimée, à valves planes et non plus ou moins concaves; de l'un et de l'autre par leur style en forme de massue. Ce sont des arbrisseaux de Saint-Domingue, à feuilles ailées sans impaire, à folioles dépourvues de stipelles, à stipules et à pétioles un peu épineux au sommet, à fleurs rouges, à jeunes rameaux pubescens.

Je rapporte à ce genre le *R. polyantha* de Swartz, et une espèce très-voisine de celle-ci, découverte par M. Bertero à Saint-Domingue, que M. Sprengel nommoit *R. Domingensis*, et que je désigne sous celui de *Corynella paucifolia*, pour rappeler que son principal caractère est de n'avoir que deux ou trois paires de folioles au lieu de cinq ou six.

6°. C'est ici que je me vois forcé de placer une plante qui n'a jamais été classée parmi les *Robinia*, mais qui y auroit été placée à plus juste titre qu'un grand nombre d'autres. Je veux parler du *Lathyrus tomentosus* de Cavanilles : tous ceux qui l'ont observée n'ont pu deviner d'après quel motif ce botaniste célèbre l'avoit placée dans les *Lathyrus*. Willdenow l'a transportée dans les *Vicia*, probablement à cause du grand nombre de ses folioles, et Persoon dans les *Orobus*, peut-être à cause de son style barbu ; mais elle me paroît très-éloignée de tous les genres de la tribu des Viciées, et réellement intermédiaire entre les genres précédens dont elle se rapproche par sa gousse comprimée, à valves planes, et le *Caragana* dont elle a les fleurs jaunes. Elle a le calice à cinq lobes aigus, presque égaux, dont les deux supérieurs sont un peu plus soudés que les autres. L'étendard est court, large et échancré au sommet ; la carène obtuse ; les étamines diadelphes, presque égales en longueur ; le style courbé, épais et glabre à sa base, filiforme, et garni de tous côtés de poils ou de barbes vers le sommet ; la gousse est sessile, comprimée, amincie et mucronée au sommet, à valves planes : la seule espèce connue est un arbrisseau du Pérou, à feuilles ailées sans impaire, à folioles nombreuses, cotonneuses, dépourvues de stipelles ; quelquefois on trouve une foliole impaire au bout du pétiole ; les pédoncules sont axillaires, plus courts que les feuilles, et portent deux ou trois fleurs jaunes.

Comme cet arbuste se cultive dans les jardins botaniques, j'ai donné à ce genre le nom de Coursetia, pour rappeler celui du botaniste-cultivateur Dumont de Courset, qui a puissamment contribué à avancer l'horticulture, et a popularisé les bons principes sur la culture des jardins botaniques. C'est à ce genre qu'il faudra probablement rapporter l'*Æschynomene virgata* de Cavanilles, *Icon.* t. 293.

7°. Le genre CARAGANA, bien connu des Botanistes, se caractérise par son calice en tube court, à cinq dents presque égales; par sa carène obtuse presque droite; par ses étamines diadelphes égales entre elles; par son style glabre et filiforme; par sa gousse sessile, comprimée dans la jeunesse, puis presque cylindrique, à valves plus ou moins concaves, et à graines presque arrondies. Le *C. Altagana* est celui dont la gousse est la plus comprimée, et qui, sous ce rapport, s'approche un peu plus des genres précédens; mais il s'écarte encore du *Robinia* et du *Coursetia* par son style glabre, du *Sabinea* par ses étamines égales, du *Corynella* par son style filiforme, et du *Pictetia* par sa gousse sessile.

Les *Caragana* sont, comme on sait, des arbres ou arbrisseaux originaires d'Asie, à feuilles ailées sans impaire, à folioles mucronées et dépourvues de stipelles, à pétiole souvent épineux à son sommet. Les pédicelles sont axillaires, solitaires ou en faisceaux chargés d'une ou plus rarement deux fleurs. Celles-ci sont jaunes, excepté dans le seul *C. jubata*, où elles sont d'un blanc un peu rougeâtre.

8°. Je suis enfin obligé, pour être conséquent, de séparer des *Caragana* le genre *Halimodendron*, formé du *Rob. Halodendron* de Pallas : je lui donne ce nom pour rappeler son nom ancien, et je le modifie légèrement, d'après le conseil de M. Fischer, pour éviter de le confondre avec le genre *Halodendron* de M. du Petit-Thouars, qui rentre, d'après M. de Jussieu, dans les *Avicennia*, mais dont le sort n'est pas définitivement fixé. Le genre *Halimodendron* diffère du *Caragana*, quant aux caractères tirés de la fructification, par ses ailes à oreillettes très-aiguës, par ses gousses pédicellées, renflées et vésiculaires, comme celles des *Colutea*; quant au port, par ses fleurs rougeâtres et non jaunâtres, et par son feuillage blanchâtre, un peu argenté.

On vient de voir qu'indépendamment des vingt espèces de *Robinia* qu'il faut rapporter à des genres déjà connus, on trouve, en analysant celles qui restent, huit systèmes d'organisation tellement distincts que, pour être conséquent avec les principes admis dans la classification des Légumineuses, il a fallu en former huit genres distincts.

Après tant de modifications, je dois avouer qu'il reste encore un certain nombre d'espèces, si peu ou si mal décrites dans les livres où elles sont indiquées, qu'il est impossible de les classer, et je dois les mentionner ici pour appeler sur elles l'attention des observateurs. Telles sont :

Le *R. amara* de Loureiro, qui a la gousse presque cylindrique.

Le *R. glycyphylla* de Poiret, qui a les calices tubuleux, et la gousse obtuse.

Le *R. Guineensis* ou *Cytisus Guineensis* de Willdenow, dont les calices sont hérissés.

Le *R. latifolia* de Miller, qui a les gousses à une ou deux graines, et pourroit bien être un *Lonchocarpus*.

Le *R. glabra* de Miller.

Le *R. pendula* d'Ortega.

Le *R. purpurea* de Link, dont je ne sais entrevoir les affinités.

Le *R. flava* de Loureiro, qui, malgré ses fleurs blanches, pourroit avoir quelques rapports avec les *Caragana*.

Le *R. pyramidata* de Miller, qui, par ses feuilles deux

fois ailées, semble s'approcher des *Cæsalpinia* ou de quelque autre genre de la tribu des Cassiées.

Le *R. rubiginosa* de Nees et Martius, qui n'est pas celui de Poiret.

Le *R. Cubensis*, et le *R. ferruginea* dont M. Kunth, en les décrivant, n'a pu démêler les affinités.

§ 29. *Du genre* DAUBENTONIA.

Le genre *Piscidia* de Linné, établi primitivement par Lœfling sous le nom de *Piscipula*, et par P. Brown sous celui d'*Ichthiomethia*, a été long-temps considéré comme composé de deux espèces très-voisines en effet l'une de l'autre, savoir, les *P. erythrina* et *Carthagenensis* de Linné et de Jacquin. Dans la suite, Cavanilles leur joignit une troisième espèce sous le nom de *P. punicea*, et Willdenow rapporta à ce genre, sous le nom de *P. longifolia*, une plante que Cavanilles avoit décrite comme *Æschinomene*, mais qu'on ne peut, sous aucun prétexte, séparer de la précédente.

Dès qu'on observe les quatre espèces réunies ainsi sous le nom de *Piscidia*, on ne tarde pas à s'apercevoir que, quoique elles se ressemblent par leur gousse à quatre ailes, elles forment deux genres très-distincts : les deux premières qui ont le calice à cinq lobes atteignant le milieu de sa longueur, les étamines monadelphes, les gousses véritablement articulées, les feuilles ailées avec impaire, et les fleurs en panicule, forment un genre particulier qui doit garder le nom de *Piscidia*, et qui appartient peut-être aux Hédysarées. Les deux dernières, qui ont le calice tronqué, à cinq dents très-petites, les étamines diadelphes, les gousses cloisonnées en travers, mais non articulées, les feuilles ailées sans impaire, et les fleurs en grappe simple doivent former (1) un genre particulier, qui paroît bien être définitivement rangé près des *Coursetia*.

J'ai donné à ce nouveau genre le nom de *Daubentonia*, pour rappeler celui du naturaliste célèbre qui a contribué à fournir tant de matériaux à l'anatomie comparée des animaux, et qui, par un Mémoire sur l'organisation des Bois, a aussi marqué sa place dans l'anatomie végétale, quoiqu'il soit juste de dire que ce mémoire lui a été suggéré par les observations de M. Desfontaines, alors inédites, mais qui, depuis, ont changé la face de l'anatomie végétale.

Ce genre comprend deux espèces :

1°. Le *D. punicea*, qui a les feuilles à huit ou neuf paires de folioles, et trois fois plus longues que les grappes.

2°. Le *D. longifolia*, qui a les feuilles à dix ou douze paires de folioles, et, malgré son nom, à peine plus longues que les grappes.

L'un et l'autre sont des arbrisseaux originaires de la Nouvelle-Espagne.

---

(1) M. Kunth a aussi été conduit à la même opinion, comme on le voit par la note qu'il a insérée *Nov. Gen. Amer.* 6, p. 381.

§ 30. *Du genre* COLUTEA, *et de ceux qui ont été confondus avec lui.*

Sous le nom de *Colutea* on avoit compris graduellement toutes les Papilionacées diadelphes à fruit renflé et à suture supérieure épaissie à l'intérieur. J'ai commencé dans mon *Astragalogia* à en détacher le genre *Lessertia*, tout composé d'espèces du Cap de Bonne-Espérance. M. Salisbury a établi ensuite le genre *Swainsona* composé des espèces de la Nouvelle-Hollande. M. R. Brown a séparé de l'ancien groupe des *Colutea* son genre *Sutherlandia*, originaire du Cap de Bonne-Espérance. M. Fischer a proposé le genre *Calophaca* pour une espèce de Russie, et je me vois forcé d'admettre pour deux espèces du même pays un nouveau genre que je nomme *Sphærophysa*. Je vais passer rapidement en revue les caractères de ces divers genres, en suivant l'ordre de leurs affinités.

1°. CALOPHACA.

Le *Calophaca* de Fischer est fondé sur l'arbuste que Pallas a décrit dans sa Flore de Russie sous le nom de *Cytisus pinnatus*, et que Lamarck a admis sous celui de *Colutea Wolgarica*. Il diffère du Cytise très-évidemment par ses étamines diadelphes et ses feuilles ailées avec impaire : il se distingue du *Colutea* par sa gousse sessile et cylindrique, par son stigmate terminal, et par son style hérissé à la base, mais non barbu d'un seul côté dans toute sa longueur. Ce genre a la suture supérieure non renflée à l'intérieur, et par conséquent il doit être placé dans les Génistées, très-près du *Ca-*

ragana avec lequel on seroit tenté de le réunir s'il n'avoit pas les feuilles ailées avec impaire.

2°. COLUTEA.

Les Baguenaudiers, réduits à leurs vraies limites, se distinguent 1°. par leur étendard muni de deux callosités; 2°. par leur style barbu d'un côté, crochu à son sommet, et portant le stigmate sous le crochet; 3°. par leur gousse légèrement pédicellée, renflée en forme de nacelle, vésiculaire, membraneuse, et dont la suture supérieure est assez évidemment protubérante ou saillante à l'intérieur. Ce genre est trop connu pour m'y arrêter : j'observerai seulement que les *C. Æschinomenoïdes* de Scopoli et *Americana* de Miller sont des espèces à peine connues, et qui devront être exclues de ce genre : la première pourroit bien appartenir aux *Pictetia*, et la deuxième aux *Cesalpinia*.

3°. SPHÆROPHYSA.

Les deux espèces qui composent ce genre, les *S. salsula* et *caspica*, ont été décrites sous le nom de *Phaca* par Pallas, et transportées dans les *Colutea* par M. Marshall de Bieberstein. Elles diffèrent de l'un et de l'autre genre par leur gousse stipitée, globuleuse, de consistance assez ferme, et non membraneuse. Ce sont des herbes vivaces, droites, qui vivent l'une et l'autre dans les lieux salés de l'Orient : elles ont des feuilles ailées avec impaire, et des fleurs rouges disposées en grappes allongées.

4°. SWAINSONA.

Ce genre, établi par M. Salisbury, est composé d'espèces de la Nouvelle-Hollande, qui ont toutes une ressemblance frappante avec les *Lessertia*. Leur calice est à cinq dents; leur étendard étalé et muni de deux callosités; leur carène obtuse, un peu plus longue que les ailes; leur stigmate terminal; leur style barbu du côté de l'étendard dans toute sa longueur, et imberbe du côté opposé; la gousse est renflée; les fleurs rouges ou purpurines en grappes allongées et axillaires.

Aux *S. coronillæfolia* et *galegifolia* de Brown, je puis en joindre une troisième, savoir, *Swainsona Lessertiæfolia.*

Cette plante qui paroît vivace croît à la côte méridionale de la Nouvelle-Hollande; sa tige est droite, herbacée, presque glabre, ou plutôt couverte ainsi que les pétioles, la surface inférieure des feuilles, et les pédoncules, de petits poils couchés qui ne sont visibles qu'à la loupe; les feuilles ont, outre la foliole terminale, six ou sept paires de folioles oblongues ou elliptiques, un peu obtuses; les stipules sont ovales, un peu membraneuses; les pédoncules deux ou trois fois plus longs que les feuilles; les fleurs en grappe un peu plus petites que dans les deux espèces connues; la gousse est portée sur un pédicelle très-court, et qui n'atteint pas au-delà de la moitié du calice. Celui-ci, ainsi que la gousse, au moins dans sa jeunesse, est couvert de très-petits poils couchés. Je ne connois pas le fruit à sa maturité.

5°. LESSERTIA.

Ce genre, tout indigène du Cap de Bonne-Espérance, et dont j'ai proposé l'établissement il y a vingt-cinq ans, a été dès-lors admis par la plupart des Botanistes, et M. R. Brown, en le comparant au *Swainsona* qui étoit inconnu à l'époque où je l'ai publié, en a mieux défini les caractères. J'ignorois, en l'établissant, qu'il avoit été proposé par Médikus sous le nom de *Sulitra;* mais outre que son caractère étoit peu exact, et le nom insignifiant, celui de *Lessertia* est aujourd'hui trop connu pour que personne pense à le modifier, et M. Benjamin Delessert, auquel je l'avois dédié, a rendu dès-lors trop de services à la science pour que chacun ne cherche pas à en conserver le souvenir. Ce genre a de grands rapports avec le *Swainsona* , mais son étendard est dépourvu de callosités; son stigmate est terminal; le style glabre dans sa longueur, muni en avant vers le sommet d'une barbe transverse. Le fruit est vésiculaire, de forme un peu variable, souvent même un peu comprimé, mais toujours remarquable par sa consistance membraneuse.

On classe actuellement dans ce genre cinq espèces observées depuis son établissement, savoir : les *L. annua* et *perennans,* sur lesquels je l'avois établi; le *L. difusa* de Brown, le *L. pulchra* de Sims; et le *L. annularis* de Burchell. Outre ces cinq espèces, j'ai peu ou point de doute que le *Colutea procumbens* de Miller, et les *C. rigida*, *pubescens*, *prostrata*, *excisa*, *obtusata* , *linearis*, *vesicaria* , *tomentosa* de la Flore du Cap de Thunberg, sont de véritables *Lessertia;* leur port, tout ce que nous possédons de description de ces plantes , et l'analogie géographique , m'engagent à les placer, jusques à plus ample informé, à la suite de ce genre, mais sans me dissimuler que quelques unes d'entre elles pourront rentrer comme synonymes parmi les espèces déjà décrites. Chacun connoît en effet l'embarras où l'on est pour déterminer les plantes du Cap, vu l'extrême brièveté des descriptions des Flores de ce pays. Plusieurs des espèces de ce genre ont été confondues par N.-L. Burmann sous le nom de

Colutea herbacea; et les descriptions de Thunberg, quoique un peu plus précises, sont encore loin de suffire à une détermination exacte.

Enfin je puis joindre à ces quatorze espèces, plus ou moins bien connues, trois autres, que je ne puis retrouver parmi celles que M. Thunberg a décrites dans sa Flore du Cap. Ces trois espèces sont :

1°. *Lessertia macrostachya.*

Cette plante a été découverte au Cap par M. Burchell qui l'a consignée dans son catalogue géographique sous le n°. 2356. C'est une herbe à peu près droite, et dont la tige est un peu ligneuse à la base. Cette tige est droite, rameuse, haute d'un pied, couverte ainsi que les pétioles, les deux surfaces des feuilles, les pédoncules et les calices, de poils courts et couchés, qui ne sont bien visibles qu'à la loupe. Les feuilles ont, outre la foliole terminale qui est un peu plus longue que les autres, quatre à six paires de folioles elliptiques, oblongues et obtuses; les pédoncules naissent de l'aisselle, et sont deux ou trois fois plus longs qu'elles : ils portent des fleurs écartées, pendantes, disposées en grappe allongée. La carène est très-obtuse, sensiblement de la longueur des ailes et de l'étendard : celui-ci a les bords réfléchis. Le fruit est oblong, pendant, glabre, à quatre ovules dans sa jeunesse. Je ne l'ai pas vu à sa maturité.

2°. *Lessertia brachystachya.*

C'est encore à M. Burchell que nous devons la communication de cette espèce qu'il a consignée dans son catalogue géographique du Cap de Bonne-Espérance, sous le n°. 3353. Sa tige est droite, cylindrique, à peine ligneuse à la base, longue d'environ un pied, couverte ainsi que les pétioles, la surface inférieure des feuilles, les pédoncules et les calices, de poils couchés, si courts qu'on ne peut les voir qu'avec une forte loupe; les feuilles ont, outre la foliole terminale, cinq à huit paires écartées de folioles linéaires, oblongues, obtuses, glabres en dessus. Les grappes naissent de l'aisselle des feuilles, et sont de moitié au moins plus courtes que le pétiole: les pédicelles sont déjetés du côté inférieur au nombre de quatre à six, et atteignent, au moins à la maturité du fruit, une longueur de trois à quatre lignes. Les fleurs me sont inconnues. La gousse est oblongue, droite, un peu comprimée, légèrement stipitée à la base, et mucronée au sommet, de consistance membraneuse, et presque diaphane, longue de quinze à dix-huit lignes sur quatre de largeur: elle renferme huit à dix graines réniformes et comprimées.

3°. *Lessertia falciformis*. Tab. 46.

Cette espèce, dont je possède des échantillons, d'origine inconnue, est, selon toutes les probabilités, originaire du Cap, et semble tenir le milieu entre les *L. brachystachya*, et *annularis*.

Sa tige est droite, et paroît entièrement herbacée; elle est couverte ainsi que les feuilles à leur surface inférieure, les pétioles et les pédoncules, de petits poils couchés qui donnent à ces organes un aspect un peu grisâtre ou blanchâtre. Les feuilles ont, outre la foliole impaire, sept à huit paires de folioles oblongues ou elliptiques, obtuses, glabres en dessus. Les pédoncules, qui partent de l'aisselle des feuilles et sont plus courts que le pétiole, se terminent par trois ou quatre fleurs assez semblables à celles du *Phaca astragalina*; leur pédicelle propre est à peine de la longueur du calice ; celui-ci est presque glabre ; la carène très-obtuse, d'un violet foncé à son sommet, égale à la longueur de l'étendard, dont les bords sont réfléchis. Le style est presque entièrement glabre, terminé par un stigmate, en tête poilue ; la gousse est oblongue, courbée en faucille, comprimée, membraneuse, presque diaphane, très-légèrement stipitée à la base, et mucronée au sommet, renfermant huit à dix graines réniformes.

6°. SUTHERLANDIA.

Ce genre est aussi originaire du Cap de Bonne-Espérance, et a été établi d'abord par Mœnch sous le nom de *Colutia*, puis par M. R. Brown, sous celui qui est adopté. Il se distingue facilement de tous les précédens par sa carène plus longue que l'étendard, et par l'extrême brièveté des ailes. Il a été établi pour le *S. frutescens*, ou *Colutea frutescens*, et dans ces derniers temps M. Burchell l'a enrichi d'une nouvelle espèce qu'il nomme *S. microphylla :* elle ressemble beaucoup à la première, mais elle a les folioles oblongues, presque linéaires et non elliptiques, et ses pédoncules ne portent que deux à trois fleurs au lieu de quatre à six, et elle est en général plus petite dans toutes ses parties.

Ce genre a, par la forme de sa carène, de grands rapports avec le *Phaca Bœtica*, qui commence le genre *Phaca*, mais il en diffère par son fruit beaucoup plus vésiculaire, et par son style barbu en dessous au lieu d'être imberbe.

SEPTIÈME MÉMOIRE.

REVUE

DE LA

TRIBU DES HÉDYSARÉES.

§ I. *Des Hédysarées en général.*

La tribu des Hédysarées correspond en masse à celle des Coronillées d'Adanson et de Brown, mais je n'en ai pas conservé le nom, soit parce qu'il est tiré d'un genre peu nombreux, et où le caractère est peu prononcé, soit parce que j'y réunis une partie des Phaséolées d'Adanson, et des Galégées de Brown. En lui donnant le nom d'Hédysarées, je rappelle celui du genre *Hedysarum*, qui, tel qu'on l'avoit jadis vaguement défini, auroit compris dans son extension tous les genres de cette tribu. Parmi ceux que j'y rapporte, la plupart n'en sont que des démembremens. Necker, Scopoli, Adanson, et surtout MM. Desvaux et Jaume ont beaucoup contribué à y mettre de la clarté : j'ai suivi principalement le travail de M. Desvaux, et n'entrerai ici dans quelques détails circonstanciés que dans les points où je m'écarterai de lui.

Les Hédysarées appartiennent aux vraies Papilionacées, c'est-à-dire, qu'elles ont la corolle papilionacée, et la radicule courbée sur la commissure des cotylédons. Elles se distinguent des autres tribus, 1°. par leurs cotylédons minces, et qui se changent en feuilles vertes à la germination; 2°. par leur fruit divisé en articles monospermes, coupés ou par des fissures transversales, ou tout au moins par des étranglemens très-prononcés. On ne peut avoir de doute sur les limites de cette tribu que dans un petit nombre de cas.

1°. Il est quelques genres dans lesquels le fruit est réduit à un seul article, tels sont les genres *Onobrychis*, *Eleiotis*, *Lespedeza*, etc. : on reconnoît alors leur analogie avec les Hédysarées par celle de leur structure entière.

2°. Il est quelques plantes qu'on ne peut séparer des Lotées, et qui offrent aussi une gousse divisée en loges par des cloisons transversales; telles sont la section des Anthyllides Cornicines, et celle des Luzernes Hymenocarpes.

3°. Le genre *Adesmia* qui, par son fruit et son port entier, appartient certainement aux Hédysarées, s'approche des Sophorées par ses dix étamines libres.

Les Hédysarées ont des feuilles très-variables, souvent munies de stipelles à la base des folioles. Leurs fleurs ont un calice à cinq lobes ou égaux ou distribués en deux lèvres; leur corolle a une carène brusquement courbée au sommet, d'une manière qui, quoique difficile à définir, sert souvent à rapporter à cette tribu les espèces dont on ne connoît pas le fruit, ou dont le fruit n'a qu'un seul article. Les étamines sont diadelphes, à la manière ordinaire, et à un ou deux faisceaux égaux, ou plus rarement monadelphes, ou libres, sans que cette différence puisse être employée autrement que comme caractère générique. Les gousses sont ou comprimées, ou plus rarement à peu près cylindriques, à articles ovoïdes ou cylindracés. Cette division pourroit servir à partager la tribu en deux séries. Je me suis borné à commencer dans l'ordre que j'ai adopté, par les genres à gousses comprimées, et à terminer par ceux à gousses cylindracées.

Parmi les genres rapportés à cette tribu par la plupart des auteurs, j'ai dû exclure 1°. le genre *Hallia* de Thunberg, qui me paroît beaucoup plus voisin des *Crotalaria;* 2°. le *Flemingia* de Roxburgh pourroit peut-être appartenir aux Phaséolées. L'un et l'autre ont un fruit continu et non articulé.

Je pense au contraire qu'on doit ramener aux Hédysarées le genre *Securigera* que M. Bronn avoit rapporté aux Galégées, ainsi que le *Poiretia* qu'il avoit placé parmi les Phaséolées, et le *Diphaca* qu'il avoit rejeté dans les Dalbergiées; car tous ces genres ont la gousse articulée en travers.

Les Hédysarées peuvent se diviser en trois séries : 1°. les Coronillées, qui ont les fleurs en ombelle, et les fruits cylindriques ou comprimés; 2°. les vraies Hédysarées, qui ont les fleurs en grappes et leurs fruits comprimés; 3°. les Halagées, qui ont les fleurs en grappes ou en épis, et les fruits cylindracés. Un port particulier, mais difficile à décrire, distingue assez bien chacun de ces trois groupes. Les genres que j'y rapporte sont les suivans.

1re. *Série* CORONILLÉES.

Fleurs en ombelles axillaires. Feuilles primordiales toujours alternes.

Les genres que je rapporte aux Hédysarées à fruit cylindracé sont :

1°. Le *Scorpiurus* de Linné.

2°. Le *Coronilla* de Necker, qui comprend l'*Emerus* et le *Coronilla* de Tournefort.

3°. L'*Astrolobium* de Desvaux, qui comprend les *Ornithopus* à fruit cylindracé et à fleurs jaunes.

4°. L'*Ornithopus* de Desvaux, c'est-à-dire les Ornithopes de Linné, annuels, à fruit comprimé et à fleurs blanches ou roses.

5°. L'*Hippocrepis* de Linné.

6°. Le *Securigera* de la Flore française, ou l'ancien genre *Securidaca* de Tournefort, dont Linné avoit usurpé le nom pour un tout autre genre.

2e. *Série.* EU-HÉDYSARÉES.

Fleurs en grappes; feuilles primordiales rarement alternes, le plus souvent opposées.

7°. Le *Diphaca* de Loureiro, placé ici avec doute et encore mal connu.

8°. Le *Pictetia*, sur lequel je reviendrai § 2.

9°. L'*Ormocarpum* de Beauvais et Desvaux.

10°. L'*Amicia* de Kunth, dans lequel est rentré le *Zygomeris* de la Flore inédite du Mexique.

11°. Le *Poiretia* de Ventenat, dont le *Psoralea tetraphylla* de Poiret fait certainement partie.

12°. Le *Myriadenus* de Desvaux, qui a le port du genre précédent, mais dont le fruit est cylindracé.

13°. Le *Zornia* de Gmelin et de Michaux, qui s'approche aussi du précédent par son feuillage.

14°. L'*Adesmia*, dont je parlerai ci-après, § 3.

15°. L'*Æschinomene* de Linné, débarrassé des plantes qui constituent les genres *Agati* et *Sesbania*.

16°. Le *Smithia* du jardin de Kew, qui diffère du précédent par son fruit plissé et renfermé dans le calice, et qui est le même que le *Petagnana* de Gmelin.

17°. Le *Lourea* de Necker et de Desvaux, qui a le fruit comme le *Smithia*, et qui était confondu avec les *Hedysarum*. On doit y rapporter, outre les espèces de Desvaux, l'*Hedysarum reniforme* de Loureiro.

18°. L'*Uraria* de Desvaux, qui, outre les espèces indiquées par cet auteur, comprend l'*Hedysarum lagopoides* de Burmann, l'*H. comosum* de Vahl, l'*H. lagocephalum* de Link, et une nouvelle espèce que j'appelle *Uraria lagopus*, et qui vient du Napaul.

19°. Le *Nicolsonia*, dont je parlerai plus bas, § 4.

20°. Le *Desmodium* de Desvaux, accru de tous les *Hedysarum* à feuilles trifoliées, et sur lequel je reviendrai § 5.

21°. Le *Stylosanthes* de Swartz.

22°. Le *Dicerma*, qui comprend le *Phyllodium* de Desvaux, et dont je ferai mention plus tard, § 6.

23°. Le *Taverniera*, mentionné en détail ci-après, § 7.

24°. L'*Hedysarum* de Jaume Saint-Hilaire, c'est-à-dire le genre primitif réduit aux espèces à feuilles pennées, et à légume à plusieurs articles. J'en parlerai plus bas en détail, § 8.

25°. L'*Onobrychis* de Tournefort, que je mentionnerai aussi, § 9.

26°. L'*Eleiothis*, qui sera exposé plus bas, § 10.

27°. Le *Lespedeza* de Michaux, auquel on doit rapporter quelques espèces de l'Inde et du Japon, telles que l'*Hedysarum virgatum* de Thunberg, et une nouvelle espèce du Napaul, que je nomme *L. eriocarpa*.

3e. *Série.* ALHAGÉES.

Fleurs en grappes ou en épi; fruits cylindriques.

28°. L'*Alhagi* de Tournefort et de Desvaux, que M. Don vient de proposer de nouveau sous le nom de *Manna*.

29°. L'*Alysicarpus* de Necker et de Desvaux, genre très-naturel, formé comme le précédent, des démembremens de l'*Hedysarum*.

30°. Le *Bremontiera*, dont je parlerai ci-après, § 12.

§ 2. *Du genre* PICTETIA.

J'ai déjà eu occasion de faire remarquer que le genre *Robinia* avoit été long-temps un assemblage artificiel et incohérent d'espèces hétérogènes. Parmi les genres nombreux que j'ai été dans le cas d'en séparer, s'en trouve un qui appartient à la tribu des Hédysarées, et auquel j'ai donné le nom de *Pictetia*, pour consacrer le nom de mon collègue et ami, M. M.-A. Pictet, physicien célèbre, surtout par ses expériences sur la chaleur rayonnante et la météorologie. Les Botanistes ne se sont pas en effet bornés à dédier des genres à ceux qui se sont exclusivement occupés du règne végétal. En rappelant dans leurs dédicaces les noms des zoologistes

(Artedia, Gothofreda), des anatomistes (Ruyschia, Cuviera), des chimistes (Bertholletia, Thenardia), et des physiciens célèbres (Laplacea, Gaylussacia), ils ont voulu montrer que l'étude de la nature ne fait réellement qu'une grande science dont toutes les parties sont liées ensemble. C'est dans le même esprit que j'ai cru qu'il me serait permis de rappeler par le nom de ce nouveau genre celui du savant aimable auquel j'ai dû les premières notions des sciences physiques, et que les sciences viennent de perdre.

Le *Pictetia* diffère si évidemment des vraies *Robinia* par ses fruits articulés, qu'il est inutile de le comparer en détail avec eux, et de prouver ultérieurement son rapport avec les Hédysarées : comparé avec celles-ci, il a des rapports prononcés avec le genre *Ormocarpum* de Beauvais, mais s'en distingue par les caractères suivans : 1°. quant aux organes de la fructification, l'*Ormocarpum* a le calice à cinq lobes aigus, distribués en deux lèvres peu prononcées; le *Pictetia* a les deux lobes de la lèvre supérieure obtus, plus courts et plus larges que ceux de l'inférieure, dont les lobes sont aigus, presque épineux. Les deux bractéoles, qui naissent à la base du calice, sont persistantes dans l'*Ormocarpum*, très-caduques dans le *Pictetia*. L'étendard est plus court que les autres pétales dans l'*Ormocarpum*, un peu plus long dans le *Pictetia;* la gousse, qui est stipitée et comprimée dans l'un et dans l'autre genre, se compose dans l'*Ormocarpum* d'articles très-distincts, rétrécis aux deux extrémités, ovales, oblongs, marqués de stries ou sillons longitudinaux, et revêtus de verrues saillantes : la gousse des *Pictetia* n'a ni stries ni verrues; elle est formée d'articles peu faciles à séparer, peu ou point rétrécis à leurs extrémités, et souvent remplacés par de simples cloisons, de sorte qu'il y a des espèces où elle paroît complètement continue ; 2°. quant au port, les folioles de toutes les *Pictetia* ont leur nervure moyenne prolongée en une pointe épineuse qui leur donne un aspect très-particulier, et qu'on ne retrouve point dans les *Ormocarpum*. Les stipules des *Pictetia* sont aussi quelquefois épineuses.

Le caractère du genre *Pictetia* pourra donc être exprimé comme suit :

Calice accompagné de deux bractéoles très-caduques, en cloche à cinq lobes, deux supérieurs courts et obtus, trois inférieurs acuminés et un peu épineux. Corolle papilionacée, à étendard arrondi, plié sur la ligne moyenne et un peu plus long que les autres pétales, à carène obtuse, un peu plus courte que les ailes. Etamines diadelphes à la manière ordinaire (9 et 1). Style filiforme glabre. Gousse stipitée, comprimée, tantôt continue et divisée en loges monospermes par des cloisons transversales, tantôt formée d'articles peu distincts, non rétrécis à leurs extrémités, jamais sillonnés, ni verruqueux, et souvent sujets à avorter. Graines comprimées, ovales, un peu tronquées du côté inférieur, à cotylédons planes et foliacés, à radicule courbée sur leur commissure.

Toutes les espèces de ce genre sont des arbrisseaux des Antilles, parfaitement glabres ; leurs stipules n'adhèrent point au pétiole, et sont souvent épineuses ; leurs feuilles sont ailées avec impaire, tantôt à plusieurs paires de folioles, et alors leur pétiole est allongé, tantôt à une seule ou à deux paires de folioles, et alors le pétiole est fort court. Les folioles sont dépourvues de stipelles, et ont leur nervure moyenne prolongée en épine; les grappes naissent aux aisselles, tantôt multiflores, quelquefois réduites à un petit nombre de fleurs, ou même à une seule; les corolles sont toujours jaunes, et ne ressemblent pas mal à celles des *Robinia*.

Les espèces qui appartiennent à ce genre sont les suivantes :

1°. *Pictetia squammata*, qui est le *Robinia squammata* bien figuré par Vahl à la planche 69 de ses *Symbolæ*.

2°. *Pictetia aristata*, qui diffère très-peu du précédent, et qui avoit été rapporté au genre *Æschinomene* par Jacquin, et s'en rapproche un peu en effet par le fruit, mais les étamines ne sont pas divisées en deux faisceaux égaux. Il est très-bien figuré à la planche 237 du Jardin de Schœnbrunn.

3°. *Pictetia obcordata*. Tab. 47, f. 1.

Je décris cette espèce d'après un échantillon en fruit recueilli à Saint-Domingue par M. Bertero, et qui m'a été communiqué par M. Balbis.

L'arbuste est entièrement glabre; ses jeunes rameaux sont cylindriques; ses stipules ovales, lancéolées, pointues, mais non épineuses; le pétiole a jusqu'à six pouces de longueur; il porte dix à douze paires de folioles opposées ou alternes, en forme de cœur renversé, c'est-à-dire rétrécies à la base, et échancrées au sommet : ces feuilles semblent, au premier coup d'œil, manquer de l'épine terminale propre aux espèces de ce genre; mais on ne tarde pas à voir que cette épine existe, mais elle est courte et recourbée en dessous de la feuille : les pédoncules floraux ont environ cinq pouces de longueur ; ils portent quelques bractées qui me font penser qu'ils doivent se diviser en grappes ; mais, dans mon échantillon, ils n'offrent qu'une seule fleur terminale. Le calice est persistant ; la gousse a un pédicelle de quatre lignes de longueur ; elle est comprimée, ovale, oblongue, mucronée, et très-vraisemblablement, par suite d'avortement, ne renferme qu'une seule graine.

4°. *Pictetia Jussiœi.*

Cette plante ne m'est connue que par un échantillon sans désignation de patrie et conservé dans l'herbier de M. de Jussieu sous le nom de *Robinia aculeata :* je ne connois ni sa fleur ni son fruit, mais d'après son feuillage il est impossible de ne pas le considérer comme un *Pictetia*. Il a des stipules petites, dressées et épineuses ; son pétiole porte trois ou quatre paires de folioles alternes ou opposées, oblongues, terminées par une pointe droite, courte et épineuse.

5°. *Pictetia Desvauxii.*

Cette plante est celle que M. Desvaux a décrite sous le nom de *Robinia spinifolia*, et que j'ai vue dans l'herbier de M. Desfontaines. Ses stipules sont droites et épineuses ; son pétiole ne porte qu'une ou deux paires de folioles rapprochées, oblongues, amincies aux deux extrémités, terminées en pointe droite et épineuse. Les pédoncules sont axillaires, et ne portent qu'une seule fleur. Les gousses (V. tab. 47, f. 4) sont linéaires, oblongues, obtuses, peu ou point articulées, et portées sur un pédicelle de deux ou trois lignes. L'arbuste croît à Saint-Domingue, où il a été observé par M. Poiteau.

6°. *Pictetia ternata.* Tab. 47, f. 2.

Cette espèce a été trouvée à Saint-Domingue par M. Bertero, et j'apprends, par l'herbier de M. Balbis, que M. Sprengel se proposoit de la désigner sous le nom d'*Æschynomene ternata*. Elle a beaucoup de rapport avec la précédente dont elle pourroit bien n'être qu'une variété. Elle n'a que trois folioles oblongues, rétrécies en coin, terminées en pétiole. Son pétiole est très-court; ses stipules droites et épineuses; ses pédicelles axillaires et uniflores; ses gousses plus décidément articulées, et aiguës à leur extrémité.

§ 3. *Du genre* ADESMIA.

Parmi les plantes qui ont été confondues dans l'amalgame étrange auquel on donnoit le nom collectif d'*Hedysarum*, l'un des groupes les plus prononcés est celui auquel je fais allusion dans cet article. Il se compose d'espèces toutes originaires de l'Amérique méridionale, et qui ont pour caractère commun d'avoir les dix étamines libres, et les feuilles ailées sans impaire; leur calice est à cinq dents presque égales, comme dans les *Hedysarum*, et le fruit composé d'articles comprimés, arrondis et monospermes, assez semblables à ceux des *Æschynomene*.

L'existence de ce genre avoit été sentie par M. Schranck qui, en 1808, en a fait connoître une espèce sous le nom de *Patagonium*. Mais dès lors le nombre des plantes qu'il faut y rapporter s'est fort augmenté, et il a été nécessaire de le diviser en deux sections tellement prononcées qu'on pourroit en faire deux genres.

J'ai été engagé à ne conserver le nom de *Patagonium*

que comme nom de section par les motifs suivans : 1°. ce nom, qui fait allusion à ce que la Patagonie est la patrie de la première espèce décrite, est contraire à la loi la plus universellement admise de la nomenclature qui interdit les noms géographiques comme noms de genres ; 2°. ce genre est identique dans le sens, et presque dans le son avec celui de *Patagonula,* qui, bien que vicieux, peut être conservé par égard pour son ancienneté ; 3°. les caractères donnés pour le *Patagonium* conviennent réellement à ma première section et non au genre entier. J'ai donné à celui-ci le nom d'*Adesmia*, qui, tiré d'α privatif, et de δεσμος faisceau, indique le caractère dominant de l'indépendance des filets des étamines. Mais, tout en changeant ce nom, je répète ici que c'est à M. de Schranck que l'établissement primitif doit être rapporté.

Ma première section, pour laquelle je conserve le nom de *Patagonium*, comprend des espèces dont le port est tout-à-fait voisin des *Æschynomene* ou des *Smithia;* leur gousse est composée de quatre à huit articles arrondis, comprimés, membraneux, déhiscens, chargés de points glanduleux, ou de très-petits poils glandulifères ; leurs fleurs sont jaunes, petites, portées sur des pédicelles dont les inférieurs naissent aux aisselles supérieures, et dont les autres forment, par l'avortement des feuilles du haut des branches, une espèce de grappe nue et terminale. C'est à cette section qu'appartiennent les espèces suivantes :

1°. *Adesmia muricata.*

Cette espèce est celle que Jacquin a très-bien figurée (*Icon. rar.* t. 568) sous le nom d'*Hedysarum muricatum*, et dont

M. de Schranck a fait son *Patagonium hedysaroïdes*. C'est encore elle que M. Poiret a désignée une seconde fois sous le nom d'*Hedysarum pimpinellæfolium*.

2°. *Adesmia Smithiæ*.

Je décris cette espèce d'après un échantillon de l'herbier de Thibaud, qui fait maintenant partie du mien, et que j'ai lieu de croire recueilli dans l'Amérique méridionale par Née. Cette plante ressemble assez bien au *Smithia* pour le port et la grandeur. Elle a une racine grêle, simple, perpendiculaire, et qui paroît évidemment annuelle. Du collet naissent trois ou quatre tiges étalées, cylindriques, longues de quatre à cinq pouces, pubescentes vers le bas, velues vers le haut. Les feuilles ont cinq paires de folioles en forme de coin, échancrées au sommet, pubescentes, entières sur les bords, longues de deux à trois lignes; le pétiole est pubescent, prolongé en une petite soie; les stipules oblongues, acuminées. Les fleurs naissent toutes aux aisselles des feuilles supérieures, solitaires, portées sur de courts pédicelles; leur calice est pubescent, à cinq lanières étroites et pointues. Les fleurs diffèrent peu de celles de l'espèce précédente; leur fruit est composé de quatre à cinq articles arrondis, hérissés de poils courts.

3°. *Adesmia hispidula*. Tab. 48.

Cette espèce, originaire du Pérou, a été décrite par M. Lagasca, sous le nom d'*Æschynomene hispidula;* cette circonstance me dispense d'entrer dans de longs détails à son égard; mais comme il n'en a point donné de figure, j'en joins ici une faite d'après un échantillon qu'il a eu la bonté de m'envoyer. Je n'ai à ajouter, à la description publiée, rien autre que le caractère générique, savoir, que les dix étamines sont libres. Cette espèce a été indiquée sans description spéciale par M. Poiret, sous le nom de var. β de l'*Hedysarum pendulum*. Dombey l'avoit désignée dans son herbier sous celui d'*Hedysarum uniflorum*.

4°. *Adesmia dentata*. Tab. 49.

Cette espèce a été aussi décrite par M. Lagasca, et je me borne à en publier ici la figure. Je n'ai à observer qu'une seule chose, c'est qu'elle n'a pas les feuilles ailées avec impaire, mais ailées sans impaire; quelquefois seulement elle semble avoir une foliole terminale, lorsque l'une de celles de la dernière paire est tombée ou avortée. Ses étamines sont libres.

5°. *Adesmia bicolor*.

C'est l'*Hedysarum bicolor* de Poiret (Dict. 6, p. 448.) Elle a été découverte à Monte-Video par Commerson. Selon l'herbier de ce naturaliste, elle croît sur les côtes maritimes, et a des corolles rouges en dehors, et jaunes en dedans. Je me suis assuré, par la vue de l'échantillon même qui a servi de type à l'espèce, que les étamines sont libres, et que les folioles sont ailées sans impaire.

6°. *Adesmia pendula*.

C'est l'*Hedysarum pendulum* var. α de Poiret, découvert par Commerson à Buenos-Ayres et à Monte-Video. Elle a, de même que la précédente, les fleurs rouges en dehors, jaunes en dedans, les étamines libres, et les folioles ailées sans impaire: elle en diffère 1°. par ses folioles en moindre nombre, ovales, oblongues, et non lancéolées, pointues; 2°. parce que les fleurs inférieures de la grappe sont très-écartées, et les gousses pendantes, et plus fortement hérissées.

7°. *Adesmia punctata.*

M. Poiret l'a déjà décrit sous le nom d'*Hedysarum punctatum*. Commerson a trouvé cette espèce aux mêmes lieux que la précédente, dont elle diffère surtout par sa tige et ses gousses couvertes de glandes.

La seconde section de ce genre pourroit presque en former un distinct; car elle diffère presque autant de la première, que l'*Onobrychis* diffère de l'*Hedysarum*; mais le caractère des étamines libres m'a paru tellement prédominant dans cette tribu, que je n'ai pas cru devoir la séparer comme genre. Les gousses sont composées de deux articles seulement, et encore le supérieur avorte quelquefois. Ces articles sont coriaces, ridés ou veinés, chargés de soies plumeuses très-remarquables, et dont j'ai déduit le nom de *Chætotricha*, sous lequel je la désigne. Toutes les espèces connues sont vivaces, et je soupçonne que l'une d'elles n'a que cinq étamines. Cette section comprend les deux espèces suivantes:

8°. *Adesmia papposa.*

Cette espèce a été décrite par M. Lagasca sous le nom d'*Æschynomene papposa*, et je l'ai retrouvée dans l'herbier de Dombey, sous les noms inédits de *Hedysarum papposum*, que lui donnoit L'Héritier, et de *Heteroloma onobrychioïdes*, que M. Desvaux lui destinoit. J'en ai vu aussi un échantillon venant de l'herbier de M. Lambert, sous le nom d'*Hedysarum pennigerum*. Elle est originaire du Chili, et au premier coup d'œil elle rappelle le port de l'*Oxytropis deflexa*, quoiqu'elle en soit d'ailleurs très-différente.

Sa racine est très-longue, vivace, cylindrique, peu ou point rameuse; les tiges sont courtes, velues, ascendantes, feuillées à leur base, et prolongées en un pédoncule qui paroît terminal, et dont la longueur est de neuf à douze pouces : ce pédoncule est nu, grêle, droit, presque entièrement glabre, tantôt un peu rameux, et terminé par une grappe de fleurs assez rapprochées et presque en épi.

Les feuilles sont presque radicales; leur pétiole est pubescent, long de trois pouces environ, terminé par une petite soie : il porte huit à dix paires de folioles ovales, lancéolées, pointues, entières, velues en dessous dans leur jeunesse, souvent pliées en long sur leur nervure moyenne, longues de trois lignes sur un ou un et demi de largeur; les stipules sont dressées, lancéolées et aiguës.

Les bractées ont à peu près la même forme, et sont un peu plus longues que le pédicelle : celui-ci ne passe guère une ligne de longueur; il est dressé, et la fleur inclinée ou horizontale; le calice est glabre, à cinq dents pointues, dont l'inférieure est la plus longue; la carène est très-obtuse, avec l'extrémité tachée de pourpre; le reste de la fleur paroît jaunâtre sur le sec; les étamines sont distinctes, et il m'a paru qu'il n'y en a que cinq. Le fruit est une gousse à deux articles demi-ovales, comprimés, un peu réticulés, et hérissés de soies molles, plumeuses, longues de près de deux lignes.

9°. *Adesmia longiseta*. Tab. 50.

Cette dernière espèce d'*Adesmia* est tout-à-fait nouvelle. Je la connois par un échantillon qui provient du voyage de Née probablement dans l'Amérique méridionale. A la première vue, cette herbe semble analogue à l'*Anthyllis mon-*

tana; sa fleur ne ressemble pas mal à un *Ononis,* son fruit à un *Onobrychis,* et ses étamines à celles des *Sophora.* La plante pousse de son collet plusieurs tiges demi-étalées, cylindriques, un peu velues, presque ligneuses à leur base, longues de quatre à cinq pouces; les stipules sont blanchâtres, membraneuses, un peu soudées par leur base avec le pétiole, et prolongées en une pointe aiguë. Le pétiole n'a pas un pouce de longueur, et se termine en une petite pointe: il porte six à sept paires de folioles obovées, mucronées, velues sur les deux faces: l'aspect de la feuille rappelle celui de plusieurs Astragales de la section des Adragants. La tige se prolonge à son sommet en une grappe nue, composée d'un petit nombre de fleurs très-écartées les unes des autres; chacune est portée sur un pédicelle grêle, qui atteint jusqu'à six lignes de longueur après la floraison. Le calice est glanduleux, à cinq lobes aigus. La corolle papilionacée plus grande que dans les autres espèces du genre; les étamines libres, rapprochées, au nombre de dix, un peu courbées vers le sommet, dans le même sens que la carène; la gousse est composée de deux articles demi-ovales, comprimés, marqués de veines réticulées et proéminentes, desquelles partent des soies plumeuses un peu roides, longues d'environ quatre lignes.

§ 4. *Du genre* NICOLSONIA — Perrottetia. *DC. Ann. Sc. nat. jan.* 1825, *non Kunth.*

Tant que le genre *Hedysarum* étoit resté dans son extension primitive, et réunissoit presque toute la tribu actuelle des Hédysarées, on avoit pu y réunir des plantes de caractères fort disparates; mais dès qu'on a commencé à mettre de l'ordre dans cet assemblage incohérent, il a été nécessaire de multiplier les genres, afin d'être conséquent avec la valeur donnée aux caractères déjà établis. Ainsi M. Desvaux a proposé, et j'ai adopté l'établissement du genre *Uraria*, qui est principalement caractérisé par son calice, dont les cinq lanières sont divisées jusque très-près de la base, et qui a un fruit dont les articles sont pliés les uns sur les autres, et empilés dans le calice, comme dans le *Lourea* et le *Smithia*.

Quelques espèces des parties les plus chaudes de l'Amérique ressemblent à l'*Uraria* par le calice à cinq lanières profondes et barbues, mais s'en distinguent par leur fruit droit et saillant hors du calice : elles diffèrent donc de l'*Uraria*, comme le *Lourea* du *Desmodium*, comme le *Smithia* de l'*Æschynomene*, et il est impossible de ne pas les considérer comme un genre particulier.

J'avois donné à ce genre le nom de *Perrottetia*, pour rappeler celui de M. Perrotet, jardinier-botaniste très-instruit, qui a fait partie de l'expédition du capitaine Philibert, et en a rapporté un grand nombre d'objets nouveaux, qui en a en particulier rapporté l'une des espèces de ce genre, et qui, reparti de nouveau pour l'Amérique, ne manquera pas sans doute d'ajouter de nouveaux services à ceux qu'il a déjà rendus à la science de la Botanique, et à la naturalisation des végétaux étrangers. Mais au moment même où je le publiois, M. Kunth a eu la même idée, et a fait connoître sous ce nom un genre entièrement différent. Ne voulant pas contribuer à établir quelque confusion de nomenclature, j'abandonne le nom que j'avois proposé, et je donne à ce genre, dont une espèce est originaire des Antilles, le nom de *Nicolsonia*, en l'honneur de Nicolson, auteur de l'Essai sur l'Histoire naturelle de Saint-Domingue.

Le *Nicolsonia* est parfaitement intermédiaire entre l'*Uraria*, dont il a le calice, et le *Desmodium*, dont il a le fruit.

Ce genre offre un calice souvent plus long que la corolle, divisé jusques à la base en cinq lanières lancéolées, un peu en alêne, barbues, presque égales entre elles. La corolle est papilionacée, et les étamines diadelphes, à la manière ordinaire de la famille. Le fruit est une gousse droite, saillante, comprimée, composée de plusieurs articles monospermes, demi-orbiculaires, à suture supérieure droite, et l'inférieure convexe.

Les espèces de ce genre sont des herbes vivaces, ou peut-être de très-petits sous-arbrisseaux; leurs tiges sont droites, cylindriques, rameuses; leurs feuilles ailées à une paire de folioles, avec une foliole impaire, terminale, distante des deux latérales. Ces folioles sont de forme ovale ou oblongue, et munies de stipelles. Les stipules sont un peu scarieuses, distinctes du pétiole. Les bractées leur ressemblent, mais sont plus larges; les grappes sont terminales, serrées, et forment une sorte de panicule touffue; les pédicelles naissent deux à deux de l'aisselle des bractées; les fleurs sont petites, bleues, ou purpurines.

Les espèces que je rapporte à ce genre sont les suivantes:

1°. *Nicolsonia barbata*.

Cette plante est l'*Hedysarum barbatum* de Linné et de Swartz. Elle croît à la Jamaïque et à Saint-Domingue.

2°. *Nicolsonia Cayennensis*. Tab. 51.

Cette espèce, assez voisine de la précédente, est originaire de Cayenne. J'en possède des échantillons provenant, les uns de M. Perrottet, les autres de l'herbier de Thibaud; j'en ai vu dans la collection de M. Richard, qui avoit noté que cette plante faisoit le type d'un genre nouveau.

Sa tige n'a guère qu'un pied de hauteur, et paroît herbacée : elle est grêle, cylindrique, blanchâtre et velue; les stipules sont rousses, étroites, aiguës; les folioles sont elliptiques, à peine ovées, obtuses aux deux extrémités, longues de sept à huit lignes, sur quatre de largeur; leur surface inférieure est pâle, couverte de poils couchés; la supérieure glabre ou presque glabre. Les grappes de fleurs sont touffues; les pédicelles très-grêles; le calice, après la fleuraison, a ses lobes étalés, très-barbus, presque égaux. Les gousses sont presque glabres, à un petit nombre d'articles.

β. obovata.

Je considère, comme simple variété de celle-ci, un échantillon que j'ai reçu du même pays, et qui ne me paroît différer de la précédente que par ses folioles plutôt obovées qu'exactement elliptiques, presque également velues sur les deux faces, et par ses gousses un peu hérissées. Elle est d'ailleurs si semblable pour le port que je n'ai pas cru devoir la séparer sur de si légères différences.

3°. *Nicolsonia venustula.*

D'après la description que M. Kunth a donnée de son *Hedysarum venustulum* trouvé près de Cumana par MM. de Humboldt et Bonpland, je présume qu'il doit appartenir à ce genre.

§ 5. *Du genre* DESMODIUM.

Lorsqu'on a retranché de l'ancien genre *Hedysarum* toutes les espèces qui doivent former des genres distincts, soit à raison de leur fruit uniloculaire, comme les *Hallia*, les *Flemingia*, les *Onobrychis*, les *Lespedeza*, l'*Eleiotis*, soit à cause de leur calice divisé jusques à la base en cinq parties, comme l'*Uraria* et le *Nicolsonia*, soit à cause de leurs étamines monadelphes, comme le *Pueraria* ou le *Stylosanthes*, soit à raison de leur gousse dont les articles pliés les uns sur les autres sont empilés dans le calice, comme le *Lourea* et l'*Uraria*, soit à cause de leur tube calicinal très-allongé, comme le *Stylosanthes*, soit parce que les deux lobes supérieurs du calice sont soudés en un, comme dans le *Dicerma* et le *Zornia*, soit parce que le fruit est cylindrique, comme dans l'*Alhagi* et l'*Alysicarpus*, soit à raison des étamines libres entre elles, comme dans l'*Adesmia*; lors, dis-je, qu'on a fait tous ces retranchemens, il reste deux groupes très-considérables : l'un, auquel j'ai conservé le nom d'*Hedysarum*, a le calice à cinq lobes presque égaux, la carène obliquement tronquée, beaucoup plus longue que les ailes, le fruit composé d'articles orbiculaires, et les feuilles ailées avec impaire : l'autre, que je nomme *Desmodium*, comprend les espèces à calice obscurément bilabié, à carène obtuse, dépassant peu la longueur des ailes, à gousse formée d'articles demi-orbiculaires ou demi-ovales, et à suture supérieure droite, enfin à feuilles ailées à une seule paire de folioles, avec une terminale, ou à une seule foliole.

Ce dernier groupe, qui comprend presque tous les *Hedysarum* étrangers à une ou à trois folioles, avoit été divisé en deux genres par M. Desvaux; mais on voit, en lisant attentivement son mémoire, qu'il avoit lui-même hésité sur cette division. M. Kunth, tout en la suivant, reconnoît qu'elle pourra bien être abolie. En adoptant le système de l'unité de ce groupe, je ne prétends point affirmer qu'on ne trouvera pas à l'avenir quelque moyen exact de le diviser; mais 1°. ceux qui ont été proposés dans l'état actuel de la science me paroissent trop peu rigoureux pour motiver la séparation; 2°. le nombre des espèces de ce groupe, dont les caractères sont incomplets, est tellement grand, qu'il y a trop de chances d'erreur dans une division actuelle quelconque. C'est d'après ces motifs que je conserve provisoirement réunis les genres *Hedysarum* et *Desmodium* de M. Desvaux, et je garde pour le genre unique qui en résulte le nom de *Desmodium*, parce que celui d'*Hedysarum* me paroît appartenir de droit au genre à feuilles pennées dont je parlerai plus bas.

En attendant qu'on puisse établir des genres réguliers dans ce groupe encore composé de cent vingt-quatre espèces, j'ai tenté d'y établir quelques sections naturelles, et la difficulté même que j'ai éprouvée dans ce travail, pourra confirmer la nécessité de la réunion des deux genres de M. Desvaux.

Ma première section, que je nomme *Eudesmodium*, est celle qui répond au genre primitif ou *Desmodium*: elle se compose de sous-arbrisseaux de l'Inde ou de la mer du Sud, à trois folioles, à fleurs presque en corymbe, à gousses dont les articles sont coriaces, ovales, tronqués aux deux extrémités. C'est ici que se rapportent les *D. umbellatum*, *Aus-*

trale, et le *D. lutescens* ou *Hed. lutescens* de Poiret, qui avoit été inexactement rapporté au genre *Zornia* dans l'ouvrage d'ailleurs si utile de M. Steudel.

Ma deuxième section, que je nomme *Pleurolobium*, a des gousses membraneuses, formées d'articles presque carrés, savoir, tronqués aux deux extrémités, à suture supérieure droite, et l'inférieure un peu convexe. Elle se compose de deux petites divisions très-naturelles, savoir, 1°. les *Pteropodes*, qui ont le pétiole ailé terminé par une foliole articulée à son sommet: tels sont les *D. triquetrum* et *alatum*, et deux espèces nouvelles; 2°. les *Oscillans*, qui ont le pétiole non bordé, portant trois folioles, la terminale très-grande, les deux latérales très-petites : tels sont les *D. gyrans* et *gyroïdes*, et une nouvelle espèce de Timor.

Toutes les espèces de la deuxième section sont de l'Inde ou de pays très-voisins de l'Inde.

Ma troisième section, malheureusement trop vaste, a reçu le nom de *Chalarium*. Elle comprend toutes les espèces à gousses membraneuses, comme les *Pleurolobium* à articles demi-circulaires ou demi-ovales, liés ensemble par une partie étroite de leur largeur, de manière que la suture supérieure est droite, et l'inférieure marquée de festons beaucoup plus profonds que dans les sections précédentes.

Je laisse provisoirement dans cette section quelques espèces telles que les *D. Scorpiurus*, *ormocarpoïdes*, *Perrottetii*, *lasiocarpum*, qui ont les articles de la gousse ovales, oblongs, assez semblables par leur forme à ceux des *Eudesmodium*, mais analogues, par la consistance de la gousse, et surtout par le port entier de la plante, avec les *Chalarium*.

Ce sont ces espèces qui ont particulièrement influé sur moi pour ne pas admettre de division générique parmi les plantes que je réunis sous le nom de *Desmodium*.

Les *Chalarium* se composent de deux divisions assez tranchées, savoir, 1°. ceux qui n'ont qu'une foliole terminale et qu'on appelle d'ordinaire à feuilles simples : tels sont les *D. Gangeticum*, *maculatum*, *reniforme*, *terminale*, *ormocarpoïdes*, *sagittatum*, *angustifolium*, *velutinum*, *latifolium*, *lasiocarpum*, *elatum*, qui correspondent aux *Hedysarum* de même nom des auteurs, et trois espèces nouvelles.

2°. Ceux qui ont trois folioles ou égales ou peu inégales en comparaison de la division des *Oscillans*. Cette division des *Chalarium* à trois folioles est tellement vaste, que j'aurois désiré y établir des sous-divisions; mais plus je l'ai étudiée, plus j'ai senti l'impossibilité d'en établir de tolérables, soit à cause de l'extrême analogie des espèces, soit à raison du grand nombre d'espèces mal connues. En remarquant que presque toutes celles qui sont bien connues ont une patrie très-déterminée, je me suis décidé à les ranger dans un ordre purement géographique : par là les espèces qu'on est appelé à comparer le plus souvent ensemble, se trouveront plus voisines, et d'ailleurs la plupart de celles des mêmes pays ont une analogie générale qui, mieux étudiée, pourra peut-être un jour y faire discerner de véritables divisions organographiques. En suivant cette marche insolite, et qui n'est que l'aveu de l'incapacité où je me suis trouvé d'en établir une meilleure, je range tous les *Chalarium* à trois folioles selon qu'ils sont de l'Amérique septentrionale, du Mexique, des Antilles, de l'Amérique méridionale, du Cap de Bonne-Espérance, des îles de l'Afrique australe, de l'Arabie, de l'Inde orientale, de la Chine ou du Japon. Quoique le nombre des espèces ainsi rangées géographiquement soit de près de cent, il est remarquable qu'il n'y en ait qu'une que l'on puisse croire commune à deux régions; c'est le *D. triflorum* : les échantillons de cette plante cosmopolite, qui viennent de la Chine, de l'Inde, de l'Ile de France et des Antilles, étudiés avec soin sur le sec, ne m'ont offert aucune différence. Quant aux autres espèces, qu'on avoit dites communes à plusieurs pays, elles sont ou douteuses ou fausses; ainsi l'*H. repens* est une espèce qu'on dit croître à la Virginie et dans l'Inde, mais il est tout-à-fait vraisemblable que la plante indienne, figurée par Dillenius, n'est pas celle de Virginie, qu'on connoît à peine. Je me suis assuré que l'*H. repandum* de Madagascar est une espèce différente de celle d'Arabie, que l'*H. heterocarpum* du Japon est différent de celui de l'Inde, que l'*H. viridiflorum* de l'Inde orientale est très-différent de celui de l'Amérique septentrionale, que l'*H. adhærens* de Java est très-distinct de celui de la Jamaïque, etc., etc. J'entre dans ces détails, non-seulement pour motiver la division géographique que, faute de mieux, j'ai cru devoir admettre parmi les *Chalarium* à trois folioles, mais surtout pour engager les commençans à se défier beaucoup des noms qu'ils pourroient, par la brièveté des phrases spécifiques, être entraînés à donner dans leurs collections à des plantes de pays divers. Je voudrois aussi engager les Botanistes à examiner attentivement les espèces qui, sous des noms semblables, viennent de pays fort éloignés : je serois bien surpris si, dans plus de la moitié des cas, ils ne s'apercevoient que ce sont réellement des espèces différentes : par ces comparaisons, non-seulement ils compléteroient le catalogue des végétaux connus, mais surtout ils feroient cesser une des causes de doute qui retarde le plus fortement les progrès de la géographie botanique.

Je terminerai cette notice sur le genre *Desmodium* par la description abrégée de quelques-unes des espèces nouvelles que j'y ai reconnues.

1°. *Desmodium pseudo-triquetrum*.

J'ai reçu cette espèce de l'obligeance de M. Wallich comme originaire du Napaul, et je lui ai donné son nom spécifique pour rappeler son extrême analogie avec le *D. triquetrum*; elle appartient comme lui à la section des *Pleurolobium*. La planche 81 de la Flore de Ceylan, de J. Burmann, donne assez bien l'idée de son feuillage, quoiqu'il soit très-vraisemblable qu'elle représente un jeune individu du *D. triquetrum*.

Notre nouvelle espèce est un peu ligneuse à sa base; elle donne naissance à plusieurs tiges étalées ou ascendantes, plus grêles, plus velues et plus foibles que dans le *D. triquetrum*. Le pétiole est bordé d'une aile étroite; les stipules membraneuses, dressées, striées, ovales, lancéolées, et persistant assez long-temps à la base des feuilles; la foliole qui termine le pétiole et qui joue le rôle de limbe, est ovale, acuminée, comme dans le *D. triquetrum*, mais n'a guère que deux fois la longueur du pétiole, tandis que dans le *D. triquetrum* elle est trois ou quatre fois plus longue. Mais la différence principale qui distingue les deux espèces, c'est que dans le *D. triquetrum* les gousses sont hérissées de longs poils sur toute leur surface, tandis que dans le *D. pseudo-triquetrum* elles sont glabres sur les deux valves, et ont seulement les sutures munies de poils soyeux et couchés, qui forment sur le pourtour une sorte de bordure blanche.

2°. *Desmodium auriculatum.*

Cette plante originaire de Timor m'a été communiquée par le Muséum d'Histoire naturelle de Paris, sous le nom d'*He-teroloma auriculatum* de Desvaux, que je ne retrouve pas dans les écrits publiés par ce savant, mais dont je conserve le nom spécifique.

Mon échantillon est en fruit : sa tige est droite, roide et triangulaire comme celle du *D. triquetrum* auprès duquel il doit être placé; cette tige est glabre ainsi que les feuilles et les gousses elles-mêmes; le pétiole est court, bordé d'une large aile foliacée de forme obovée et assez semblable à celui de l'oranger; la foliole qui joue le rôle de limbe est quatre fois plus longue que le pétiole ovale, un peu pointue, mais non longuement prolongée en pointe aiguë comme dans les *D. triquetrum* et *pseudo-triquetrum*. Les fleurs forment des grappes allongées et dressées, les unes axillaires, les autres terminales. La gousse est composée de cinq à six articles glabres, demi-coriaces, presque carrés; les sutures, et surtout la supérieure, sont à peine ondulées.

3°. *Desmodium alatum.*

Cette espèce de l'Inde est celle que Roxburgh a indiquée sans description, sous le nom d'*Hedysarum alatum*, dans le catalogue du jardin de Calcutta. Mon ami M. Leschenault m'en a envoyé un échantillon en fleurs, cueilli dans ce jardin, et j'en possède un échantillon en fruits, qui me paroît évidemment appartenir à la même espèce, et qui provient de l'Ile de France où elle étoit probablement cultivée.

Cette plante ressemble beaucoup au *D. triquetrum*, mais ses folioles sont environ huit fois plus longues que le pétiole; elles sont glabres, lisses, oblongues, obtuses à la base, très-acuminées vers le sommet, longues d'environ six pouces sur neuf à douze lignes de largeur.

Les fleurs sont disposées en grappes allongées, axillaires, ou terminales, munies de bractées, persistantes, pointues, d'où sortent le plus souvent deux pédicelles uniflores; les calices sont glabres, très-aigus; les gousses sont planes, membraneuses, glabres, oblongues, composées d'articles presque carrés, et terminées par le style persistant; les deux sutures sont presque droites, mais çà et là les bords sont comme interrompus par des étranglemens profonds et irréguliers.

4°. *Desmodium gyroïdes.*

Cette plante a été découverte dans l'Inde orientale par Roxburgh, qui l'a désignée sans description sous le nom d'*Hedysarum gyroïdes* (Cat. Calc. 57), nom qui est destiné à indiquer son extrême analogie avec le *D. gyrans*. Elle lui ressemble en effet beaucoup par son port et ses principaux caractères, et doit, comme elle, se classer parmi les *Pleurolobium;* mais elle en diffère 1°. parce que ses gousses sont non simplement pubescentes comme dans le *D. gyrans*, mais tout-à-fait hérissées de longs poils comme celles du *D. triquetrum* auxquelles elles ressemblent aussi pour la forme; 2°. parce que les folioles latérales ne sont guère que trois fois plus petites que la foliole terminale dans le *D. gy-*

roïdes, et qu'elles sont quatre ou cinq fois moindres que la terminale dans le *gyrans*. Je possède même des échantillons du Napaul qui, peut-être, appartiennent au *D. gyrans*, et où les folioles latérales sont presque nulles. Je les considère provisoirement comme une variété du *D. gyrans*, mais je ne serois pas surpris qu'on dût un jour les élever au rang d'espèces.

5°. *Desmodium Timoriense.*

Je décris cette espèce d'après un échantillon que j'ai reçu du Muséum d'Histoire naturelle de Paris, et qui a été recueilli à Timor par les voyageurs de l'expédition du capitaine Baudin.

La tige est droite, rameuse, légèrement anguleuse, pubescente dans sa partie supérieure, velue sur les angles seulement vers le bas; les stipules sont rousses, légèrement ciliées, linéaires, acuminées; les pétioles, qui sont couverts d'un duvet court, portent trois folioles, en forme de rhombe, la terminale plus aiguë aux deux extrémités, et du double plus grande que les latérales; toutes sont garnies en dessus de quelques poils épars, et ont la surface inférieure couverte d'un duvet court et couché, qui les rend blanchâtres.

Les fleurs sont disposées en une panicule rameuse et terminale; les bractées ressemblent aux stipules; les pédicelles sont grêles, solitaires, longs de trois lignes; les calices à cinq lobes subulés, disposés en deux lèvres. La fleur, qui paroît petite, est tombée dans mon échantillon; le fruit est une gousse membraneuse, comprimée, sessile, pubescente, à quatre graines, tantôt oblongue, peu ou point sinuée, tantôt marquée d'étranglemens ou d'incisions irrégulières qui séparent les articles du côté inférieur à peu près comme dans le *D. alatum.*

Cette espèce appartient à la division des *Pleurolobium* à trois folioles, et s'y distingue très-facilement par le peu d'inégalité de ses folioles.

6°. *Desmodium Perrottetii.*

Cette espèce a été découverte dans la Guiane française par M. Perrottet de qui j'en ai reçu un échantillon sans fruit.

Sa tige est droite, cylindrique, rameuse, peut-être ligneuse à la base, couverte de poils courts, rapprochés, un peu roides, et un peu courbés, qui la rendent légèrement accrochante. Ses pétioles sont velus, longs de trois à cinq lignes; les stipules étroites, pointues; les stipelles subulées, longues de près de deux lignes; le pétiole ne porte qu'une seule foliole terminale, ovale, obtuse, ou à peine pointue; les feuilles inférieures ont ce limbe de trois pouces de longueur, sur un et demi de largeur; la surface supérieure est ou garnie de petits poils épars, semblables à ceux de la tige, ou presque entièrement glabre; l'inférieure est plus pâle, toute couverte d'un duvet court, mou et serré. Les fleurs forment une panicule droite et rameuse, dont les axes et les pédicelles sont pubescens; ces derniers sont courts, solitaires ou géminés; les calices très-petits, à dents aiguës; les gousses droites, hérissées de poils courts assez semblables à ceux de la tige, composées de trois à six articles ovoïdes, égaux entre eux, monospermes, placés les uns à la suite des autres, adhérens par leur partie la plus resserrée, et de manière à ne pas présenter la suture supérieure droite. Cette circonstance les fait distinguer facilement des *D. Gangeticum* et *maculatum*, et les rapproche des *D. linearifolium*, *latifolium* et *lasiocarpum* : or, comme toutes ces plantes ont entre elles une grande analogie, on peut en déduire que ces légères nuances dans la structure des gousses ne peuvent suffire pour motiver la division du genre.

7°. *Desmodium linearifolium*.

Je ne connois cette espèce que par un échantillon qui provient du voyage de Née, soit dans l'Amérique méridionale, soit aux Philippines.

La tige est grêle, cylindrique, ascendante et glabre vers sa base; ses rameaux sont terminés par une grappe simple, et garnis de poils très-courts et étalés; les pétioles sont très-courts, munis de stipules et de petites stipelles, terminés par une foliole linéaire, longue de plus de deux pouces sur une largeur de deux lignes; ces folioles sont glabres, légèrement mucronées; les pédicelles des fleurs sont grêles, un peu hérissés de poils courts, et acquièrent, après la fleuraison, quatre lignes de longueur. Le calice est persistant, à deux lèvres bien distinctes et à lobes aigus; le fruit est une gousse allongée, à six ou sept articles égaux, ovales, arrondis, très-comprimés, rétrécis aux deux extrémités, de manière que les deux sutures sont également comprimées; leur surface est hérissée de poils très-courts, peu apparens sans le secours de la loupe. Cette espèce, qu'il faut rapporter à la section des *Chalarium* à une seule foliole, ne pourroit être confondue qu'avec la suivante.

8°. *Desmodium denudatum*.

Cette espèce croît dans les prairies sèches de Saint-Domingue, où elle a été découverte par M. Bertero : je la décris d'après un échantillon en fleurs, mais sans fruit, de l'herbier de M. Balbis : l'absence du fruit fait qu'il est difficile de la comparer avec l'espèce précédente.

Sa tige est grêle, cylindrique, glabre; ses rameaux dressés, allongés légèrement, poilus dès leur base, garnis de feuilles dans leur partie inférieure, nus dans toute la partie supérieure, qui se termine en grappe simple; les stipules et les stipelles sont subulées et très-menues; le pétiole est velu, long de deux lignes; la foliole est solitaire, terminale, ovale, oblongue ou linéaire, obtuse, nullement mucronée, glabre en dessus, réticulée et légèrement velue en dessous : les plus longues n'ont qu'un pouce et demi sur quatre à cinq lignes de largeur.

La grappe se compose de pédicelles grêles, uniflores, qui naissent la plupart deux ou trois ensemble; le calice est à deux lèvres très-distinctes et à lobes aigus; la corolle violette, à carène très-obtuse. Un jeune fruit paroît indiquer que les articles sont arrondis, comprimés, planes et entièrement glabres.

§ 6. *Du genre* DICERMA.

M. Desvaux a établi, parmi les Hédysarées, un genre qu'il nommoit *Phyllodium*, et dont il avoit tiré le caractère et le nom de l'*Hedysarum pulchellum*. Dès lors ayant remarqué que l'*H. biarticulatum* présentoit tous les mêmes caractères génériques, mais que la diversité de l'inflorescence de ces plantes autorisoit à diviser le genre en deux sections très-naturelles, j'ai conservé le nom de *Phyllodium* comme nom de section, et j'ai donné au genre celui de *Dicerma*, qui, formé de deux mots grecs qui signifient deux écus, fait allusion à la forme du fruit, qui est composé de deux articles planes et orbiculaires. J'ai été entraîné à cette modification, 1°. parce que le mot de *Phyllodium*, qui fait allusion aux Bractées foliacées de l'*Hed. pulchellum*, ne peut s'appliquer qu'à la section qui en est douée; 2°. parce qu'en le laissant à cette section je lui conserve réellement le sens que M. Desvaux lui avoit donné.

Les *Dicerma* ont un calice muni de deux bractéoles à sa base, divisé en deux lèvres; l'inférieure est à trois lobes aigus; la supérieure, formée de deux lobes soudés ou jusques au sommet, ou très-près du sommet, ne semble qu'un lobe un peu plus large que les autres; de sorte que le calice est au nombre de ceux qu'on a dit à quatre lobes. La corolle est papilionacée, à étendard obové, à carène obtuse, non tronquée, à peu près de la largeur des ailes. Les étamines sont diadelphes; le fruit est une gousse à deux (très-rarement trois) articles orbiculaires, planes, comprimés, monospermes, réguliers, non hérissés, dont le supérieur porte le style.

Les espèces de ce genre sont des sous-arbrisseaux de l'Inde orientale, dont les feuilles sont à trois folioles, les fleurs jaunes, et les pédicelles agrégés dans les aisselles des feuilles ou des bractées. Ce genre se divise en deux sections.

La première, qui, comme je l'ai dit, conserve le nom de *Phyllodium*, offre des feuilles vraiment ailées, c'est-à-dire à une paire de folioles latérales, avec une impaire éloignée de celles-ci : ces folioles sont munies de stipelles; dans les feuilles florales la foliole terminale manque, le pétiole se termine en soie acérée, et les deux folioles sont orbiculaires, marquées de nervures saillantes; elles deviennent ainsi des bractées d'une sorte particulière. Les fleurs naissent par faisceaux, et portées sur de courts pédicelles à l'aisselle de ces feuilles florales; enfin les stipules des feuilles ordinaires ne sont point soudées ni avec le pétiole, ni entre elles.

C'est à cette section, très-caractérisée par son port, qu'appartient le *Dicerma pulchellum*, plante très-remarquable et très-connue, dont J. Burmann a donné une bonne figure (Zeyl. t. 52); je pense, d'après la description, que l'*Hedysarum elegans* de Loureiro doit aussi être rapporté auprès du précédent.

La seconde section porte, par opposition, le nom d'*Aphyllodium*, pour indiquer qu'elle manque de ces bractées foliacées, si remarquables dans la première. Ses feuilles sont à trois folioles égales, sans stipelles, et qui naissent toutes du sommet comme dans les feuilles palmées : celles qui naissent près des fleurs sont réduites à de petites stipules, de sorte que les grappes paroissent nues; les pédicelles naissent de l'aisselle de ces stipules au nombre de deux à quatre; enfin les stipules des feuilles ordinaires sont soudées entre elles en une seule opposée au pétiole. Toutes ces différences donnent à cette section un port tout particulier; mais la structure du calice de la fleur et du fruit est tellement semblable à ce qu'on observe dans la précédente, qu'il me paroît impossible de les séparer comme genres d'après de simples caractères de feuillaison ou d'inflorescence. Le *D. biarticulatum*, dont J. Burmann a donné une figure (Zeyl. t. 50, f. 2), est la seule espèce connue qui se rapporte ici.

§ 7. *Du genre* TAVERNIERA.

Entre les *Dicerma* et les vrais *Hedysarum*, se trouve un petit groupe composé de trois espèces originaires de Perse ou d'Arabie, auxquelles je donne le nom de *Taverniera*, pour rappeler celui de l'infatigable voyageur qui a parcouru les régions orientales, et en a fait connoître divers produits.

J'ai long-temps hésité si je devois considérer ce groupe comme une section des *Dicerma* ou des *Hedysarum*, et ce doute même m'a conduit à l'idée qu'il formoit un genre particulier exactement intermédiaire entre eux.

Si je le compare avec les *Dicerma*, il s'en rapproche beaucoup par ses feuilles à une ou trois folioles, par ses stipules souvent soudées ensemble comme dans le *D. biarticulatum*, et surtout par sa gousse à deux articles planes et orbiculaires, par sa carène obtuse et ses étamines non soudées; mais il s'en distingue, 1°. parce que son calice a les cinq lobes tous distincts, et atteignant la moitié de sa longueur, au lieu d'avoir les deux supérieurs soudés en un seul; 2°. par ses gousses hérissées sur les faces de soies roides et épaisses, assez semblables à celles de plusieurs *Hedysarum*.

Si je le mets en parallèle avec le genre *Hedysarum*, il s'en rapproche par ses gousses hérissées, sa corolle à ailes très-courtes, et son calice à cinq lobes; mais il s'en distingue, quant au port, par ses feuilles qui ne sont jamais ailées; quant aux organes de la fructification, il se distingue 1°. parce que les lobes du calice, quoique égaux entre eux, sont presque disposés en deux lèvres; 2° parce que la carène est obtuse et non tronquée; 3°. que le faisceau des étamines est à peine courbé au sommet et non coudé à angle droit.

Auquel des deux genres que l'on voulût réunir le *Taverniera*, on se trouveroit manquer à des analogies très-prononcées; mais je ne puis disconvenir qu'il est cependant très-voisin de l'un et de l'autre.

Les espèces sont des sous-arbrisseaux de l'Orient à branches cylindriques, couvertes vers leurs sommités d'un duvet blanc, mou et cotonneux. Les stipules sont souvent soudées ensemble; les pétioles sont courts, et portent tantôt une seule foliole terminale, tantôt trois: le *T. nummularia* n'en a jamais qu'une; le *T. lappacea* toujours trois; le *T. spartea* un ou trois sur les mêmes individus. Les fleurs sont aux aisselles des feuilles en grappes ou en faisceaux.

Je rapporte à ce genre les trois espèces suivantes.

1°. *Taverniera nummularia*. Tab. 52.

Je décris cette plante d'après un échantillon recueilli par Olivier et Bruguière, dans leur voyage d'Orient, entre Bagdad et Kermancha.

Sa tige est cylindrique, un peu ligneuse à sa base; les rameaux sont couverts d'un duvet court, mou et blanchâtre. Les feuilles sont alternes, écartées, munies d'un pétiole court, velu, et sur lequel on observe souvent l'articulation qui indique que le limbe terminal est une vraie foliole; il n'y a point de stipelles. Les stipules sont de consistance un peu scarieuse, de couleur brun-foncé, courtes, distinctes du pétiole, et soudées par leur base en un limbe à deux dents, opposé au pétiole. La foliole terminale, qui joue le rôle de limbe, est orbiculaire, surmontée par une très-petite pointe mousse, d'une couleur glauque, assez analogue à celle de plusieurs plantes du même pays, telles que les *Cleome glauca* et *glaucescens*, etc. Ces folioles sont munies sur les deux surfaces, mais surtout en dessous, de très-petits poils visibles à la loupe seulement. Leur diamètre est d'environ six lignes.

Les pédoncules partent de l'aisselle des feuilles supérieures, et atteignent un et demi à deux pouces de longueur; ils sont couverts du même duvet que la tige, et portent quelques fleurs disposées en grappe lâche. Les pédicelles sont courts, solitaires, blanchâtres. Les fleurs assez grandes paroissent, d'après le sec, avoir été de couleur rose. Leur calice est muni de deux bractéolées étroites, aiguës et un peu velues, égales à la longueur du tube: ce calice, qui est aussi un peu velu, se divise en cinq lobes étroits, acuminés et déjetés en deux lèvres, deux supérieurs ascendans, trois inférieurs presque droits. La corolle est double de la longueur du calice; l'étendard est obové, très-obtus, à peine échancré, rétréci à la base; les ailes sont plus courtes que le calice; la carène très-obtuse, à dos arrondi, à peu près égale à l'étendard. Les étamines sont diadelphes à la manière ordinaire, mais la dixième est quelquefois si bien appliquée, qu'on peut facilement les croire monadelphes, quand on les examine sèches. Leur faisceau est droit, à peine un peu courbé au sommet; les anthères ovales, à deux loges; le style est long, filiforme, flexueux: il tombe après la fleuraison, en ne laissant que sa base, qui forme une pointe au sommet du fruit. Celui-ci est une gousse à deux articles comprimés, planes, un peu velus dans leur jeunesse, hérissés de soies dans leur âge adulte, orbiculaires, égaux entre eux, et renfermant chacun une seule graine réniforme.

2°. *Taverniera spartea.*

Cette espèce est l'*Hedysarum sparteum* figuré par N.-L. Burmann, dans sa Flore de l'Inde (t. 51, f. 2), et qui est originaire de Perse; car on sait que cet auteur a réuni dans son ouvrage les plantes de la Perse avec celles de l'Inde, quoique ce soient deux régions botaniques bien distinctes. Elle a été découverte par Garcin, et l'échantillon qu'il en avoit envoyé à Burmann existe encore dans son herbier conservé chez mon ami M. B. Delessert.

J'ai peu de chose à ajouter à ce qu'on trouve dans Burmann, sinon que les pédicelles des grappes sont souvent géminés; que la fleur, quoique plus petite, ressemble tout-à-fait par sa forme à celle de l'espèce précédente : le fruit est aussi fort semblable, tout hérissé de pointes un peu rougeâtres; Burmann le dit à trois articles; je ne l'ai vu qu'à un et deux.

3°. *Taverniera lappacea.*

Je rapporte ici, d'après la description de Forskahl et de Vahl, l'*Hedysarum lappaceum* de ces auteurs; mais comme il a la fleur jaune, je conserve quelques doutes à son égard.

§ 8. *Du genre* HEDYSARUM.

Le genre *Hedysarum* a été, depuis Linné, une espèce de dépôt où l'on a rejeté, sans examen, la plupart des Légumineuses à fruit formé d'articles transversaux, et un grand nombre d'autres qui leur ressembloient un peu par la fleur, et dont on supposoit le fruit analogue. Tournefort, en séparant les espèces à un seul article, sous le nom d'*Onobrychis*, et celles à fruit cylindracé et étranglé sous celui d'*Alhagi*, avoit un peu diminué la confusion, et il a été suivi avec raison par plusieurs modernes. Dès lors, Swartz, en établissant le genre *Stylosanthes*, Walter celui du *Zornia*, Necker ceux de l'*Alysicarpus* et du *Lourea*, Thunberg celui de l'*Hallia*, Michaux celui du *Lespedeza*, Schranck celui du *Patagonium*, Roxburgh celui du *Flemingia*, Beauvois celui de l'*Ormocarpum*, Desvaux ceux de l'*Uraria*, du *Desmodium* et du *Phyllodium*, avoient diminué l'incohérence du genre de Linné; mais il restoit encore accumulées sous ce nom des espèces tellement hétérogènes, qu'à ces treize genres déjà séparés de l'*Hedysarum*, j'ai été obligé d'en joindre encore cinq autres, et de transposer plusieurs espèces.

Au milieu de cette confusion, quel est celui qui doit garder le nom primitif d'*Hedysarum?* Deux groupes se le disputent. M. Desvaux a distingué avec raison, 1°. le groupe des *Hedysarum* d'Europe ou des pays voisins, qui, entre autres caractères, ont tous le fruit à plusieurs articles, et les feuilles pennées avec impaire, et il lui a donné le nom d'*Echinolobium*; et 2°. le groupe plus nombreux, mais tout exotique, des espèces à fruit moniliforme comprimé et à feuilles simples ou à trois folioles auquel il a conservé le nom d'*Hedysarum*.

Je ne me range point à cette nomenclature par les motifs suivans : 1°. Toutes les fois qu'on est dans le cas de diviser un genre nombreux, il est d'usage et de règle de conserver le nom du genre au groupe qui l'a reçu le plus anciennement et qui comprend le plus de plantes européennes; 2°. le nom d'*Echinolobium*, proposé par M. Desvaux pour les *Hedysarum* d'Europe, est tellement impropre pour les espèces les plus communes, qui ont le fruit parfaitement lisse, que même indépendamment du premier motif, je ne saurois me résoudre à l'adopter comme nom générique; 3°. la plupart des auteurs, et récemment M. Jaume Saint-Hilaire, en séparant les Hédysarées, a conservé le nom primitif à ceux d'Europe. Je me suis donc décidé à conserver le nom d'*Hedysarum* pour le genre européen, et à admettre pour le genre exotique le nom de *Desmodium*, en étendant le sens donné à ce terme par M. Desvaux : au reste je dois dire que le nom d'*Hedysarum*, qui est tiré de Dioscoride, désigne dans cet auteur la plante que nous nommons aujourd'hui *Securigera* ou le *Coronilla securidaca* de Linné. Il a été transposé comme tant d'autres noms anciens aux plantes qui le portent aujourd'hui; aussi ne faut-il pas y rechercher la bonne odeur qu'annonce le nom primitif, créé pour une plante à fleur odorante.

Le genre *Hedysarum*, dans les limites que je lui assigne, correspond assez bien au genre décrit sous le même nom par Gærtner et M. Jaume Saint-Hilaire. Il comprend des herbes qui ont presque toutes les feuilles ailées avec impaire (1), des pédoncules axillaires, solitaires, terminés par une grappe simple et multiflore; les fleurs sont grandes, ordi-

(1) Parmi les *Hedysarum* de Linné qui ont les feuilles pennées, ceux qui les ont ailées sans impaire sont des *Adesmia*, ceux avec impaire sont ou des *Onobrychis*, quand le fruit est à un article, ou de vrais *Hedysarum*, quand il est à plusieurs.

nairement rouges ou blanchâtres, et naissent solitaires à l'aisselle des bractées. Les fleurs ont le calice divisé jusqu'au milieu en cinq lanières subulées, presque égales, ce qui les distingue des *Æschinomene*, du *Smithia*, et de tous les genres à calice labié; les étamines diadelphes, ce qui les sépare du *Poiretia*, du *Zornia* et des autres genres monadelphes; le fruit à plusieurs articles, ce qui les fait distinguer de l'*Onobrychis*, de l'*Eleiotis*, du *Flemingia*, du *Lespedeza*, qui n'en ont qu'un; de l'*Alhagi*, qui a des étranglemens et non des articles séparables. Quant aux genres à fruit composé d'articles séparables et qui s'en rapprochent, l'*Hedysarum* diffère du *Lourea* et de l'*Uraria* par son fruit droit et non replié en zig-zag, du *Nicolsonia* par son calice quinquefide, et non quinquepartite, de l'*Alysicarpus* et de l'*Ormocarpum* par ses fruits comprimés et comme aplatis, à articles orbiculaires, du *Dicerma* par son calice à cinq et non à quatre lobes; du *Desmodium* et du *Taverniera* par son calice à lanières subulées, souvent presque aussi longues que la corolle, et surtout par sa carène qui est comme tronquée au sommet, ce qui entraîne une courbure abrupte du faisceau des étamines, caractère qui le distingue à la fois de presque tous les genres de la famille, sauf l'*Onobrychis*.

Ce genre se divise en deux sections très-naturelles. La première, à laquelle je donne le nom d'*Echinolobium* employé par M. Desvaux comme générique, qui a les gousses hérissées, et qui se sous-divise en trois petites séries : 1°. les herbes d'Orient, sans tige apparente, et dont le fruit est composé d'articles qui portent sur leur face de petits tubercules ou des pointes très-courtes : tels sont les *H. grandiflorum*, *argenteum* et *candidum*. Le nom des deux dernières indique les poils soyeux et blanchâtres dont la surface des feuilles est couverte.

2°. Celles dont le fruit a les articles hérissés d'aiguillons, et dont la tige est très-apparente; tels sont, entre autres, les *H. coronarium, spinosissimum*, etc.

3°. Celles dont le port s'approche des précédentes, dont le fruit n'est pas hérissé d'aiguillons, mais un peu ridé, et plus ou moins velu; tels sont les *H. Tauricum, fruticosum*, etc.

Le *Leiolobium*, ou la seconde section de mon genre *Hedysarum*, diffère des trois subdivisions précédentes par le fruit complètement lisse, sans poils ni sans aiguillons. C'est ici que se placent les *H. obscurum*, *Sibiricum*, *Caucasicum* et *boreale*, etc.

Il reste à reconnoître la place de l'*H. lineare* de Loureiro, qui, d'après la description, paroît tout-à-fait étranger au genre sous lequel il a été décrit, et l'*H. uniflorum* de Lapeyrouse, dont la description, inintelligible à plusieurs égards, annonceroit, si elle est exacte, une plante étrangère à ce genre.

§ 9. *Du genre* ONOBRYCHIS.

Tournefort avoit très-bien distingué de l'*Hedysarum* l'Esparcette ou *Onobrychis* comme genre caractérisé par son fruit monosperme, garni de crêtes ou d'aiguillons. Cette distinction, quoique simple et naturelle, n'a point été suivie par Linné; mais dès lors Gærtner, Lamarck, Desvaux, l'ont de nouveau consacrée, et je la conserve aussi, sans aucun doute, comme je l'avois fait dans la Flore française.

L'*Onobrychis* ressemble à l'*Hedysarum* par son calice à

cinq lanières aiguës, à peu près égales, distinctes dès le milieu de la longueur, par sa carène tronquée obtusément, par ses étamines diadelphes, par ses feuilles pennées avec impaire, et par ses fleurs en épis ou grappes spiciformes, qui naissent solitaires à l'aisselle de chaque bractée; mais il en diffère par son fruit qui n'a jamais qu'un seul article, et qui est chargé sur le dos de crêtes saillantes, et sur les faces d'aiguillons plus ou moins prononcés : double circonstance qui lui donne un aspect irrégulier. Ce fruit ne renferme qu'une graine à la maturité, mais on y trouve souvent deux ovules dans le premier âge.

Les espèces d'*Onobrychis*, aujourd'hui au nombre de vingt-cinq, se divisent en quatre sections.

1°. Les *Onobrychis* proprement dites, que je nomme *Eubrychis*, pour rappeler l'excellence du fourrage qu'elles fournissent, ont la gousse oblique, ridée ou chargée d'aiguillons sur les côtés prolongés par le dos, ou en dents, ou en une crête interrompue. C'est ici qu'appartiennent les *O. sativa*, *montana*, *Crista-galli*, etc.

2°. Les espèces dont la gousse est courbée en faucille, ridée ou tuberculeuse sur les côtés, et dont le dos se prolonge en une aile large et membraneuse, qui entoure presque tout le fruit. Je leur ai donné le nom d'*Hymenobrychis*, pour indiquer leur caractère et leur rapport avec l'*Hymenocarpos*, section des *Medicago*. Ce rapport est très-frappant, mais les rides latérales de la gousse et la forme de la carène distinguent bien ces deux groupes. C'est ici qu'il faut rapporter les *O. Pallasii*, *Tournefortii*, *Michauxii*, *DC. radiata*, *ornata*, *venosa* et *Ptolemaïca*.

3°. La section que je nomme *Dendrobrychis* se distingue très-bien des précédentes, soit par le port, car l'espèce qui lui sert de type, l'*Hedysarum cornutum* de Linné, est un petit sous-arbrisseau très-rameux et très-épineux, soit par la fructification, parce que la gousse est lisse, dépourvue et d'aiguillons et de crêtes. Peut-être faudra-t-il classer ici l'*Hedysarum pumilum* de Linné.

4°. Je classe provisoirement sous le nom d'*Echinobrychis* deux espèces de l'Inde (les *H. rotundifolium* de Vahl et *cuneifolium* de Roth), dont la gousse est monosperme et hérissée d'aiguillons comme celle de nos *Onobrychis*, mais dont les feuilles sont simples, et qui formeront probablement un genre particulier lorsqu'elles seront mieux connues.

§ 10. *Du genre* ELEIOTIS.

L'herbe de l'Inde orientale, d'après laquelle j'établis ce genre, a été désignée par Linné sous le nom d'*Hedysarum sororium*; mais Willdenow en a fait un *Hallia*, Desvaux un *Onobrychis*, et une espèce très-voisine a été décrite comme une Lentille par Petiver, et comme un *Glycine* par N.-L. Burmann. Cette diversité d'opinion prouvoit presque à elle seule que la plante devoit former un genre particulier. C'est ce que son examen a confirmé, et je lui ai donné le nom d'*Eleiotis*, pour rappeler celui d'Oreille de Loir, que Burmann, d'après Out. Gærden, dit être son nom vulgaire dans l'Inde. L'*Eleiotis* a des rapports avec l'*Onobrychis*, mais il en diffère 1°. par son calice tronqué, et qui offre à peine cinq rudimens de dents obtuses; 2°. par sa gousse comprimée, demi-ovale, et complètement dépourvue de toutes pointes, crêtes ou aspérités.

Elle s'en éloigne surtout par son port qui s'approche de celui du *Desmodium reniforme*, dont le fruit est très-différent. C'est une herbe qu'on dit vivace, et dont la surface est glabre, excepté le long des pédicelles et des pédoncules, où l'on voit à la loupe de petits poils qui paroissent un peu glanduleux; la tige est foible, grêle, triangulaire; les stipules sont ovales, oblongues, distinctes du pétiole, et non soudées entre elles. Les folioles ont à leur base de très-petites stipelles; elles sont solitaires au sommet du pétiole, ou ailées avec une paire de folioles latérales, et une impaire : elles sont couvertes en dessous de petits poils épars et couchés; les grappes des fleurs sont axillaires, simples, lâches, pédonculées, les pédicelles filiformes, géminés à l'aisselle d'une bractée large, ovale, concave, un peu striée en long, et qui tombe de très-bonne heure. Les fleurs sont fort petites, de couleur rouge.

Le calice est en cloche, tronqué, à cinq dents obtuses extrêmement petites; la corolle papilionacée, à étendard obové, à carène obtuse; les étamines diadelphes, persistantes; la gousse est membraneuse, monosperme, comprimée, presque plane, demi-ovale, pointue aux deux bouts, à suture supérieure plane, l'inférieure convexe; les faces ni les bords ne portent aucune crête ni aucune pointe comme dans la plupart des *Onobrychis*. Linné dit que ce fruit est sinué du côté inférieur comme s'il étoit à deux articles, mais tous les autres observateurs ont vu la gousse à un seul article; et c'est ainsi qu'elle se présente à moi dans trois échantillons que j'ai sous les yeux, et dans quatre autres que j'ai vus dans les collections.

J'ai sous les yeux trois échantillons de cette plante dont on pourroit, à toute rigueur, faire trois espèces, mais que je crois devoir considérer comme les types de deux espèces distinctes, que j'établis comme suit :

1. Eleiotis monophylla : *foliis 1-foliolatis, foliolo orbiculato subemarginato* ♃. *Hab. in Indiâ orient.*

α. hebecarpa, *leguminibus puberulis. Glycine monophyllos,* Burm. ind. 161, t. 50, f. 2. (V. s. in h. Deless.)

β. leiocarpa, *leguminibus glabris. Lens Maderaspatana nummulariæ folio.* Pet. Gaz. t. 32, f. 1 (v. s.)

Cette espèce, assez bien figurée par Burmann et Petiver, a des pétioles longs de trois lignes et terminés par une foliole orbiculaire, à peine un peu échancrés aux deux extrémités, et qui a cinq à six lignes de diamètre.

2°. Eleiotis sororia : *foliis pinnatim 3-foliolatis, 2 lateralibus minimis infrà medium petioli ortis, terminali maximo suborbiculato utrinque emarginato.* ♃ *In Indiâ orient. Hedysarum sororium.* Linn. mant. 270. Poir. dict. 6, p. 403? *Hallia sororia.* Willd. Sp. 3, p. 1170. *Onobrychis sororia* Desv. Journ. Bot. 3, t. 6, f. 31, 1814, 1, p. 60 (v. s.)

J'ai long-temps hésité si je devois considérer cette plante comme une simple variété de la précédente, mais je me suis décidé à la décrire comme une espèce, soit par ce qu'elle a trois folioles, soit parce que la terminale, quand on la supposeroit seule, seroit encore reconnoissable. La feuille est véritablement ailée avec impaire, mais à une seule paire de folioles : celles-ci sont oblongues ou un peu elliptiques, très-petites (deux à trois lignes de longueur), et prennent naissance si près de la base du pétiole, que je ne serois pas étonné que plusieurs de ceux qui ont dit que leur plante n'avoit qu'une foliole ne les eussent négligées, et c'est, je crois, le cas de M. Poiret, ou considérées comme des stipules, ce qui est le cas de Linné, ou prises pour de jeunes pousses axillaires; mais ces folioles tiennent certainement au pétiole à une ligne environ au-dessus de sa base, qui est calleuse, et les stipules coexistent avec elles, mais elles sont situées sur la tige. La foliole terminale est presque orbiculaire, mais plus large que longue, et échancrée en cœur à la base et au sommet. Elle a huit lignes, c'est-à-dire le double du pétiole de longueur, et onze à douze lignes de largeur; sa surface supérieure paroît marquée de taches blanchâtres.

C'est la double échancrure de cette foliole terminale qui, lui donnant l'apparence d'être formée de deux folioles soudées, a valu à la plante l'épithète de *sororium;* mais si cette opinion est très-admissible, et je crois même démontrée, quant au *Bauhinia,* elle est ici plus que douteuse, soit parce que cette foliole est munie de deux stipelles à sa base, ce qui annonce qu'elle est analogue à toutes les folioles terminales des Hédysarées, soit parce qu'elle a les nervures pennées, et non palmées comme dans les *Bauhinia.* On ne doit donc prendre le nom de *sororia* que comme une simple métaphore.

§ 11. *Du genre* EBENUS.

Ce genre a été établi par Linné : dans la suite Lamarck et Willdenow l'ont réuni aux *Anthyllis,* et Vahl sembloit disposé à le confondre avec les *Hedysarum*. Cette diversité même indiquoit déjà que le genre de Linné devoit être conservé : il se distingue en effet des *Anthyllis* par des caractères bien tranchés, savoir, 1°. son calice est divisé au-delà du milieu en lobes acérés qui égalent la longueur de la corolle; 2°. les ailes sont extrêmement courtes, et atteignent à peine la longueur du tube du calice. Le port de ces plantes est aussi très-différent : les *Ebenus* sont des herbes ou des sous-arbrisseaux à feuilles pennées avec une foliole impaire, sessile et égale aux autres. Les stipules sont distinctes du pétiole. Les pédoncules qui naissent des aisselles des feuilles portent des épis serrés de fleurs rouges.

Par le port on est tenté de rapprocher les *Ebenus* des *Hedysarum*, et les étamines monadelphes, qui ont engagé à les réunir aux *Anthyllis*, se retrouvent dans plusieurs genres d'Hédysarées. La brièveté des ailes de la corolle est un caractère frappant qu'on ne retrouve guère que dans les *Hedysarum*, les *Onobrychis* et l'*Ebenus*, et motive leur rapprochement.

On ne compte d'ordinaire que deux espèces dans ce genre, savoir : l'*E. cretica*, sur lequel je n'ai rien à ajouter, et l'*E. pinnata*, qui renferme, selon moi, deux espèces, savoir : 1°. le vrai *E. pinnata* de Desfontaines, qui est l'*Hedysarum sericeum* de Vahl et l'*Anthyllis sericea* de Willdenow; 2°. l'*Ebenus pinnata* de Sibthorp, que je nomme *E. Sibthorpii*, voy. pl. 53. En comparant les échantillons provenant de M. Desfontaines et de Sibthorp, j'y trouve les différences suivantes, savoir, que l'*E. pinnata* de Barbarie a la tige garnie de poils mous et étalés, tandis que l'*E. Sib-*

thorpii, qui croît sur les montagnes de l'Athos et du Parnasse, a la tige couverte d'une pubescence courte et couchée ; le premier a l'épi ovale ; le deuxième l'a sphérique. La corolle du premier est plus courte que le calice ; celle-ci est égale à la longueur du calice. Le premier a une bractée ovale, concave sous chaque fleur ; la deuxième a une espèce d'involucre composé de trois, quatre bractées à la base de l'épi.

§ 12. *Du genre* BREMONTIERA.

Parmi les plantes qui ont été rapportées de l'Ile-de-France par Cossigny, et je crois aussi par Commerson, il se trouve des rameaux d'un arbuste qui y est désigné sous le nom de *Bois de Sable*, et que j'ai aussi retrouvé dans l'herbier de Ceylan de Burmann. Ces échantillons sont dans plusieurs collections sous le nom de *Mullera*, mais ne peuvent, en aucune manière, appartenir à ce genre ; car outre une extrême différence dans le port, le *Mullera* a les étamines monadelphes, et le Bois de Sable les a diadelphes ; le fruit du *Mullera* est étranglé, mais non articulé entre les graines, tandis que celui du Bois de Sable est réellement articulé ; enfin le premier a les graines réniformes, et le deuxième les a ovales ; le calice du premier se coupe en travers à sa base, ce qui n'arrive point au second ; le premier a les feuilles ailées avec impaire, et le deuxième les a simples, etc.

Il est aisé d'affirmer, d'après ces caractères, que les plantes de l'Ile-de-France et de Ceylan ne sont pas du genre *Mullera*, et leur fruit articulé les place sans aucun doute parmi les Hédysarées. Mais on ne peut les réunir à aucun des genres admis dans cette tribu. Obligé de créer un nom nouveau, j'ai été entraîné par ce nom de Bois de Sable, que porte la plante à l'Ile-de-France, à donner à ce genre celui de *Bremontiera*, pour rappeler les services éminens que l'habile ingénieur Bremontier a rendus à l'agriculture en indiquant les moyens de fixer et de fertiliser les sables maritimes par des semis de forêts de Pins.

Le genre *Bremontiera* a pour caractères distinctifs, un calice campanulé, presque tronqué, à cinq dents très-petites, pointues et écartées; une corolle papilionacée trois fois plus longue que le calice; des étamines diadelphes à la manière ordinaire (9 et 1); une gousse composée de plusieurs articles monospermes à peine comprimés, tronqués aux deux extrémités, munie de sutures légèrement proéminentes; des graines ovées, à style latéral, à radicule courbée sur la commissure des lobes, à cotylédons foliacés, ovales, oblongs.

L'arbrisseau que je rapporte à ce genre a toute la surface des jeunes branches et des feuilles couvertes d'un duvet pubescent, court, serré, appliqué et blanchâtre. Ses feuilles sont simples, oblongues, entières, obtuses; les branches sont un peu anguleuses dans leur jeunesse, puis cylindriques. Les stipules sont très-petites, pointues, non scarieuses; les pédoncules naissent des aisselles des feuilles, sont plus courts qu'elles, et portent une grappe simple, à pédicelles courts et uniflores. Les corolles paraissent purpurines d'après le sec.

Les échantillons de l'Ile-de-France et de Ceylan m'ont paru tout-à-fait semblables, quant aux feuilles et aux fleurs; mais ils offrent une légère différence dans la fruit. La gousse des échantillons de l'Ile-de-France, conservée dans l'herbier de M. de Jussieu, offre douze à quatorze articles : celle de Ceylan, qui est très-bien figurée par J. Burmann à la pl. 82 de ses plantes de Ceylan, sous le nom d'*Ornithopodium Zeilanicum lavandulæ folio flosculis rubellis*, n'en offre que cinq. J'ignore si cette différence est constante, et par conséquent je ne puis affirmer si ces deux plantes sont distinctes, ou si on doit les considérer comme variétés de la même. Dans cet état de choses, considérant celle de l'Ile-de-France comme le type, j'ai pris son nom vulgaire pour nom spécifique, et je crois pouvoir établir l'espèce comme suit :

BREMONTIERA AMMOXYLON : DC. ♄.

α. leguminis articulis 12-14. *Hab. in Ins. Mauritii ubi dicitur* Bois de Sable.

β. leguminis articulis 5. *Hab. in Ins. Ceylonâ.* Burm. Zeyl. t. 82.

Je terminerai en faisant remarquer que dans la plupart des herbiers où j'ai rencontré la variété ou espèce de l'Ile-de-France elle y portoit le nom de *Mullera verrucosa*. J'ai déjà montré l'inexactitude du premier ; le nom d'espèce est fondé sur une erreur plus grande. Le vrai *Mullera verrucosa* de Persoon, que j'ai pu retrouver dans l'herbier de M. Richard où il est cité, paroît presque certainement être l'*Ormocarpum verrucosum* de Beauvois. Quant à notre *Bremontiera*, les petites verrues noires qu'on voit sur les feuilles de la plupart des échantillons des herbiers sont dues à un *Puccinia* parasite dont elles sont attaquées : je n'ai point cherché encore à comparer au microscope ce *Puccinia* avec les autres espèces ; mais il y a peu de doute, à la vue simple, que le *Puccinia* de la Bremontière constituera une espèce particulière.

HUITIÈME MÉMOIRE.

REVUE

DE LA

TRIBU DES VICIÉES.

§ I. *Des Viciées en général.*

La tribu des Viciées est si parfaitement déterminée par Adanson et par Bronn que je n'ai à peu près rien à dire à son égard.

Ses caractères essentiels parmi les Papilionacées sont : 1°. d'avoir les cotylédons charnus qui ne se changent jamais en feuilles, et restent à la germination enfermés dans le spermoderme, et cachés sous terre ; 2°. d'avoir les feuilles primordiales alternes, et jamais opposées ; 3°. d'avoir les feuilles ailées sans impaire avec le pétiole commun, prolongé en vrille tantôt très-courte et sétiforme, tantôt tortillée ou rameuse.

Quant aux genres qui doivent former cette section, j'y admets tous ceux indiqués par Adanson ; mais on doit en

44.

exclure le genre *Arachis* que M. Bronn y a rapporté, et qui, ayant l'embryon droit, entre dans les Césalpinées.

Les rapports des Viciées avec les autres tribus des Légumineuses sont assez multipliés : ainsi, 1°. elles ont de la ressemblance avec les Hédysarées par l'intermédiaire du genre *Adesmia*, qui a les feuilles ailées sans impaire, comme le *Vicia*, et le fruit articulé, comme le *Desmodium* et l'*Æschinomene*; 2°. elles ont de fortes analogies avec les Phaséolées, qui, en général, s'en distinguent 1°. par leurs cotylédons sortant ordinairement de leur enveloppe, et s'élevant hors de terre à la germination. Cependant quelques genres de Phaséolées, tels que le *Cajanus*, ont une germination semblable à celle des Viciées; 2°. les Phaséolées se distinguent surtout de celles-ci par leurs feuilles primordiales opposées; 3°. par leurs folioles en nombre impair, et le pétiole terminé par une foliole et non par une vrille; 4°. les Viciées ont quelques rapports avec le genre *Entada* parmi les Mimosées, car ce genre a, comme les Viciées, des feuilles ailées sans impaire, et terminées en vrille, une tige volubile, des cotylédons charnus, cachés sous terre et dans le spermoderme à la germination, et des feuilles primordiales alternes. L'embryon droit et l'estivation valvaire des pétales de l'*Entada* le distinguent sans ambiguité; 5°. quelques Césalpinées, telles que l'*Arachis*, ont aussi des rapports avec les Viciées par la structure des feuilles et la germination, mais leur embryon droit ne permet pas de les rapprocher.

Cette tribu se compose des genres *Vicia*, *Faba*, *Ervum*, *Lathyrus* et *Orobus*, sur lesquels je n'ai rien de nouveau à observer quant aux caractères génériques, et du genre *Cicer*, dont je dirai ici quelques mots.

§ 2. *Du genre* CICER.

Le genre *Cicer*, d'après sa germination (voy. Mém. 2ᵉ., p. 102, f. 73), paroît appartenir, sans aucun doute, à la tribu des Viciées; mais il s'en écarte cependant par quelques particularités de son feuillage, qui méritent d'être mentionnées. On a coutume de dire que le *C. arietinum* a les feuilles ailées avec impaire; mais il n'est pas rare de trouver sur les mêmes individus, surtout vers le haut de la plante, des feuilles ailées sans impaire, et dont le pétiole se termine en une vrille courte et simple. La même chose a lieu, et d'une manière plus prononcée dans une deuxième espèce, le *Cicer Songaricum* de Stephan : ici les feuilles inférieures seules ont la foliole terminale et toutes les supérieures ont les feuilles ailées sans impaire, et le pétiole terminé en vrille plus allongée que dans le Pois-chiche. Ainsi l'exception que celui-ci sembloit faire au caractère ordinaire des Viciées disparoît presque entièrement.

Le *Cicer Songaricum* tend encore à modifier le caractère classique du genre : le calice a les sépales soudés jusques au tiers environ de leur longueur en un tube plus ou moins relevé en bosse à la base du côté supérieur sous l'étendard : cette bosse est peu marquée, mais existe cependant dans le *C. arietinum* ; elle est très-prononcée et proéminente dans le *C. Songaricum*. Quelques naturalistes, dont l'opinion est d'un grand poids, avoient cru qu'il seroit nécessaire de séparer ce dernier comme genre distinct, mais je n'ai su me ranger à cette opinion, eu égard à l'extrême analogie du port et de l'existence, quoique à un foible degré, du même caractère dans le *C. arietinum*. Les lobes de ce calice sont étroits, allongés, au nombre de cinq, mais disposés un peu différemment dans les deux espèces. Dans le *C. Songaricum* le calice est évidemment à deux lèvres, savoir, la supérieure à deux lobes très-peu soudés par la base et placés sous l'étendard, et l'inférieure à trois lobes, dont les deux latéraux sont assez divergens de l'inférieur. Dans le *C. arietinum*, la même structure se présente, excepté que les deux lobes latéraux sont plus rapprochés de la lèvre supérieure, de manière qu'il semble y avoir quatre lobes formant la lèvre supérieure, et un à l'inférieure. Les lobes du calice atteignent la longueur des ailes de la corolle dans le *C. arietinum*, et n'atteignent pas tout-à-fait la longueur de la carène dans le *C. Songaricum*, qui a la fleur deux fois plus grande que le précédent.

Le pédoncule des *Cicer* naît de l'aisselle, et porte une fleur vers son extrémité. Dans le *C. arietinum* on trouve une petite bractéole vers le milieu ou à peu près de la longueur du pédoncule; et à ce point celui-ci est comme fléchi et articulé, ou plutôt le pédoncule porte à son sommet un long pédicelle uniflore naissant à l'aisselle d'une bractée. Dans le *C. Songaricum* le pédoncule est plus roïde, plus long, porte, vers les trois quarts de sa longueur, une petite bractée à l'aisselle de laquelle sort un pédicelle uniflore, court et latéral; le pédoncule lui-même se prolonge au-delà en une pointe un peu roide et sans fleur : ce phénomène est semblable à celui que présentent les pédoncules aristés des *Ononis*, et ce n'est pas le seul rapport qu'offrent ces deux genres. Les dentelures aiguës des folioles des stipules de *Cicer*, la forme de leurs poils, la disposition de leurs fleurs, la forme même de leur calice et de leur corolle, et l'apparence de leur fruit ne rappellent pas mal certaines espèces d'*Ononis*, et surtout celles à feuilles ailées. L'épaisseur des cotylédons et le mode de germination des *Cicer* est le caractère qui les distingue le mieux des *Ononis*. Je joins ici la figure du *Cicer Songaricum*, mais je me dispense d'en donner la description, vu que je viens d'indiquer ses caractères principaux. Je possédois un échantillon en fruit de cette espèce, recueilli en Perse par Michaux ; dès lors j'ai eu occasion d'en voir un bel échantillon en fleurs, qui fait partie de l'herbier de M. Prescott, et qui a été recueilli par Stéphan dans la Songarie (partie de la Tartarie, très-voisine de la Perse). C'est ce dernier qui a servi pour la figure ci-jointe, achevée d'après une esquisse que je dois à l'amitié de M. Fischer.

NEUVIÈME MÉMOIRE.

REVUE

DE LA

TRIBU DES PHASÉOLÉES.

§ I. *Des Phaséolées en général.*

La tribu des Phaséolées correspond, avec quelques modifications, à celle établie par Adanson sous le nom de *Phaseoli*, et aux Phaséolées de M. Bronn.

Elle appartient aux vraies Papilionacées, et se distingue en particulier des Sophorées par ses étamines diadelphes ou monadelphes ; des Hédysarées par ses gousses non articulées en travers ; de ces deux tribus et des Lotées par ses cotylédons charnus. Si on la compare aux autres Papilionacées à cotylédons épais, elle diffère 1°. des Viciées par ses folioles toujours en nombre impair, par ses pétioles qui ne sont jamais terminés en vrilles, et surtout parce qu'à la germination elle offre ou des cotylédons sortant le plus souvent du spermoderme et s'élevant hors de terre, ou à la surface du sol, et toujours des feuilles primordiales opposées. 2°. Elle diffère des Dalbergiées parce que sa gousse est à deux valves, à deux ou plusieurs graines, et s'ouvre d'elle-même à la maturité. Ce caractère, quoique suffisant pour un diagnostic artificiel, n'est peut-être pas assez important pour autoriser la formation d'une tribu naturelle; mais d'un côté les Dalbergiées étant presque toutes des arbres et non des herbes ou des arbrisseaux volubiles, leur port tend à confirmer cette séparation; de l'autre la germination des Dalbergiées étant peu ou point connue, il m'a paru plus prudent de les conserver isolées, jusqu'à ce que cette partie de leur histoire vienne éclairer leur classification.

La tribu des Phaséolées contient quelques genres qui sont de simples démembremens des genres *Glycine* et *Dolichos*, dans lesquels on avoit aggloméré, sans aucune critique, une multitude d'objets disparates.

Les principales différences que ces genres présentent sont tirées des circonstances suivantes, soit quant aux organes de la végétation, soit quant à ceux de la reproduction.

1°. La tige est le plus souvent volubile, mais on trouve quelques genres et espèces à tige dressée : ce caractère se trouve fréquemment dans des genres très-voisins ou dans des espèces de même genre; souvent la même espèce offre une tige droite avec des rameaux volubiles, et l'âge tend encore à modifier cette apparence. On ne peut donc attacher aucune importance générale à ce caractère tout-à-fait spécifique parmi les Phaséolées, et on peut remarquer seulement que presque toutes ont une tendance manifeste à être plus ou moins sarmenteuses et grimpantes.

2°. La forme des feuilles et la disposition des folioles présentent de grandes diversités; on en trouve de simples comme dans quelques *Rhynchosia*, d'ailées avec impaire à une ou plusieurs paires de folioles latérales dans les vraies Phaséolées, mais elles ne sont jamais ailées sans impaire. Le genre *Abrus*, que j'y réunis provisoirement, fait seul exception à cette règle.

3°. Certains genres ont les folioles munies de stipelles à leur base, et presque toujours alors le calice est muni à sa base de deux bractéoles.

4°. Le calice est en réalité toujours formé de cinq sépales soudés, mais il se présente sous divers états; tantôt les cinq dents ou lobes sont tous distincts et à peu près égaux; quelquefois les deux lobes supérieurs se distinguent des trois inférieurs parce qu'ils sont ou plus courts, ou plus grands, ou plus ou moins soudés ensemble : dans ces deux cas on a coutume de dire que le calice est à deux lèvres; quand les deux lobes supérieurs sont soudés jusque près du sommet, on dit que la lèvre supérieure est à deux dents, ou que le calice est à quatre lobes dont un a deux dents; enfin il arrive souvent que les deux lobes supérieurs sont complètement soudés jusques au sommet, et alors on dit simplement que le calice est à quatre lobes. Toutes ces différences admises dans les caractères génériques reposent donc essentiellement sur le degré plus ou moins grand de la soudure des deux lobes supérieurs.

5°. Les étamines sont presque toujours diadelphes à la manière ordinaire des Papilionacées (9 et 1), rarement monadelphes.

6°. La forme de la corolle toujours papilionacée offre, dans diverses Phaséolées, quelques particularités notables. C'est ainsi que la carène des Haricots est remarquable parce qu'elle se tortille en spirale, et que l'étendard porte, dans les *Dolichos,* deux bosses calleuses sur le côté intérieur.

7°. La gousse se compose toujours de deux valves oblongues ou linéaires et déhiscentes; les principales différences tiennent à ce que ces valves sont planes ou concaves, qu'elles portent quelquefois entre les graines une zone transverse de tissu cellulaire qui forme des espèces de fausses cloisons, qu'à l'extérieur elles portent quelquefois des nervures ou même des ailes saillantes parallèles à la suture séminale. Dans quelques genres la suture supérieure elle-même se prolonge en une aile étroite, qui pourroit bien être le rudiment d'un second carpelle avorté.

8°. Les graines des Phaséolées sont en général remarquables par leur test lisse et coloré; elles diffèrent entre elles par la forme globuleuse, ovoïde ou oblongue. L'exemple des variétés de Haricots prouve que ces caractères ont peu de valeur : on doit en attacher davantage à la forme de la cicatricule ovale, oblongue ou même linéaire, et occupant une grande partie du pourtour de certaines graines. Ces caractères ont été heureusement employés pour distinguer les genres qui avoient été confondus sous le nom de *Dolichos.*

9°. L'épaisseur des cotylédons, quoique en général remarquable dans cette tribu, présente beaucoup de variétés : tantôt ils sont très-épais, ne deviennent jamais verts et restent enfermés dans le spermoderme comme on le voit dans le Cajan; tantôt ils sont épais, charnus, incapables de verdir, mais sortent du spermoderme à la germination, comme on le voit dans le Lupin, si toutefois ce genre doit rester parmi les Phaséolées.

Les genres que je place parmi les Phaséolées sont les suivans:

Abrus, qui tient le milieu entre les Viciées et les Phaséolées, ayant les feuilles ailées sans impaire, des Viciées avec les graines et la germination des Phaséolées.

Sweetia, genre détaché des *Galega*, et dont je parlerai ci-après, § 2.

Le *Macranthus* de Loureiro.

Le *Rothia* de Persoon, ou *Dillwynia* de Roth.

Le *Teramnus* de P. Browne et de Swartz.

L'*Amphicarpœa*, genre détaché des *Glycine*, et dont je parlerai, § 3.

Le *Kennedya*, mentionné § 4.

Le *Rhynchosia*, dont j'ai aussi parlé à l'occasion des *Glycine* dont il est détaché, et que je décrirai § 5.

Le *Fagelia*, mentionné de même, § 6.

Le Wisteria, idem, § 7.

L'*Apios*, idem, § 8.

Le *Phaseolus* de Linné.

Le *Soja* de Mœnch, dont je parlerai ci-après parmi les genres détachés du *Dolichos*.

Le *Dolichos*, débarrassé de plusieurs espèces d'après les observations de MM. Du Petit-Thouars et Savi. J'en traite § 9 ainsi que des suivans :

Le *Vigna* de Savi.

Le *Lablab* d'Adanson.

Le *Pachyrhisus* de Richard.

Le *Parochetus* d'Hamilton, qui paroît très-voisin du précédent, mais dont je ne connois qu'une description trop abrégée.

Le *Dioclea* de Kunth, et non de Sprengel.

Le *Psophocarpus* de Necker, ou *Botor* d'Adanson.

Le *Canavalia* de Du Petit-Thouars, ou *Malocchia* de Savi.

Le *Mucuna* d'Adanson.

Le *Cajanus* d'Adanson, aussi décrit par moi dans le catalogue du jardin de Montpellier.

Le *Lupinus*, qui, à certains égards, se rapproche aussi un peu des *Crotalaria*, mais qui rompt la série où on le place.

Le *Cylista* d'Aiton.

L'*Erythrina* de Linné.

Le *Rudolphia* de Willdenow, qui, par ses rapports avec le *Butea*, lie cette section avec les Dalbergiées.

§ 2. *Du genre* SWEETIA.

Deux espèces de Légumineuses grimpantes, décrites et figurées par Jacquin, sous le nom de *Galega*, mais qui n'appartiennent sûrement pas à ce groupe, forment le genre auquel j'ai donné le nom de *Sweetia*, en le consacrant à M. Robert Sweet, botaniste anglais, auquel la science est redevable d'une bonne monographie des Géraniacées, et de quelques autres ouvrages précieux pour la botanique des jardins.

Les *Sweetia* diffèrent des *Galega* et des *Tephrosia* par leur calice à quatre lobes presque égaux. Ce caractère les rapproche des Phaséolées chez lesquels il est fréquent, et leur port est tout-à-fait d'accord avec cette indication. Parmi les Papilionacées à calice quadrifide, les *Sweetia* ont surtout des rapports avec les *Galactia*, mais s'en distinguent surtout par leur calice nu et non muni de deux bractéoles à sa base, par leur carène dont les pétales sont soudés excepté à l'onglet, et par leur gousse très-comprimée.

Ce sont des sous-arbrisseaux très-grêles et volubiles, tous originaires des Antilles. Leurs feuilles sont ailées avec impaire, à trois folioles oblongues, couvertes, ainsi que la tige, de poils mous, courts et couchés. Elles n'ont point de stipelles à leur base, mais on trouve des stipules menues, et en forme d'alêne à la base des pétioles qui sont assez courts. Les pédoncules sont axillaires, filiformes, chargés de deux à quatre fleurs. Celles-ci sont petites, de couleur purpurine; leur calice est aminci à sa base, divisé jusqu'à la moitié en quatre lobes acuminés, lancéolés, presque égaux. La corolle a son étendard cunéiforme; les étamines sont diadelphes; l'ovaire sessile. Le style glabre et filiforme; les gousses sont linéaires, comprimées, pubescentes, polyspermes, uniloculaires. Je ne connois pas assez bien la germination pour affirmer s'il appartient aux Lotées ou aux Phaséolées.

Je rapporte à ce genre :

1° Le *S. longifolia*, bien figuré par Jacquin à la planche 572 de ses *Icones rariores*.

2°. Le *S. filiformis*, figuré de même à la planche 573 de l'ouvrage cité.

3°. J'y joins avec doute le *Glycine lignosa*, indiqué par M. Turpin dans l'*Enchiridium* de M. Persoon, et dont j'ai vu un échantillon sans fleurs dans l'herbier du Muséum de Paris.

§ 3. *Du genre* AMPHICARPÆA.

Ce genre a été établi en 1818 par M. Elliot, sous le nom d'*Amphicarpa*, et adopté par M. Nuttall. Nous apprenons par eux que M. Rafinesque l'a aussi désigné sous le nom de *Savia*, mais il existe un autre genre dédié à Savi, et par conséquent le nom d'Elliot doit être conservé, quoique sa désinence adjective soit une objection. C'est pour la lever que je l'ai modifié en *Amphicarpæa*. Il se compose de deux herbes annuelles de l'Amérique septentrionale, à tiges volubiles, à feuilles composées d'une paire de folioles latérales et d'une terminale écartée des autres. Les grappes sont axillaires; les pédicelles géminés à l'aisselle de chaque bractée; les fleurs offrent assez habituellement le phénomène qu'on retrouve dans quelques autres Légumineuses, qu'elles sont souvent sans pétales; celles du haut de la tige stériles, et les radicales fertiles. Leur calice est dépourvu de bractéoles à sa base, en forme de cloche, à quatre dents presque égales et obtuses. La corolle a ses pétales oblongs, avec un étendard large et presque sessile. Le style est filiforme, en tête; le pédicelle qui supporte l'ovaire est entouré par une gaîne cylindrique due au prolongement du torus. La gousse est comprimée, stipitée, à une loge, à graines peu nombreuses, savoir de une à quatre.

C'est à ce genre qu'on doit rapporter 1°. l'*A. monoïca*, ou *Glycine monoïca* de Linné, dont il ne paroît pas que les *G. bracteata* et *comosa* soient différens.

2°. L'*A. sarmentosa* ou *Glycine sarmentosa* de Roth,

bien figuré par Schkuhr sous le nom inexact de *Glycine monoïca*, et dont il ne paroît pas qu'on puisse séparer le *G. heterocarpa* d'Hegetsweiler, le *G. elliptica* de Smith, ni peut-être le *G. pilosa* d'Hornemann.

§ 4. *Du genre* KENNEDYA.

Ce genre a été primitivement établi par Mœnch en 1802, sous le nom de *Caulinia*; mais comme dès-lors, dans l'injuste oubli où étoient restés les ouvrages de cet auteur, le nom de *Caulinia* a été donné par M. Willdenow et par moi à deux autres genres, et que M. Ventenat a donné à celui-ci le nom de *Kennedya*, qui est universellement admis, je crois devoir le conserver, sans dissimuler cependant sa vraie origine.

Le *Kennedya* est composé de sous-arbrisseaux grimpans, tous originaires de la Nouvelle-Hollande, à feuilles à une ou trois folioles, à fleurs rouges ou violettes, dont l'étendard est taché vers la base. Comme genre il se distingue par son calice à deux lèvres, l'une à deux, l'autre à trois dents égales, et par son fruit linéaire divisé entre les graines par des espèces de fausses cloisons de tissu cellulaire. Je n'ai pas eu occasion de voir sa germination, et ce n'est qu'avec doute que je le place parmi les Phaséolées.

Outre les six espèces décrites sous ce nom par tous les auteurs, je suppose que le *Glycine Comptoniana* de Link, figuré à la pl. 298 du *Bot. Regist.*, doit en faire partie; mais comme son fruit est inconnu il reste du doute sur ce rapprochement, autorisé par la patrie de cette espèce et la ressemblance de sa fleur avec celle du *K. monophylla*.

§ 5. *Du genre* RHYNCHOSIA.

Ce genre a été établi sous ce nom par Loureiro, en 1789, sans qu'on pût déduire de sa description qu'un grand nombre de *Glycine* devoient y rentrer ; la vue de l'échantillon du *R. volubilis* de Loureiro, conservé au Muséum de Paris, m'a seule donné l'éveil à cet égard, et m'a appris que toutes les espèces de *Glycine* à deux ou quatre graines et à cotylédons charnus, appartenoient au genre *Rhynchosia*.

Déjà, en 1818, M. Elliot avoit séparé ces Glycinés oligospermes des autres, sous le nom d'*Arcyphyllum*, et peu après M. Nuttall avoit conservé le nom de *Glycine* à celles-ci seulement. M. Kunth a aussi admis cette nomenclature. Obligé de me décider entre ces trois nomenclatures également admissibles, j'ai cru devoir suivre uniquement l'ordre de priorité; mais tout en admettant le nom de *Rhynchosia* comme le plus ancien, je dois avertir que le travail de M. Elliot est celui qui a réellement constaté l'existence de ce genre.

Les *Rhynchosia* sont des sous-arbrisseaux grimpans, à feuilles tantôt composées de trois folioles dont l'impaire est pétiolée, tantôt réduites à la foliole terminale, et alors on les dit simples. Leurs fleurs sont jaunes, tantôt en grappes axillaires, tantôt portées sur un pédicule qui naît de l'aisselle; leur calice est à cinq lobes presque déjetés en deux lèvres. La corolle est quelquefois plus petite que le calice : les étamines sont diadelphes et le filet solitaire, genouillé à sa base; le style est filiforme, souvent diversement fléchi. La gousse est sessile, comprimée, à deux valves, à une seule loge, à deux ou très-rarement trois ou quatre graines ovales, arrondies, épaisses, et qui bossèlent un peu les valves. Les cotylédons sont charnus, restent sous terre à la germination au moins dans les espèces que j'ai vues; ses feuilles primordiales sont opposées; et jointes au caractère des cotylédons, elles prouvent que ce genre appartient aux Phaséolées.

Ce genre comprend quatre sections déterminées principalement par le feuillage ou l'inflorescence, savoir :

1°. Celles dont les feuilles sont toutes, ou la plupart, à une seule foliole, telles que le *R. reniformis*, qui est le *Glycine reniformis* de Pursh, le *R. difformis* ou *Glycine tomentosa volubilis* de Michaux, et une nouvelle espèce découverte au Mexique par Née, et que je nomme *R. menispermoïdea* (voy. pl. 55).

2°. Les espèces à trois folioles et à fleurs en grappe, telles que le *R. volubilis* de Loureiro, les *R. erecta*, *caribœa*, *phaseoloïdes*, *precatoria*, *macrophylla*, *reticulata*, *Memnonia*, *densiflora*, *cana*, *capitata*, *elongata*, *nummularia*, *aurea*, *rhombifolia*, *rosea*, *lucida*, *suaveolens*, *viscida*, *viscosa*, *Fridericiana*, *rufescens*, *glabra*, *galactioïdes*, qui correspondent aux *Glycine* de mêmes noms spécifiques des divers auteurs; les *R. minima*, *medicaginea et scarabœoïdes* qui sont autant de *Dolichos* des auteurs; les *R. nuda*, *punctata* (1), *parvifolia*, *dubia*, *pubescens*, *ervoïdea*, *biflora* et *Garcini*, qui sont autant d'espèces inédites dont je donnerai ci-après une courte description.

(1) Voyez pl. 56.

3°. Les espèces à feuilles trifoliolées et à pédicelles axillaires uniflores, telles que les *R. angustifolia*, *glandulosa*, *Totta* et *rigidula*, toutes originaires du Cap de Bonne-Espérance, et fort semblables entre elles. Le *Glycine mollis*, originaire de Guinée, se rapporte aussi à cette division.

4°. Celles dont les feuilles sont très-brièvement pétiolées et à trois folioles presque palmées ou très-près de partir ensemble du sommet du pétiole : elles ont des grappes ou faisceaux de fleurs axillaires. Leur étendard est couvert en dehors de poils soyeux; leurs tiges ne sont pas grimpantes. Je donne à cette section le nom d'*Eriosema*, et je ne serois pas surpris qu'étudiant sur des échantillons plus nombreux et plus complets que les miens, elle ne devînt le type d'un genre particulier; c'est ici que je rapporte le *R. violacea,* qui est le *Cytisus violaceus* d'Aublet, les *R. rufa*, *diffusa*, *crinita*, *pulchella* et *simplicifolia* qui correspondent aux *Glycine* de mêmes noms spécifiques de M. Kunth; le *R. sessiliflora,* qui est le *Cytisus sessiliflorus* de Poiret, et le *R. psoraloïdes,* qui est le *Crotalaria psoraloïdes* de Lamarck. Toutes ces espèces, originaires d'Amérique, ont un port qui leur est propre.

Les principales espèces inédites de *Rhynchosia* que je possède sont les suivantes.

1°. *Rhynchosia menispermoïdea.* Tab. 55.

Cette espèce est originaire d'Acapulco où elle a été découverte par Née : j'en possède deux échantillons, un provenant de l'herbier de Thibaud, et l'autre d'un envoi de M. Lagasca.

La tige est grêle, volubile, anguleuse, couverte surtout sur les angles de poils courts, nombreux et rebroussés. Les feuilles sont écartées, munies à leur base de deux stipules ovales, persistantes, étalées, un peu membraneuses, roussâtres. Le pétiole a neuf lignes de longueur; il est presque cylindrique, un peu calleux au sommet, et garni de poils courts, nombreux, étalés ou un peu rebroussés; le limbe est réniforme, échancré à sa base, très-obtus, large de plus d'un pouce sur huit à neuf lignes de largeur, pubescent sur les deux surfaces, marqué en dessous de nervures nombreuses, relevées, rameuses, réticulées. Les pédoncules, qui naissent des aisselles, sont plus courts que les pétioles, et portent trois à six fleurs brièvement pédicellées; les calices sont pubescens, divisés au-delà du milieu en lobes lancéolés, acuminés, à trois nervures. La corolle ne dépasse pas la longueur du calice; la gousse est sessile, pendante, comprimée, ovale, lancéolée, pubescente, à une ou deux graines.

2°. *Rhynchosia punctata*. Tab. 56.

Cette plante est originaire de Cayenne où elle a été recueillie par M. Patris : j'en ai vu aussi un échantillon provenant de l'herbier de Vahl, sans désignation de patrie, et sous le nom de *Glycine littoralis*.

Sa tige ressemble à celle de la précédente, c'est-à-dire qu'elle est grèle, volubile, anguleuse et garnie sur les angles de poils courts, mols et rebroussés. Les stipules sont petites, caduques, lancéolées et prolongées en pointe aiguë. Le pétiole porte trois folioles dont deux opposées, situées vers les trois quarts de sa longueur, et une terminale écartée des deux autres; ces folioles sont ovales, arrondies, terminées en pointe, presque rhomboïdales, légèrement pubescentes sur les nervures des deux surfaces, mais remarquables surtout par les petits points noirâtres, arrondis et glanduleux, dont leur parenchyme est parsemé, surtout en dessous. Ces folioles ont environ neuf à dix lignes de longueur et autant de largeur; les deux latéraux ont un des côtés un peu plus large que l'autre. Les grappes naissent de l'aisselle des feuilles; elles sont simples, longues de trois à quatre pouces, c'est-à-dire deux ou trois fois plus longues que les feuilles; les fleurs sont portées sur de courts pédicelles, déjetées vers le bas de la grappe, et longues d'environ trois lignes. Je n'aperçois aucune bractée à leur base; le calice est pubescent, divisé jusqu'à la moitié de sa longueur en lobes grèles, presque égaux, et en forme d'alêne; la corolle est à peu près double de la longueur du calice; l'ovaire est oblong, velu, à deux ovules, surmonté d'un style grèle, glabre, fléchi deux fois d'une manière remarquable, comme on peut le voir dans la fig. 4 de la pl. 56; mais il faut observer que toutes les fleurs de la même plante n'ont pas le style fléchi de la même manière, et offrent des diversités sur ce point probablement d'après leur développement. L'étendard est oblong, obtus, non strié; la gousse est pubescente et acquiert six lignes de longueur. Cette espèce a du rapport avec le *R. minima.*

3°. *Rhynchosia nuda.*

Elle est originaire de l'Inde orientale près de Nandaradah, où elle a été trouvée par Rottler qui la désignoit sous le nom d'*Hedysarum nudum*. J'en ai reçu un échantillon de M. Puérari. Cette plante ressemble tellement à la précédente que quelques mots suffiront pour la faire connoître : ses stipules sont lancéolées, aiguës, plus persistantes, et rétrécies en pointe moins fine. Ses folioles sont arrondies, obtuses, à peine mucronées, glabres et dépourvues de points glanduleux. Les grappes, quoique allongées, ne portent qu'un petit nombre de fleurs. Le style offre les mêmes inflexions.

4°. *Rhynchosia parvifolia.*

Elle a été découverte à Saint-Domingue par M. Bertero duquel j'en ai reçu un échantillon : sa tige est un peu volubile, cylindrique; les jeunes rameaux sont anguleux, couverts ainsi que les feuilles, les pétioles et les pédoncules, d'un duvet mou, court et serré, qui donne à toute la plante un aspect velouté et d'un gris blanchâtre; les stipules sont petites, dressées, lancéolées, linéaires; les folioles, au nombre de trois, elliptiques, obtuses, réticulées en dessous, longues de trois à cinq lignes; l'impaire est un peu plus grande que les deux latérales. Les pédoncules sont axillaires, plus longs que le pétiole, et portent deux fleurs. Les gousses sont sessiles, ovales, oblongues, droites, longues de cinq lignes, velues en dehors, très-lisses en dedans, légèrement bombées, et renferment deux graines brunes.

5°. *Rhynchosia pubescens.*

Cette plante m'a été communiquée par M. Balbis, sous le nom de *Glycine pubescens,* sans désignation de patrie. Je soupçonne, d'après un échantillon imparfait provenant de l'herbier de L'Héritier, qu'elle a été jadis cultivée au Jardin de Paris, sous le nom de *Glycine Abyssinica*, ce qui peut faire penser qu'elle est originaire d'Abyssinie.

Sa tige est volubile, cylindrique, velue; ses poils sont étalés ou un peu rebroussés, et paroissent, dans l'état sec, avoir été un peu visqueux; les jeunes rameaux sont légèrement anguleux; les stipules sont lancéolées, pointues, étalées, un peu membraneuses. Les folioles, au nombre de trois, ovales, acuminées, velues sur les deux faces, réticulées en dessous, longues de quinze lignes sur dix de largeur; l'impaire est assez écartée des deux latérales, et celles-ci ont les deux côtés fort inégaux. Les pédoncules sont axillaires, velus, plus courts que la feuille ou environ de sa longueur, et portent deux ou trois fleurs formant une petite grappe. Ces fleurs ont quatre lignes de longueur; la corolle dépasse la longueur du calice; celui-ci et leur étendard sont pubescens; la gousse est la plus grande de tout le genre *Rhynchosia*, et atteint un pouce de longueur sur trois lignes de largeur; elle est oblongue, un peu veloutée et brune en dehors, lisse et blanchâtre à l'intérieur, et renferme deux graines ovées, un peu comprimées, brunes, légèrement tachetées de roux, à style oblong.

6°. *Rhynchosia ervoïdea*.

Cette plante a été découverte dans le sud de la péninsule de l'Inde par M. Leschenault qui dit qu'elle y porte le nom vulgaire de *Kata aré*. Elle a une tige très-grêle, légèrement anguleuse, un peu pubescente et très-volubile; les poils sont un peu rebroussés, surtout dans les jeunes pousses; les stipules sont petites, lancéolées; les folioles au nombre de trois, arrondies et très-obtuses au sommet, un peu rétrécies en coin vers la base, presque glabres, ponctuées en dessous seulement de petits points arrondis, glanduleux et noirâtres; elles n'ont guère que cinq lignes de diamètre; les pédoncules sont axillaires, très-courts, et ne portent qu'un petit nombre de fleurs (de un à trois); celles-ci sont même quelquefois presque sessiles; leur calice est pubescent, quinquefide, à lanières acuminées, un peu plus courtes que la corolle.

Les gousses sont oblongues, comprimées, un peu courbées en faucille, longues de six lignes, glabres, à deux graines brunes.

§ 6. *Du genre* FAGELIA.

L'espèce unique qui compose ce genre a été placée par Linné parmi les *Glycine*, à cause de ses étamines diadelphes, et par Lamarck parmi les *Crotalaria*, à cause de ses fruits renflés : elle tient réellement le milieu entre ces deux genres par son double caractère ; et comme elle paroît bien certainement appartenir aux Phaséolées, elle se distingue de tous les genres de cette tribu par sa gousse ovale, cylindrique, renflée : elle se peut encore caractériser par son calice divisé au-delà du milieu en cinq lobes presque linéaires, dont les deux supérieurs sont à peine plus soudés ensemble que les autres. Les calices, ainsi que tout le reste des surfaces foliacées, sont couverts de poils glanduleux. Les cotylédons sont charnus ; ce qui prouve que ce genre doit être rangé parmi les Phaséolées.

Ce genre a été établi par Necker sous le nom de *Fagelia* que je conserve : il y avoit bien un autre genre de même nom, établi par Schwencke, mais qui s'est trouvé rentrer complètement dans les *Calceolaria*.

Le *F. bituminosa*, qui est le *Glycine bituminosa* Linn., et le *Crotalaria glycinea* de Lamarck, est originaire du Cap de Bonne-Espérance. Je l'ai reçu, par la correspondance des Jardins botaniques, sous le nom de *Dolichos hirtus*, qui appartient au *Cylista villosa*.

§ 7. *Du genre* WISTERIA.

Ce genre, fondé primitivement sur le *Glycine frutescens*, a été proposé en 1818 par M. Nuttall dans ses Genres des plantes des États-Unis, sous le nom de *Wisteria*, et par M. Elliot, sous celui de *Thyrsanthus*, dans le Journal de la Société des Sciences de Philadelphie. Obligé de choisir entre deux noms de même date, j'ai préféré celui de *Wisteria*, soit parce qu'il est décrit dans un ouvrage plus classique et plus général, soit parce que le nom de *Thyrsanthus* a été donné par M. Schrank à un genre de Primulacées qu'il sera peut-être nécessaire d'admettre.

Linné et plusieurs autres botanistes avoient réuni le *G. frutescens* avec le *G. Apios* pour en former le genre *Apios*; et ces deux espèces se rapprochent en effet, quant au port, par leurs feuilles ailées avec impaire, dépourvues de stipelles, et leurs fleurs de couleur violette, mais leurs autres caractères sont assez différens.

Les *Wisteria* ont des tiges ligneuses, grimpantes; leur racine n'est pas tubéreuse; leurs grappes sont terminales, munies dans leur jeunesse de grandes bractées caduques et membraneuses, qui leur donnent l'air de chaton; leurs fleurs sont de couleur lilas, tirant sur le bleu; le calice est en cloche, à cinq dents disposées en deux lèvres, deux supérieures courtes, trois inférieures en alêne; la corolle a son étendard muni de deux callosités à sa base. Les étamines sont diadelphes; l'ovaire est porté sur un court pédicelle, entouré par une gaîne tubuleuse, partant du torus. La gousse est à deux valves coriaces, à une loge, comprimée et bosselée par les graines : celles-ci ont les cotylédons charnus, et le genre appartient aux Phaséolées.

Je réunis ici 1°. le *W. frutescens*, qui est le *Glycine frutescens*, espèce sur laquelle le genre a été établi, et qui se caractérise par ses ailes à deux oreillettes et son ovaire glabre; 2°. le *W. Chinensis* ou *Glycine Chinensis* de Sims et Loddiges, qui ressemble tellement au précédent qu'il me semble impossible de l'en séparer, quoique ses ailes n'aient qu'une oreillette et que son ovaire soit velu; 3°. peut-être faut-il aussi réunir à ce genre le *Glycine floribunda* de Willdenow, ou *Dolichos polystachyos* d'Houtt., *pfl. syst.* 8, t. 64, f. 2.

§ 8. *Du genre* APIOS.

L'*Apios* de Boerhaave se retrouve ainsi complètement isolé, comme l'avoit primitivement proposé l'auteur du genre. Adanson, qui l'avoit admis, lui avoit donné le nom de *Bradlea*, que Linné avoit appliqué à un autre genre : tous les autres l'avoient confondu avec les *Glycine*. L'*Apios* se distingue facilement à sa racine tubéreuse, à sa tige herbacée et grimpante, à ses feuilles ailées avec impaire, à ses grappes axillaires, à ses fleurs d'un pourpre brun, à ses petites bractées, à son calice muni de bractéoles très-caduques à sa base, divisé en cinq dents dont quatre à peine visibles et une cinquième aiguë sous la carène : celle-ci est en faux allongée et repousse l'étendard. Les étamines sont diadelphes, et le pédicelle de l'ovaire engaîné comme dans le genre précédent; le stigmate est échancré; la gousse est polysperme, et, selon M. Pursh, biloculaire. Si ce dernier caractère est exact, il ne laisse aucun doute sur la convenance de considérer l'*Apios* comme un genre très-distinct qui, par là du moins, s'approcheroit des Astragales, comme Morison l'avoit indiqué; mais n'ayant jamais vu son fruit, je n'ai pu le vérifier. Les cotylédons qui paroissent charnus, et la carène tortillée comme dans les Haricots, placent ce genre dans les Phaséolées; mais je n'ai pas vu sa germination. La seule espèce connue dans ce genre est l'*A. tuberosa* de Mœnch, figuré à la pl. 1198 du *Botanical Magazine*.

§ 9. *Du genre* DOLICHOS *et de ceux qui ont été confondus avec lui.*

Le nom de *Dolichos*, que les anciens Grecs appliquoient ou au Haricot ou à quelque plante analogue, a été employé pour la première fois par Linné pour désigner un genre de plantes qu'il distinguoit du *Phaseolus* essentiellement par la carène droite et non contournée en spirale, et accessoirement par l'étendard muni à la base du limbe de deux bosses calleuses. Il indiqua sous ce nom deux espèces dans le Jardin de Cliffort; l'une, qui étoit son *D. minimus*, rentre maintenant dans le genre *Rhynchosia*; l'autre, qui est son *D. lignosus*, reste type du genre *Dolichos* à quelque limite qu'on croie devoir le resserrer. Dans ses *Species Plantarum* il ajouta à son genre *Dolichos* plusieurs espèces assez disparates, et cette direction fut suivie par tous les botanistes subséquens, au point que le genre *Dolichos* de Willdenow renfermoit cinquante-trois espèces très-hétérogènes.

Cependant Adanson avoit fait remarquer et avoit désigné avec assez de précision plusieurs des groupes distincts confondus sous le même nom; mais il étoit de mode, à cette époque, de négliger l'ouvrage d'Adanson, tout rempli qu'il est de vues ingénieuses et d'observations importantes. On ne fit guère plus d'attention au travail de Mœnch entaché comme celui de Necker du reproche d'innovation quelquefois mérité.

M. de Jussieu, en admettant le genre *Mucuna* d'Adanson, commença à ébranler ce groupe incohérent des *Dolichos ;* et dès lors plusieurs botanistes ont examiné ce genre et ses analogues, et ont établi plusieurs genres nouveaux. Je n'en ai eu même aucun à ajouter, et je me suis borné à apprécier les coupes proposées dans le *Dolichos* de Linné, à choisir celles qui me paroissoient justes, et à les coordonner par des caractères comparatifs. J'exposerai ici brièvement les genres qui me paroissent devoir être admis, en suivant l'ordre chronologique de leur séparation d'avec le *Dolichos* de Linné.

Tous ont pour caractères communs, 1°. ceux qui sont propres à la tribu des Phaséolées; 2°. la carène droite qui les distingue du genre *Phaseolus;* 3°. des feuilles à trois folioles stipellées, deux latérales opposées et l'impaire au bout du pétiole, qui les distinguent des genres *Apios*, *Wisteria*, *Chætocalyx*, etc.

1. CAJANUS.

Le genre Cajan a été établi par Adanson qui l'avoit très-bien placé dans le voisinage des *Dolichos* et non parmi les Cytises où Linné l'avoit placé. Ayant eu occasion de voir la germination du Cajan, j'y trouvai la démonstration que ce genre n'est point un Cytise, mais tout voisin du *Dolichos*, avec lequel on seroit forcé de le réunir si le genre *Dolichos* restoit dans ses anciennes limites. Je rétablis en 1813 le genre

Cajanus qui a depuis été adopté par la plupart des botanistes, et qui comprend le *C. bicolor* et le *C. flavus*. Ce genre se caractérise par son calice à cinq lobes, son étendard à deux callosités et sa gousse marquée d'étranglemens obliques qui en grappes séparent les graines par autant de fausses cloisons celluleuses.

Ce sont des arbrisseaux droits, nullement grimpans, à fleurs toutes jaunes ou jaunes avec l'étendard rouge; à fleurs dont les pédicelles naissent deux à deux d'une seule bractée.

2. MUCUNA.

Ce genre primitivement établi par Adanson est un exemple remarquable de la confusion de nomenclature qui arrive lorsque l'on ne suit pas l'ordre de priorité; ainsi il a été nommé *Citta* par Loureiro, *Negretia* par Ruiz et Pavon, *Stizolobium* par Persoon, *Labradia* par Swediaur, *Carpopogon* par Roxburgh, et il paroît que le genre *Macroceratides* de Raddi pourroit bien rentrer dans celui-ci.

Le seul doute de nomenclature qui puisse exister en partant du principe de la priorité est celui-ci. P. Browne, dans son Histoire des Plantes de la Jamaïque, a établi deux genres, l'un qu'il nommoit *Zoophthalmum* contenoit le *D. urens*; l'autre, qu'il nommoit *Stizolobium*, renfermoit le *D. pruriens*. Adanson, en les réunissant, n'a admis ni l'un ni l'autre de ces noms, et a préféré le nom de *Mucuna*, jadis employé par Marcgraf. Si j'admettois deux genres comme P. Browne, je devrois adopter ses noms un peu antérieurs à ceux d'Adanson: n'en admettant qu'un je crois devoir conserver le nom de *Mucuna*, soit parce qu'étant dans Marcgraf il est le plus ancien, soit parce que je l'adopte exactement dans le sens que lui a donné Adanson. Les deux noms de Browne restent comme noms de section.

Les *Mucuna* se caractérisent par leur calice à deux lèvres, dont la supérieure large, entière et obtuse, paroît formée de deux soudées ensemble, et dont l'inférieure est à trois lobes pointus. L'étendard est ascendant, plus court que les ailes et la carène, et dépourvu de bosses calleuses. Les ailes sont oblongues, la carène droite et pointue; les étamines sont diadelphes; cinq d'entre elles ont des anthères oblongues; cinq autres alternes avec les précédentes les ont ovales et velues. La gousse est oblongue, toruleuse, bivalve, divisée transversalement par des cloisons celluleuses. Les graines sont arrondies, entourées par une cicatricule linéaire. La plupart des espèces de ce genre ont la gousse hérissée de poils nombreux et très-fragiles, qui pénètrent facilement dans la peau et y excitent de vives démangeaisons.

Ce genre se divise en deux sections.

1°. Les *Zoophtalmum* qui ont les gousses marquées à l'extérieur de lamelles saillantes et transverses.

2°. Les *Stizolobium* qui en sont dépourvus.

La première section comprend le *M. urens,* et la deuxième tous les autres.

La plupart des espèces de ce genre sont encore assez mal décrites, parce qu'il paroît que la plupart ont été confondues avec les *M. uriens* et *pruriens*.

3. CANAVALIA.

Adanson a encore établi, sous le nom de *Canavali* (tiré du nom que les Indiens du Malabar donnent à ces plantes), un genre bien prononcé, et que dans ces derniers temps

M. Savi a reproduit sous le nom de *Malocchia*. Ne voyant aucune objection contre le nom d'Adanson, qui rappelle celui des plantes dans leur pays natal, je crois devoir le conserver en latinisant sa terminaison.

Les *Canavalia* ont un calice tubuleux, à deux lèvres très-reconnoissables en ce que la supérieure est à deux lobes larges et arrondis, et l'inférieure à trois dents petites et pointues. L'étendard est grand, à deux callosités, la carène à deux pétales distincts; les étamines sont monadelphes; la gousse comprimée, munie des deux côtés de la suture supérieure de deux nervures saillantes qui lui donnent l'apparence d'avoir trois carènes; les graines sont ovales, oblongues, à cicatricule linéaire, et sont séparées par de fausses cloisons de tissu cellulaire. Ce sont des herbes ou des sous-arbrisseaux à branches volubiles, à grappes axillaires, dont les pédicelles naissent trois à trois, à fleurs grandes, longues ou purpurines.

C'est à ce genre très-naturel et prononcé fortement par le calice, les étamines et la gousse, que l'on doit rapporter le *D. obtusifolius* dont l'*emarginatus* paroît une simple variété, le *D. miniatus*, le *D. gladiatus* dont il faudra peut-être séparer le *Machæroïdes* de Rumph. Amb. 5, t. 135, f. 1, les *D. ensiformis*, *rutilans*, *incurvus*, *lineatus* et *roseus*.

4. **PSOPHOCARPUS.**

C'est encore à Adanson que l'on doit d'avoir séparé ce genre Du *Dolichos*, et à M. du Petit-Thouars d'avoir constaté ses caractères; mais le nom de *Botor*, que l'un et l'autre lui ont donné, m'a paru si barbare que j'ai préféré conserver le nom de *Psophocarpus* sous lequel Necker l'avoit admis.

Le *Psophocarpus* a le calice urcéolé à deux lèvres inégales, l'étendard réfléchi et muni vers sa base de deux callosités cylindriques, la carène à pétales distincts par la base, les étamines diadelphes, et le fruit à quatre ailes membraneuses comme le *Tetragonolobus*. On n'en connoît qu'une seule espèce (*Dolichos tetragonolobus*), cultivée à l'Ile-de-France sous le nom de Pois carré. C'est une herbe à racines tubéreuses et à fleurs bleues. Peut-être faudroit-il, selon M. Du Petit-Thouars, en séparer une seconde espèce plus petite, qu'on trouve le long des ruisseaux à Madagascar.

5. LABLAB.

Le cinquième genre qu'Adanson a séparé du *Dolichos* est le *Lablab* primitivement établi par P. Alpin sous ce nom qui est son nom populaire en Egypte. Il a été suivi en cela par Mœnch et Savi; et c'est ce même genre *Lablab* que Gærtner a décrit sous le nom de *Dolichos*.

Les *Lablab* ont le calice en cloche tubulée, à quatre lobes droits, les trois inférieurs pointus, le supérieur large, obtus et formé de deux soudés. L'étendard offre à sa base un sillon profond, et de chaque côté deux callosités parallèles. Les étamines sont diadelphes, et le filet libre est reçu dans le sillon de l'étendard. L'ovaire a un court pédicelle engaîné par le torus; le style est comprimé, barbu en dessous. La gousse est comprimée, en forme de rondache, munie de petits tubercules sur les bords de la suture supérieure, divisée en dedans par de fausses cloisons transversales et cellulaires; les graines, qui sont au plus au nombre de quatre, sont ovales, un peu comprimées, revêtues d'une espèce de callosité fongueuse, qui part de l'ombilic et en borde une partie. Ce dernier caractère rend ce genre très-facile à reconnoître : il est composé d'herbes annuelles à branches volubiles; leurs stipules sont étalées; leurs grappes pédonculées, munies d'une feuille à leur base; leurs pédicelles sont à demi verticillés; les fleurs blanches ou pourpres; les graines noires ou brunes, avec la callosité fongueuse, d'un beau blanc.

Il paroît qu'on doit rapporter ici les *D. Lablab*, *purpureus*, *Benghalensis*, *Nankinicus*, *leucocarpus*, *cultratus*, *albus* et *spicatus* des auteurs ; mais plusieurs rentrent comme variétés, les unes dans les autres, et l'histoire de ces espèces méritera d'être étudiée en détail.

6. SOJA.

Outre les cinq genres séparés du *Dolichos* par Adanson, Mœnch a proposé l'établissement du *Soja*, et a été suivi à cet égard par M. Savi dans ses excellentes dissertations sur les Phaséolées.

Le *Soja* a le calice tubuleux, à cinq lobes, dont les deux supérieurs, plus soudés que les autres, forment une lèvre bifide. L'étendard est ovale, court, sans éperon. Les étamines sont certainement diadelphes, quoique la dixième soit très-rapprochée de la fente de la gaîne. L'ovaire a le pédicelle nu; le style est court; le fruit est oblong, comprimé, divisé à l'intérieur par de fausses cloisons transverses et cellulaires. Les graines n'ont point la callosité fongueuse des *Lablab*

La seule espèce (*D. soja* de Linné) qui compose ce genre est une herbe hérissée de poils, droite et non volubile, à petites fleurs agrégées dans les aisselles. Ces fleurs sont violettes. Roxburgh en mentionne une variété à fleurs jaunes.

7. PACHYRHYZUS.

Loureiro avoit indiqué la formation de ce genre. M. Du Petit-Thouars, qui dans son séjour à l'Ile-de-France a eu occasion de voir vivantes un grand nombre de Phaséolées, cultivées ou sauvages, l'a établi (Dict. Sc. nat. vol. 5) sous le nom de *Cacara*, tiré de Rumphius ; mais ayant trouvé le même genre établi dans l'herbier de Richard, sous le nom de *Pachyrhyzus*, j'ai cru devoir admettre ce dernier nom, soit parce que le premier est assez barbare, soit parce que le deuxième exprime un des caractères du genre, composé d'espèces à racines tubéreuses et comestibles.

Les Pachyrhyzes ont le calice à quatre lobes, dont le supérieur, échancré au sommet, est formé par la soudure de deux; les pétales sont, dit-on, un peu réunis par leurs bases. L'étendard n'a point de vraies callosités, mais porte deux plis à sa base; ces plis enveloppent les pédicelles des ailes. Les étamines sont diadelphes; la gaîne est ouverte à sa base par une large fente. Le style est imberbe, recourbé et un peu renflé au sommet; l'ovaire a le pédicelle engaîné et se change en une gousse comprimée et allongée. Les Pachyrhyzes sont remarquables, dès la première vue, par leurs folioles le plus souvent dentées fortement et irrégulièrement, anguleuses vers le sommet. C'est à ce genre qu'il faut rapporter les *D. bulbosus*, *trilobus* et *montanus*, plantes originaires de l'Inde ou des pays voisins.

8. DIOCLEA.

M. Kunth vient de séparer ce genre du *Dolichos;* très-peu de temps après, M. Sprengel a donné le même nom à un genre de Borraginée : je le conserve au genre de Kunth, soit parce qu'il a une priorité de quelques mois, soit parce que Diocles n'est presque connu que pour avoir désigné les Haricots sous le nom de *Dolichos*.

Les *Dioclea* ont le calice divisé au-delà du milieu en quatre lobes acuminés, dont deux latéraux plus étroits; leur étendard n'a point de callosités; il est oblong et réfléchi; les étamines sont ou diadelphes, ou la dixième un peu adhérente. Le stigmate est presque en forme de massue; la gousse est linéaire, comprimée, polysperme, munie, des deux côtés de la suture, d'un bord étroit et membraneux; les graines ont la cicatricule linéaire. Les espèces de ce genre sont ligneuses, volubiles, à fleurs rouges, formant des grappes peu fournies, axillaires, et portées sur des pédoncules très-allongés.

Les espèces de ce genre sont le *Dolichos ruber* et peut-être le *D. mollis* de Jacquin, les *Dioclea sericea* et *Apurensis* de Kunth, et une espèce nouvelle que je désigne sous le nom de *D. Berteriana*.

9. VIGNA.

Ce genre, séparé du *Dolichos* tout récemment par M. Savi, est caractérisé par son calice à quatre lobes dont le supérieur, composé de deux soudés, forme une lèvre, par son étendard muni à sa base de deux callosités convergentes, par ses étamines diadelphes, son stigmate barbu, sa gousse cylindrique, courbée, à graines presque globuleuses, et par la gaîne qui ceint le pédicelle de l'ovaire. Ne connoissant pas par moi-même la seule espèce qui le compose, le *D. luteolus*, je doute encore si ce genre mérite bien réellement d'être conservé.

10. DOLICHOS.

Après toutes ces éliminations reste le véritable genre *Dolichos* qu'on distingue à son calice à cinq dents, dont les deux supérieures sont ou rapprochées ou un peu soudées, à son étendard marqué de deux ou quatre callosités divergentes, à sa carène non tortillée, courbée, à angle droit; à ses étamines diadelphes; à son style comprimé, barbu en dessous, à sa gousse linéaire, comprimée, bivalve, ne portant ni ailes, ni appendices, ni tubercules, et dont les graines ont l'ombilic ovale assez petit. Les espèces de ce genre qui sont encore au nombre de quarante-trois sont la plupart volubiles; mais leur port offre assez de différences. Elles se divisent en deux grandes sections.

1°. Les *Eudolichos*, qui ont la gousse comprimée et terminée par un style court.

2°. Les *Catiang*, qui ont la gousse cylindrique, à style court.

3°. Les *Unguicularia*, qui ont une gousse presque cylindrique, toruleuse, se terminant par un style crochu, déprimé, calleux, offrant une petite cavité en sillon ou en cuiller dans la partie concave.

Je ne serois pas étonné qu'il y eût encore quelques espèces à sortir de ce genre dont on connoît mal en général la fructification. M. Savi a commencé à s'occuper des *Dolichos* et des *Phaseolus* avec un soin particulier, et a publié deux excellentes dissertations à ce sujet. On ne sauroit trop l'engager à poursuivre ces utiles recherches, et à joindre à ses précieuses descriptions le plus de figures qu'il lui sera possible.

§ 10. *Du genre* CYLISTA.

Le genre *Cylista*, établi par Aiton, est fort bien connu, et je ne le mentionne ici que pour faire connoître une espèce qui devra modifier un peu ses caractères.

Tous les *Cylista* ont le calice plus grand que la corolle, persistant ainsi que toutes les autres parties de la fleur. Mais dans celles qui sont décrites (et j'ai eu occasion de voir les *C. scariosa* et *tomentosa*), le calice a ses deux lèvres disposées comme suit : la supérieure est formée de deux lobes soudés jusque très-près du sommet, d'où résulte qu'elle est échancrée ou à deux dents ; l'inférieure est composée de trois lobes distincts, assez profondément, et dont celui du milieu est le plus long, quelquefois même très-long ; l'inverse s'observe dans ma nouvelle espèce, dont il faudra peut-être un jour former un genre distinct. Comme je n'en connois pas le feuillage je me contenterai de donner ici la description de la fleur et du fruit.

Cylista pycnostachya.

L'arbrisseau que je décris sous ce nom provient de l'herbier recueilli à Sierra-Leone par le célèbre Smeathmann.

Sa tige paroît grimpante ; les rameaux sont cylindriques, glabres au moins dans leur état adulte. Je ne connois pas les feuilles.

Les rameaux floraux sont garnis d'un duvet court, mol et serré, nus à leur base, terminés par une grappe oblongue, dont les fleurs sont nombreuses et rapprochées ; les pédicelles naissent deux à deux, filiformes, longs de quatre à cinq lignes. Ils sont, ainsi que le calice et les gousses, couverts d'un duvet court et serré, qui leur donne un aspect velouté et blanchâtre. Le calice offre un tube court, à deux lèvres très-dissemblables : l'une, qu'on doit peut-être regarder comme la supérieure, quoiqu'elle se présente le plus souvent comme l'inférieure, est formée de deux lobes oblongs, égaux, divisés profondément et également, ou, comme on dit, elle est bipartite ; l'autre est formée de trois lobes soudés ensemble jusque près du sommet, de manière à former trois dents arrondies, celle du milieu plus petite que les deux autres.

La corolle est glabre, persistante, à cinq pétales; l'étendard arrondi, à onglet très-court; les ailes oblongues, obtuses, onguiculées et oreillées à leur base; la carène conforme aux ailes, à pétales presque libres. Cette corolle est ou réellement résupinée ou dérangée après la fleuraison, de manière que la position des parties est peu régulière, et le plus souvent l'étendard se trouve devant la grande lèvre à trois dents. Sa couleur, d'après le sec, paroît avoir été d'un jaune tirant sur le rouge.

Les étamines sont diadelphes à la manière ordinaire, toutes persistantes et semblables à la nature de la corolle.

La gousse est persistante, semblable au calice par son tissu et son duvet; persistante, à deux valves qui s'ouvrent et se tortillent au centre de la fleur où elles semblent former une sorte de calice, oblongues, un peu plus prolongées que la fleur; l'une d'elles se prolonge en une petite pointe formée par la base du calice. La gousse est à une seule loge, et renferme deux graines : celles-ci sont ovales , globuleuses , lisses, noires , de la grosseur de celles de la Vesce à feuilles étroites. Leurs cotylédons sont épais ; leur radicule crochue , peu saillante et peu apparente.

DIXIÈME MÉMOIRE.

REVUE

DE LA

TRIBU DES DALBERGIÉES.

§ I. *Des Dalbergiées en général.*

La tribu des Dalbergiées a été établie par M. Bronn, et placée à la suite de toutes les autres comme n'étant pas suffisamment connue; mais il y a réuni plusieurs genres assez hétérogènes. Ainsi j'ai été conduit à en exclure :

1°. Le genre *Geoffræa* (dont l'*Acouroa* d'Aublet fait partie), parce que l'embryon est droit, et que par conséquent il appartient au sous-ordre des Césalpinées, et fait le type de notre tribu des Geoffrées.

2°. Le genre *Brownea*, qui a de même l'embryon droit et les étamines soudées, appartient aux Geoffrées.

3°. J'en dis autant du *Coumarouna* et du *Taralea* qui, réunis, forment le genre *Dipterix*.

4°. Le *Saraca* de Linné est le même genre que l'*Ionesia*

de Roxburgh, comme je m'en suis assuré par la vue des échantillons originaux de Burmann et de Roxburgh, et doit être rejeté parmi les Césalpinées-Cassiées.

5°. Le *Mullera* semble, par son fruit polysperme, plus voisin des Lotées que des Dalbergiées.

6°. Le *Diphaca* appartient aux Hédysarées par ses gousses articulées.

Après ces éliminations il reste un groupe dont le *Dalbergia* peut en effet être considéré comme le centre, et qui semble distinct quoique très-voisin des Phaséolées.

Les Dalbergiées ont, comme les Phaséolées, la corolle papilionacée et périgyne, les étamines à filets diversement soudés, les graines à radicule courbée et à cotylédons charnus, les feuilles simples ou plus souvent ailées avec impaire.

Mais on peut les en distinguer 1°. parce que la plupart sont des arbres et non des herbes ou des arbrisseaux volubiles; 2°. parce que plusieurs des genres qui forment ce groupe ont les étamines en deux faisceaux égaux, ce qu'on ne voit jamais dans les vraies Phaséolées; 3°. surtout parce que le fruit de toutes les Dalbergiées est indéhiscent et ne contient que une ou deux graines, au lieu que celui des Phaséolées est déhiscent et polysperme.

Ce caractère sera peut-être avec raison considéré comme insuffisant, mais nous connoissons encore trop mal la structure de la graine et la germination des Dalbergiées pour que j'aie osé les réunir aux Phaséolées. Il faut donc ne considérer cette tribu que comme un groupe provisoire et mal déterminé.

Les Dalbergiées touchent 1°. aux Phaséolées, par l'intermédiaire du *Butea*, qui a le port des Haricots avec une gousse indéhiscente et monosperme; 2°. aux Hédysarées, soit par le genre *Brya* dont le fruit a du rapport avec les Hédysarées monospermes et dont la germination n'est pas connue, soit par la disposition des étamines en deux faisceaux égaux, qu'on observe dans le *Dalbergia* et le *Pterocarpus* d'un côté, comme dans l'*Æschinomene* et le *Smithia* de l'autre; 3°. aux Lotées, par les genres *Pongamia* et *Dalbergia*, qui ont des rapports très-prononcés avec le *Robinia* et le *Lonchocarpus*. Cette multiplicité de rapports est encore un argument pour ne réunir formellement les Dalbergiées avec aucun de ces groupes.

Les genres qui forment cette tribu sont :

1°. Le *Derris* dont une espèce, qui a les feuilles trifoliées, se rapproche aussi sous ce rapport des Phaséolées, mais dont le fruit membraneux, monosperme et indéhiscent, s'approche de celui des Dalbergiées.

2°. Les genres *Dalbergia*, *Pterocarpus*, *Drepanocarpus*, *Pongamia*, *Ecastaphyllum*, *Amerimnum* et *Brya*, qui forment le type de la tribu et paroissent inséparables.

3°. Le *Deguelia* et l'*Endespermum*, genres très-mal connus et placés à la suite des Légumineuses, pourroient bien appartenir aux Dalbergiées.

De ces divers genres le *Pterocarpus* méritera seul une mention abrégée.

§ 2. *Du genre* **PTEROCARPUS** *et de ceux qui ont été confondus avec lui.*

Le genre *Pterocarpus* a primitivement été indiqué sans nom par Lœfling, puis adopté par Linné et Jacquin d'après le seul *Pter. Draco.* Linné fils y joignit deux autres espèces dans le supplément. Dès lors le nombre des espèces de ce genre, dues aux recherches actives des voyageurs modernes, s'est élevé à sept espèces dans l'ouvrage de Willdenow, à onze dans celui de Persoon, et se trouve aujourd'hui porté à trente-quatre, si l'on y réunit toutes les espèces qui appartiendroient au genre tel que Linné l'avoit établi. Une aussi grande augmentation n'a pu avoir lieu sans modifier les idées qu'on s'étoit faites du caractère générique.

Le nom même donné à ce genre aussi bien que le caractère explicite supposoit que les espèces qui le composent ont le fruit ailé, et Linné y avoit réuni, sous le nom de *P. lunatus*, une espèce à fruit entièrement dépourvu d'aile marginale. M. de Jussieu avoit depuis long-temps cette plante dans son herbier sous le nom d'*Orucaria* que Clusius, qui en a parlé le premier, lui avoit donné: M. Richard l'avoit désignée dans le sien sous le nom de *Nephrosis*. Mais ces deux noms étant inédits, M. Meyer, qui l'a séparé comme genre et bien décrit sous le nom de *Drepanocarpus*, doit être suivi. M. Kunth l'a adopté en décrivant une seconde espèce encore un peu douteuse, le *D. dubius*.

Je trouve, parmi les dessins de la Flore du Mexique, une plante désignée sous le nom de *Pterocarpus cyathiformis*, qui diffère du vrai *Pterocarpus* parce qu'elle a aussi le fruit dépourvu d'aile. Mais elle ne peut guère être réunie au genre de Meyer par ses étamines triadelphes et non monadelphes, et par son fruit orbiculaire, stipité et en forme de coupe concave; et je ne la désigne que provisoirement sous le nom de *Drepanocarpus cyathiformis*.

Déjà depuis long-temps on avoit séparé des *Pterocarpus* de Linné :

1°. Le genre *Ecastaphyllum*, remarquable par ses fruits orbiculaires, par ses étamines triadelphes, par son calice à deux lèvres; et quant au port, par ses feuilles à folioles tantôt solitaires au bout du pétiole, tantôt alternes.

2°. Le genre *Amerimnum*, dont les étamines sont monadelphes, le fruit bivalve, et les feuilles simples, ou plutôt à une seule foliole.

3°. Le genre *Brya*, qui par son fruit à deux articles s'approche tout-à-fait des Hédysarées.

Si l'on adopte toutes ces divisions qui me paroissent très-naturelles et fondées sur des caractères importans, le genre *Pterocarpus* reste réduit aux espèces dont le fruit est véritablement bordé d'une aile plus ou moins complète. Le calice y est à cinq dents; la corolle papilionacée; le fruit à une, deux ou trois graines, indéhiscent, plus ou moins irrégulier. Les arbres sont sans épines, à feuilles ailées avec impaire.

Ce genre, ainsi circonscrit, comprend cinq groupes si prononcés que je n'ai aucun doute qu'on doit les considérer comme cinq genres distincts. Mais la plupart des espèces sont encore si imparfaitement connues, surtout quant à la concordance des caractères du fruit et de la fleur, que je crois plus prudent de ne les considérer que comme de simples sections, tout en appelant sur leur étude l'attention des Botanistes et des voyageurs. Je vais indiquer ici les caractères de ces sections et les principales espèces qui les composent.

1re. *Section.* MOUTOUCHIA.

Cette section seroit celle qui, si l'on se décide à diviser le genre *Pterocarpus*, devra en conserver le nom, car c'est sur le *P. Draco*, qui en fait partie, que Lœfling a primitivement établi le genre admis par Linné; dès lors Aublet en a décrit une autre espèce sous le nom de *Moutouchi*, et Necker a désigné cette dernière sous le nom de *Griselinia*. En réservant le nom de *Pterocarpus* pour l'ensemble des cinq sections, je me suis servi de celui d'Aublet pour désigner celle-ci. Elle se compose d'arbres dont les étamines sont monadelphes, avec la gaîne fendue en long du côté supérieur. La gousse est de consistance subéreuse, à une loge et à une graine; sa forme est demi-arrondie; la suture supérieure est droite, non ailée; la suture inférieure convexe et prolongée en aile membraneuse et assez épaisse. C'est à cette division qu'appartient 1°. le *P. Draco* ou le vrai Sang-dragon d'Amérique, qui est le même que le *P. officinalis* de Jacquin et le *P. hemiptera* de Gærtner; 2°. le *P. suberosus* de Persoon, qui correspond au *Moutouchi suberosa* d'Aublet; 3°. le *P. crispatus* figuré dans la Flore inédite du Mexique.

2e. *Section.* AMPHIMENIUM.

Cette seconde section a été considérée par M. Kunth comme un genre auquel il a donné le nom d'*Amphimenium;* on a pu voir que je suis très-porté à adopter cette opinion, mais on ne peut l'admettre sans élever aussi les quatre autres sections au rang de genres; c'est ce qui m'engage pour le moment à la laisser réunie aux autres. Celle-ci a pour caractères d'avoir des étamines monadelphes, à gaîne fendue en long du côté supérieur, et quelquefois aussi vers le sommet du côté inférieur; la gousse est membraneuse, presque orbiculaire, ailée sur tout son pourtour, et renfermant une ou deux graines : c'est ici que se rapportent 1°. l'*Amphimenium pubescens* de Kunth ou *Pterocarpus Amphimenium;* 2°. le *P. Rohrii* de Vahl, qui correspond au *P. Apalatoa* de Richard, et dont le fruit est figuré aux fig. 5 et 6 de la pl. 147 d'Aublet, comme étant celui de l'*Apalatoa.* On sait maintenant que l'*Apalatoa* a un tout autre fruit et qu'il y a deux plantes confondues ici par Aublet sous le même nom; 3°. le *P. Marsupium*, figuré par Roxburgh, Corom. 2, t. 116; 4°. le *P. Dalbergioïdes*, indiqué par Roxburgh dans le Cat. du jardin de Calcutta, et que je rapporte ici d'après sa fleur, mais dont le fruit m'est inconnu; 5°. le *P. orbiculatus* des planches inédites de la Flore du Mexique.

3e. *Section.* ECHINODISCUS.

Cette troisième section est très-remarquable par son fruit

arrondi, bordé dans tout son pourtour d'une aile membraneuse et portant, dans la partie centrale qui correspond à la loge, des soies nombreuses, roides, piquantes et hérissées, qui leur donnent un aspect tout particulier, et duquel j'ai tiré son nom. Les fleurs de toutes les espèces sont encore inconnues, circonstance qui m'a empêché de considérer comme genre cette section voisine de l'*Amphimenium*. Elle se compose actuellement de quatre espèces toutes originaires des parties équinoxiales de l'Afrique ou de l'Inde, savoir, 1°. le *P. erinaceus*, figuré par Lamarck (*Ill.* t. 602, f. 4), et originaire du Sénégal; 2°. le *P. echinatus*, indiqué dans Persoon par une seule phrase, et originaire du Cap de Solar dans l'Inde. Il diffère du précédent par ses fruits glabres et non pubescens, et parce que la pointe qui indique la base du style est rebroussée vers le pédicelle et non dirigée à angle droit; 3°. une espèce inédite de l'herbier de M. de Jussieu, que je nomme *P. Adansonii*, parce que Adanson l'a rapportée du Sénégal: elle se distingue par ses folioles alternes au nombre de treize à quinze, par ses jeunes pousses, et la surface supérieure de ses feuilles munies ainsi que les gousses d'un duvet velouté et soyeux, et parce que la pointe qui indique la base du style est dirigée latéralement; 4°. enfin une autre espèce inédite, que je nomme *P. Angolensis*, qui est conservée dans l'herbier du Muséum de Paris: elle a onze folioles disposées par paires avec une terminale, les fruits très-grands et un peu velus, et les folioles pubescentes seulement en dessous sur les nervures.

4°. *Section.* SANTALARIA.

Cette section a reçu ce nom parce qu'elle renferme le Santal rouge, désigné par Linné fils sous le nom de *Pterocarpus santalinus*. On la distingue assez bien à ses étamines diadelphes, à la manière ordinaire, savoir, neuf d'un côté et une solitaire; à ses fruits à peu près arrondis, ailés, non hérissés, et renfermant deux ou trois graines. C'est ici que je rapporte 1°. le *P. Indicus* de Roxburgh et Willdenow, jadis confondu avec le *P. Draco* et figuré par Rumphius (*Amb.* 2, t. 70); 2°. le *P. santalinus* de Linné fils, qui ne m'est connu que par sa description; 3°. le *P. flavus* de Loureiro, figuré par Rumphius (*loc. cit.* vol. 3, p. 117); 4°. une espèce de Sierra-Leone, que L'Héritier désignoit dans son herbier sous le nom de *P. santalinoïdes*, nom que j'ai conservé pour indiquer son analogie avec le *P. santalinus* dont il diffère principalement par ses folioles au nombre de sept à neuf, un peu pointues, au lieu de trois à cinq très-obtuses; mais son fruit est inconnu; 5°. le *P. sapindoïdes*, espèce nouvelle, découverte dans l'Amérique méridionale par M. Bertero, mais dont le fruit est aussi inconnu; 6°. le *P. scandens* de Poiret, ou *Amerimnum scandens* de Willdenow, dont les caractères sont encore peu connus.

5°. *Section.* ATELEIA.

Sous ce nom, qui signifie incomplet, les auteurs de la Flore du Mexique avoient établi un genre particulier que je crois devoir faire rentrer provisoirement comme section parmi les Ptérocarpes. Son fruit est demi-elliptique, monosperme, membraneux, à suture inférieure, convexe, non ailée; à suture supérieure droite, bordée d'une aile très-étroite. La seule espèce dont on connoisse la fleur, le *P. Ateleia* du Mexique, est remarquable parce que la corolle n'offre qu'un étendard oblong, et n'a point d'ailes ni de carène; mais on ignore si ce caractère est commun aux autres espèces dont le fruit ressemble à celle-ci.

Les espèces encore très-mal connues que je rapporte à ce groupe sont : 1°. le *P. Ateleia* ou *Ateleia pterocarpa* de la Flore du Mexique; 2°. le *P. microcarpus* de Persoon; 3°. le *P. gummifer*, dont je donne ci-après la description et la figure (1), et enfin une quatrième espèce très-singulière, du Cap de Bonne-Espérance, que je désigne sous le nom de *P. Peltaria*, pour rappeler qu'elle est dans l'herbier de N.-L. Burmann, sous le nom de *Peltaria Capensis* (2). Il est possible que mieux connue elle sorte du genre *Pterocarpus*, mais tout au moins ce ne sera pas pour devenir une Crucifère. Elle a les branches ligneuses; les feuilles à trois folioles glabres, oblongues, linéaires; les grappes simples et terminales; les fleurs pendantes; le calice petit, persistant, à cinq dents aiguës; les étamines monadelphes à gaîne persistante, fendue du côté supérieur; la gousse stipitée, ovale, monosperme, ailée sur la suture séminale. Un échantillon de cette plante est conservé dans l'herbier de M. Delessert. La circonstance qu'elle a les feuilles à trois folioles pourroit la faire rapprocher du *P. ternatus*, mais elle n'a aucun rapport avec lui, et le

(1) Voy. pl. 57, fig. 1.
(2) Voy. pl. 57, fig. 2.

P. ternatus de Poiret paroît n'être, d'après M. Kunth, que l'*Ecastaphyllum Monetaria*.

Pterocarpus gummifer. Pl. 57, f. 1.

Cette plante a été découverte à Saint-Domingue par M. Bertero, et j'en ai reçu un échantillon en fruits de M. Balbis, sous le nom de *Dalbergia gummifera*, Spreng. in litt.

La branche que j'ai sous les yeux est entièrement glabre et d'un vert pâle. L'écorce est d'un gris un peu blanchâtre; il n'y a point de stipules; les feuilles sont alternes, ailées, à trois paires de folioles, avec une impaire; les folioles sont opposées ou alternes, oblongues, presque obtuses, un peu coriaces, longues de deux pouces sur un demi-pouce de largeur, munies d'une nervure longitudinale, légèrement saillante en dessous, et d'ailleurs dépourvues de toute autre nervure un peu sensible. Les grappes naissent solitaires ou géminées de l'aisselle des feuilles supérieures, qui sont plus courtes que les autres, et l'ensemble de ces feuilles et de ces grappes presque égales entre elles constitue une panicule feuillée. Les bractées sont très-petites, aiguës, et persistent sous forme de dents. Le pédicelle est court. La portion du calice visible à l'époque du fruit est une coupe tronquée. La gousse est pédicellée dans le calice, comprimée, membraneuse, très-légèrement réticulée par de fines nervures, indéhiscente et de forme demi-ovale, un peu rétrécie à la base, et se prolongeant un peu au delà de l'origine du style par le bout qui est très-obtus. La suture supérieure est droite, légèrement ailée, l'inférieure très-convexe. La loge ne renferme qu'une graine arrondie, comprimée, et qui n'en occupe qu'une petite partie.

ONZIÈME MÉMOIRE.

REVUE
DU SOUS-ORDRE
DES SWARTZIÉES.

Le genre des *Swartzia* forme presque seul une section très-prononcée des Légumineuses, car ce n'est qu'avec doute que j'y réunis le genre *Baphia*, qui ne m'est connu que par une figure sans détail et sans description, publiée dans le *Botanical Cabinet*. Ce genre ou cette tribu, ou, si l'on préfère encore, ce sous-ordre, mérite un examen détaillé, soit à cause de la singularité de ses caractères, soit à raison de la beauté des arbres qui le composent.

Quelques espèces de ce genre ont été primitivement décrites par Aublet, l'une sous le nom générique de *Possira*, et l'autre sous le nom de *Tounatea*. Ces deux genres furent adoptés par Schreber, mais selon son usage, en en changeant les noms : il appelle le premier *Rittera* et le second *Swartzia*. Willdenow en les réunissant a adopté le nom de *Swartzia*, qui rappelle celui d'un des premiers botanistes de son époque, auquel on doit en particulier la connoissance de l'une des espèces de ce genre. En conservant le nom générique de *Swartzia* adopté aujourd'hui, j'ai divisé le genre en deux sections très-naturelles, que je désigne par les anciens noms de *Possira* et de *Tounatea*.

Les *Swartzia* sont toutes originaires des Antilles ou des parties de l'Amérique méridionale qui sont analogues au climat des Antilles, telles que Caraque, Cayenne, la Guyane et le Brésil. Le reste du monde n'en a encore présenté aucune espèce. Sur dix-sept espèces dont il se compose, Aublet en a découvert trois, dont une avoit été placée par lui dans le genre *Robinia*, probablement à cause d'une transposition de fleurs dans son herbier; Swartz une, Vahl trois, Smith une, Raddi trois, et six paroissent ici pour la première fois.

Toutes ces espèces ont une tige ligneuse; tantôt elles s'élèvent comme des arbres, tantôt elles paroissent former de grands arbrisseaux; les unes ont les jeunes branches et le feuillage parfaitement glabres, même le dessus des feuilles lisse; les autres ont les jeunes pousses et le dessous des feuilles veloutés. Aucune n'a ni épine ni aiguillon.

Leurs feuilles présentent au premier aspect de grandes différences, car on doit dire, dans le langage habituel de la Botanique, qu'elles sont tantôt composées, tantôt simples. Lorsqu'elles sont dites composées, elles sont ailées avec impaire et à folioles opposées par paire : on compte quatre à cinq de ces paires dans le *S. polyphylla*, deux à trois dans le *S. Panacoco*, deux dans les *S. alata*, *brachystachya*, *pinnata* et *longifolia*, tantôt deux, tantôt une seule dans le *S. myrtifolia*, une seule dans le *S. aptera* et les feuilles supérieures du *S. triphylla*. Ces dernières sont donc à trois folioles, mais ne sont pas pour cela comparables aux feuilles dites ternées ; ce sont des feuilles ailées avec impaire où le nombre des paires latérales est réduit à un. Il est des cas où cette paire même manque complètement, et la feuille est réduite à la foliole terminale ; on dit alors qu'elle est simple, mais elle est réellement ailée, et réduite à une seule foliole ; ce qui, indépendamment des analogies que je viens d'indiquer, achève de le démontrer, c'est que cette foliole offre à sa base, indépendamment des deux stipules étroites caduques et caulinaires qu'on trouve à la base des feuilles des *Swartzia*, les deux petites stipelles qui, dans les espèces à feuilles ailées, sont situées à la base de la foliole terminale. Le *S. triphylla* a une partie de ses feuilles à trois folioles, et l'autre a une foliole ; les *S. simplicifolia*, *grandiflora*, *dodecandra*, *parviflora* et *ochnacea*, n'ont encore été vues qu'avec des feuilles unifoliolées ; mais je ne serois point étonné qu'observées dans leur pays natal on y trouvât de temps en temps des feuilles à trois folioles.

Les fleurs des *Swartzia* sont disposées en grappes simples ou rameuses, qui naissent ou des aisselles des feuilles supérieures ou le long des branches au dessous des feuilles actuelles à l'aisselle des feuilles de l'année précédente ; les pédicelles propres de chaque fleur sont en général longs, grêles et dépourvus de bractéoles à la base du calice. Ce dernier caractère mérite toujours d'être mentionné, car il est rare que la présence ou l'absence de ces bractéoles ne soit pas, dans la famille des Légumineuses, commune à toutes les espèces d'un genre.

Le calice des *Swartzia* se présente avant la fleuraison sous la forme d'une enveloppe à peu près globuleuse, un peu coriace, et dans laquelle on n'aperçoit aucune suture ; au moment de l'épanouissement ce calice se rompt en deux, trois, quatre ou cinq valves souvent irrégulières et réfléchies. La face intérieure est quelquefois un peu colorée et calleuse, comme on le voit surtout dans le *S. alata*. Ce genre singulier de calice ne se retrouve parmi les Légumineuses que dans les Détariées, et c'est un motif qui pourroit engager à placer les Swartziées auprès de cette tribu. Le *Baphia*, dont on dit que le calice se rompt latéralement en forme de coiffe, pourroit bien se rapprocher sous ce rapport des *Swartzia*, et je le place à la suite de celui-ci comme genre mal connu. Le *Crudya*, qui leur ressemble à plusieurs égards, en diffère très-clairement parce que les lobes du calice sont embriqués les uns sur les autres avant leur épanouissement.

Les pétales et les étamines des *Swartzia* paroissent tout-à-fait hypogynes et non adhérens au calice. Sous ce rapport ce genre fait exception au caractère habituel des Légumineuses, mais on sait que presque toutes les Mimosées présentent la même circonstance ; parmi les Légumineuses même, que l'on considère comme périgynes, il en est plusieurs, telles que l'Ulex, où les pétales et les étamines tiennent si peu à la base du calice que l'on conçoit facilement qu'avec un degré d'adhérence un peu plus léger on les prendroit pour hypogynes. Au reste la non-adhérence ou la très-foible adhérence des étamines des *Swartzia* avec le calice est le caractère qui les distingue comme tribu, soit qu'on les place dans le sous-ordre des Césalpinées ou dans celui des Papilionacées. Les pétales ne sont jamais au nombre qu'on doit considérer comme normal ; les espèces qui en ont le plus n'en offrent habituellement qu'un très-grand : ce pétale unique est de couleur jaune ou plus rarement blanche, de forme arrondie vers le sommet, rétréci en coin à sa base où il offre plusieurs nervures palmées et divergentes. La présence de ce pétale fait le caractère de la section des *Possira;* son absence caractérise celle des *Tounatea.*

Les étamines sont en nombre très-variable; il est des espèces où l'on n'en a compté que dix, d'autres où il s'en présente quinze, vingt ou vingt-cinq; mais ce qui importe plus que le nombre, c'est de remarquer qu'il y en a souvent de deux sortes: les unes, qui manquent quelquefois, mais qu'on observe facilement dans le *S. grandiflora,* par exemple, sont assez grandes, assez épaisses, et disposées au nombre de deux trois ou quatre, de manière à faire penser qu'elles représentent les pétales qui paroissent manquer. Cette opinion est conforme avec une foule de faits connus sur l'identité des pétales et des étamines, et je puis la confirmer par un exemple tiré de la famille même des Légumineuses; car j'ai vu des fleurs de Haricot commun où les deux pétales qui forment la carène étoient amincis, terminés par une anthère, et transformés ainsi en étamines surnuméraires. C'est ce que je suppose qui arrive dans les *Swartzia,* avec la seule différence que les étamines surnuméraires y sont plus différentes des pétales; elles portent des anthères ovales et fertiles.

Les autres étamines sont plus menues, tantôt libres, tantôt réunies par la base de leurs filets, ce qui n'arrive jamais aux grandes étamines; leurs anthères sont arrondies, très-petites, et paroissent stériles, sinon dans toutes les espèces, ce que je ne puis affirmer, au moins dans celles que je connois le mieux.

L'ovaire est unique, le plus souvent porté sur un petit pédicelle, oblong ou linéaire, surmonté d'un style court et terminé par un stigmate simple. Le style est droit dans les *Possira;* il est très-court et comme recourbé en crochet dans le *Tounatea.* Celui-ci diffère encore des *Possira* parce que le pédicelle de l'ovaire se déjette de côté: c'est la réunion de ces deux circonstances qui avoit engagé M. Poiteau à considérer le *Tounatea* comme un genre sous le nom de *Gynanthostrophe.*

Le fruit est une véritable gousse (*legumen*), le plus souvent pédicellée, oblongue ou ovale, à deux valves, à une seule loge; le nombre des ovules, qui va jusques à quatre et six dans l'ovaire, est, à la maturité, réduit à une ou deux graines. Celles-ci sont, comme à l'ordinaire, attachées à la suture supérieure, assez grosses, réniformes et munies d'un arille à leur base. On n'y trouve point d'albumen.

L'embryon, qui est très-gros, se compose de deux cotylédons épais et charnus, et d'une radicule courte et courbée en crochet, à peu près comme dans les Dalbergiées.

Il est évident, d'après ces caractères, que les Swartziées forment une tribu très-prononcée parmi les Légumineuses, et méritent même d'être considérées comme un sous-ordre. Leur port les rapproche ou des Césalpinées ou des Dalbergiées; leur calice n'a de rapports qu'avec ceux de la dernière section des Césalpinées; leur radicule courbée les en écarte pour les rapprocher des vraies Papilionacées; mais leur fleur n'est point papilionacée, et leurs étamines hypogynes les en séparent encore. En plaçant cette tribu après les Papilionacées, entre les Dalbergiées dont elles ont la graine, et les

Mimosées dont elles s'approchent par la position des étamines, j'ai cru m'écarter de la vérité aussi peu qu'il est possible dans un ordre linéaire où il faut nécessairement sacrifier quelques rapports lorsqu'un groupe quelconque en a avec plus de deux autres.

Après ces considérations générales sur le groupe des Swartziées, je dirai quelques mots des espèces qui le composent. Elles se rangent, comme je l'ai indiqué, sous deux sections, les *Possira* et les *Tounatea*. Les *Possira* ont au moins un pétale, quelquefois trois dont deux petits; leur calice est peu ou point coloré à l'intérieur; leur pistil presque droit et peu fléchi sur le torus; leur style droit et non courbé en crochet. Cette section se compose de quatorze espèces dont quelques unes nouvelles ou mal connues.

1°. Swartzia parviflora. Pl. 60.

Cette espèce est originaire de Cayenne où elle a été observée d'abord par M. Patris, puis par M. Perrottet. Le premier de ces voyageurs en a fait un dessin au trait et une description qui sont en ma possession, et qui, joints à de nombreux échantillons, m'aideront à la faire connoître.

Elle forme un arbrisseau rameux, peu élevé, parfaitement glabre. Ses branches sont grèles, un peu anguleuses dans leur jeunesse, puis cylindriques. Les feuilles sont alternes, réduites à la foliole terminale, munies d'un pétiole très-court. Le limbe est ovale, prolongé à son sommet en une pointe mince le plus souvent échancré à l'extrémité : ces feuilles sont d'un beau vert, un peu luisantes, longues de trois pouces sur un et demi de largeur; le pétiole n'est point bordé et a à peine deux lignes de longueur.

Les grappes naissent au mois de février de l'aisselle des feuilles supérieures, et les dernières deviennent terminales; elles ne portent guère que trois à cinq fleurs; chacune d'elles est munie d'un long pédicelle qui part de l'aisselle d'une petite bractée, mais qui est nu dans toute sa longueur.

Avant leur épanouissement, les boutons sont ovoïdes, presque globuleux; leur calice se rompt du sommet à la base en deux ou trois valves concaves, d'abord étalées, puis réfléchies.

Le pétale est unique, large, arrondi et frangé vers le sommet, rétréci en un petit onglet à sa base, de couleur jaune, assez semblable pour la grandeur à celui du *S. triphylla,* figuré par Aublet à la planche 355; mais trois ou quatre fois plus petit que le pétale du *S. grandiflora,* espèce à laquelle elle ressemble d'ailleurs par le feuillage.

Les étamines sont au nombre de vingt à vingt-cinq, plus longues que le pétale, attachées au réceptacle, presque égales entre elles et entourant l'ovaire dans la partie opposée au pétale. Elles m'ont paru toutes chargées d'anthères; mais plusieurs de celles-ci sont stériles. Celles qui sont fertiles sont ovales et à deux loges. Avant la fleuraison les étamines sont pliées et contournées dans le calice.

L'ovaire est oblong, comprimé, pédicellé, glabre, surmonté d'un style court et d'un stigmate obtus.

Le fruit est une gousse ovale, oblongue, glabre, verte, un peu tachée de marques d'un brun vineux, portée sur un court pédicelle, longue d'un pouce et demi, à deux valves un peu concaves qui se séparent à leur maturité. Cette gousse renferme deux graines adhérentes à la suture supérieure; elles ont la forme de deux cônes comprimés, appliqués par leur base qui est comme tronquée : M. Patris dit qu'à l'époque de leur maturité ces graines pendent hors du fruit, suspendues par leur cordon ombilical allongé, et qu'elles sont à leur base enfoncées dans un arille charnu, blanc et succulent. Leurs cotylédons sont charnus et leur radicule légèrement courbée.

2. Swartzia ochnacea.

J'indique cette espèce d'après un échantillon qui provient du voyage de Née dans l'Amérique, et qui porte une étiquette d'après laquelle l'arbre aurait été trouvé à la Punta de Louz, dans les Pampas de Buénos-Ayres, et à Acapulco. La diversité de ces deux localités me fait craindre qu'il n'y ait quelque erreur dans l'indication, et que l'une des deux localités citées doit être exclue.

L'échantillon que j'en possède n'a point de fleurs et ressemble beaucoup à l'espèce précédente ; les feuilles sont plus coriaces, plus ovales, prolongées à leur sommet en pointe plus courte et non échancrée ; les pédoncules sont axillaires, à peine longs d'un demi-pouce et chargés d'une seule fleur. La gousse est portée sur un pédicelle aussi long que celui de la fleur, et presque triple en longueur de celui du *S. parviflora*. Elle est obovée, comprimée, surmontée d'une pointe assez longue ; ses valves sont plus coriaces et non tachetées : je n'ai trouvé dans l'intérieur qu'une seule graine plus grosse et plus réniforme ; la radicule est plus décidément courbée.

3. Swartzia aptera.

Un échantillon qui m'a été communiqué par le Muséum d'Histoire naturelle de Paris me sert à établir cette espèce. Elle est originaire de Cayenne ou de la Guyane Française, et a de grands rapports avec le *Swartzia triphylla*, figuré par Aublet à la planche 355. Elle en diffère, 1°. en ce que, au moins dans mon échantillon, toutes les feuilles sont à trois folioles, et non les unes à trois et les autres à une seule; 2°. en ce que les trois folioles sont égales ou à peu près, tandis que la figure d'Aublet représente la terminale beaucoup plus grande que les latérales; 3°. en ce que le pétiole est grêle, presque cylindrique, et non bordé d'une aile membraneuse; 4°. en ce que la feuille se termine en un appendice étroit, un peu échancré au sommet; 5°. en ce que le support de l'ovaire est plus long que l'ovaire même, et a au moins six lignes, tandis que dans le *S. triphylla* il est plus court que l'ovaire, et a à peine deux lignes de largeur. Je ne connois ni les pétales, ni les étamines, ni le fruit de cette plante; mais le calice et l'ovaire ne laissent aucun doute sur son genre.

4. Swartzia longifolia.

J'ai trouvé un échantillon de cette plante dans l'herbier de M. Thibaud, sans désignation de localité et sous le nom de *Taralea oppositifolia* d'Aublet, d'où je conclus qu'elle est originaire ou de Cayenne ou de quelques pays voisin.

Elle a des rapports assez frappans avec le *Taralea* d'Aublet, qui est le *Dipterix oppositifolia* de Willdenow, mais elle ne peut être identique avec elle, soit par ses folioles beaucoup plus allongées et plus acuminées, soit parce que ses feuilles sont alternes et non opposées, ailées avec impaire et non sans impaire. Quant à ses caractères génériques elle me paroît appartenir aux *Swartzia* plutôt qu'au *Dipterix*, parce que son calice se rompt en deux lobes réfléchis comme les *Swartzia*, et que l'aspect de son ovaire est fort semblable à ceux de ce genre; mais comme je ne connois pas le fruit il reste encore de l'ambiguité à ce sujet.

Les feuilles sont alternes, munies à leur base de stipules oblongues, un peu courbées en faucille et pointues aux deux extrémités. Le pétiole a huit pouces de longueur; il est cylindrique, glabre, renflé et comme calleux à la base. Les folioles sont au nombre de sept (trois paires et une terminale impaire), portées sur un pétiolule calleux, oblongues, pointues à la base, prolongées au sommet en une longue pointe étroite et aiguë, un peu coriaces, glabres, lisses en dessus, pâles en dessous, longues de six à huit pouces, larges de deux; les plus voisines du sommet du pétiole sont un peu plus longues que les inférieures.

De l'aisselle de la feuille part une grappe rameuse, plus longue que le pétiole, divisée en cinq à sept branches qui forment chacune une grappe simple. Les rachis, les pédicelles, la partie extérieure des calices et les ovaires sont couverts de poils courts, serrés, appliqués, qui leur donnent un aspect blanchâtre. On trouve une petite bractée subulée à la base de chaque pédicelle; celui-ci a deux, trois lignes de longueur. Le bouton est ovoïde avant la fleuraison; le calice se rompt tantôt par une fente latérale, le plus souvent en deux lobes réfléchis et caduques. Les pétales, qu'on ne peut voir qu'en ouvrant les boutons, sont au nombre de trois, savoir, un étendard arrondi et deux ailes très-petites. Les étamines sont au nombre de dix qui ne dépassent pas la longueur de l'étendard; il y en a deux libres et huit un peu soudées par la base, opposées à l'étendard; toutes m'ont paru fertiles. L'ovaire est porté sur un pédicelle tellement court qu'il semble simplement aminci à sa base; cet ovaire est presque linéaire, comprimé, terminé par un style court, droit, simple au sommet : il renferme quatre à six ovules. Le fruit m'est inconnu.

On voit que cette espèce diffère des autres *Swartzia* parce qu'elle a trois pétales au lieu d'un seul, dix étamines peut-être toutes fertiles, au lieu de vingt ou davantage, les unes fertiles, les autres stériles.

5. SWARTZIA BRACHYSTACHYA.

Cette espèce est originaire de Cayenne, et je la décris d'après un échantillon en fleurs recueilli par M. Patris.

La branche est ligneuse, glabre, cylindrique; les feuilles naissent sur les rameaux de l'année, alternes, glabres, ailées avec impaire, à cinq folioles dont une terminale, et quatre latérales disposées par paires; quelques unes n'ont qu'une paire de folioles outre la terminale; le pétiole est grêle, presque cylindrique, calleux à sa base; les stipules qui sont caduques laissent une cicatrice étroite; les folioles sont portées sur un pétiolule cylindrique, calleux, long de deux lignes; elles sont elliptiques, oblongues, prolongées en pointe aiguë à leur sommet, longues de trois à quatre pouces sur un et demi de largeur, d'une consistance mince, et d'un vert peu foncé.

Les grappes naissent sur les branches de l'année précédente à l'aisselle des anciennes feuilles; elles sont simples, longues de un à deux pouces, composées de cinq à neuf fleurs, chacune portée sur un pédicelle de trois lignes de longueur, presque glabre ainsi que l'axe de la grappe, ou plutôt couverts l'un et l'autre de petits poils couchés, visibles à la loupe seulement.

Le bouton est ovoïde, presque globuleux, de la grosseur d'un Pois : sa superficie externe est presque glabre, marquée de petites taches oblongues de couleur vineuse. Le calice se rompt ordinairement en trois lobes réfléchis et un peu calleux à l'intérieur.

La corolle se compose d'un pétale unique, ovale, arrondi, entier ou un peu crénelé, long d'environ six lignes, et d'une couleur si pâle, d'après le sec, que je suis porté à croire qu'il doit avoir été blanc.

Les étamines sont au nombre d'environ quarante, disposées sur le réceptacle du côté opposé au pétale; elles sont toutes égales et fertiles, munies d'un filet court et d'une anthère linéaire ou oblongue. Je présume que les filets sont un peu réunis par la base, mais sans pouvoir l'affirmer entièrement.

L'ovaire est sessile, droit, linéaire, comprimé, couvert de petits poils couchés qui le rendent blanchâtre, terminé par un style droit, filiforme, glabre au moins vers le sommet. Je ne possède pas le fruit.

Cette espèce se distingue de toutes les autres par le nombre de ses étamines, leur égalité et la forme plus allongée des anthères.

6. Swartzia tomentosa. Pl. 59.

L'espèce que je désigne sous ce nom m'est connue par des échantillons recueillis par M. Patris à Cayenne, sur les bords du fleuve Cabassou, et en général dans la partie des rivières où le flux de la mer peut parvenir. Ce voyageur y a joint une description et une figure. J'ai cru d'abord que c'étoit une espèce entièrement nouvelle, mais je me suis aperçu ensuite que c'étoit elle dont Aublet a figuré le feuillage sous le nom de *Robinia Panacoco*, dans la planche 307 de son ouvrage, et qui constitue par conséquent le *Robinia tomentosa* de Willdenow; mais Aublet, après avoir bien décrit les feuilles de cet arbre, y a joint (probablement par suite de quelque transposition dont son ouvrage offre d'autres exemples), y a, dis-je, joint les fleurs et le fruit d'un autre arbre, probablement de quelque *Lonchocarpus*. C'est à cause de cette circonstance que je n'ai pas admis le nom de *Panacoco* comme nom d'espèce, car il est possible que ce soit le nom de l'arbre dont Aublet a figuré la fleur et non celui dont il a représenté la feuille. Patris dit que le *Swartzia* dont il est ici question porte à Cayenne le nom de *Bois-Pagaye blanc*, et que ce nom lui est donné par les Nègres, parce que son bois sert à faire des rames qu'ils appellent pagayes. Le tronc de cet arbre est comme composé, dit-il, de poutres qui partent du centre en rayonnant : il acquiert un diamètre de deux pieds et une hauteur de trente pieds. Je n'ai rien à ajouter à la description et à la figure qu'Aublet a données des feuilles; je me bornerai à faire remarquer les espèces d'écailles arrondies, brunes et veloutées, qui se trouvent à leur base et qui paroissent ou des espèces de stipules ou une paire de folioles inférieures très-différentes des autres.

Les grappes de fleurs naissent au dessous des feuilles, le long des branches; elles sortent solitaires ou géminées de l'aisselle des anciennes feuilles et acquièrent quatre à cinq pouces de longueur; leur axe et les pédicelles des fleurs sont couverts d'un duvet court, serré et d'un roux brun; les bractées sont remplacées par des espèces de tubercules situés sous l'origine des pédicelles.

Le bouton des fleurs est globuleux, couvert de duvet brun; il s'ouvre en deux, trois ou plus ordinairement quatre valves, peu régulières, réfléchies, puis caduques. La corolle se compose d'un pétale unique, large, arrondi, concave, jaunâtre, crénelé à son sommet, rétréci à sa base en onglet, inséré sur le réceptacle, marqué de nervures qui rayonnent de la base et qui sont fourchues vers le bord. Les étamines sont extrêmement nombreuses, plus longues que le pétale, hypogynes; deux à cinq d'entre elles sont plus longues, plus épaisses que les autres, situées en face du pétale, et déclinées vers le stigmate. Les anthères stériles sont arrondies, d'un jaune foncé; celles qui sont fertiles sont oblongues, ovales, d'un jaune pâle, et appartiennent aux grands filamens; les étamines et surtout celles à anthères stériles tombent de très-bonne heure; l'ovaire est pédicellé, oblong, comprimé, pointu aux deux extrémités, le plus souvent recourbé par une inflexion du sommet du pédicelle; le style est long, courbé au sommet; le stigmate simple. Je ne connois pas le fruit.

7. Swartzia polyphylla.

Je décris cette espèce d'après un échantillon en fleurs, recueilli à Cayenne par M. Patris. Les branches sont cylindriques, glabres et de couleur foncée; les feuilles sont ailées à quatre ou cinq paires de folioles opposées et une terminale; les stipules très-petites et caduques; le pétiole long de trois à quatre pouces, cylindrique, non bordé, couvert, ainsi que les très-jeunes pousses, les grappes et les calices, d'un duvet roussâtre, court, appliqué, serré, et qui n'est bien visible qu'à la loupe. Les folioles sont ovales, prolongées en pointe acérée, longues de deux pouces sur un de largeur, munies d'un pétiolule un peu calleux.

Les grappes naissent vers le bas des branches, soit des aisselles encore chargées de feuilles, soit de celles dont les feuilles sont tombées; elles sont solitaires, géminées ou ternées, longues de trois pouces, toujours simples, et chaque fleur est portée sur un pédicelle de deux à trois lignes : ces pédicelles naissent toujours solitaires à l'aisselle d'une très-petite bractée.

Le bouton est globuleux, roussâtre, de moitié au moins plus petit qu'un Pois. Le calice se rompt en trois ou quatre lobes réfléchis; le pétale semble manquer complètement dans les fleurs épanouies parce qu'il tombe de bonne heure; mais je l'ai retrouvé dans le bouton. Les étamines sont au nombre de quarante à cinquante, presque égales, munies de filets très-grêles, à anthères arrondies, qui m'ont paru toutes fertiles. L'ovaire est porté sur un pédicelle allongé, courbé au moins dans le bouton; il est roussâtre, linéaire, oblong, surmonté d'un style court. Le fruit m'est inconnu.

La seconde section du genre *Swartzia* conserve le nom de *Tounatea* qu'Aublet lui avoit donné en le considérant comme genre : je la distingue, 1°. par l'absence de tout pétale, caractère attesté par Aublet pour le *S. alata*, et par Raddi pour le *S. apetala*, mais qui offre quelque incertitude à cause de l'extrême fugacité du pétale unique des *Possira;* 2°. par la brièveté du style, par sa direction crochue et par l'inflexion du pédicelle de l'ovaire sur le torus : ces caractères sont très-visibles dans le *S. alata*, mais j'ignore s'ils existent dans le *S. apetala* dont la place est par conséquent un peu douteuse. Je ne connois le fruit ni de l'une ni de l'autre espèce, et il ne seroit pas impossible qu'il fût un jour nécessaire de rétablir le genre *Tounatea*. En l'indiquant sous forme de section, je signale ses différences, et j'appelle sur lui l'attention des observateurs.

DOUZIÈME MÉMOIRE.

REVUE

DU SOUS-ORDRE

DES MIMOSÉES.

Quoique les Mimosées appartiennent bien certainement à la grande et belle famille des Légumineuses, elles diffèrent cependant de toutes les autres par quelques caractères que dans d'autres circonstances on regarderoit comme suffisans pour distinguer des familles et même des sous-classes. Ces caractères remarquables, déjà indiqués par M. Brown (Cong. p. 10) et H.-G. Bronn (Diss. Leg. p. 130), sont principalement les suivans : 1°. la régularité des parties de leurs fleurs qui contraste avec l'irrégularité habituelle de toutes les autres Légumineuses ; 2°. l'insertion hypogyne des pétales et des étamines, qui contraste avec la position périgyne qu'on observe dans toutes les autres Légumineuses excepté dans le genre *Swartzia*; 3°. le nombre des étamines, souvent égal ou double de celui des pétales comme dans les autres Légumineuses, mais souvent multiple des pétales, ou, comme on a coutume de le dire, indéfini, caractère qui ne se retrouve guère que dans le *Swartzia* parmi les autres Légumineuses; 4°. l'estivation valvaire des pétales qui ne se retrouve dans aucun autre groupe des Légumineuses; 5°. la structure de l'embryon qui est droit et non courbé sur lui-même, caractère commun aux Mimosées et aux Césalpinées, mais qui ne se retrouve pas dans les autres groupes de Légumineuses; et parmi celles qui ont ce caractère de l'embryon droit, les Mimosées sont encore remarquables en ce que la gemmule n'est pas visible dans la graine, et que le cordon ombilical est le plus souvent tortueux.

Cette tribu ne renferme que les anciens genres *Mimosa*, *Prosopis* et *Adenanthera* de Linné; encore le *Prosopis*, qui ne renfermoit primitivement qu'une espèce n'y a-t-il été réuni que dernièrement par M. Kunth auquel les Botanistes sont redevables d'un excellent ouvrage sur ce groupe de plantes.

Willdenow avoit proposé de diviser le genre *Mimosa* en cinq, savoir :

1°. *Mimosa*.
2°. *Schranckia*.
3°. *Inga*.
4°. *Acacia*.
5°. *Desmanthus*.

Ce travail, l'un des meilleurs que l'on doive à ce botaniste, a été sanctionné par les auteurs subséquens. M. Kunth a adopté dans son ouvrage et nous a fait connoître, mais d'une manière tout-à-fait abrégée et occasionelle, que M. Richard avoit reconnu la nécessité d'admettre un sixième genre, l'*Entada* d'Adanson, admission à laquelle j'avois aussi été conduit.

Outre ces six genres démembrés du *Mimosa*, je suis obligé d'en adopter deux autres, le *Gagnebina* établi par Necker et le *Darlingtonia;* et de réunir aux Mimosées, en suivant l'exemple de M. Kunth, le *Prosopis* et l'*Adenanthera;* ce qui porte à dix le nombre des genres de cette belle tribu. Cet accroissement du nombre des genres peut, indépendamment de la valeur des caractères, être suffisamment motivé par l'accroissement du nombre des espèces qui a suivi une progression remarquable. Linné a à peine désigné cinquante Mimosées; Willdenow, en 1806, en a décrit deux cent dix, et la monographie abrégée que j'en ai faite en contient déjà quatre cent soixante.

Je me propose de faire connoître ici les caractères distinctifs des genres de Mimosées, d'indiquer les divisions naturelles ou sections que les genres déjà connus m'ont offertes, et d'exposer rapidement quelques observations soit sur l'organisation, soit sur les espèces inédites ou embrouillées qui se sont présentées à mon observation, renvoyant au *Prodromus* pour les caractères spécifiques.

1. MIMOSA.

Ce genre, tel que je l'admets, est celui d'Adanson, de Gærtner et de Willdenow. Il se distingue essentiellement par la structure de sa gousse : celle-ci est comprimée, formée d'articles qui, à la maturité, se détachent en travers les uns des autres, et renferment chacun une graine. Les deux sutures persistent sous la forme de nervures après la séparation des articles. Ces plantes sont en outre remarquables par leurs pétales réunis à la base en une corolle gamopétale, par leurs fleurs blanches ou roses, mais jamais jaunes, souvent polygames, toujours disposées en têtes globuleuses; leurs feuilles sont deux fois pennées; et souvent les pinnules, qui ne sont qu'au nombre d'une à deux paires, sont très-rapprochées au sommet du pétiole commun, ce qu'on appelle *folia conjugato-digitata:* c'est à ce genre qu'appartiennent presque toutes les espèces qui se meuvent lorsqu'on les irrite. Les stipules sont toujours adhérentes au pétiole.

Les *Mimosa* se divisent selon moi en trois sections bien prononcées par le port et par les caractères, savoir :

La première, que je nomme Eumimosa, comme pour dire *Mimosa* par excellence ou *Mimosa* proprement dite, a les légumes comprimés et moniliformes, c'est-à-dire étranglés ou resserrés entre chaque article. Cette section, qui renferme vingt-quatre espèces, offre trois sous-divisions : les *Sensitives,* qui ont les feuilles conjuguées-pennées, les pinnules à deux paires de folioles dont l'inférieure a celle du côté intérieur toujours plus petite que l'autre; les *Pudiques,* qui ont les feuilles deux fois pennées à pinnules très-rapprochées vers le sommet du pétiole, à folioles égales, souvent assez nombreuses; enfin les *Bipennées*, qui ont les feuilles deux fois ailées, à pinnules espacées régulièrement le long du pétiole.

La deuxième section a reçu le nom d'*Habbasia*, parce que le *Mimosa Habbas* de Delile en fait partie. Elle se compose de sept espèces qui ont des gousses comprimées, très-hérissées, à bords ou sutures droites, parallèles et non resserrées à chaque article; ces articles sont nombreux, beaucoup plus courts que leur propre largeur. Ces plantes ont les feuilles deux fois pennées, les rameaux et les pétioles garnis d'aiguillons et les fleurs blanches. La figure du *M. asperata*, que je publie pl. 63, donnera une idée du port et des caractères de ce groupe.

La troisième section est désignée par le nom de *Batocaulon*, qui signifie tige de Ronce, et qui fait allusion non-seulement à ce que le *M. rubicaulis* en fait partie, mais à ce que les trois autres espèces qui s'y rapportent, ont un aspect analogue à celui-là. Cette section diffère de la précédente par ses gousses glabres ou à peine poilues, qui ont des articles plus longs relativement à leur largeur et dont les sutures sont souvent toutes deux, ou au moins l'une d'entre elles, garnies d'épines. On a quelquefois confondu les espèces de cette section avec les Acacias, parce que dans la jeunesse des gousses on n'aperçoit pas les articulations.

Ces trois sections sont si naturelles qu'on auroit pu en faire trois genres, mais elles se lient aussi par des caractères généraux assez importans pour que je croie plus conforme aux principes de les laisser réunies. L'avantage que présente l'établissement des sections naturelles est sensible dans ce cas : d'un côté, on indique par cette méthode tous les caractères floraux et carpologiques, et on groupe les espèces dans leurs rapports réels comme dans la création des genres nouveaux ; de l'autre, on établit un degré de subordination entre les ressemblances plus ou moins intimes des groupes, et on soulage la mémoire en conservant plus souvent les noms auxquels on est accoutumé.

2. ENTADA.

Ce genre a été indiqué sous ce nom par Rheede, mais avec

l'espèce de négligence qu'on mettoit alors aux idées de genre; dès lors P. Browne l'a établi sous le nom de *Gigalobium*, et Adanson, qui l'a adopté avec sa sagacité ordinaire, a préféré reprendre le nom de Rheed que j'ai adopté à son exemple. Une note de l'excellent ouvrage de M. Kunth nous apprend que Richard avoit aussi senti la nécessité de rétablir ce genre d'Adanson.

L'*Entada* se distingue du *Mimosa* avec lequel Willdenow l'avoit réuni, 1°. par ses pétales libres et non soudés entre eux; 2°. par la structure de sa gousse: celle-ci est bien formée, comme dans le *Mimosa,* d'articles monospermes, qui se détachent transversalement les uns des autres à la maturité, et laissent les sutures persistantes; mais elle offre ceci de singulier que chaque valve ou chaque portion de valve se dédouble de manière que l'épicarpe et le mésocarpe se détachent d'eux-mêmes et tombent plus ou moins vite, tandis que l'endocarpe forme une espèce d'enveloppe qui persiste assez long-temps autour de la graine. Les fruits gigantesques de l'*E. Gigalobium* ou *Mimosa scandens* des Antilles, et ceux beaucoup moins grands de l'*Entada polystachya*, conservés dans les collections, présentent très-bien cette singulière organisation. La planche 12 de l'édition de Plumier par Burmann en donne assez bien l'idée.

A ces deux caractères de la fructification des *Entada*, il faut ajouter que les tiges de ces plantes sont grimpantes, ligneuses et sans épines: quelques unes prennent d'immenses dimensions; leurs feuilles sont deux fois ailées et ont le pétiole souvent terminé en vrille; leurs stipules adhèrent à la base du pétiole; leurs fleurs sont blanches, disposées en épi, très-nombreuses, et souvent, pour la plupart, avortées; leurs gousses glabres sans épines et très-grandes, surtout si on les compare à la petitesse des fleurs; les graines sont fort grosses, remplies de cotylédons épais, charnus, qui à la germination restent sous terre comme ceux des *Vicia*, tandis que dans les autres Mimosées les cotylédons deviennent plus ou moins foliacés et sortent de terre à la germination. Il existe ainsi quelque rapport curieux entre les Viciées et l'*Entada*; et à toute rigueur on devroit faire de l'*Entada* une tribu particulière qui seroit parmi les Mimosées ce que les Viciées sont parmi les Papilionacées.

L'ensemble de ces divers caractères fait des *Entada* un genre si prononcé qu'il est extraordinaire qu'on ne l'ait pas universellement admis. J'y range actuellement six espèces dont quelques unes offrent des difficultés quant à leurs distinctions spécifiques et à leur synonymie.

La première, que je nomme *E. Gigalobium* pour rappeler le nom donné par Browne, est la plante des Antilles qui porte cette énorme gousse articulée si commune dans les collections. C'est le *Mimosa scandens* des auteurs d'Amérique, et la variété américaine du *M. scandens* de Linné. Je n'ai point vu sa fleur; mais ceux qui l'ont observée disent qu'elle a de vingt à vingt-cinq étamines.

La deuxième espèce, que je nomme *E. Pursætha* pour rappeler le nom que Linné lui a donné dans la Flore de Ceylan, est le *Mimosa scandens* de Roxburgh, et la variété indienne du *M. scandens* de Linné. Elle est figurée par Rheede (Malab. 8, t. 32, 33 et 34), et par Rumphius (Amboin. 5, t. 4). Son fruit ressemble tout-à-fait, d'après ces auteurs, à l'espèce précédente; mais sa fleur que j'ai vue n'a que dix étamines.

La séparation de ces deux espèces, qui est probablement juste d'après la différence de leurs patries et le nombre de leurs étamines, offre encore cette ambiguité pour moi, que je n'ai vu que le fruit de l'une et la fleur de l'autre.

La troisième espèce est le vrai *Entada* de Rheede (Malab. 9, t. 77), ou *Mimosa Entada* de Willdenow, que je nomme *E. monostachya :* elle est indiquée comme originaire du Malabar. J'ai un échantillon d'Amérique qui répond assez bien aux descriptions et aux figures de la plante de l'Inde ; mais qui peut-être, lorsqu'il sera comparé avec des échantillons authentiques, formera une espèce distincte. Ses épis de fleurs naissent au-dessus de l'aisselle des feuilles et non de l'aisselle même comme l'indique la figure du Jardin de Malabar.

La quatrième espèce, qui est l'*E. polystachya,* ne mérite d'être mentionnée ici que pour faire observer que mon échantillon a des fleurs à cinq pétales, et que Jacquin dit que son *M. polystachya* est sans pétales : y a-t-il ici deux espèces confondues? La présence des pétales est-elle variable? ou Jacquin a-t-il décrit inexactement? J'en donne ci-joint une figure qui, en même temps qu'elle fera connoître l'espèce, pourra servir à consacrer les caractères du genre. Voy. pl. 61 et 62.

La cinquième espèce est l'*E. Chiliantha* ou *Mim. Chiliantha* de Meyer, que je rapporte ici d'après cet auteur : elle paroît très-voisine de la précédente.

La sixième, que j'indique sous le nom d'*E. Adenanthera*, est l'*Adenanthera scandens* de Forster. J'en ai vu un échantillon donné par Forster même, et conservé dans l'herbier du Muséum de Paris. D'après son aspect général j'ai peu de doute que ce ne soit une espèce de ce genre; mais comme l'échantillon n'a ni fleurs ni fruits, et que Forster ne les a point décrits, on ne peut avoir une opinion arrêtée à cet égard.

J'engage les voyageurs qui parcourront les parties équinoxiales du globe à étudier et à recueillir avec plus de soin les Mimosées grimpantes qu'ils rencontreront, persuadé qu'on a confondu des espèces différentes sous les mêmes noms.

3. GAGNEBINA.

Ce genre, établi par Necker avec peu de précision et de détails, comprend deux espèces originaires des îles de France et de Madagascar, qui ont été rapportées au genre *Acacia* par Willdenow, mais qui se rapprochent davantage du *Mimosa* et de l'*Entada*. Leurs fleurs sont hermaphrodites, jaunâtres, disposées en épis cylindriques et axillaires; le calice est à cinq dents; les cinq pétales sont distincts, oblongs ou linéaires; les étamines au nombre de dix. La gousse est comprimée, indéhiscente, dépourvue de suc à l'intérieur; chaque suture se prolonge en une aile étroite. A l'intérieur cette gousse est divisée par des cloisons transversales en loges monospermes. On voit que ce genre diffère des *Acacia* par ses gousses à plusieurs loges, des *Mimosa* par son fruit indéhiscent, des *Inga* par ses pétales distincts et sa gousse sans pulpe, de toutes les Mimosées par sa gousse bordée d'ailes. Les arbustes qui le composent sont dépourvus d'épines, à feuilles deux fois ailées, composées d'un très-grand nombre de petites folioles linéaires; elles portent une glande sur la base du pétiole et une entre les pinnules supérieures. Les gousses sont velues dans leur jeunesse et deviennent ensuite glabres.

Les deux espèces que je rapporte à ce genre sont 1°. le *G. tamariscina* ou *Mimosa tamariscina* de Lamarck; et 2°. le *G. axillaris* ou *Mimosa pterocarpa* de Lamarck. Je donne ci-joint, pl. 64, une figure de cette dernière espèce parce qu'elle est à peine connue, et que cette planche servira à éclaircir les caractères génériques. N'ayant pas à ma disposition de fruits mûrs de cette espèce, j'y joins, sous la fig. B, le fruit du *G. tamariscina*. Il est possible que le *Mimosa Kantuffa* de R. Bruce, dont M. Brown a fait son genre *Pterolobium*, appartienne comme troisième espèce au *Gagnebina;* mais son fruit n'est point encore décrit, et ce n'est que par le nom publié sans description que je puis soupçonner qu'il est ailé. J'ai cru, dans ce doute, devoir conserver le nom donné par Necker qui est de beaucoup antérieur.

4. INGA.

Ce genre, indiqué par Plumier sous le nom qu'il porte, puis par Necker sous celui d'*Amosa*, a été définitivement et exactement établi par Willdenow. Il se distingue très-bien par ses pétales soudés en une corolle gamopétale, par ses étamines nombreuses, monadelphes et saillantes, par sa gousse comprimée, uniloculaire, et par ses graines entourées de pulpe ou de farine.

J'ai cru un moment qu'il pourroit être convenablement divisé d'après la manière différente dont les filets des étamines sont soudés. Dans la plupart des espèces, le tube formé par la soudure des filets est très-court et peu apparent; dans quelques espèces le tube est long, cylindrique, et dépasse la corolle : c'est ce qu'on voit très-bien dans l'*Inga Sassa* figuré par Bruce (Itin. 5, t. 4, 5), dans l'*Inga Zygia* figuré par P. Browne (Jam. t. 22, f. 3), et aussi, quoique à un moindre degré, dans l'*Inga virgultosa* figuré par Vahl (Eclog. 2, t. 20), et l'*Inga Burgoni* figuré par Aublet (Guian. 2, t. 358); mais j'ai renoncé à cette opinion en observant que les espèces douées de ce caractère n'ont pas d'ailleurs entre elles d'affinité bien prononcée, et que la longueur de la colonne des étamines est variable dans les mêmes espèces. Cependant comme ces *Inga* à long tube n'ont encore été décrites que d'une manière imparfaite, je donne ci-joint la figure de l'*I. Zygia*, pour faire connoître ses singulières étamines, et en particulier la manière tout-à-fait remarquable dont le tube des étamines se tord en spirale pendant la préfloraison (voy. pl. 65.)

J'hésite encore pour savoir si l'on ne doit point admettre définitivement le genre *Anneslea* de Salisbury, qui se distingue des vrais *Inga*, 1°. par un feuillage analogue à ceux des *Acacia*, c'est-à-dire formé de feuilles bipennées, à folioles nombreuses et petites; 2°. par le pollen des étamines qui, pour chaque anthère, est réuni en quatre masses arrondies, et non pulvérulent comme dans toutes les Mimosées, observation due à la sagacité de M. Kunth. Ce genre ou cette section comprend deux et peut-être trois espèces, savoir :

1°. L'*Inga anomala* de Kunth, qui n'est autre que le *Mimosa grandiflora* de L'Héritier, comme je m'en suis assuré sur l'échantillon même qui a servi à sa description. J'y joins comme variété l'*Inga pedicellata* de la Flore du Mexique, déjà figuré par Hernandèz (p. 104, f. 1 et 2), qui devra, peut-être lorsqu'il sera mieux connu, former une espèce distincte.

2°. L'*Inga Houstoni*. Je désigne sous ce nom de *Mimosa Houstoni* de L'Héritier, qui est le *Gledistchia inermis* de Linné, l'*Acacia Houstoni* de Willdenow et l'*Anneslea falcifolia* de Salisbury. Ayant sous les yeux les échantillons originaux de L'Héritier et de Salisbury, je puis affirmer et leur identité et la conformité de leur pollen avec l'espèce précédente.

3°. L'*Inga Timoriana*, espèce nouvelle de Timor, ressemble tellement aux deux précédentes qu'il est impossible de l'en séparer; mais n'ayant pas vu sa fleur, je n'ose rien affirmer. C'est ce doute qui m'a fait encore conserver les *Anneslea* parmi les *Inga*; mais si les espèces d'*Inga* qui se rapprochent des *Anneslea* par le feuillage offrent, comme je le soupçonne, la même structure de pollen, il sera nécessaire d'admettre le genre de Salisbury.

Les autres différences qu'on observe parmi les *Inga*, telles que le fruit plane ou à sutures saillantes, droit ou tortillé, pourroient fournir de bonnes sous-divisions; mais il y a un si grand nombre d'espèces dont les fruits sont inconnus que je suis encore obligé de ranger les espèces d'après leur feuillage.

5. SCHRANCKIA.

Ce genre, établi par Willdenow, est bien caractérisé et n'exige aucune modification; si ce n'est qu'au lieu de dire que la gousse est à quatre valves il seroit plus exact de dire que chaque valve se coupe longitudinalement en deux parties. En effet, dans la jeunesse du fruit il n'a que deux valves, et les graines sont rangées le long de la suture supérieure, comme à l'ordinaire. L'exemple de l'*Hæmatoxylon* prouve d'ailleurs la possibilité de cette fissure longitudinale des valves.

6. DARLINGTONIA.

Je désigne sous ce nom, qui est celui du docteur Darlington, habile botaniste américain, deux espèces de Mimosées originaires des États-Unis qui avoient été jusqu'ici confondues avec les Acacias, mais qui m'en paroissent bien distinctes, 1°. quant au port, parce qu'elles sont herbacées et non ligneuses; 2°. quant aux caractères, parce qu'elles sont hermaphrodites, qu'elles n'ont que cinq étamines, et que leur gousse est courte, lancéolée, et ne renferme qu'un très-petit nombre de graines.

Je rapporte à ce genre :

1°. Le *D. brachyloba* ou *Acacia brachyloba* de Willdenow, dont je donne le dessin, pl. 66, soit parce qu'elle n'est pas encore figurée, soit pour faire connoître le port et les caractères du genre.

2°. Le *D. glandulosa* ou *Acacia glandulosa* de Willdenow. Un échantillon cueilli dans le jardin de Florence m'a appris que le *Mimosa contortuplicata* de Zuccagni ne différoit pas de cette dernière espèce.

7. DESMANTHUS.

Le genre *Desmanthus*, bien établi par Willdenow quant à son caractère principal, avoit été embrouillé par l'admission de quelques espèces qui ne lui appartiennent point : cette circonstance, qui m'avoit autrefois engagé à le laisser réuni à celui de l'*Acacia*, a été étudiée par M. Kunth, qui en a précisé le caractère : celui-ci consiste essentiellement dans la transformation des étamines des fleurs inférieures de chaque épi en pétales filiformes ou ligulés. Ce genre se divise en trois sections tellement naturelles que le port aussi bien que la structure des fleurs en détermine l'établissement ; savoir : 1°. les *Neptunia*, qui ont les filamens stériles, entièrement pétaloïdes, et les gousses oblongues un peu élargies d'un côté à leur base, et à quatre ou six graines : ce sont des herbes aquatiques, couchées ou rampantes, à feuilles sensibles au tact, comme les vrais *Mimosa*, à deux ou trois paires de pinnules, composées chacune de dix à douze paires de folioles ; à pédoncules axillaires et solitaires. Cette section constituoit le genre *Neptunia* de Loureiro, et est tellement distincte qu'on pourroit sans inconvénient la considérer comme un genre : elle comprend les *D. lacustris*, *natans*, *triquetrus* et *plenus*, et une espèce nouvelle que je nomme *D. polyphyllus*, parce que ses pinnules ont jusqu'à vingt paires de folioles.

La seconde section, que je nomme *Desmanthea*, a des légumes linéaires à dix, quinze graines, des filets stériles, presque filiformes, et des fleurs neutres souvent dépourvues de pétales. Ce sont des arbustes ou sous-arbrisseaux ; leurs feuilles ne sont point sensibles au tact ; elles sont composées de deux à cinq paires de pinnules à dix, quinze paires de folioles. Je rapporte ici les *D. depressus*, *diffusus*, *virgatus*, *punctatus* des auteurs, et une espèce nouvelle que je nomme *D. tenellus*.

La troisième section qui, si l'on conservoit le genre *Neptunia*, devroit aussi former un genre distinct, a reçu le nom de *Dichrostachys* pour indiquer que ses épis sont toujours de deux couleurs ; les gousses sont linéaires, contournées ou un peu courbées en faucille ; les filets stériles, linéaires et allongés ; les anthères terminées par une glande pédicellée : caractère très-remarquable, et qui doit probablement motiver leur séparation générique. Ce sont des arbrisseaux à feuilles pubescentes, deux fois pennées, à folioles nombreuses, linéaires, munies de glandes placées sur le pétiole entre les pinnules inférieures. Les épis de fleurs sont presque cylindriques ; les étamines fertiles sont jaunes ; les stériles blanches ou rougeâtres. Je rapporte à cette section les *Desmanthus divergens* et *cinereus* de Willdenow, le *D. nutans* qui est le *Mimosa nutans* de Persoon, et trois espèces nouvelles très-remarquables, les *D. leptostachys*, *callistachys* et *trichostachys*, qui paroissent tous originaires du Sénégal ou des pays voisins, comme la plupart des précédentes. Les espèces de cette section sont très-remarquables par leur élégance, et seront comptées au nombre des Mimosées d'ornement les plus dignes d'être cultivées. Je donne (Pl. 67) la figure du *D. trichostachys*, pour faire connoître les caractères et le port de ce groupe.

8. ADENANTHERA.

M. Bronn a placé ce genre dans les Cassiées, mais je pense qu'il appartient aux Mimosées, 1°. parce que ses anthères sont surmontées d'une glande pédicellée, précisément comme dans le *Prosopis* et le *Dichrostachys* ; 2°. parce que sa gousse est divisée transversalement en loges comme le *Mimosa*, l'*Entada* et le *Gagnebina*. Cependant, n'ayant point vu l'estivation des pétales, je conserve encore des doutes à cet égard, et je le mentionne pour attirer sur lui l'attention des observateurs. L'*A. scandens* de Forster paroît être une espèce du genre *Entada*. L'*A. aculeata* de Roxburgh est un *Prosopis:* il ne s'agit plus donc que de bien connoître l'*A. pavonina*, et quelques espèces plus ou moins douteuses qui s'en rapprochent.

9. PROSOPIS.

C'est M. Kunth qui a le premier constaté que ce genre appartient à la tribu des Mimosées : il a les fleurs polygames; les cinq pétales distincts, dix étamines à filets libres ou à peine soudés, et une gousse à valves continues; un peu bosselée par la saillie des graines, et remplie de pulpe : en d'autres termes, les *Prosopis* ont la fleur des *Acacia* et le fruit des *Inga*. Ce sont des arbres ou arbrisseaux à feuilles deux fois pennées, à pinnules peu nombreuses chargées d'un grand nombre de folioles, à épis allongés, pédonculés, et dont les fleurs sont peu serrées, verdâtres ou jaunâtres. Ce genre offre deux sections très-distinctes.

1°. L'*Adenopis* ou *Prosopis* proprement dit, qui renferme le *P. spicigera* de Linné, et mon *P. Adenanthera*, qui est l'*Adenanthera aculeata* de Roxburgh, toutes deux originaires de l'Inde. Cette section se distingue parce que les anthères sont comme dans le *Dichrostachys*, terminées par une glande pédicellée et caduque.

La deuxième section, que je nomme *Algarobia*, est toute composée d'espèces américaines; plusieurs dans leur pays portent le nom d'*Algarobo*, qui est aussi celui du Caroubier, et qui est déterminé par l'analogie de forme, de saveur et d'usage de leurs fruits. Cette section se distingue de la première par ses anthères dépourvues de glandes, et quant au port, parce que les épines ou manquent, ou, lorsqu'elles existent, naissent à peu près à la place des stipules et non éparses le long de la tige. Je rapporte ici les quatre *Prosopis* décrits par M. Kunth, mon *P. Juliflora*, qui est le *Mimosa Juliflora* de Swartz, mes *P. siliquastrum* et *flexuosa*, qui sont les *Acacia siliquastrum* et *flexuosa* de Lagasca, et deux espèces inédites, que je nomme *P. bracteolata* et *P. Domingensis*, qui ont été découvertes par M. Bertero à Sainte-Marthe et à Saint-Domingue.

10. LAGONYCHIUM.

Ce genre a été établi par M. Marschall de Bieberstein dans le supplément de sa Flore de Crimée. Tout en l'admettant je conserve bien des doutes sur sa justesse. Il n'est jusqu'ici composé que d'une seule espèce, d'abord décrite comme une espèce d'*Acacia* par M. Marschall lui-même, puis considérée comme une espèce de *Prosopis* par M. Kunth, parce que son fruit renferme de la pulpe à l'intérieur. Elle a en effet tout le port d'un *Prosopis*, mais elle semble différer de ce genre parce que le fruit est totalement indéhiscent, et n'est ni comprimé ni toruleux; qu'il est de plus stipité, ovoïde, presque cylindrique, obtus et un peu courbé. Cette gousse ressemble un peu à celle de l'*Acacia Farnesiana*, mais elle en diffère par la présence de la pulpe dans la loge.

11. ACACIA.

Je n'ai admis aucun changement dans le caractère du genre *Acacia* tel qu'il a été présenté par MM. Willdenow et Kunth, si ce n'est d'en détacher, comme je l'ai dit plus haut, les espèces qui forment les genres *Gagnebina* et *Darlingtonia*, ainsi que celles qui doivent être rapportées au

Desmanthus et au *Prosopis*. En revanche j'ai dû rapporter quelques espèces qui n'en faisoient pas partie; telle est principalement la plante de l'herbier de Thibaud, qui a été publiée par M. Persoon sous le nom de *Sophora obliqua*. La vue de l'échantillon original, quoiqu'il soit dépourvu de fleurs, m'a démontré qu'elle appartient au genre *Acacia*, et je la désigne sous le nom d'*A. Thibaudiana*, vu qu'il y a déjà un *A. obliqua*.

Il me reste plusieurs sujets de doute quant à la limitation générique des *Acacia* : 1°. deux espèces de ce genre, l'*A. trichodes* de Willdenow, et une espèce nouvelle de Saint-Domingue, que j'appelle *pseudotrichodes*, sont remarquables parce que leur stigmate est en forme de pinceau, et que leurs anthères sont hérissées de poils. Je ne serois pas surpris qu'un examen plus approfondi de ces plantes n'engageât à les considérer comme un genre distinct.

2°. La forme tortillée du fruit de l'*A. strumbulifera* méritera aussi de fixer l'attention des observateurs, et pourroit bien indiquer la formation d'un nouveau genre.

Non seulement je n'ai pas osé en établir, mais je n'ai pas trouvé parmi les *Acacia* de meilleur moyen pour les classer que de recourir, comme Willdenow, aux feuilles dites simples, conjuguées ou deux fois pennées, aux fleurs en tête ou en épi, aux épines nulles, éparses ou stipulaires.

Relativement à ce dernier caractère, je dois mentionner une observation qui me paroît de quelque intérêt. La plupart des auteurs ont admis que les piquans stipulaires des Mimosées remplaçoient les stipules et sembloient être des stipules endurcies : je m'étois jusqu'ici rangé à cette opinion; mais

M. Bertero a découvert aux environs de Sainte-Marthe, et M. Balbis m'a communiqué en son nom, sous la dénomination d'*Acacia pilosa*, une espèce très-remarquable en ceci qu'elle a des stipules et des épines stipulaires très-distinctes. L'examen de cette espèce m'a fait voir que l'épine stipulaire est indépendante de la stipule, et qu'elle doit être considérée comme un prolongement de l'organe situé sous la base de la feuille, et que M. Sims désigne sous le nom de *Pulvinus*, ou en français, coussinet. Cette même organisation, c'est-à-dire la coexistence des stipules et des épines stipulaires, se retrouve dans une autre espèce nouvelle d'*Acacia*, que M. Bertero a aussi découverte et qu'il m'a communiquée sous le nom d'*A. hæmatomma*, nom qui fait allusion à la belle couleur rouge des fleurs, et que j'ai conservé. Je donne ci-joint une figure de cette espèce, où l'on voit très-bien le caractère que je viens d'indiquer. Cette espèce diffère tellement des autres *Acacia* et s'approche tant de l'*Inga purpurea* qu'elle indique la formation future d'un genre intermédiaire ; mais comme je n'ai pu encore voir le fruit mûr de l'*Inga purpurea*, je suspens tout jugement à cet égard et me borne à donner une figure soignée de l'*A. hæmatomma*, pl. 68.

Les feuilles des Mimosées, qu'on a coutume de dire simples, sont des organes auxquels j'ai proposé ailleurs de donner le nom de *Phyllodium* : ce sont des pétioles communs, dilatés, dont les folioles ont avorté. C'est dans ce sens que M. Wendland, qui vient de publier une bonne Monographie de ce groupe, leur a donné le nom d'*Acaciæ aphyllæ*. Je pense adopter un terme moins contraire aux apparences, et plus exact, en leur donnant le nom d'*Acaciæ phyllodinæ*.

Chacun sait que dans les mêmes individus, ou à la fois ou dans des âges différens, on trouve des pétioles, les uns transformés en *Phyllodium*, les autres chargés de folioles : les *Phyllodium* ont la consistance coriace des pétioles et presque toujours des nervures longitudinales : on ne les trouve pas seulement chez les *Acacia*; les feuilles des *Buplevrum*, et peut-être celles de quelques Renoncules (*R. gramineus*), pourroient bien être de même des pétioles dilatés dont le limbe a avorté. Au reste, la division des Acacies phyllodinées s'est fort accrue par les derniers voyages dans la Nouvelle-Hollande. J'en connois soixante-six espèces dont huit non encore publiées ont été recueillies par MM. Leschenault et Riedley, et quatorze des belles collections de M. Sieber.

Je terminerai ce mémoire en donnant la description de quelques unes des espèces nouvelles ou peu connues que j'ai été appelé à observer.

1°. *Entada polystachya*. Tab. 61 et 62.

Cette espèce m'est connue par des échantillons originaires des Antilles: les uns en fleur proviennent de la Guadeloupe (tab. 61); les autres en fruit faisoient partie de l'herbier de L'Héritier sous le nom de *Poincianoïdes*. Je n'ai pas, par conséquent, une certitude absolue que les fleurs et les fruits de mon herbier proviennent de la même espèce; mais en les comparant d'un côté avec la description de Jacquin (Americ. p. 265), de l'autre avec la figure de Plumier (Ed. Burm. t. 12), je conserve peu de doute sur leur identité, confirmée par la similitude d'origine. Cette plante paroît aussi, d'après la synonymie, être le *Mimosa bipinnata* d'Aublet : elle est dans l'herbier de Vaillant avec la phrase de Plumier, qui correspond à la figure citée; et M. de Jussieu conserve dans son herbier, sous le nom d'*Acacia secundiflora*, une plante de la Guiane fort semblable à celle des Antilles. Celle-ci, en effet, a tantôt les branches de la panicule à peu près éparses comme dans la figure; tantôt ces mêmes branches toutes déjetées d'un seul côté au moins dans l'herbier, mais je n'oserois affirmer si c'est là leur position naturelle, ou si elle leur a donné des forces en les desséchant.

La plante est glabre dans toutes ses parties; les feuilles sont deux fois ailées; les pétioles partiels sont au nombre de trois à quatre paires et n'ont point de vrilles pendant la fleuraison : Jacquin dit qu'ils en prennent ensuite. Les folioles sont au nombre de six à huit paires sur chaque pétiole partiel, ovales, oblongues, obtuses aux deux extrémités, obliques à la base, échancrées au sommet, longues de sept lignes. (N. B. la figure générale est réduite à la moitié de la grandeur.)

Les panicules qui terminent les branches sont composées de trente à quarante petits épis longs de deux pouces et chargés d'une multitude de fleurs presque sessiles, les unes mâles, les autres hermaphrodites. On en voit une séparée dans la planche 61, f. 4 et 5.

Chaque fleur présente un petit calice à cinq dents peu apparentes, et cinq pétales oblongs et caducs. Jacquin dit que la sienne en est dépourvue; mais il paroît évident, d'après sa description, qu'il les a décrits sous le nom de calice, et a négligé le vrai calice situé à leur base. La fleur n'a guère qu'une à deux lignes de longueur ; elle est munie de dix étamines qui dépassent peu la longueur des pétales.

La plupart des fleurs tombent immmédiatement après la floraison, et sur cette multitude qui composent une panicule il n'y en a que quelques unes qui portent fruit.

La gousse, qu'on peut voir réduite à la moitié de sa grandeur, pl. 62, est portée sur un court pédicelle, plane, glabre, obtuse aux deux extrémités, longues de neuf à dix pouces sur trois de largeur. A sa maturité les sutures restent détachées sous forme de nervures comme un cadre oblong ; les valves se coupent en travers de manière à former douze à quinze articles séparés par une articulation rectiligne et transverse ; chaque article parallélogramique (fig. 10) se dépouille de son épicarpe et offre à l'intérieur une loge formée par l'endocarpe seul (fig. 11) : celui-ci est membraneux, indéhiscent ; lorsqu'on le déchire on trouve à l'intérieur une graine (fig. 12) ovale, comprimée, à bord calleux, qui offre un embryon droit (fig. 13), sans albumen et à radicule peu ou point visible.

2°. *Mimosa asperata*. Pl. 63.

Cette espèce est connue depuis long-temps, et je ne l'indique ici que pour donner un exemple des caractères du genre *Mimosa* et de la section des *Habbasia*. Elle est, en particulier, remarquable par son calice divisé irrégulièrement en plusieurs lanières setiformes ; et si ce caractère est commun à tous les *Habbasia*, il motiveroit leur séparation comme genre. La structure de son fruit a du rapport avec l'*Entada*, mais les pétales sont soudés en une corolle d'une seule pièce, les fleurs réunies en tête arrondie, et l'épicarpe des articles de la gousse reste adhérent à l'endocarpe.

Elle croît à la Jamaïque, à Vera-Crux, Demerari, etc. On la distingue du *M. polyacantha* d'Afrique, seulement parce que les pédoncules qui portent les têtes de fleurs sont, dans celle d'Amérique, de la longueur des capitules, dans celle d'Afrique environ quatre fois plus longs.

3°. *Mimosa leiocarpa*.

Je décris cette plante d'après un échantillon en fruits, mais dépourvu de fleurs, qui m'a été rapporté de Sainte-Marthe par M. Bertero, et que mon ami Balbis m'a communiqué. Il étoit conservé dans son herbier sous le nom d'*Acacia nutans*, Spreng., nom que je n'ai pu conserver parce que la plante n'appartient pas au genre *Acacia*.

Le rameau que j'ai sous les yeux est entièrement glabre, presque dépourvu d'épines dans sa partie supérieure : il en offre une vers la base qui indique qu'elles sont éparses et non stipulaires. Les feuilles en sont entièrement dépourvues, deux fois ailées, à douze paires de pinnules qui ont chacune environ trente paires de folioles linéaires, obtuses; les pétioles ne portent aucune glande.

Les fruits forment une panicule terminale, lâche, un peu penchée de côté, et semblent indiquer que les fleurs étoient en épi. Chaque gousse, rétrécie à sa base en un pédicelle grêle, est comprimée, linéaire, oblongue, mucronée, longue d'un pouce à un pouce et demi sur deux lignes et demi de largeur. Les sutures sont saillantes, sans épines et persistantes. Les articles sont presque carrés, se séparent en se coupant en travers à la maturité, et ne s'ouvrent pas d'eux-mêmes. Chacun d'eux renferme une seule graine, ovale, arrondie, comprimée. Les fleurs sont inconnues, et il reste par conséquent quelque doute sur la place où cette plante doit être classée.

4°. *Gagnebina axillaris*. Tab. 64.

Cette plante est décrite par Lamarck sous le nom de *Mimosa pterocarpa*. J'en donne ici la figure, soit parce qu'il n'en existe aucune, soit pour faire connoître les caractères du genre.

5°. *Inga Berteriana*.

Je décris cette plante d'après un échantillon récolté à Sainte-Marthe par M. Bertero, et qui m'a été communiqué par M. Balbis. Elle a du rapport avec l'*I. ingoïdes* de Willdenow, mais elle a six ou sept paires de folioles à chaque feuille au lieu de quatre; elle a de plus les grappes décidément axillaires et nullement terminales.

Les jeunes branches, les pétioles, les pédoncules, les calices et le dessous des feuilles sont revêtus d'un duvet court, serré et roussâtre; le dessus des feuilles est très-peu velouté; la corolle est couverte d'une laine soyeuse et blanche.

Les feuilles sont simplement pennées; elles ont le pétiole ailé, les folioles ovales, oblongues, acuminées, longues de trois pouces et demi sur quinze à dix-huit lignes de largeur. On trouve une glande sessile et concave sur le pétiole, entre les folioles de chaque paire.

Les pédoncules naissent de l'aisselle des feuilles; ils ont trois pouces de longueur, ce qui fait à peu près la moitié de celle du pétiole. Chacun d'eux porte cinq à sept fleurs, disposées en tête ovale peu serrée. Les bractées sont ovales, obtuses, un peu concaves, caduques, trois fois plus courtes que les calices. Le calice a un tube en cône renversé, long de cinq à six lignes, et cinq lobes disposés en estivation valvaire. La corolle a cinq lobes obtus, un peu plus longs que le calice. Les étamines sont glabres et atteignent jusques à deux pouces de longueur; la partie des filets, cachée sous la corolle, est monadelphe ; ils sont libres et très-menus dans leur partie saillante. Le style est filiforme, plus long que les étamines. Je ne connois pas le fruit.

6°. *Inga Thibaudiana.*

Cette espèce, originaire de Cayenne, m'est connue par un échantillon sans fruits, qui provient de l'herbier de Thibaud. Elle appartient aux *Inga* à feuilles simplement ailées et tient le milieu entre celles à pétiole bordé et celles à pétiole nu, ayant le pétiole nu entre les deux paires de folioles inférieures, et ailé entre les deux supérieures. Ses folioles sont ovales, oblongues, acuminées, glabres en dessus, excepté sur la nervure moyenne, légèrement pubescentes en dessous, ainsi que les jeunes pousses, les pédoncules et les calices. Chaque feuille porte quatre à cinq paires de folioles. Le pétiole est chargé d'une grosse glande sessile et concave entre les folioles de chaque paire.

Les pédoncules naissent à l'aisselle des feuilles; les supérieurs réunis et rapprochés forment une espèce de thyrse entremêlé de quelques feuilles. Le calice est court, à cinq dents. La corolle forme un tube grêle, cylindrique, allongé, soyeux et roussâtre en dehors, long de huit à neuf lignes, divisé en cinq lobes courts. Les étamines sont rouges, nombreuses, saillantes, monadelphes à leur base seulement. Le fruit est inconnu.

7°. *Inga stipularis.*

Cette plante, récoltée à Cayenne par M. Patris, est très-remarquable par ses stipules larges, orbiculaires, foliacées, persistantes, d'environ six lignes de diamètre, un peu plus larges que longues. Toute la plante est glabre, le dessus des feuilles et des stipules luisant. Les feuilles sont simplement ailées, à pétiole nu, cylindrique, muni de glandes sessiles entre les folioles de chaque paire. Celles-ci sont ovales, pointues aux deux extrémités, de consistance coriace, longues de trois et demi à quatre pouces sur dix-huit à vingt lignes de largeur. Chaque pétiole en porte deux ou trois paires; les pédoncules sont axillaires, solitaires, égaux à la longueur des pétioles, à deux paires de folioles, plus courts que ceux à trois. Les fleurs forment un épi serré, ovale; celles du bas tombent de bonne heure; ces fleurs ont la corolle glabre, à peine double de la longueur du calice. Les étamines sont saillantes, deux fois plus longues que la corolle. Je n'ai pas vu le fruit.

Elle a des rapports intimes avec l'*Inga capitata* de Desvaux.

8°. *Inga Zygia.* Tab. 65.

Cette plante est originaire des Antilles et paroît avoir été déjà indiquée sous le nom de *Zygia* par P. Browne, mais elle est si remarquable par la structure de ses étamines que j'ai cru devoir en donner une figure.

Les rameaux en fleurs que j'ai sous les yeux sont entièrement glabres; les branches sont cylindriques, dépourvues d'épines. Les feuilles sont deux fois ailées; le pétiole commun porte à sa base une grosse glande sessile et concave : il se divise en deux à quatre paires de pétioles partiels, dont chacun porte quatre à cinq paires de folioles : celles-ci sont ovales, rhomboïdales, à peine inégales à leur base, un peu pointues au sommet : celles du sommet de chaque pétiole partiel sont plus grandes que celles du bas.

Les têtes de fleurs sont placées au bout de longs pédicelles filiformes qui naissent deux ou trois ensemble, et forment par leur réunion une grappe terminale. Chaque tête est un faisceau serré, composé de quinze à vingt fleurs sessiles et assez petites.

Le calice est tubuleux, à cinq dents aiguës.

La corolle forme un tube deux fois plus long que le calice, un peu dilaté à la gorge, et à cinq lobes courts et pointus. Elle est glabre ainsi que le calice et l'ovaire.

Les étamines sont au nombre de vingt environ ; leurs filets sont réunis en un tube cylindrique beaucoup plus long que la corolle, et qui, avant l'épanouissement, est tortillé sur lui-même en façon de tire-bourre : la sommité des filets est libre, chargée d'une anthère à deux lobes très-prononcés et marqués chacun d'un sillon profond. A la fin de la fleuraison, le tube des étamines est droit, long de huit à dix lignes, c'est-à-dire plus que triple de la longueur de la corolle.

L'ovaire est oblong, surmonté d'un style filiforme aussi long que les étamines.

Le fruit n'est point encore connu, et jusque-là on ne peut décider si cette singulière conformation d'étamines, commune aux *I. Sassa, virgultosa* et *Burgoni*, est un motif suffisant pour les considérer comme un genre distinct.

9°. *Schranckia leptocarpa*.

Je décris cette espèce d'après un échantillon récolté à

Saint-Domingue par M. Poiteau, et qui paroît avoir été confondu avec le *S. aculeata*. Celle-ci ne m'est connue, il est vrai, que par la figure d'Houston, publiée par les soins de sir Joseph Banks, et par celle de Miller. Mais la plante de Saint-Domingue ne peut être confondue avec celle de Vera-Crux, représentée par ces deux botanistes.

Elle a, comme le *S. aculeata*, la tige presque tétragone et garnie le long des angles d'épines rebroussées. Les pétioles présentent les mêmes épines et portent aussi deux ou trois paires de pétioles partiels : chacun de ceux-ci porte dix à douze paires de folioles linéaires, oblongues, obtuses, glabres et ciliées.

Les pédoncules naissent solitaires ou géminés à l'aisselle des feuilles; ils sont pubescens ainsi que la sommité de la tige, et garnis de quelques épines. Leur longueur n'est que de quatre à cinq lignes et ne devient pas sensiblement plus grande après la fleuraison. Les têtes de fleurs sont composées de huit à dix fleurs dont cinq à six portent des fruits. Ceux-ci sont, dans leur jeunesse, droits et poilus; ils acquièrent, à leur maturité, jusques à quatre pouces de longueur, sont hérissés d'épines longues et droites; ils sont beaucoup plus grèles que dans le *S. aculeata*, vont en s'amincissant de la base au sommet où ils se terminent en une longue pointe, acérée et dégarnie de piquans.

Ainsi, tandis que dans le *S. aculeata* les fruits sont à peine plus longs que le pédoncule, ceux du *S. leptocarpa* sont presque dix fois plus longs, beaucoup plus grèles et terminés en pointe plus allongée.

10°. *Darlingtonia brachyloba*. Tab. 66.

Cette plante est trop connue pour qu'il vaille la peine de la décrire en détail. Comme il n'y en a point de planche, j'en ai joint une ici pour faire connoître les caractères génériques.

11°. *Desmanthus leptostachys.*

Je décris cette plante d'après deux échantillons, l'un recueilli au Sénégal par M. Roussillon, l'autre à Sierra-Leona par Smeathman. Elle a beaucoup de rapports avec le *D. divergens* de Willdenow, figuré par Bruce à la planche 6e. de son *Atlas;* mais elle en diffère par ses folioles qui sont environ en nombre double, c'est-à-dire de vingt à trente paires par pinnule, au lieu de dix à quinze, et par ses épis plus grêles et non pendans.

Les rameaux que j'ai sous les yeux sont cylindriques, pubescens dans leur jeunesse, puis glabres, garnis de fortes épines solitaires, étalées, à l'aisselle desquelles naissent les feuilles et les pédoncules. Ces épines manquent dans les plus jeunes branches et paroissent des rameaux avortés.

Les feuilles ont un pétiole long d'environ deux pouces, pubescent, divisé en huit pétioles partiels et chargé çà et là vers l'origine de ces pétioles de glandes pédicellées très-semblables pour leur forme aux petits champignons connus sous le nom de *Calycium.* Chaque pétiole partiel porte vingt à trente paires de folioles linéaires très-petites, très-serrées, glabres sur leurs faces, ciliées sur leurs bords.

Les pédoncules sont solitaires ou géminés, plus courts que les feuilles, pubescens, filiformes, nus dans leur moitié inférieure, et forment dans la moitié supérieure un épi simple et cylindrique. Les fleurs inférieures sont un peu écartées les unes des autres, et ont leurs étamines toutes stériles et transformées en filets allongés et filiformes. Les autres sont plus rapprochées, plus courtes; leurs étamines sont fertiles et les anthères terminées par une glande qui tombe de bonne heure. L'ovaire est hérissé de poils blancs. Je ne connois pas le fruit.

12°. *Desmanthus trichostachys*. Tab. 67.

Cette plante m'a été envoyée du Sénégal par MM. Bacle et Perrottet, et a de grands rapports avec la précédente. Elle paroît en différer, 1°. parce que les branches, au moins dans l'état où je les possède, sont dépourvues d'épines; 2°. que les pétioles portent neuf à dix paires de pétioles partiels; 3°. que les épis sont un peu plus longs et non plus courts que les feuilles; 4°. que les glandes des pétioles sont plus éparses et plus brièvement pédicellées. Ces différences sont légères, et je ne serois pas étonné que de nouvelles observations n'obligeassent à réunir ces deux espèces.

M. Bacle m'a dit que les Nègres des environs de Saint-Louis lui donnent le nom de Nemnem, et qu'ils emploient le fruit, les feuilles et l'écorce pour tanner les peaux. Ses fleurs sont, les unes jaunes, les autres blanches, et ont une odeur douce.

13°. *Acacia nervosa*.

La Monographie des Acacies sans folioles de M. Wendland laisse peu de chose à décrire. Cependant j'indiquerai ici rapidement quelques espèces à y ajouter.

Celle-ci provient de la Nouvelle-Hollande et a été recueillie à la baie du Géographe par les naturalistes qui faisoient partie de l'expédition du capitaine Baudin. Elle est entièrement glabre. Ses rameaux sont relevés d'angles nerviformes saillans; ses stipules épineuses, persistantes, grêles et étalées. Ses phyllodiums ou pétioles dilatés sont ovales, oblongs, rétrécis en pointe aux deux extrémités, prolongés au sommet en une petite épine, traversés par une nervure longitudinale saillante, bordés sur les deux côtés par une nervure qui fait le tour du limbe, dépourvus de glandes ou de dents latérales, longs de dix à douze lignes sur trois à quatre de largeur. Les pédoncules naissent solitaires ou géminés à l'aisselle des pétioles supérieurs, et sont de moitié plus courts qu'eux. Ils portent des capitules arrondis, composés de cinq à huit fleurs : celles-ci ont un calice à quatre lobes obtus. Elles sont trop peu développées dans mes échantillons pour que j'ose les décrire.

Cette espèce ne peut être comparée qu'avec l'*A. hastulata* de Smith, mais elle en est très-évidemment distincte.

14°. *Acacia multinervia.*

Cette espèce est encore due aux recherches des naturalistes qui ont fait partie de l'expédition du capitaine Baudin. Elle a été récoltée sur la côte orientale de la Nouvelle-Hollande.

Ses rameaux sont triangulaires dans leur jeunesse et deviennent ensuite cylindriques. Les stipules manquent. Les phyllodiums sont linéaires, oblongs, rétrécis aux deux extrémités, terminés en pointe épineuse, munis de sept nervures longitudinales et presque parallèles, entiers sur les bords, excepté que vers le tiers du bord supérieur ils offrent une petite glande sessile, qui forme une légère dentelure, peu apparente au premier coup d'œil. Les têtes de fleurs sont globuleuses, axillairés, solitaires, portées sur un très-court pédicelle.

15°. *Acacia eglandulosa.*

Cette espèce provient de la Nouvelle-Hollande et m'a été

communiquée par mon ami Benjamin Delessert. Elle ressemble beaucoup à la précédente ; mais 1°. les nervures des phyllodiums sont moins prononcées ; 2°. le bord supérieur de ceux-ci est dépourvu de glandes ; 3°. les capitules des fleurs sont portés sur un pédicule un peu plus long, quoique encore très-court. Elle ressemble aussi à l'*A. cochlearis* de Labillardière ; mais ses phyllodiums sont parfaitement glabres et non poilus vers leur base.

16°. *Acacia coriacea.*

Cette plante provient de la côte orientale de la Nouvelle-Hollande où elle a été recueillie par les naturalistes de l'expédition du capitaine Baudin. Elle est très-remarquable par ses phyllodiums coriaces, épais, sans nervures, linéaires, très-allongés, parfaitement entiers, couverts dans leur jeunesse d'un duvet couché, soyeux, d'abord jaunâtre, puis blanchâtre et cendré ; entièrement glabres dans l'état adulte, longs de six à huit pouces sur deux à trois lignes de largeur, obtus et calleux au sommet. Les rameaux sont cylindriques, même dans leur jeunesse ; les têtes de fleurs globuleuses, portées sur des pédicules longs de trois à quatre lignes, axillaires, solitaires, filiformes, couverts d'un duvet blanchâtre. Les gousses sont comprimées, courbées en faucille et presque en cercle, très-semblables aux jeunes feuilles pour leur consistance et leur apparence.

17°. *Acacia anceps.*

Elle provient, comme la précédente, de la côte orientale de la Nouvelle-Hollande. Elle est toute glabre ; ses jeunes rameaux sont fortement comprimés çà et là, presque triangulaires à l'origine des feuilles. Les phyllodiums sont obovés, rétrécis en coin à leur base, obtus au sommet, entiers sur les bords, munis d'une nervure longitudinale peu saillante, de consistance coriace, longs d'un pouce et demi sur huit à dix lignes de largeur; les têtes de fleurs sont globuleuses, solitaires à l'aisselle des feuilles, portées sur un pédicule de trois à quatre lignes de longueur. Le fruit m'est inconnu.

18°. *Acacia pyrifolia.*

Cette espèce est sans aucun doute l'une des plus remarquables des Acacies sans folioles. Elle croît, comme les précédentes, à la côte orientale de la Nouvelle-Hollande, et a été rapportée par les botanistes de l'expédition du capitaine Baudin.

Sa surface est entièrement glabre : ses branches sont un peu comprimées dans leur jeunesse, puis cylindriques, couvertes, ainsi que les feuilles, d'une poussière glauque, fine et adhérente. Les stipules sont endurcies, presque épineuses, persistantes. Les phyllodiums sont ovales, brusquement terminés en pointe acérée, entiers sur les bords, munis d'une nervure longitudinale, qui émet d'un et d'autre côté des nervures latérales assez saillantes. Ces phyllodiums ont deux pouces et demi de longueur sur deux de largeur, et sont d'une consistance mince, mais coriace.

Les pédoncules floraux naissent à l'aisselle des phyllodiums et portent dix à quatorze petites têtes arrondies : le pédoncule général atteint trois ou quatre pouces de longueur. Les pédicelles partiels sont géminés à l'aisselle d'une bractée oblongue et foliacée; leur longueur est de trois à quatre lignes. Les têtes de fleurs sont jaunes, de la grosseur d'un petit Pois. Je ne connois pas le fruit.

19°. *Acacia binervosa.*

Elle croît à la côte orientale de la Nouvelle-Hollande, et en a été rapportée par MM. Leschenault et Riedley, botanistes de l'expédition du capitaine Baudin. Je l'ai reçue, ainsi que les précédentes, du Muséum d'Histoire naturelle de Paris.

La plante est glabre; son feuillage est d'un vert pâle, presque glauque; ses rameaux, anguleux dans leur jeunesse, deviennent ensuite cylindriques. Les stipules manquent. Les phyllodiums sont oblongs, obtus, entiers, munis à leur base de deux nervures peu saillantes, longs de douze à quinze lignes sur trois à quatre de largeur. Les pédoncules sont plus longs que les phyllodiums, rameux, à pédicelles allongés, dépourvus de bractées, à têtes arrondies, jaunes, de la grosseur d'un petit Pois. Les corolles sont à cinq lobes. Le fruit m'est inconnu.

2°. *Acacia hæmatomma.* Tab. 68.

Cette belle plante a été découverte à Saint-Domingue par M. Bertero, qui lui a donné le nom d'*hæmatomma*, en faisant allusion à la belle couleur rouge purpurine de ses étamines, qui contraste avec la corolle qui est couverte de poils soyeux et blanchâtres. J'en ai vu aussi un échantillon dans l'herbier de M. de Jussieu, sous le nom de *Mimosa spartioïdes*, Vahl mss. Entre deux noms inédits, j'ai préféré celui qui m'a paru le plus significatif.

Les branches sont cylindriques et glabres, sauf dans leur première jeunesse. A la base des feuilles on trouve d'un et d'autre côté 1°. des épines dites stipulaires, qui sont droites, menues, obliquement dressées; 2°. des stipules ovales, oblongues, pointues et appliquées sur le rameau. Dans les feuilles âgées, il ne reste ordinairement que les épines; mais la coexistence de ces deux organes dans la jeunesse prouve suffisamment leur diversité. Dans certaines branches on trouve des stipules dépourvues de feuilles, qui persistent sous forme d'écailles embriquées, et rappellent ce qui se passe dans les branches de plusieurs *Erythroxylum*.

Les feuilles ont un pétiole commun, court, terminé en une petite pointe hérissée, ainsi que les jeunes pousses et les folioles de petits poils; il porte à son sommet deux pétioles partiels opposés, chargés chacun de quatre à six paires de folioles; celles-ci sont oblongues, obtuses, un peu rétrécies à leur base, et longues de deux lignes environ.

Les pédoncules floraux naissent deux à deux à l'aisselle des feuilles supérieures; ils sont grêles, filiformes, poilus, longs de cinq à six lignes. Chacun d'eux porte une tête arrondie, composée de quinze à dix-huit fleurs. Celles-ci ont un calice en godet, à cinq dents, membraneux, strié, un peu roussâtre; une corolle à cinq lobes trois fois plus longue que le calice, couverte de poils blancs, couchés et soyeux. Les étamines sont au nombre de quinze (quelquefois treize ou quatorze); leurs filets sont d'un beau rouge, quatre ou cinq fois plus longs que la corolle, glabres, filiformes, réunis à leur base en un tube à peine plus court que la corolle. Plusieurs de ces fleurs sont mâles par l'avortement du pistil.

Le fruit est une gousse oblongue, linéaire, rétrécie à sa base, comprimée, à valves planes, dont les bords sont épais et calleux. Ces valves sont couvertes en dehors d'un duvet serré, court et velouté; elles s'ouvrent à leur maturité et ne présentent alors ni pulpe ni farine visible à l'intérieur; les graines sont en petit nombre, comprimées, ovales. Leur cordon ombilical est droit, ascendant, et la graine elle-même est pendante dans le fruit.

Cette plante a tout le port de l'*Inga purpurea*, et se rapproche en particulier de ce genre par ses étamines rouges, plus longuement monadelphes que dans les *Acacia*. Cependant, comme son fruit n'offre à l'intérieur ni pulpe ni farine, je n'ai pas cru devoir la séparer des *Acacia*.

Depuis la publication du second volume du *Prodromus* et le commencement de l'impression des Mémoires sur les Légumineuses, il s'est présenté à moi une belle espèce de Mimosée, qui tend à corroborer les rapports entre les genres *Schranckia* et *Desmanthus*, et à modifier légèrement le caractère de l'un et de l'autre. Cette plante a été découverte par M. Nuttall pendant le beau voyage qu'il vient de faire dans le territoire d'Arkansa : il en a envoyé un échantillon en fleurs à M. Mercier, qui a bien voulu me permettre de l'étudier. A la première vue on n'hésite point à dire que c'est une espèce de *Schranckia*, mais très-distincte de toutes les autres. Quand on la regarde plus attentivement, on voit qu'elle a plus de rapports avec le *Desmanthus* par sa fleur; et comme sa gousse est encore inconnue, il est impossible d'affirmer si elle doit former une section parmi les *Schranckia* ou parmi les *Desmanthus*, ou plutôt constituer un genre distinct de l'un et de l'autre. Ce dernier avis semble motivé sur ce qu'elle a le port d'un *Schranckia*, les étamines stériles et pétaloïdes du *Desman-*

thus, et qu'elle diffère de l'un et de l'autre genre par sa fleur à quatre lobes et huit étamines. La connoissance du fruit pourra seule résoudre le doute que je conserve encore. Si la gousse est analogue à celle du *Schranckia*, c'est-à-dire à valves susceptibles de se couper en long par le milieu, cette plante devra former une section dans ce genre; si la gousse est à valves entières, à la façon des *Desmanthus*, elle devra constituer parmi eux une nouvelle section. Mais comme le genre *Desmanthus* pourra bien un jour être divisé, notre nouveau groupe suivrait son sort. Je le décrirai provisoirement comme un genre particulier, ainsi qu'il suit :

LEPTOGLOTTIS.

Flores polygami. Calyx coloratus 4 dentatus, per æstivationem valvatus. Petala 4 ligulæformia aut nulla (forsan caduca). Stamina 8, filamentis liberis, in floribus inferioribus ligulæformibus planis sterilibus, in superioribus filiformibus crispatis antheriferis. Stylus filiformis. Legumen ignotum. — Herba erecta, glabra, aculeis parvis uncinatis secùs caulem petiolos pedunculosque horrida. Stipulæ subulatæ. Folia bipinnata, pinnis 5-6-jugis, foliolis multijugis, oblongis, mucronatis, subtùs nervis paucis anastomosantibus elevatis distinctè et singulari modo reticulatis. Pedunculi axillares, sesquipollicares, solitarii. Capitula globosa. Flores albi. — Genus affine *Schranckiæ* ex aculeis et habitu, Desmantho ex staminibus sterilibus ligulæformibus, ab utroque diversum floribus 4-fidis 8-stemonibus, sed fructu ignoto dubium.

1. L. Nuttalii. ♃? Hab. in Americæ borealis territorio Arkansano. (V. S. in herb. Mercier.)

TREIZIÈME MÉMOIRE.

REVUE

DU SOUS-ORDRE

DES CÉSALPINÉES.

§ 1. *Des Césalpinées en général.*

Les Césalpinées forment l'une des grandes divisions de la famille des Légumineuses : réunies avec les Mimosées, elles forment le sous-ordre des Lomentacées ou Légumineuses à embryon droit. Mais elles se distinguent des Mimosées, 1°. parce que leurs pétales et leurs étamines sont adhérens au calice et non hypogynes; 2° en ce que ces organes, quoique moins irréguliers que dans les Papilionacées, ne sont jamais réguliers; 3°. que les pétales ne sont jamais en estivation valvaire; 4°. qu'enfin la plumule de leur embryon est le plus souvent grande et bien développée.

Quoique ces caractères généraux soient d'égale valeur avec ceux qui rapprochent les Mimosées ou les Papilionacées entre elles, il s'en faut que les Césalpinées se ressemblent autant les unes aux autres que les Mimosées ou les Papilionacées, et je ne serois pas étonné que cette division ne fût un jour partagée encore en plusieurs.

La difficulté de les classer convenablement est accrue dans l'état actuel de la science, parce que les Césalpinées renferment un assez grand nombre de genres dont les caractères ne sont pas bien connus.

Dans cet état de chose, je les ai séparées en trois tribus, que je ne présente qu'avec une grande défiance.

La première est celle des Geoffrées, qui se caractérise parce que les étamines y sont monadelphes ou diadelphes comme dans les Papilionacées. Leur corolle est ou presque papilionacée ou très-irrégulière, et leurs graines ont des cotylédons épais.

Les Geoffrées, quoique réunies par des caractères importans, sont un groupe presque artificiel quant au port; on y trouve, 1°. le genre *Arachis*, qui est herbacé, à fleur papilionacée et à feuilles ailées sans impaire. S'il avoit la radicule crochue, on n'hésiteroit pas à dire qu'il appartient à la tribu des Viciées, dans laquelle plusieurs classifications l'ont en effet placé.

2°. Le genre *Voandzeia* de Du Petit-Thouars, sur lequel je reviendrai § 3.

3°. Les genres *Peraltea* et *Brongniartia*, sous-arbrisseaux très-semblables entre eux, à corolle papilionacée, à étamines diadelphes, à feuilles ailées avec impaire, et sur lesquels nous reviendrons § 2.

4°. Les genres *Andira* et *Geoffræa*, qui sont des arbres à feuilles ailées avec impaire, à fleurs presque papilionacées, à étamines diadelphes, à gousse dure ou charnue, et ne renferment qu'une ou deux graines. Ces deux genres, long-temps réunis ensemble, n'ont d'analogie prononcée avec aucun autre.

5°. Le genre *Brownea*, si remarquable par ses fleurs en tête, par ses bractéoles soudées en une gaîne qui entoure la base du calice, par ses pétales distincts, et ses étamines monadelphes à tube fendu. Outre ces caractères, il constitue encore un groupe très-isolé par son port.

6°. Le genre *Dipterix*, qui comprend le *Coumarouna* et le *Taralea* d'Aublet, est très-remarquable par l'extrême inégalité des lobes de son calice, par sa corolle papilionacée, ses étamines monadelphes et ses feuilles ailées sans impaire, comme le *Brownea*.

7°. Le *Moringa*, sur lequel je reviendrai § 4, établit une transition entre les Geoffrées et les Cassiées.

Malgré leurs différences apparentes ces genres paroissent se rapprocher entre eux, en ce que plusieurs ont des graines à cotylédons huileux. Le fait est bien connu pour l'*Arachis*. Le *Dipterix odorata*, qui est connu sous le nom de Fève de Tonka, paroît devoir ses propriétés à une huile odorante. Le *Moringa* présente une graine éminemment huileuse. Il est remarquable que toutes les Légumineuses douées de cette particularité se trouvent si intimement rapprochées.

Les Cassiées forment la seconde et la plus importante tribu des Césalpinées. Elles comprennent cinquante-deux genres et quatre cent quinze espèces. Leur caractère est d'avoir les étamines libres, ou à peine légèrement soudées par la base de leurs filets, et le calice dont les lobes sont avant l'épanouissement embriqués les uns sur les autres. Il eût été possible de diviser les Cassiées, mais on auroit été conduit à rompre ainsi plus de rapports naturels qu'en les conservant en une seule série. Je la commence par les genres à feuilles deux fois ailées, puis ceux à feuilles simplement ailées sans impaire. Parmi celles-ci il s'en trouve qui n'ont qu'une paire de folioles, et dans les *Bauhinia*, par exemple, on voit ces folioles se souder en un limbe unique, ce qui nous conduit à la sous-division des genres à feuilles simples, dont plusieurs sont très-mal connus. Enfin nous terminons par les genres à feuilles ailées avec impaire. Cette série est assez conforme au port général, quoique fondée sur des caractères de peu d'importance et qui ne sont pas même toujours bien réguliers dans le même genre. Je reviendrai plus tard sur quelques genres de Cassiées qui offrent des particularités dignes d'être mentionnées, et je me borne à indiquer la simple liste des genres, savoir :

1°. Le *Moringa*, à moins qu'on ne préfère le laisser parmi les Geoffrées (voy. § 4).

2°. Le *Gleditsia*, que j'ai déjà mentionné dans le premier Mémoire, à l'occasion des bizarres variations de ses feuilles (voy. pl. 1).

3°. Le *Gymnocladus* de Lamarck.

4°. L'*Anoma* de Loureiro, genre à peine connu, et qu'on doit, selon M. de Jussieu, réduire aux espèces à gousse bivalve.

5°. Le *Guilandina*, réduit aux limites assignées par M. de Jussieu, c'est-à-dire au *Bonduc* de Plumier.

6°. Le *Coulteria* de Kunth, qui est le *Tara* de Molina et l'*Adenocalyx* de Bertero.

7°. Le *Cæsalpinia*, dont je mentionnerai les caractères et les divisions au § 5.

8°. Le *Poinciana* de Linné à peine distinct du précédent.

9°. Le *Mezoneurum* de Desfontaines.

10°. Le *Reichardia* de Roth, genre mal connu, et sur lequel j'ai déjà appelé l'attention, aux Mém. I et IV.

11°. L'*Hoffmanseggia* de Cavanilles.

12°. Le *Melanosticta*, que je décrirai à l'art. 6, pl. 69.

13°. Le *Pomaria* de Cavanilles.

14°. L'*Hæmatoxylon* de Linné, remarquable par la manière dont les valves se fendent en long dans le milieu de leur étendue, tout en restant unies par les sutures.

15°. Le *Parkinsonia* de Linné.

16°. Le *Cadia* de Forskal et de L'Héritier.

17°. Le *Zuccagnia* de Cavanilles.

18°. Le *Ceratonia* de Linné.

19°. L'*Hardwickia* de Roxburgh.

20°. L'*Ionesia* de Roxburgh, qui est le même que le *Saraca* de Burmann et de Linné; mais j'ai admis le nom de Roxburgh, parce que celui de Burmann ressemble trop au *Saracha*, genre qui appartient à une autre famille.

21°. Le *Tachigalia* d'Aublet; mais il faut remarquer que le fruit figuré par Aublet n'appartient point à ce genre : la gousse du *Tachigalia* (comme je m'en suis assuré par les échantillons de mon herbier, et par ceux de M. Richard) est comprimée, plane, membraneuse, indéhiscente, monosperme, oblongue, assez semblable à celle des *Dalbergia*.

22°. Le *Baryxylum* de Loureiro.

23°. Le *Moldenhawera* de Schrader, ou *Dolichomena* du voyage du prince de Neuwied.

24°. L'*Humboldtia* de Vahl.

25°. L'*Heterostemon* de Desfontaines.

26°. Le *Tamarindus* de Linné.

27°. Le *Cassia* de Linné, genre immense dont j'ai déjà exposé ailleurs les caractères et les sous-divisions. (Voy. la monographie de ce genre par M. Colladon.)

28°. Le *Metrocynia* de Du Petit-Thouars.

29°. L'*Afzelia* de Smith.

30°. Le *Schotia* de Jacquin.

31°. Le *Copaifera* de Linné, dont M. Kunth vient de faire connoître le fruit.

32°. Le *Cynometra* de Linné, dont il faudra probablement exclure les *C. polyandra* de Roxburgh, et *pinnata* de Loureiro.

33°. L'*Intsia* de Du petit-Thouars.

34°. L'*Eperua* d'Aublet.

35°. Le *Parivoa* du même auteur, qui peut-être ne diffère pas assez du précédent.

36°. L'*Anthonotha* de Beauvais.

37°. L'*Outea* d'Aublet.

38°. Le *Vouapa*, peu distinct du précédent.

39°. L'*Hymenæa* de Linné.

40°. Le *Schoella* de Raddi.

41°. Le *Bauhinia*, que je mentionnerai en détail § 7.

42°. Le *Cercis* de Linné.

43°. Le *Palovea* d'Aublet.

44°. L'*Aloexylon* de Loureiro.

45°. L'*Amaria* de Sébastien Mutis, qui, par son ovaire adhérent par le pédicelle au calice, paroît se rapprocher de l'*Ionesia*, et d'une section des *Bauhinia*.

46°. Le *Bowdichia* de Kunth.

47°. Le *Crudya* de Willdenow, qui comprend l'*Apalatoa*, le *Touchiroa* et le *Vouarana* d'Aublet.

48°. Le *Dialium* de Burmann et Linné, dont l'*Aruna* d'Aublet ne diffère pas.

49°. Le *Codarium* de Solander et d'Afzelius.

50°. Le *Vatairea* d'Aublet, qui a l'embryon droit, ce qui le distingue des *Pterocarpus* auxquels il ressemble, mais qui est encore inconnu quant à la structure de sa fleur.

La troisième tribu des Césalpinées est celle des Détariées : celles-ci ont un calice semblable à celui des Swartziées ; c'est-à-dire qu'avant la fleuraison le bouton présente une masse ovoïde ou globuleuse, sans sutures ni lobes apparens : à la fleuraison ce calice se rompt en quatre lobes ouverts ou réfléchis. Il n'y a point de corolle ; les étamines, au nombre de dix à quinze, sont libres, évidemment périgynes, et rangées en un seul rang circulaire sur la partie non rompue du calice, circonstance qui sépare très-bien les Détariées des Swartziées ; elles s'en écartent encore en ce qu'elles ont l'embryon droit ; leurs cotylédons sont charnus comme dans les Amandes, et leur gousse charnue à l'extérieur semble s'approcher de si près de celles des Amygdalées qu'elles font presque disparoître toute séparation entre les Légumineuses et les Rosacées. Ce groupe renferme deux genres remarquables, le *Detarium* et le *Cordyla*. Le Détar est originaire du Sénégal : j'en ai vu un jeune pied levé de graine dans le jardin de Paris ; il a des feuilles ailées avec impaire, et a tout le port d'une Légumineuse ; ses fleurs, que j'ai observées sèches dans l'herbier de M. de Jussieu, s'approchent encore des

Cassiées, parce qu'elles ont dix étamines. Le jeune ovaire est hérissé. Le fruit, qui est conservé dans les galeries de Botanique du Muséum, est un drupe globuleux de la grandeur d'une grosse pêche; sa peau est dure, et la consistance de la chaire est farineuse : ce drupe ne renferme qu'un seul noyau. Celui-ci, dont je possède un échantillon, est comprimé, orbiculaire, très-dur, lisse le long des sutures qui sont fort épaisses, réticulé et garni de fibrilles sur les deux valves, assez semblable quant à la structure aux noyaux de Pêche ou d'Amande, mais plus comprimé. Ce noyau ne contient qu'une seule graine, grande, lisse, un peu noirâtre à l'extérieur, dépourvue d'albumen; l'embryon est droit; les cotylédons épais, transversalement ovales, à radicule courte et à plumule ovoïde.

Le *Cordyla* est moins bien connu. J'ai vu dans l'herbier du Muséum de Paris l'échantillon même de Loureiro. Le calice est presque en forme de Poire avant la fleuraison, et se rompt en quatre lobes aigus. Les étamines sont au nombre de trente à trente-cinq, comme dans les Rosacées. Le fruit est, selon Loureiro, une gousse charnue à six graines. L'arbre a tout le port des Légumineuses; et ce genre, joint au précédent, forme un passage si naturel vers les Rosacées que je ne sais plus comment ces deux familles peuvent se distinguer avec quelque précision.

§ 2. *Du genre* PERALTEA.

M. Kunth a établi deux genres composés l'un et l'autre de plantes du Mexique, l'un sous le nom de *Peraltea*, l'autre sous celui de *Brongniartia*. Ces deux genres se ressemblent absolument pour le port et pour la masse des caractères. On ne trouve, en comparant les excellentes descriptions qu'il en a données, que trois différences, savoir : 1°. l'ovaire sessile dans le *Peraltea*, et stipité dans le *Brongniartia*; 2°. le torus plane dans le *Peraltea*, et relevé en un petit tube annulaire dans le *Brongniartia*; 3°. la gousse bordée d'une aile membraneuse à la suture supérieure dans le *Peraltea*, et non bordée dans le *Brongniartia*.

J'avoue que quelque soit ma confiance habituelle dans le Botaniste auteur de ces deux genres, j'ai quelque peine à me résoudre à les séparer d'après des caractères si légers. Quant au premier, lui-même nous apprend que la gousse de son *Peraltea* est stipitée, et par conséquent, si l'ovaire paroît sessile, c'est seulement que le stipe y est court. De plus, une nouvelle espèce de ce genre, que je décrirai plus tard, a l'ovaire porté sur un pédicelle très-court mais distinct. Quant au deuxième, si on vouloit l'introduire dans les caractères génériques des Légumineuses, il faudroit rompre presque tous les genres les plus naturels, car je connois peu de groupes où les espèces ne diffèrent entre elles par cette proéminence plus ou moins visible du torus autour du pédicelle de l'ovaire. Il reste donc uniquement la gousse bordée dans le *Peraltea*, et non dans le *Brongniartia*. Mais je possède une espèce qui ressemble absolument au *Peraltea*, mais dont le fruit, vu il est vrai dans sa jeunesse, est stipité et non bordé comme le *Brongniartia*. Ne connoissant pas le fruit à sa maturité, je n'ose encore affirmer que les deux genres doivent être réunis; mais je ne doute pas qu'on ne se voie forcé de le faire, et je ne les considère que comme des groupes provisoires.

Mais quelle place doit-on assigner dans l'ordre des Légumineuses à ces deux genres ? Ils ont l'embryon droit comme les Césalpinées, la corolle papilionacée, et les étamines diadelphes comme les Papilionacées. Le port les rapproche de celles-ci; le caractère le plus important, à ce qu'il paroît, dans cette famille les reporte aux Césalpinées.

Le *Peraltea* et le *Brongniartia* ne sont pas les seuls genres qui présentent cette bizarre réunion des caractères les plus opposés. L'*Arachis*, le *Brownea*, le *Dipterix*, l'*Andira* et le *Geoffræa* sont dans le même cas : tous ces genres, quoique très-différens entre eux par le port, ont ceci de commun que leur embryon est droit, leurs cotylédons charnus, leur corolle papilionacée, et leurs étamines monadelphes ou diadelphes et périgynes. Je les ai réunis en une tribu sous le nom de Geoffrées, qui fait partie du sous-ordre des Césalpinées. Je ne me dissimule point que cette tribu est peut-être artificielle; mais tous les genres qui la composent ne peuvent entrer dans les autres tribus sans s'y présenter comme des anomalies ou des exceptions. Le temps nous apprendra s'il existe des intermédiaires propres à servir de liaisons entre les genres que je me vois forcé de réunir ici.

Le *Peraltea* se distingue facilement de toutes les Geoffrées, 1°. par son calice à deux lèvres, muni à sa base de deux grandes bractées foliacées et opposées, libres entre elles, et non soudées comme dans le *Brownea;* 2°. par ses étamines diadelphes; 3°. par sa gousse comprimée à plusieurs graines, plus ou moins pédicellée, et bordée, au moins dans le *P.*

lupinoïdes, d'une aile étroite sur la suture supérieure. Toutes les espèces qui le composent sont des sous-arbrisseaux couverts de poils longs, soyeux ou un peu laineux. Leurs feuilles sont ailées avec impaire, à folioles latérales, formant de deux à treize paires. Les pédicelles naissent deux ensemble de l'aisselle des feuilles, et portent chacun une fleur grande et purpurine.

L'espèce que je puis ajouter aux trois décrites par M. Kunth est la suivante.

PERALTEA OXYPHYLLA.

Elle est originaire du Mexique où elle a été recueillie par Née : un rameau, provenant de ce voyageur, a passé de l'herbier de Thibaud dans le mien. Toutes les parties foliacées ou herbacées sont couvertes d'un duvet long, abondant et soyeux. La branche (ou tige) est droite, cylindrique, simple. Les stipules sont grandes, parfaitement semblables aux folioles, et peuvent être considérées comme la paire la plus inférieure de celles-ci. Le pétiole a quatre à cinq pouces de longueur, et porte onze à treize paires de folioles outre la foliole terminale qui prend naissance au même point que celle de la paire supérieure. Ces folioles sont ovées, lancéolées, terminées en pointe fort acérée, caractère qui distingue éminemment cette espèce du *P. lupinoïdes*, figuré à la planche 589 des *Nova Genera* et *Spec. Amer.*

Les pédicelles ont quinze à dix-huit lignes de longueur; ils sont droits, serrés contre la branche et chargés d'une seule fleur; celle-ci est immédiatement sous le calice, munie de deux bractées semblables aux folioles et à peine plus petites. Le calice est à deux lèvres divisées assez profondément : celle du haut a deux lobes peu profonds; celle du bas a trois lobes profonds, étroits et acuminés. La corolle est glabre; elle se compose d'un étendard droit, ovale, courbé en canal allongé, long de neuf à dix lignes. Les ailes et la carène sont plus courtes. Les filets des étamines sont diadelphes; neuf d'un côté sont soudés ensemble, le dixième est libre. L'ovaire est comprimé, oblong, glabre, rétréci à sa base en un court support non engaîné par le torus, prolongé en un style filiforme, un peu arqué et rempli de quatre à six ovules. D'après l'apparence de l'ovaire il est encore possible que la gousse offre une petite aile le long de la suture supérieure, mais assûrément bien étroite.

§ 3. *Du genre* VOANDZEIA.

M. Du Petit-Thouars a désigné sous ce nom une plante connue à Madagascar, et décrite par Flacourt sous le nom de Voandzou, et que Linné avoit connue sous le nom de *Glycine subterranea*, et Burmann sous celui d'*Arachis Africana*. Nous apprenons par M. Bronn que d'autres botanistes pensant sans doute qu'elle n'avoit pas encore assez de noms ont proposé de donner à ce genre le nom de *Cryptolobus*. Mais si on ne peut se refuser à admettre les changemens de noms forcés par des changemens d'idées et motivés sur l'amélioration de la classification, j'avoue que je répugne tout-à-fait aux changemens purement arbitraires, fondés sur des règles inutiles et sans cesse violées, tels que ceux qui résultent de la substitution pure et simple d'un nom d'origine grecque à un nom qui provient de celui que la plante porte dans son pays natal. Je conserverai donc le nom primitif de *Voandzeia*, qui, je le sais, n'est pas très-harmonieux, mais qui l'est bien autant au moins que celui de *Willughbeia*, ou tel autre qu'on a voulu substituer aux noms primitifs.

Le *Voandzeia* a quelques rapports apparens d'un côté avec l'*Amphicarpœa*, et de l'autre avec l'*Arachis*. C'est aussi une herbe annuelle : sa tige est rampante; ses feuilles à trois folioles, dont l'impaire est pétiolée. Ses fleurs sont polygames, les unes hermaphrodites, fleurissant hors de terre, et stériles; les autres femelles, fleurissant sous terre, et fertiles. Les premières ont un calice en cloche, muni de deux bractées à sa base, une corolle papilionacée à ailes horizontales, des étamines diadelphes, un style courbé et velu. Les secondes n'offrent ni pétales ni étamines, un style court à stigmate crochu, une gousse charnue, arrondie, à une graine. Celle-ci se mange, et vient sous terre comme dans l'*Arachis*; la graine n'a pas été exactement observée quant à la direction de la radicule. L'ayant eu à ma disposition pour la semer, trompé par une étiquette fausse, je la pris pour celle de l'*Arachis*; ce qui peut indiquer sa ressemblance avec elle. Sa germination, figurée pl. XX, f. 106, et ses cotylédons charnus lui ressemblent tellement, que je présume qu'elle doit être placée à côté d'elle, si elle a la radicule droite, et à côté de l'*Amphicarpœa*, parmi les Phaséolées, si elle a la radicule courbée : dans le doute, j'adopte provisoirement la première opinion.

L'espèce unique qui compose ce genre paroît originaire de Madagascar, et peut-être de l'Afrique australe, d'après Burmann. Linné fils l'a dite originaire du Brésil et de Surinam : probablement elle y aura été transportée. J'en ai observé la germination, et des échantillons en fleur, venant de l'Ile-de-France, dans l'herbier du Muséum de Paris ; mais tout ce que j'ai vu sous ce nom dans d'autres herbiers comme venant d'Amérique, étoit l'une des deux espèces du genre *Amphicarpæa*.

§ 4. *Du genre* MORINGA.

Le genre *Moringa* établi par Burmann, réuni par Linné au *Guilandina*, puis séparé de nouveau par Lamarck, Jussieu et Gærtner, est un de ces genres extraordinaires qui échappent à la structure habituelle de leur famille. Si l'on considère son port, son feuillage et sa fleuraison, il s'écarte peu des Cassiées bipennées; mais son fruit qui est à trois valves paroît en contradiction avec la structure propre aux gousses des Légumineuses. On peut voir dans Gærtner la figure et la description de ce fruit singulier : je n'en fais ici mention que pour indiquer comment il rentre dans la structure des Légumineuses.

Presque toutes les plantes de cette famille ont les carpelles réduits à l'unité par un avortement constant, mais il en est quelques unes où l'on en trouve deux, ou libres comme dans le *Cæsalpinia digyna* ou soudés par leur suture seminifère comme dans plusieurs fleurs de *Gleditsia;* il existe, d'après M. de Saint-Hilaire, une Mimosée à cinq carpelles. D'après cela, on peut admettre sans peine que le *Moringa* a son fruit formé de trois carpelles ; mais on est encore conduit à observer que les graines n'adhèrent à aucune des trois valves existantes et semblent toutes dirigées vers le centre du fruit où elles sont attachées à un filet central et flexueux : il est donc probable que les trois carpelles dont la soudure forme ce fruit ont la partie rentrante de leurs valves très-mince, et qui disparoît pendant la maturation en laissant la suture seule persistante vers l'axe du fruit; qu'ainsi les graines, bien qu'originairement latérales comme dans toutes les Légumineuses, deviennent centrales par la soudure des carpelles, comme cela a lieu dans tous les fruits à graines centrales.

La graine des *Moringa* est à peu près triangulaire, à faces bombées et à angles tantôt prolongés en aile, tantôt dépourvus d'aile. Quoiqu'on connoisse peu ou point l'arbre qui produit la graine sans aile, il est bien vraisemblable qu'il doit être différent de celui à graines ailées; et les deux espèces de Gærtner, *M. pterygosperma* et *M. aptera*, me paroissent devoir être admises. Chacun sait que l'embryon de ces graines est rempli d'une huile inodore et incolore, connue dans le commerce sous le nom d'huile de Ben. Cette circonstance m'a engagé à placer le *Moringa* à la tête des Cassiées, immédiatement après les Geoffrées où se trouvent plusieurs genres à graines huileuses : peut-être seroit-il même plus naturel de séparer les Geoffrées et les Cassiées, non par la soudure et la liberté des étamines, mais par les cotylédons, charnus ou huileux dans les Geoffrées, foliacés dans les Cassiées; et alors le *Moringa* rentreroit dans les Geoffrées avec quelques autres genres classés aujourd'hui avec lui dans les Cassiées. Le nombre considérable des genres de cet ordre dont la graine et la germination sont inconnues m'a empêché de suivre cette idée.

La germination du *Moringa* est hypogée, c'est-à-dire que les deux cotylédons restent sous terre, enfermés dans le spermoderme.

Les *Moringa* offrent dans leur feuillage une particularité qui suffiroit seule pour les faire reconnoître, savoir, que les feuilles sont deux ou trois fois ailées, et chaque pétiole partiel terminé par une foliole impaire, tandis que dans toutes les Légumineuses bi ou tripennées les pétioles partiels sont ailés sans impaire.

§ 5. *Du genre* CÆSALPINIA.

Le genre *Cœsalpinia*, établi par Plumier en l'honneur du célèbre botaniste d'Arezzo, qui le premier a cherché dans les graines des plantes la base de leur classification, a été adopté sans modifications notables par Linné. Cependant le nombre des espèces qu'on y a graduellement réunies en exige une révision.

Ce genre, que quelques-uns ont réuni avec le *Poinciana*, en est en effet très-voisin, et ne s'en distingue 1°. que parce que les étamines sont à peine plus longues que la corolle dans le *Cœsalpinia*, et beaucoup plus longues qu'elle dans le *Poinciana*; et 2°. que les gousses ne sont pas dans le premier de ces genres divisées intérieurement en fausses loges par des cloisons spongieuses et celluleuses comme dans le second. Ces deux caractères sont légers, et je ne serois pas éloigné de croire que si on divise les *Cœsalpinia*, une partie des espèces retombera dans le *Poinciana*.

M. Kunth a établi récemment un genre voisin du *Cœsal-*

pinia, et qui s'en distingue parce que le lobe inférieur du calice est bordé de dents pectiniformes et glanduleuses. Le *Cæsalpinia pectinata* de Cavanilles forme, avec quelques espèces moins connues, ce nouveau genre. Molina l'avoit déjà indiqué sous le nom de *Tara* adopté par Gmelin. M. Bertero l'avoit établi dans les notes prises par lui dans son voyage en Amérique sous le nom d'*Adenocalyx*. Enfin M. Kunth a préféré lui donner le nom de *Coulteria*. Quoique j'eusse préparé moi-même un autre genre en l'honneur de mon ami le docteur Coulter, et que le nom donné à un genre déjà désigné par deux autres pût bien offrir quelques inconvéniens, j'ai cru qu'il y en aurait davantage encore à changer la nomenclature établie par M. Kunth, et j'ai conservé son genre *Coulteria* tel qu'il l'a présenté.

Le *Cæsalpinia*, réduit à ses limites actuelles, présente des arbres ou des arbrisseaux munis ou dépourvus d'épines, à feuilles deux fois ailées, à fleurs jaunes dont les pédicelles sont dépourvues de bractées à leur base. Les fleurs ont un calice à cinq sépales inégaux, réunis à leur base en une cupule persistante, et dont l'inférieur est plus grand que les autres, un peu courbé en cuiller. Les pétales sont au nombre de cinq, munis d'onglets; le supérieur est plus court que les autres. Il y a dix étamines toutes fertiles, à filets inégaux, velus à leur base. Le style est filiforme. Le fruit est une gousse comprimée, bivalve, dépourvue à l'extérieur des aiguillons qu'on observe sur celles des *Guilandina*. Les graines, au moins dans le *C. Sappan*, sont ovales, oblongues, comprimées, sans albumen, à embryon droit, à plumule allongée, à cotylédons planes.

Quoique ce caractère paroisse détaillé, il renferme quatre groupes très-distincts, dont on devra peut-être un jour former quatre genres; mais que, vu l'incertitude qui existe encore sur plusieurs espèces, je crois plus convenable de considérer simplement comme deux sections.

La première, que je désigne sous le nom de *Nugaria* pour rappeler que le *C. Nuga* en est le type, correspond au genre nommé *Ticanto* par Adanson, et qui paroît, d'après l'herbier de M. de Jussieu, avoir été nommé *Gratesia* dans les manuscrits de Commerson. Elle se distingue par ses fruits qui, à leur maturité, ne renferment qu'une ou deux graines, et s'approchent sous ce rapport des *Guilandina* avec lesquelles plusieurs auteurs l'ont réunie. Cette section comprend trois espèces de l'Inde : le *C. Nuga*, figuré par Rumphius, vol. 5, pl. 50; le *C. panioulata*, figuré par Rheed, vol. 6, pl. 19; et le *C. axillaris*, qui est la planche 20 du même auteur. D'après ces trois planches on voit que les fruits de ces plantes renferment une seule graine fort grosse, épaisse, attachée sur le côté et plus large que longue : elles ont les rameaux et les pétioles garnis d'aiguillons crochus, et leurs fleurs paroissent peu irrégulières. Les feuilles semblent ailées une ou deux fois avec une foliole terminale impaire. Je n'ai presque aucun doute que cette section doit former un genre très-distinct et plus voisin du *Moringa*, comme Rheed l'a indiqué, ou du *Guilandina*, comme le pensoit M. de Lamarck, peut-être même intermédiaire entre les Césalpinées et les Geoffrées, comme je l'infère de la description de Rheed. Mais ne connaissant pas moi-même avec précision aucune des espèces qui le composent, je me borne à le signaler aux observateurs.

Le *C. scandens* de Roth, qui est aussi de l'Inde, paroît former une quatrième espèce du même groupe; mais sa graine est inconnue.

La deuxième section a reçu le nom de *Brasilettia*, parce qu'elle se compose uniquement du *C. Brasiliensis*, vulgairement nommé *Brasiletto*. Elle se rapproche de la précédente en ce que son fruit n'a qu'une graine transversalement oblongue; mais cette graine est beaucoup plus comprimée, et la gousse elle-même est plane, oblongue, linguiforme, presque membraneuse, samaroïde et indéhiscente. L'arbre est sans piquans et a ses feuilles deux fois ailées sans impaire. Les fleurs sont disposées en grappe terminale.

Je connois cette plante par un échantillon recueilli aux Antilles par M. Bertero; le synonyme cité de Catesby ne s'y rapporte pas.

La troisième section est celle que je nomme *Sappania*, parce que le *Cæs. Sappan* en fait la base : c'est celle qui devroit former seule le genre *Cæsalpinia*, et qui, réunie avec le *Poinciana*, forme le genre (peut-être juste dans le fond, mais inexact dans l'expression) qu'Adanson a nommé *Campecia*. Les *Sappania* ont des gousses polyspermes uniloculaires, bivalves, déhiscentes, droites, à valves non succulentes. L'espèce la plus connue est bien figurée par Gærtner. Elle a les graines oblongues, plus étroites que longues, ce qui est le contraire des deux sections précédentes. Je rapporte ici, 1°. le *C. Sappan*, 2°. la singulière espèce désignée par Rottler sous le nom de *C. digyna*, et si remarquable par ses fleurs le plus souvent à deux pistils; 3°. le *C. mimosoïdes*, qui a les gousses laineuses; 4°. le *C. bijuga*, qui a été souvent réuni aux *Poinciana*; 5°. le *C. glabrata*; 6°. le *C. Cacalaco* de Humboldt et Bonpland; 7°. le *C. Exostemma* de la Flore du Mexique qui ressemble beaucoup au *Cacalaco*, et se rapproche des *Poinciana* par ses étamines saillantes; 8°. le *C. Bahamensis*, figuré par Catesby; 9°. le *C. Crista*, figuré par Plumier, et 10°. le *C. glandulosa* de Bertero, espèce nouvelle très-distincte par ses folioles bordées de glandes noires, petites et éparses.

La quatrième et dernière section du genre actuel a reçu le nom de *Libidibia*, pour faire allusion au nom de Libidibi sous lequel la seule espèce qui la compose (le *C. Coriaria*) est connue aux Antilles. Cette section se caractérise par sa gousse oblongue, polysperme, contournée dans le sens horizontal, à valves spongieuses, qui se concrètent ensemble entre les graines de manière à former des espèces de fausses loges indéhiscentes. Il n'y a guère de doute que si l'on sépare les premières sections comme genres, celle-ci devra être aussi séparée des *Cæsalpinia*.

Malgré toutes ces divisions, il reste encore plusieurs espèces qui ne peuvent être classées avec la moindre exactitude: telles sont, 1°. le *C. punctata* de Willdenow, qui, par ses feuilles deux fois ailées avec impaire, sembleroit se rapprochèr ou du *Moringa* ou des *Nugaria*; 2°. le *C. echinata* de Lamarck, qui paroît un vrai *Guilandina*; 3°. Le *C. cassioïdes* et le *C. mucronata* de Willdenow, qui sont presque inconnus quant à leur caractère générique; 4°. plusieurs espèces indiquées sans description dans le catalogue du Jardin de Calcutta par Roxburgh; 5°. je crois qu'il faut rapporter provisoirement au *Cæsalpinia* la singulière plante que le père Léander de Sacramento a découverte au Brésil, et dont il a envoyé un échantillon au Musée de Paris, sous le nom de *Cubæa pluviosa*. Ce *Cæsalpinia*, que j'appellerai d'après lui *C. pluviosa*, a reçu ce nom parce que de ses jeunes rameaux découlent, d'après le témoignage du savant respectable que j'ai cité, des gouttes d'eau semblables à de la pluie. L'arbre est dépourvu de piquans : ses feuilles sont deux fois ailées avec une pinnule terminale impaire. Les pétioles partiels sont au nombre de six ou huit paires, chargés chacun de dix ou douze paires de folioles; celles-ci sont glabres, ovales, rhomboïdales, inégales à leur base. A l'aisselle des feuilles se trouve une glande ovale. Les grappes sont terminales; les pédicelles et les calices sont couverts d'un duvet roux et très-court. Le lobe supérieur du calice est plus grand que les autres, et le pétale supérieur, qui joue le rôle d'étendard, plus petit que les quatre autres; les étamines ont les filets velus à leur base. Le fruit, selon le père Léander, renferme quelques graines dans une seule loge.

Les détails dans lesquels je viens d'entrer laisseront, je pense, peu de doute que le genre *Cæsalpinia* contient des objets très-hétérogènes, et doit être divisé en plusieurs, les uns voisins des *Guilandina*, les autres du *Poinciana*. Mais je n'ai pas cru devoir effectuer immédiatement cette division, à cause du grand nombre d'espèces dont les fruits sont encore mal connus. J'ose engager les botanistes, habitans de l'Inde orientale, à donner une attention particulière aux espèces de ce pays qui paroissent former un genre bien distinct de celui d'Amérique.

§ 6. *Du genre* MELANOSTICTA.

Ce genre, que j'établis d'après une seule espèce originaire du Cap de Bonne-Espérance et découverte par M. W. Burchell, a des rapports très-intimes avec l'*Hofmannseggia* et le *Pomaria*, et pourroit presque se réunir au dernier, si son port et peut-être sa patrie ne s'y opposoient. Le nom qui signifie à points noirs (de μελας, noir, et σ]ικτα, point) fait allusion aux glandes noires et sessiles qui recouvrent la surface inférieure des feuilles et des calices. La fleur du *Melanosticta* est presque complètement régulière; le calice est à cinq sépales légèrement soudés par leur base en un tube court et persistant, hérissé en dehors de glandes sessiles et de poils simples; la partie libre de ces sépales est oblongue, acuminée, et tombe après la fleuraison. Les pétales dépassent à peine la longueur du calice; ils sont de forme elliptique, rétrécis à leur base et sensiblement égaux. Les étamines sont au nombre de dix, toutes fertiles et à peu près de la longueur des pétales; les filets sont un peu élargis à leur base, amincis au sommet en alêne, glabres dans leur partie supérieure, munis dans la partie inférieure de poils ramifiés, presque plumeux et en petit nombre. L'ovaire est ovale, oblong, comprimé, hérissé de poils épais et barbus; il est surmonté d'un style simple, filiforme, court, un peu barbu du côté inférieur, et terminé par un stigmate presque pointu. La gousse est conforme à la structure de l'ovaire et renferme quatre ovules. On voit, d'après ce caractère, que si on compare le *Melanosticta* à l'*Hoffmannseggia*, il en diffère par ses pétales plus égaux et non glanduleux à leur base, par son style qui n'est pas en forme de massue, par sa gousse ovale, oblongue, et non linéaire, et par le moindre nombre de ses ovules. Si on le compare au *Pomaria*, il en diffère par ses pétales presque égaux, non glanduleux, par son stigmate aigu, même un peu comprimé et non capité, et par ses ovules au nombre de quatre et non de deux. Ces caractères sont légers, je l'avoue; mais les différences déduites du port m'ont engagé à considérer cette plante comme un genre particulier. La seule espèce connue est la suivante :

1. *Melanosticta Burchellii.* V. tab. 69.

J'ai donné à cette plante le nom du voyageur botaniste auquel nous en devons la connoissance, et dont j'aime à rappeler les éminens travaux.

Cette plante est un très-petit sous-arbrisseau : sa tige est cylindrique, irrégulièrement noueuse ou tuberculeuse droite, d'un gris sale, et se ramifie très-près de terre en branches dressées, hérissées, blanchâtres, un peu anguleuses. Ces branches se prolongent en grappes terminales, et la plante entière n'a guère que six à neuf pouces de longueur totale. Les racines qui partent du bas de la tige forment des faisceaux; elles sont allongées, simples, les unes cylindriques, les autres renflées en fuseau.

Les feuilles ont un pétiole blanchâtre, divisé près de sa base en deux branches ou pinnules opposées, qui portent chacune trois ou quatre paires de folioles, et se terminent en pointe mousse. Le pétiole commun se prolonge à son sommet en une longue pinnule qui joue le rôle d'impaire, porte huit à neuf paires de folioles, et se termine de même sans foliole terminale. Les pétioles sont, dans toute leur longueur, garnis en quantité, 1°. de quelques glandes noires et sessiles; 2°. de petits poils courts, mous et simples; 3°. de grands poils épais, barbus, qui ne ressemblent pas mal, quoique en petit, aux aiguillons mous et herbacés de la rose mousse: ces poils sont plus nombreux vers l'origine des pinnules, et semblent des stipelles éparses. Les vraies stipules, situées sur la tige, à la base du pétiole, sont pinnatifides, à branches barbues comme les aiguillons mousses dont je viens de parler. Chaque foliole est ovale, obtuse, glabre en dessus, garnie en dessous, 1°. de glandes grosses, sessiles, éparses et visibles à l'œil nu; 2°. de poils couchés, très-petits, et visibles à une forte loupe. Les pédoncules communs ou axes des grappes sont les prolongemens des branches et n'en diffèrent pas sensiblement; les pédicelles naissent très-écartés les uns des autres, à peu près horizontaux, un peu infléchis au sommet, hérissés de poils simples et rameux, et portant quelques glandes analogues à celles du calice.

Je n'ai rien à ajouter ici à ce que j'ai dit de la fleur. Je n'ai vu le fruit que dans un état trop jeune pour avoir pu disséquer la graine.

§ 7. *Du genre* BAUHINIA.

J'ai peu de chose à dire sur le genre *Bauhinia,* surtout après l'excellent Mémoire que M. Kunth a publié dans le premier volume des Annales des Sciences naturelles. Je crois cependant devoir en faire mention, soit à cause de quelques points de la classification sur lesquels je diffère un peu de

M. Kunth, soit pour exposer quelques observations sur la nature des feuilles de ces plantes.

Cavanilles avoit proposé de diviser les *Bauhinia* en deux genres, ceux à dix étamines qu'il appeloit *Pauletia*, et ceux à une ou trois étamines fertiles auxquels il conservoit l'ancien nom. M. Kunth, en admettant les deux genres de Cavanilles, a proposé de séparer encore son *Pauletia* en deux, savoir, 1°. les espèces à ovaire sessile et à calice bilobé qu'il nomme *Bauhinia*; 2°. celles à ovaire stipité et à calice à cinq lobes qu'il nomme *Pauletia*; puis il donne le nom de *Casparia* aux *Bauhinia* de Cavanilles. J'étois arrivé de mon côté aux mêmes divisions que M. Kunth, et j'avois même, depuis deux ans, donné à l'une d'elles ce même nom de *Casparia*; mais 1°. j'avois admis comme groupe particulier le *Phanera* de Loureiro, qui comprend toutes les espèces à trois étamines fertiles; et 2°. j'avois considéré ces quatre groupes non comme des genres, mais comme des sections d'un genre unique.

Ainsi le genre *Bauhinia* de Linné, que je conserve dans son intégrité, se distingue de toutes les Cassiées à folioles conjuguées, 1°. par ses pétales au nombre de cinq, qui le séparent de l'*Hardwickia* et du *Vouapa*; 2°. par sa gousse plane, comprimée, et qui n'est ni charnue, ni verruqueuse, ni farineuse, ce qui l'écarte du *Cynometra*, de l'*Hymenæa*, du *Metrocynia* et de la plupart des *Cassia*; 3°. par son style filiforme, qui le distingue du *Schnella*; 4°. par ses dix étamines qui l'éloignent de l'*Outea*; 5°. enfin parce que sur ses dix étamines, celles qui sont stériles n'ont point d'anthères, tandis que dans le *Cassia* elles ont des anthères difformes. Ce genre, facile à distinguer par les caractères, se distingue encore mieux par le port; et c'est par ce motif que je considère les quatre groupes indiqués plus haut comme des sections et non comme des genres.

Quoique cette différence puisse paroître de peu d'importance pour ceux qui n'ayant à décrire que des espèces isolées ne cherchent pas à faire un ensemble, elle me paroît tenir aux principes fondamentaux de la science. Le but de la classification est de représenter, le moins mal que nous pouvons, les rapports réels des êtres; or, si sans égard pour l'ensemble des caractères et pour le port, on fait des genres à chaque fois qu'on trouve une différence dans la fructification, il en résultera 1°. que les genres se multiplieront à l'infini, car il n'est pas d'espèce qui n'offre quelque différence; 2°. que la nomenclature deviendra chaque jour plus compliquée; 3°. surtout que l'on élèvera au rang de genres tantôt des groupes fondés sur de légères nuances, tantôt des groupes très-prononcés.

Si d'un autre côté on continue à laisser pêle-mêle dans les mêmes genres les espèces qui offrent des différences de fructification, on n'obtiendra jamais qu'un ordre artificiel dans les détails, et on ne préparera aucun moyen de sentir un jour les vraies coupes génériques.

On évite ces deux inconvéniens en admettant comme genres naturels les groupes fondés à la fois ou sur le caractère et le port réunis, ou du moins sur un caractère anatomique très-important; et en considérant comme sections naturelles les groupes qui, bien que fondés sur des différences de fructification, offrent ou un port analogue ou des caractères légers.

C'est ce principe qu'à l'exemple des zoologistes j'ai tenté d'introduire dans la botanique, et dont les avantages me paroissent tous les jours plus évidens. Je ne doute pas que tous ceux qui s'occuperont ou d'ouvrages généraux sur l'histoire et la classification des plantes, ou de monographies, ou même qui auront besoin de citer des groupes quelconques de végétaux, ne sentent, par la pratique, l'utilité de l'établissement des sections : et tout ce que je viens de dire s'applique de même à la division des familles en tribus naturelles.

Pour en revenir au genre *Bauhinia* en particulier, je ferai remarquer, 1°. que les différences déduites de l'ovaire sessile ou stipité sont de peu d'importance; car on y trouve tous les degrés intermédiaires comme dans plusieurs autres genres de Légumineuses; 2°. que le nombre des étamines est toujours de dix, et qu'on ne peut regarder l'absence des anthères que comme un simple avortement; 3°. que la forme du calice n'est pas toujours d'accord avec le nombre des anthères, et qu'en particulier le *B. tomentosa* et quelques autres ont le calice spathacé des *Casparia* avec les dix étamines fertiles des *Pauletia*; 4°. que le fruit et le port de toutes les espèces offrent la plus grande similitude; 5°. que les trois genres proposés ne suffisent point encore; qu'il faudroit y joindre celui des *Phanera* ou *Bauhinia* à trois étamines, peut-être un autre pour les *Bauhinia* à fruit monosperme, tel que l'*Anguina*, un pour ceux à fruit ailé, comme le *B. latisiliqua*, et qu'on n'aboutiroit qu'à désunir un groupe très-naturel pour le partager en plusieurs artificiels. C'est d'après ces considérations que je me borne, comme je l'ai fait jadis pour les *Cassia* où les différences sont encore plus tranchées, que je me borne, dis-je, à diviser le genre *Bauhinia* en cinq sections, comme suit :

1°. Les CASPARIA de M. Kunth, qui ont dix étamines dont neuf monadelphes, courtes et stériles, et la dixième libre et fertile : l'ovaire est stipité, les grappes terminales simples et dépourvues de feuilles. Cette section comprend les *B. divaricata* et *acuminata* de Linné, *subrotundifolia*, *Lunaria*, *Pes-capræ* et *latifolia* de Cavanilles, *porrecta* de Swartz, *aurita* et *candida* d'Aiton.

2°. Les PAULETIA de Cavanilles, qui ont dix étamines très-légèrement monadelphes par la base des filets, tantôt toutes fertiles, plus rarement cinq stériles alternes. L'ovaire est stipité comme dans la section précédente. Outre les espèces décrites par Cavanilles et M. Kunth, sous le nom de *Pauletia*, il faut rapporter ici les *B. grandifolia* Juss., *leptopetala* de la Flore du Mexique, *aculeata*, *angulata*, *variegata*, et *tomentosa* de Linné, *rufescens* de Lamarck, *Madagascariensis* et *cucullata* de Desvaux, etc., etc.

3°. Les SYMPHYOPODA, qui ont les étamines très-légèrement monadelphes, trois très-longues fertiles, sept très-petites stériles, l'ovaire stipité, et, ce qui est surtout remarquable, le support de l'ovaire soudé avec le calice. C'est à cette section que je rapporte les *B. racemosa*, *Coromandelia* et *corymbosa*, avec doute le *B. purpurea*, et peut-être le *B. retusa* ainsi que deux espèces peu ou point connues.

4°. Les PHANERA de Loureiro ont les étamines comme dans la section précédente, mais l'ovaire porté sur un court pédicelle non adhérent au calice; leurs tiges ou leurs branches sont grimpantes et très-remarquablement comprimées; tels sont le *B. anguina* de Roxburgh, qui est une des plantes confondues sous le nom de *B. scandens* par Linné, le *B. Rumphiana*, qui est une autre de ces mêmes plantes, et le *B. coccinea*, qui est le *Phanera* de Loureiro, et qui diffère à peine des deux précédentes.

5°. Les Caulotretus de Richard forment une section qui correspond au genre que M. Kunth a nommé *Bauhinia*, dans l'idée que le *B. scandens* de Linné en faisoit partie. Cette section diffère des *Pauletia*, parce que l'ovaire est sessile, et des *Phanera*, parce que les étamines sont toutes dix fertiles, et plus courtes que les pétales. Ses tiges sont comprimées, grimpantes, et souvent soudées ensemble comme dans les *Phanera*. Cette section comprend les *B. splendens*, *heterophylla*, *suaveolens* et *Cumanensis* de M. Kunth, les *B. Outimouta* et *B. Guianensis* d'Aublet, et le *B. glabra* de Jacquin.

Il reste encore deux espèces de *Bauhinia* dont les descriptions ne sont pas assez complètes pour qu'il soit possible de les rapporter à ces cinq sections, ou de savoir si elles en forment quelque autre. Parmi celles-ci je remarque surtout le *B. latisiliqua* des Philippines, qui a la gousse munie d'une aile membraneuse sur la suture séminifère, et qui un jour formera sans doute une section ou un genre distinct.

Le feuillage des *Bauhinia* mérite une attention particulière en ce qu'il offre un exemple frappant des soudures qui peuvent avoir lieu entre les folioles des feuilles composées, et des inconvéniens qui résultent de la manière habituelle dont on désigne celles-ci.

L'état qui paroît primitif des *Bauhinia* comme celui des

Hymenæa et de plusieurs genres voisins, c'est d'offrir un pétiole portant vers son sommet une paire de folioles opposées, et se prolongeant le plus souvent entre deux en une petite arête molle. Ce sont, à proprement parler, des feuilles aîlées sans impaire, qui n'ont qu'une couple de folioles : c'est ainsi que se présentent les feuilles à deux folioles libres jusques à la base des *B. rufescens*, *parviflora*, *splendens*, *Outimouta*, *Guianensis* et *diphylla*. On trouve les folioles soudées par leur base seulement dans les *B. aurita* et *Pes-Capræ*; jusques à la moitié environ dans les *B. divaricata*, *retusa*, etc., etc.; au-delà de la moitié dans les *B. spathacea*, *latifolia*, *candida*, *acuminata*, *emarginata*, etc. On les trouve sur le même pied, libres ou à moitié soudées jusques au sommet, comme on le voit dans les *B. Richardiana* et *cinnamomea*, l'un et l'autre originaires de Cayenne (1). Chacune des folioles qui, tantôt libres, ou tantôt plus ou moins soudées, composent la feuille des *Bauhinia*, offre deux, trois, quatre ou rarement cinq nervures partant de la base, lorsque les feuilles se soudent par leur bord interne avec le filet qui est le prolongement du pétiole : ce filet se présente alors sous la forme de nervure moyenne, et toutes les feuilles de *Bauhinia*, dans lesquelles la soudure des folioles existe, offrent l'apparence d'un limbe unique, qui porte à sa base un nombre impair de nervures, savoir, la nervure moyenne,

(1) Je ne connois pas le *B. anatomica* de Linck ; mais si la fissure de ses feuilles est le long de la nervure moyenne, on concevroit sans peine sa formation en admettant que la feuille y est formée de deux folioles incomplètement soudées par le bord interne.

et d'un et d'autre côté de celles-ci, les nervures de chaque foliole.

Si l'on compare maintenant les feuilles des *Bauhinia* à feuilles soudées jusques au sommet avec les feuilles des *Cercis*, il sera difficile, je pense, pour quiconque s'est accoutumé à l'étude des rapports naturels; il sera, dis-je, difficile de douter que ces feuilles ne soient pas formées de deux folioles soudées par leur bord interne. Je ne doute point qu'un phénomène analogue n'existe dans plusieurs des plantes que nous appelons à feuilles simples; mais cette discussion m'entraîneroit trop loin des *Bauhinia*, et je me borne à soumettre cette opinion à la sagacité des naturalistes.

Je terminerai ce Mémoire en donnant la description des espèces nouvelles de *Bauhinia* que j'ai observées ou qui méritent quelques observations.

1°. *Bauhinia pubescens*.

J'ai long-temps hésité si je devois présenter cette plante comme une simple variété du *B. tomentosa* ou comme une espèce distincte. Ses caractères sont peu prononcés, mais elle est d'un pays très-différent. Le *B. tomentosa* est originaire de l'Inde, celui-ci a été récolté à la Jamaïque par M. Bertero; et comme il est très-rare et peut-être très-douteux que les espèces de l'Inde et des Antilles soient identiques, j'ai cru plus prudent, dans le doute, de considérer ces deux-ci comme distincts jusqu'à ce que leur identité soit démontrée.

Le *B. tomentosa* est bien figuré par Burmann, *Fl. zeyl.* p. 44, t. 18, et son herbier conservé chez M. Delessert en conserve un échantillon fort semblable à la figure : tous les autres synonymes cités par les auteurs sont faux ou douteux.

Je possède un échantillon de cette plante qui provient des jardins d'Angleterre, et répond bien à celle de Burmann. En comparant la plante de la Jamaïque avec cet échantillon, je trouve qu'il en diffère par les caractères suivans : 1°. les feuilles du *B. pubescens* sont échancrées en cœur à la base, tandis que celles du *B. tomentosa* sont obtuses; 2°. la surface inférieure de ces feuilles, les pétioles, les stipules et les jeunes rameaux sont pubescens dans le *Bauhinia* de la Jamaïque, beaucoup plus velus et presque cotonneux dans l'autre. Or, comme mon échantillon de l'espèce indienne est cultivé, il doit être moins velu que son type sauvage, de sorte que cette différence doit être plus grande entre les deux plantes sauvages qu'entre mes échantillons; 3°. le calice est velouté dans le *B. tomentosa*, et glabre dans le *B. pubescens*; 4°. les fleurs de ce dernier sont un peu plus grandes, plus rapprochées et plus nombreuses que celles du *B. tomentosa*. Le fruit de toutes deux est encore inconnu. L'une et l'autre ont le calice spathacé et fendu latéralement comme dans les *Casparia*, et dix étamines comme dans les *Pauletia*. On pourroit en faire une petite section intermédiaire entre les deux que je viens de citer, tout au moins on peut conclure de là qu'elles ne peuvent former des genres distincts.

2°. *Bauhinia reticulata.*

Cette espèce est encore voisine du *B. tomentosa*, et semble être le *B. inermis* de Forskahl dont Lamarck a fait la var. β du *B. tomentosa*.

Je n'ai pu admettre le nom de Forskahl, soit parce qu'il est douteux, soit parce qu'une autre espèce l'a déjà reçu. La plante que je décris est originaire du Sénégal, et m'a été communiquée avec plusieurs espèces de ce pays, d'abord par M. Bacle, puis tout récemment par M. Perrottet. Ses rameaux sont cylindriques, couverts, au moins dans leur jeunesse, d'un duvet cotonneux, serré et blanchâtre. Les feuilles sont composées de deux folioles glabres, ovales, larges, obtuses aux deux extrémités, de consistance coriace, chacune à cinq nervures qui partent de la base, et dont les ramifications forment un petit réseau serré : ces folioles sont le plus souvent réunies ensemble au delà du milieu de leur longueur et forment un limbe échancré en cœur aux deux extrémités. Quelques unes offrent une fente longitudinale vers le milieu de leur nervure moyenne, ou, en d'autres termes, la soudure des deux folioles n'est pas complète, et laisse une fissure entre elles. Je présume que c'est aussi ce qui a lieu dans le *B. anatomica* qui m'est inconnu.

Les fleurs forment de petites grappes qui naissent de l'aisselle des feuilles et sont plus courtes que les pétioles : chaque grappe porte jusqu'à sept ou huit fleurs; le calice et le jeune fruit sont couverts d'un duvet roussâtre très-court et peu apparent. Le tube du calice est court; les pétales au nombre de cinq, obovés, rétrécis en un onglet peu prolongé; il y a dix étamines libres, inégales, dont huit portent des anthères ovales et assez grosses. Le jeune fruit est velouté comme le calice, comprimé, courbé en faucille, soutenu sur un court pédicelle, et terminé par un style très-court et par un stigmate en tête assez épais. Le fruit mûr est une gousse parfaitement glabre, très-comprimée, longue de près d'un pied sur un pouce et demi de largeur, et portée sur un pédicelle égal en longueur à la largeur de la gousse. Cette espèce paroît avoir des rapports d'un côté avec le *B. tomentosa* de la section des *Pauletia*, de l'autre avec le *B. purpurea* de la section des *Phanera*.

3°. *Bauhinia Coromandeliana*.

Je décris cette plante d'après un échantillon des environs de Pondichéri, qui, quoique dépourvu de fruits, m'a paru mériter d'être mentionné.

Ses branches sont cylindriques, légèrement veloutées dans leur jeunesse, puis entièrement glabres : les feuilles ont un pétiole de six à huit lignes de longueur et un limbe formé par deux folioles ovales, obtuses aux deux extrémités, glabres sur leurs deux faces, au moins à l'état adulte ; munies chacune de trois à cinq (ordinairement quatre) nervures, et soudées ensemble un peu au-delà du milieu. Ce limbe est échancré en cœur à la base ; les deux portions non soudées des folioles sont parallèles et non divergentes. Les grappes naissent à l'aisselle de la feuille supérieure de chaque rameau, et deviennent terminales. Elles atteignent deux à trois pouces de longueur ; leur axe, aussi bien que les pédicelles et les calices, sont couverts d'un duvet court et roussâtre. Les pétales sont ovales-lancéolés, pointus, les étamines au nombre de dix, dont sept très-petites semblables à des soies, et trois très-grandes, très-longues et chargées d'anthères. L'ovaire est évidemment stipité, couvert d'un duvet court et roussâtre.

Cette espèce, qui appartient évidemment à la section des *Phanera*, a des rapports avec le *B. purpurea ;* mais il en diffère dès la première vue par ses feuilles glabres et de moitié plus petites.

4°. *Bauhinia corymbosa*. Tab. 70.

Je décris cette espèce d'après trois échantillons : l'un, qui provient des plantes récoltées en Chine par Sir Georges Staunton, m'a été communiqué par M. Lambert; l'autre, qui a été cueilli à l'Ile-de-France, probablement cultivé, m'a été donné par le Muséum d'Histoire naturelle de Paris. Les troisièmes ont été récoltés dans le jardin de Calcuta par MM. Wallich et Leschenault. C'est par eux que j'ai appris que cette espèce est celle que Roxburgh a indiquée sans description dans le catalogue de ce jardin sous le nom de *B. corymbosa*, originaire de Chine. L'herbier de Burmann m'a appris que c'étoit aussi elle que N.-L. Burmann a désignée dans sa Flore de l'Inde sous le nom de *B. scandens;* mais ce n'est pas le *B. scandens* de Linné.

Les branches que j'ai sous les yeux sont glabres, d'un brun foncé, anguleuses dans leur jeunesse, cylindriques dans un âge avancé. Elles portent çà et là, surtout dans le voisinage des fleurs, des vrilles simples qui paroissent être des pédoncules avortés.

Les stipules sont linéaires, caduques; le pétiole a six lignes de longueur, et porte le plus souvent à son sommet un limbe échancré en cœur à sa base, bifide au sommet, muni d'une petite arête dans la fissure, composée par conséquent de deux folioles soudées jusques à la moitié de la longueur, ovales, obtuses aux deux extrémités, parallèles, chacune à trois nervures. Quelquefois les deux folioles sont libres jusques à la base ou près de la base. Le feuillage est d'un vert tirant sur le roux; le limbe est glabre; mais les pousses, les pétioles, les pédicelles, les calices et les nervures du dessous de la feuille sont couverts de poils roux, couchés et soyeux.

Les fleurs forment des grappes terminales simples, presque en forme de corymbe; les pédicelles inférieurs dépassent souvent un pouce de longueur. Les calices s'ouvrent en cinq lanières ovales, oblongues. Les pétales sont ovés, portés sur un court pédicelle. Les anthères au nombre de trois seulement, plus courtes que les pétales. Les autres étamines sont réduites aux rudimens des filets. Toutes naissent du sommet du tube du calice.

Le fruit est une gousse aplatie, glabre, rétrécie en un très-court pédicelle, longue de trois pouces sur neuf lignes de largeur, à peine pointue, renfermant douze à quinze petites graines; mais ce que cette espèce présente de plus remarquable, c'est que le pédicelle de l'ovaire est soudé avec le tube du calice comme dans l'*Ionesia*.

Cette espèce appartient par là au groupe des *Phanera*, et se distingue par ses vrilles de toutes les espèces du genre.

5°. *Bauhinia retusa*.

Cette plante a été désignée sans description sous ce nom par Roxburgh dans le Catalogue du Jardin de Calcutta, et je la décris d'après un échantillon qui provient de ce bel établissement. Elle est fort différente du *B. retusa* de Poiret, qui est la même que le *B. divaricata* de Lamarck et non de Linné, et que je désigne sous le nom de *B. Lamarckiana*. Le vrai *B. retusa* est un arbrisseau peut-être grimpant, parfaitement glabre dans toutes ses parties. Ses rameaux sont cylindriques, grisâtres; ses feuilles sont coriaces, composées de deux folioles très-larges, demi-ovales, obtuses, marquées de cinq nervures soudées ensemble jusque très-près du sommet, d'où résulte un limbe plus large que long, échancré en cœur à la base, marqué au sommet par une large troncature un peu concave; la suture qui marque la réunion des deux folioles, ou comme on a coutume de le dire, la nervure moyenne, n'a que deux pouces et demi de longueur, et la largeur du limbe entier dépasse quatre pouces. Les fleurs forment, vers le sommet des branches, une panicule lâche et très-rameuse; elles sont petites, de couleur blanche; le bouton est ovoïde, terminé par une petite pointe; les sépales épanouis sont oblongs, pointus. Les pétales sont stipités, ovales, à peine plus longs que le calice. Je n'ai vu que trois étamines même dans les fleurs en bouton; elles sont toutes trois situées du même côté de l'ovaire, et chargées d'anthères fertiles. Leur longueur est à peu près égale à celle des pétales. L'ovaire est stipité, oblong, velu, surmonté d'un style filiforme, glabre. Je n'ai pas connoissance du fruit. La place de cette espèce dans les sections du genre est encore indécise: le nombre de ses étamines et le port la rapprochent des *Symphyopodes;* mais je doute que le pédicelle de l'ovaire soit soudé avec le calice qui a le tube court.

QUATORZIÈME MÉMOIRE.

SUR LES GENRES
DE LÉGUMINEUSES,
DONT LA PLACE DANS LA FAMILLE EST INCERTAINE.

Après toutes les recherches que j'ai faites sur les Légumineuses, il reste un petit nombre de genres dont les caractères ne sont pas assez connus pour qu'il soit possible de les classer dans les tribus avec un certain degré de probabilité. Comme il n'y a rien de commun à ces divers genres que leur obscurité même, je les énumérerai rapidement en insistant davantage sur les parties de leur structure qui ont besoin de nouvelles recherches, afin d'attirer sur ces points litigieux l'attention des observateurs.

§ 1. *Du genre* PHYLLOLOBIUM.

Ce genre, établi par M. Fischer, n'est connu que par une description très-abrégée publiée par M. Sprengel (*Nov. prov.* 33); mais on n'y trouve rien ni sur l'insertion des étamines ou l'adhérence de leurs filets, ni sur la structure des graines. D'après ce qu'on en sait, il est clair que c'est une Papilionacée; mais appartient-elle aux Phaséolées, comme l'indique M. Sprengel qui la compare au *Cajanus* et au *Rudolphia*, ou aux Lotées, comme le paroît penser M. Link, qui la rapproche de l'*Indigofera* et du *Tephrosia?* La structure de la graine et la germination peuvent seules lever ce doute.

§ 2. *Du genre* AMPHINOMIA.

Sous ce nom, qui signifie règle douteuse, je désigne un genre destiné à classer une plante du Cap de Bonne-Espérance, encore assez mal connue, et qui a été successivement placée dans des genres très-disparates. Linné (*Amœn. Acad.* 6, p. 91) a fait brièvement connoître cette plante sous le nom d'*Hermannia triphylla*, nom que Cavanilles a transposé à une espèce très-différente. Thunberg a ensuite publié dans les Archives de Rœmer (vol. 1, p. 1, t. 1) un mémoire dans lequel il donne une description et une figure de cette plante sous le nom de *Connarus decumbens*; mais en examinant les deux descriptions, on voit que cette espèce ne peut appartenir ni aux *Hermannia*, ni aux *Connarus*, ni même aux familles dont ces deux genres font partie, et que, selon toutes probabilités, elle doit (en supposant les descriptions exactes) former un genre particulier parmi les Papilionacées. Elle diffère des *Hermannia*, parce qu'elle a dix étamines au lieu de cinq, monadelphes dans la longueur entière des filets et non à la base seulement, et que cette gaîne se fend latéralement, ce qui n'a pas lieu dans les Hermanniées ; de plus, elle n'a qu'un style au lieu de cinq, qu'un carpelle uniloculaire au lieu de cinq plus ou moins soudés ; elle a les feuilles composées au lieu d'être simples, et le peu qu'on sait de la structure des graines ne répond que très-imparfaitement à celles des Hermanniées. Si on la compare aux *Connarus*, les différences sont peut-être encore plus prononcées. Sa tige est herbacée au lieu d'être ligneuse ; elle a des stipules au lieu d'en être dépourvues ; son calice est à cinq dents au lieu de cinq lobes profonds. Ses étamines sont longuement monadelphes et à gaîne fendue, au lieu d'être à peine soudées par la base ; son fruit a les graines nombreuses, au lieu de n'en avoir qu'une à deux, attachées dans toute la longueur de la suture la plus droite au lieu d'être vers le bas de la suture courbe ; ces graines sont réniformes, comprimées, sans arille, et paroissent avoir l'ombilic latéral, caractères qui manquent tous dans les Connaracées et sont fréquens dans les Papilionacées.

Ainsi j'ai très-peu de doute que, si la description est juste, cette plante doit former un genre particulier, que j'indique à la suite des Papilionacées, et que je caractérise comme suit: Calice ové, rentré, persistant, à cinq dents lancéolées et étalées ; corolle à cinq pétales unguiculées et en spatule. Dix étamines soudées par les filets en une gaîne qui se fend latéralement. Ovaire unique, ovale, rugueux ; un style latéral, filiforme, à stigmate obtus ; une gousse arrondie, sessile, ridée, couronnée par le style, uniloculaire, à deux valves concaves. Graines attachées le long de la suture droite, au nombre de quatre à cinq, dont une seule vient à maturité, réniforme, un peu comprimée.

La seule espèce connue est l'*Amphinomia decumbens*. Comme Thunberg assure que la plante existe dans l'herbier de Burmann, qui fait aujourd'hui partie de celui de M. Delessert, il est probable qu'on pourra l'y retrouver et en décrire les caractères avec précision. Il paroît en attendant que ce genre appartient aux Phaséolées ou aux Lotées Clitoriées.

§ 3. *Du genre* SARCODUM.

La description que Loureiro a donnée de ce genre paroît se rapporter à une Papilionacée; mais on ne peut même l'affirmer complètement. Les caractères de la graine manquent en entier, et on ne peut pas même savoir si les feuilles sont ailées avec ou sans impaire.

§ 4. *Du genre* VARENNEA.

Ce genre est celui qu'Ortega a décrit sous le nom de *Viborquia*, en le dédiant au botaniste Viborg dont il a inexactement orthographié le nom; mais ce n'est ni le *Viborgia* de Thunberg, ni celui de Mœnch, ni celui de Roth, et par conséquent il étoit nécessaire de lui donner un nouveau nom. En lui assignant celui de *Varennea*, j'ai voulu rappeler les travaux utiles de M. Varenne de Fenille sur l'agriculture et la physiologie végétale.

Le *Varennea* m'est connu non-seulement par la description et la figure de M. Ortega (Dec. 5, p. 66, t. 9), mais encore par la figure que j'en trouve parmi celles de la

Flore du Mexique. Ces deux figures diffèrent en ceci que les étamines sont monadelphes d'après Ortega, et diadelphes d'après la Flore du Mexique; de plus, ni l'une ni l'autre de ces autorités ne mentionne la structure des graines. En supposant que le genre appartienne aux Papilionacées, ce qui est peu douteux, on ne peut encore reconnoître dans quelle tribu il doit être rangé.

§ 5. *Du genre* CRAFORDIA.

Ce genre est connu par une courte description de M. Rafinesque: il est probable qu'il appartient aux Lotées et même aux Lotées-Galégées; mais ce soupçon est trop léger pour que j'aie osé l'y placer (Voy. Rafin. Speech. 1, p. 156.).

§ 6. *Du genre* AMMODENDRON.

Sous ce nom, qui signifie arbrisseau des sables, je place un arbrisseau d'Orient, décrit imparfaitement par Pallas sous le nom de *Sophorea argentea* (Astr. t. 8), et que Willdenow rapporte au *Podalyria*, mais qui par son fruit s'éloigne de ces deux genres. Ce fruit est une gousse plane, membraneuse, indéhiscente, ailée et monosperme. L'arbrisseau a des feuilles à pétioles terminés en épine, comme l'Halimodendron et les Astragales adragans, et chargés de deux folioles opposées, de couleur glauque; les fleurs sont fort petites et fort mal connues. Si elles ont les étamines distinctes comme Pallas le soupçonne, ce genre devrait appartenir aux Sophorées; mais son fruit et son feuillage n'ont qu'un rapport éloigné avec cette tribu, si ce n'est avec le *Myrospermum;* et dans ce cas il faudroit le placer entre le *Myrospermum* et le *Sophora*. Si au contraire les étamines sont monadelphes ou diadelphes, ce genre appartiendroit aux Lotées, et se placeroit auprès de l'*Halimodendron*, dont il a le port. Dans l'un et l'autre cas, il est très-prononcé comme genre, et je le mentionne afin d'attirer sur lui l'attention des botanistes qui pourront faire connoître sa fleur. Je dois ajouter ici que M. Fischer, qui à ma prière a bien voulu examiner cette plante dans l'herbier de Pallas, confirme qu'elle est certainement un genre distinct; mais que sa fleur est inconnue. C'est lui qui m'a suggéré l'idée de lui donner le nom d'*Ammodendron Sieversii*, pour rappeler qu'elle croît dans les sables, et qu'elle a été recueillie par Sievers.

§ 7. *Du genre* LACARA.

Ce genre a été établi par M. Sprengel (*Neu. ent.* 3, p. 56), qui le rapporte aux Légumineuses; mais comme il dit que son fruit est une capsule, il reste quelque doute sur la famille, et même en admettant qu'il entre dans les Légumineuses, le manque de description du fruit et la briéveté de celle de la fleur ne permettent pas de le classer.

§ 8. *Du genre* HARPALYCE.

La plante qui fait le sujet de cet article était désignée dans les manuscrits de la Flore du Mexique sous le nom d'*Astragalus carnosus;* mais il est certain qu'elle n'est point un

Astragale, parce qu'elle a les étamines monadelphes et le calice à deux lèvres profondément divisées. De concert avec M. Mocino, nous avons imposé à ce genre le nom d'*Harpalyce*, qui, dans la mythologie, étoit celui d'une des filles de Clymenus, remarquable par sa beauté.

L'*Harpalyce* est certainement une Papilionacée; mais sa place est difficile à fixer. J'eusse été tenté de la mettre au rang des Phaséolées, à cause de sa carène allongée, qui sans être tortillée rappelle celle des Haricots et de son fruit qui semble analogue à la gousse biloculaire de l'*Apios;* mais ses feuilles ailées avec impaire forment une objection trop forte contre cette opinion pour que j'aie osé l'adopter. Je laisse donc cette belle plante mexicaine parmi les genres non classés jusqu'à ce que l'occasion se présente de la mieux connoître.

§ 10. *Du genre* DIPLOPRION.

Ce genre a été établi par M. Viviani dans sa Flore de Lybie, et paroît avoir de grands rapports avec les *Medicago*, quant au port général de la plante; mais il paroît avoir les étamines monadelphes, et la structure de son fruit n'est pas assez connue pour qu'il soit possible de le classer avec précision. A en juger par la fig. *e* (pl. 19, f. 2), il sembleroit que les graines sont sur une seule ligne longitudinale, et que par conséquent la gousse devroit être composée de deux valves pliées en carène, et ne différeroit de celle du *Biserrula* que parce que les deux sutures ne seroient pas soudées en une. D'un autre côté, M. Viviani dit, dans son ouvrage, que les bords dentelés sont les sutures, et ajoute, dans une lettre adressée à M. Seringe, que l'insertion a lieu aux deux sutures dans les sinus rentrans entre les pointes épineuses. Si ce caractère est exact, il tendroit à faire supposer que ce fruit fait exception à toute la famille des Légumineuses. Dans cet état de doute, je n'ai pas osé classer cette plante, et j'ai préféré laisser ce genre parmi ceux qui doivent être recommandés à l'attention des observateurs.

QUINZIÈME MÉMOIRE.

SUR LA DISTRIBUTION GÉOGRAPHIQUE ET LA VÉGÉTATION DES LÉGUMINEUSES, DANS SES RAPPORTS AVEC LES STATIONS.

PARMI les causes qui ont contribué à retarder la marche de la Botanique géographique, on doit compter, ce me semble, 1°. qu'on a, dès l'origine de cette étude, cherché à en embrasser l'ensemble sans être suffisamment préparé par des travaux fractionnaires; 2°. qu'on n'a pas encore une marche régulière et commode pour présenter aux yeux les résultats généraux de l'observation. J'ai cru, sous ce double rapport, qu'il pourroit y avoir quelque utilité à chercher s'il est possible de se faire quelque idée de la distribution géographique des Légumineuses, et de représenter les faits sous une forme propre à appeler la réflexion.

Les essais qui ont été faits sous ce dernier rapport ne me paroissent pas, quelque précieux qu'ils soient, avoir complètement atteint le but. M. Schouw a présenté les résultats généraux de la Botanique géographique sous la forme d'un atlas, où dans chaque carte il colorie les parties du globe occupées par telle famille, tel genre ou telle espèce. Cette méthode a de grands avantages; mais elle se prête difficilement aux détails, et exige des dépenses telles qu'il est douteux qu'elle puisse se populariser.

J'ai tenté d'arriver à peu près aux mêmes résultats par de simples tableaux susceptibles d'être imprimés, et j'en présente ici un exemple. Ces tableaux sont composés d'autant de colonnes verticales que l'on admet de régions botaniques; et sous chacune de ces colonnes on inscrit le nom des genres et le nombre des espèces dont cette région est peuplée, en ayant soin de placer chaque genre sur une même ligne horizontale dans toutes les colonnes, de manière que lorsque le genre est concentré dans un seul pays, son nom n'est inscrit qu'une fois, et tout le reste de la ligne horizontale est vacant, tandis que le même nom de genre se représente à plusieurs colonnes quand ses espèces sont fort dispersées.

La circonscription des régions indiquées en tête du tableau est liée avec les idées que j'ai exposées dans l'article Géographie botanique du Dictionnaire des Sciences naturelles; je dois faire remarquer que j'ai laissé réunies plusieurs régions voisines, parce que les documens actuellement consignés dans les livres n'auraient pas été suffisans pour en distinguer les espèces avec soin. C'est ainsi que sous la rubrique de l'Amérique méridionale équinoxiale, ou de l'Inde orientale, il y aura des sous-divisions à établir. L'ordre relatif des régions est déterminé par le désir de placer les unes à côté des autres les régions où il y a le plus d'espèces semblables ou analogues. Dans la désignation numérique des espèces, j'ai supprimé toutes celles dont la patrie étoit incertaine, et j'ai ajouté un point de doute à la fin du nom générique, lorsque la patrie étant certaine la classification étoit douteuse.

Examinons maintenant les conclusions générales qu'on peut déduire de l'examen détaillé des tableaux placés à la fin de ce mémoire, soit quant à la distribution des genres, soit quant à celle des espèces. Cet examen peut avoir de l'intérêt, soit comme essai de méthode, soit en lui-même, puisque la famille des Légumineuses, où l'on compte aujourd'hui trois mille sept cent vingt-cinq espèces, forme environ la quinzième partie des végétaux connus.

§ 1. *De la distribution des Genres.*

J'ai établi dans un autre écrit (art. Géog. bot. du Dict. des Scienc. nat. vol. 18, p. 412) qu'on pourroit distinguer les groupes *endémiques*, c'est-à-dire dont toutes les espèces croissent naturellement dans une même région, et les groupes *sporadiques*, c'est-à-dire dont les espèces croissent naturellement dispersées. Il faut joindre à ces deux divisions principales une troisième purement provisoire, savoir celle des groupes *monotypes*, qui ne sont composés que d'une seule espèce, car on ne peut savoir s'ils appartiennent à l'une ou à l'autre des divisions précédentes. Si nous appliquons ces distinctions à la famille des Légumineuses, nous trouvons que sur deux cent quatre-vingts genres dont elle se compose il y en a soixante-dix qui ne renferment qu'une seule espèce, et que nous devons exclure de cet examen. Sur les deux cent-dix genres *polytypes* ou composés de plusieurs espèces, il s'en trouve cent-dix d'*endémiques*, savoir, 1°. dans l'Amérique méridionale, *Myrospermum*, *Coursetia*, *Ormosia*, *Adesmia*, *Nicolsonia*, *Swartzia*, *Sweetia*, *Dioclea*, *Rudolphia*, *Drepanocarpus*, *Pterocarpus*, *Teramnus*, *Piscidia*, *Poitæa*, *Chætocalyx*, *Pictetia*, *Ecastophyllum*, *Amerimnum*, *Brya*, *Andira*, *Geoffræa*, *Brownæa*, *Dipterix*, *Hoffmannseggia*, *Tachigalia*, *Outea*, *Vouapa*, *Schnella*, *Amaria*, *Crudya*, *Dialium*.

2°. Dans l'Amérique septentrionale : au Mexique, *Daubentonia*, *Peraltea* et *Brongniartia*; aux Etats-Unis, *Baptisia*, *Petalostemon*, *Robinia* (1), *Amphicarpæa*, *Darlingtonia*.

3°. Dans l'Amérique en général : *Dalea*, *Coulteria*, *Schranckia*.

4°. Dans l'Asie froide ou tempérée : *Caragana*, *Guldenstædtia*, *Sphærophysa*.

5°. Dans l'Orient : *Taverniera*.

6°. Dans l'Europe et les parties de l'Asie et de l'Afrique qui la touchent : *Ulex*, *Medicago*, *Trigonella*, *Tetragonolobus*, *Dorycnium*, *Ononis* (2), *Galega*, *Colutea*, *Scorpiurus*, *Astrolobium*, *Hippocrepis*, *Onobrychis*, *Ebenus*, *Ervum*, *Pisum*.

7°. Dans l'Afrique australe : *Cyclopia*, *Podalyria*, *Rafnia*, *Vascoa*, *Borbonia*, *Priestleya*, *Hallia*, *Viborgia*, *Lebeckia*, *Aspalathus*, *Lotononis* (*Ononis sect.*), *Requienia*, *Lessertia*, *Sutherlandia*, *Schotia*, *Codarium*.

---

(1) Pourvu qu'on en exclue les espèces encore incertaines.

(2) En excluant les *Lotononis*.

8°. Dans les îles de l'Afrique australe : *Gagnebina*.

9°. Dans l'Inde orientale et pays voisins : *Macrotropis*, *Heylandia*, *Pueraria*, *Dumasia*, *Smithia*, *Flemingia*, *Eleiotis*, *Parochetus*, *Dicerma*, *Cajanus*, *Butea*, *Pongamia*, *Dalbergia*, *Lablab*, *Cynometra*, *Moringa*, *Mezoneurum*, *Reichardia*, *Hardwyckia*, *Ionesia*.

10°. Dans la Nouvelle-Hollande, *Chorizema*, *Podolobium*, *Oxylobium*, *Callistachys*, *Brachysema*, *Gompholobium*, *Burtonia*, *Jacksonia*, *Viminaria*, *Sphærolobium*, *Aotus*, *Dyllwynia*, *Pultenæa*, *Daviesia*, *Mirbelia*, *Hovea*, *Platylobium*, *Bossiæa*, *Goodia*, *Templetonia*, *Swainsonia* et *Kennedya*.

Ainsi, en réunissant les genres endémiques polytypes et monotypes, nous trouvons que sur deux cent quatre-vingts genres, il y en a cent quatre-vingts, ou environ les deux tiers, cantonnés dans les mêmes pays. Examinons le tiers restant, et voyons si les genres sporadiques eux-mêmes ne présentent pas encore quelque régularité géographique. Nous pouvons les diviser en trois séries, savoir :

1°. Ceux qui sont, il est vrai, divisés entre plusieurs pays, mais dont les sections sont endémiques ; tels sont les genres *Ononis*, dont toutes les espèces à stipules libres (ou les *Lotononis*) sont du Cap de Bonne-Espérance, et toutes celles à stipules adhérentes sont de l'Europe ou des pays très-voisins d'Europe.

Clitoria, dont la section des *Ternatea* habite les îles de l'Inde ou voisines de l'Inde ; et toutes les autres, les parties chaudes de l'Amérique.

Onobrychis, dont une section, l'*Echinobrychis*, habite

l'Inde orientale; et toutes les autres, l'Europe ou les pays voisins.

Tephrosia, où l'on remarque la section des *Mundulea*, qui habite l'Inde; celle des *Brissonia*, qui croît dans l'Amérique septentrionale; et les autres, dispersées dans toutes les parties chaudes du globe.

Prosopis dont une section, l'*Adenopis*, habite l'Inde orientale, et l'*Algarobia* les parties chaudes de l'Amérique.

On observe aussi quelques sections qui, déduites des formes, sont cependant géographiques parmi les genres *Cesalpinia*, *Acacia*, *Bauhinia*, etc. J'ai peu de doute que toutes ces sections concordantes avec la géographie devront un jour être considérées comme autant de genres; et si je ne les ai pas admis immédiatement comme tels, c'est que les caractères de la plupart n'étoient pas suffisamment connus.

2°. Il est des genres que je n'ai pas classés parmi les genres endémiques, mais qui mériteroient presque ce nom, en ce qu'ils ont toute la masse des espèces dans un seul pays, et une ou deux espèces seulement qui se retrouvent dans des pays éloignés. Tels sont les suivans :

Genista. La masse des espèces habite l'Europe, l'Afrique boréale ou la partie d'Asie qui touche à l'Europe. Une espèce indiquée en Cochinchine et une au Chili doivent très-probablement être exclues du genre.

Cytisus est dans le même cas : l'espèce indiquée aux Antilles est très-douteuse.

Aspalathus. Toutes les espèces croissent au Cap de Bonne-Espérance; celle qu'on indique dans l'Orient sera probablement un *Crotalaria*.

Anthyllis. Toutes les espèces habitent l'Europe ou les pays très-voisins. Une seule se trouve au Chili, mais ne paroît pas pouvoir en être séparée.

Lonchocarpus. Toutes les espèces connues habitent les parties chaudes de l'Amérique. Une seule se trouve en Afrique, mais ne peut, à ce qu'il semble, s'éloigner du genre.

Cylista. Toutes les espèces sont de l'Inde, et on en trouve une en Afrique, qui peut-être devra être séparée du genre.

Coronilla. Toutes les espèces habitent l'Europe et les pays voisins d'Europe. Une seule est citée au Cap de Bonne-Espérance; mais son histoire offre plusieurs sujets d'incertitude.

Hymenæa. Toutes les espèces bien connues sont de l'Amérique équinoxiale; on en cite une dans l'Inde.

Dans les genres qui sont ainsi presque endémiques, il importe d'étudier avec soin les espèces isolées qu'on trouve dans d'autres pays; car il y a une grande probabilité que lorsqu'on les connoîtra mieux elles formeront de nouveaux genres, ou du moins entreront dans quelque genre différent de celui où on les avoit placées. Ainsi la Botanique géographique sert tout au moins d'avertissement pour les classificateurs; et pour citer ma propre expérience, elle m'a servi d'avertissement pour séparer l'*Indigofera aspalathoïdes* et l'*Anthyllis aspalathi* des *Aspalathus* avec lesquels on l'avoit confondu; le *Goodia polysperma*, et le *Collæa speciosa* des Cytises, l'*Oxalis eriocarpa* des Trèfles, etc., etc.

3°. Enfin restent les véritables genres sporadiques, ou dont les espèces sont dispersées entre des pays lointains. Leur nombre, dans la famille des Légumineuses, est de quatre-vingt-douze, soit un tiers du nombre de ceux dont la famille se compose; mais ce sont en général les genres les plus nombreux en espèces, et ceux parmi lesquels il y a le plus de probabilité qu'il s'établira des coupes génériques nouvelles. Tels sont en particulier les genres *Sophora*, *Tephrosia*, *Glycine*, *Desmodium*, *Acacia*, etc., qui, malgré de nombreuses éliminations d'espèces déjà séparées, subiront encore, j'en ai peu de doute, de nouvelles modifications qui les mettront mieux d'accord avec la géographie; j'en ai entrevu quelques-unes, mais le défaut de matériaux m'a empêché de les poursuivre.

§ 2. *De la distribution des espèces.*

Les espèces de la famille des Légumineuses sont réparties sur le globe tout entier, de manière qu'il est très-peu de pays qui n'en présentent un certain nombre. Les résultats numériques des tableaux ci-joints sont les suivans :

	Curvemb.	Rectemb.	Total.
Amérique méridionale, extra-tropicale.....	18.....	11.....	29
Id. équinoxiale....................	246.....	359.....	605
Antilles.............................	134.....	87.....	221
Mexique.............................	90.....	62.....	152
États-Unis..........................	167.....	16.....	183
Sibérie..............................	128.....	1.....	129
Europe, sauf la Méditerranée............	184.....	0.....	184
Orient..............................	247.....	3.....	250
Arabie et Égypte.......................	78.....	9.....	87
Bassin de la Méditerranée...............	466.....	2.....	468
Canaries............................	21.....	0.....	21
Afrique équinoxiale....................	81.....	49.....	130
Cap de Bonne-Espérance................	334.....	19.....	353
Iles de l'Afrique australe...............	29.....	13.....	42
Inde orientale........................	330.....	122.....	452

Chine, Japon et Cochinchine............	64....	13....	77
Nouvelle-Hollande....................	154....	75....	229
Iles de la mer du Sud.................	11....	2....	13
			3635
Espèces dont l'habitation est douteuse..........................			97
		Total....	3725

Considérons d'abord les terres comme distribuées en trois grands continens, et telles que les représente la projection de Mercator (voy. Atl. de Malte-Brun, pl. 23), savoir : 1°. l'Amérique ; 2°. l'Asie, dont la Nouvelle-Hollande est une appendice ; et 3°. l'Europe, l'Arabie et l'Afrique, qui, par leur réunion, forment un continent analogue aux deux précédens. On peut s'assurer, par la simple addition des tableaux ci-joints, que le nombre des Légumineuses connu dans ces trois continens est presque semblable, savoir :

L'Amérique..	1190
L'Asie et la Nouvelle-Hollande...........................	1150
L'Europe et l'Afrique....................................	1198

Mais cet équilibre général des espèces de la famille s'établit par des proportions très-diverses entre les deux grandes divisions : on compte en effet :

	Curvembriées.	Rectembriées.
En Amérique..............................	555.....	535
En Asie et à la Nouvelle-Hollande..............	934.....	216
En Europe et en Afrique......................	1115.....	83

Ainsi l'ancien monde est à proportion beaucoup plus riche en Papilionacées, et le nouveau en Swartziées, Mimosées et Césalpinées. Mais la famille des Légumineuses est distribuée presque également sur le globe quand on le considère comme divisé dans le sens des longitudes.

Examinons maintenant le globe comme divisé en trois zones parallèles à l'équateur ; savoir, la zone équinoxiale, et les zones extra-tropicales boréale et australe : nous trouvons les Légumineuses distribuées comme suit :

	Curvemb.	Rectemb.	Total.
Zone équinoxiale.	910.....	692.....	1602
Zone extra-tropicale boréale.........	1277.....	35.....	1399
australe........................	417.....	107.....	644

Et en réunissant les deux zones situées hors des tropiques on trouve :

Zone équinoxiale	910.....	692......	1602
Zones extra-tropicales.............	1694....	142......	2043

Ainsi la zone du globe située entre les tropiques contient près de la moitié des Légumineuses connues, et près des cinq sixièmes des Rectembriées. Les deux zones extra-tropicales sont très-inégalement pourvues de Légumineuses ; mais il faut remarquer que l'espace occupé par les terres dans les deux zones est presque dans la même proportion, et qu'ainsi on pourroit dire que les Légumineuses y sont réparties à proportion de l'étendue des terres ; mais ce qui est frappant, c'est la grande proportion des Papilionacées dans l'hémisphère boréal.

Nous venons déjà de voir que la zone équinoxiale de quarante-sept degrés de largeur renferme presque autant de Légumineuses que le reste du globe, et nous pouvons déjà inférer que les pays chauds leur sont plus favorables que les pays froids. La même loi peut se déduire de la comparaison même des pays situés hors des tropiques ; ainsi en choisissant ceux qui sont bien connus on trouve :

En Grèce	207	Légum.	d'après Sibthorp.
Dans le royaume de Naples	263		d'après Ténore.
En France	321		d'après la Fl. franç.

Et on en trouve :

Dans les îles britanniques	63	d'après Smith.
En Laponie	15	d'après Vahlemb.

Il est donc certain que le nombre proportionnel des Légumineuses diminue d'une manière très-notable à mesure qu'on approche du pôle. La disproportion seroit plus frappante encore si l'on prenoit les arbres seuls; car presque tous les arbres de cette famille sont habitans des zones chaudes ou tempérées, et leur organisation détermine cette habitation puisqu'ils sont en général dépourvus de bourgeons écailleux.

Une autre circonstance assez remarquable dans l'habitation des Légumineuses, c'est qu'on en trouve peu ou point dans les îles éloignées des continens. Ainsi on n'en a trouvé aucune sauvage ni à Saint-Hélène, ni à Tristan d'Acugna; ainsi on n'en connoît que douze dans toutes les îles de la mer du Sud. J'ai déjà fait remarquer ailleurs que ces îles éloignées suivent une loi particulière quant à leur végétation, et présentent beaucoup plus de monocotylédons que leur latitude ne le comporteroit. L'absence ou le petit nombre de Légumineuses qui s'y rencontrent est un cas particulier de ce fait général.

Quoique nous manquions de documens suffisans pour établir avec quelque précision la distribution des Légumineuses considérées dans leurs rapports avec la hauteur des terreins, on peut entrevoir avec assez d'évidence que leur nombre diminue notablement à mesure qu'on s'élève dans les hautes montagnes, et qu'en particulier il n'y a plus que quelques herbes vivaces qui puissent y parvenir; les arbres et les herbes annuelles de cette famille ne se trouvent que dans les plaines ou les montagnes peu élevées: ces faits sont d'accord soit avec les analogies générales, soit avec les lois que suit cette famille, relativement aux degrés de latitude.

La famille des Légumineuses présente encore, malgré les nombreuses coupes de genres que j'ai été appelé à faire ou à adopter; présente, dis-je, un nombre moyen d'espèces assez grand : ainsi les 3725 espèces dont elle se compose aujourd'hui sont classées en 280 genres, ce qui forme une moyenne d'un peu plus de treize espèces par genre. Si l'on considère les diverses régions sous ce point de vue on arrivera au tableau suivant, en combinant le nombre des genres qui ont des représentans dans chaque région avec le nombre des espèces, savoir :

	Genres.	moy. des esp.
Amérique méridionale extra-tropicale	16	2
Id. équinoxiale	82	7 $\frac{1}{4}$
Antilles	134	3 $\frac{1}{2}$
Mexique	44	3 $\frac{1}{2}$
États-Unis	45	4
Sibérie	23	5 $\frac{1}{2}$
Europe moy. et sept	26	5
Orient	36	7
Bassin de la Méditerranée	39	12
Arabie, etc	33	2 $\frac{2}{3}$
Canaries	10	2
Afrique équinoxiale	37	3 $\frac{1}{2}$
Cap de Bonne-Espérance	44	8
Iles de l'Afrique australe	22	2
Inde orientale	78	6
Chine, Japon, etc	43	2

Nouvelle-Hollande	58	6
Iles de la mer du Sud	8	1 $\frac{1}{2}$

Remarquons d'abord que si ces moyennes sont toutes inférieures à celles de la famille, cela tient à ce que j'ai retranché du calcul toutes les espèces dont la patrie est douteuse; que je me suis contenté d'approximations dans les calculs de moyennes, et surtout à ce que le nombre d'espèces restant le même en totalité, celui des genres se multiplie par la répétition des mêmes dans plusieurs régions.

Il résulte du tableau précédent :

1°. Que les pays qui présentent la plus haute moyenne d'espèces congénères de Légumineuses sont le bassin de la Méditerranée, le cap de Bonne-Espérance, l'Amérique équinoxiale.

2°. Ceux au contraire qui offrent la moyenne la plus basse sont les îles de la mer du Sud, les Canaries, les îles de l'Afrique australe.

Ce dernier résultat est une confirmation assez curieuse de la loi que j'ai établie dans mon Essai de Géographie botanique (43), savoir que les îles ont d'autant moins d'espèces de chaque genre, qu'elles sont plus éloignées des continens.

Les Légumineuses comparées entre elles relativement aux stations qu'elles affectent sont en général rares, 1°. dans les très-hautes montagnes, comme je l'ai exposé plus haut; 2°. dans les eaux ou les terrains salés; 3°. dans les lieux trop habituellement aqueux ou inondés. Ainsi, à l'exception de quelques Mimosées, on n'en trouve aucune d'aquatique, et le nombre de celles-ci, qui vivent dans les marais, est proportionnellement très-peu considérable; 4°. on peut encore remarquer que les Légumineuses ne se trouvent jamais dans les grottes, rarement dans les forêts très-ombragées, et paroissent au nombre des végétaux qui ont le plus besoin de la lumière solaire; au contraire on trouve en général les Légumineuses qui naissent spontanément dans les lieux exposés au soleil, sablonneux, pierreux, ou de terre franche. Aussi remarque-t-on dans les jardins qu'elles ne prospèrent point dans les lieux ombragés; 5°. aucune espèce de cette famille n'est ni parasite, ni même fausse-parasite.

C'est probablement à la nature de ces stations qui sont favorables à la plupart des végétaux, et aussi sans doute à leur propre organisation, qu'il faut rapporter un autre fait, c'est que les Légumineuses, à l'état de nature, sont rarement sociales : je ne sache pas qu'il existe nulle part des forêts dont l'essence soit d'un arbre légumineux; et parmi les herbes ce n'est que par des soins soutenus que l'homme est parvenu à en former des prairies qu'on a par ce motif nommées artificielles. Quelques arbrisseaux seulement, tels que les *Ulex*, et certains Genets, offrent des exemples de Légumineuses sociales. Je note ce fait de la dispersion habituelle des Légumineuses, parce qu'il sembleroit que la grosseur de leurs graines et l'absence habituelle d'ailes ou d'aigrettes devroient favoriser la naissance des individus les uns à côté des autres. C'est pourquoi j'attribue essentiellement ce phénomène à ce que les Légumineuses vivent dans des terrains qui conviennent presque également à tous les végétaux. De ce que les Légumineuses livrées à elle-même vivent rarement à l'état social, on peut conclure avec assez de vraisemblance que le rapprochement des individus de la même espèce nuit à leur végétation réciproque ; c'est ce que j'ai vu confirmé d'une manière piquante par des expériences d'agriculture, qui tendaient à prouver que le produit total d'un pré de Luzerne (plantée et non semée) alloit en augmentant à mesure qu'on diminuoit (dans les limites raisonnables) le nombre des individus sur un espace donné ; de sorte que chaque pied gagnoit en force lorsqu'il étoit plus isolé, et gagnoit assez pour compenser avec profit la diminution du nombre des individus. La vigueur des plantes isolées de Luzerne, d'Esparcette ou de Trèfle, qu'on rencontre dans les prairies de Graminées, tient à la même cause. Il est difficile de ne pas croire que si les pieds de Légumineuses se nuisent par leur rapprochement, c'est qu'ils absorbent chacun une assez grande quantité de nourriture : la vigueur ordinaire de leur feuillage, et la grosseur de leurs graines, confirment cette opinion.

Mais, d'un autre côté, il n'est pas douteux que les Légumineuses, bien loin d'effriter les terreins où elles croissent, tendent à les améliorer, soit qu'on les enfouisse dans le terrein, comme on le fait souvent pour le Lupin, soit que le sol profite de leurs débris ou de leurs excrétions, comme cela paroît être le cas pour les Trèfles, les Luzernes, les Esparcettes, etc. Cette amélioration des terreins par la végétation des Légumineuses ne se borne pas aux espèces habituellement cultivées ; mais toutes celles dont l'histoire a été étudiée sous ce point de vue présentent un phénomène analogue : tels sont les Vesces, les Gesses et même l'Ajonc ou *Ulex Europœus*, qu'on cultive en Normandie sous le nom de *Vignaux*, comme plante améliorante.

Pour n'ajouter qu'un seul exemple, mais des plus instructifs, je rappellerai que le Genêt d'Espagne ou *Spartium junceum*, qui croît dans les lieux pierreux et exposés au soleil du midi de la France, est cultivé aux environs de Lodève, sous un double rapport: les fibres de son écorce, susceptibles d'être rouies et filées comme le Chanvre, forment de bonnes toiles; et le terrein stérile, qui a donné ce produit, se trouve assez amélioré, au bout de quelques années, pour pouvoir être mis en culture. On ne peut pas dire dans ce cas, comme les agriculteurs le font souvent, que l'amendement du terrein est dû à la chute des feuilles, car le Genêt d'Espagne et l'Ajonc n'en ont aucune; et l'amendement du sol, qui se produit par des Légumineuses qu'on fauche plusieurs fois chaque année, tend à prouver que ce n'est pas la chute des feuilles qui est la cause essentielle de l'amélioration. On ne peut pas dire que cette amélioration est due uniquement à la destruction des mauvaises herbes, produite par l'épaisseur du feuillage, comme certains agriculteurs l'ont soutenu, en parlant des Vesces ou des Luzernes, car les pieds de Genêt ou d'Ajonc sont très-espacés et peu touffus. Il faut donc convenir que l'amélioration des terreins par les Légumineuses est essentiellement dû à l'action de leurs racines, et, selon toute vraisemblance, aux émanations ou excrétions de ces parties organiques.

Il seroit hors de propos d'entrer ici dans de plus grands détails à l'occasion d'un exemple particulier. J'espère, sous peu de temps, appeler l'attention des physiologistes et des agriculteurs sur ce grand phénomène; et je me contente d'annoncer ici que c'est dans la nature des excrétions radicales que je crois avoir trouvé la cause des modifications que les terreins subissent par la végétation de diverses plantes.

Je crois pouvoir conclure de cette discussion, ne fût-ce qu'à titre d'exemple, que l'étude de la Botanique géographique peut servir à donner des inductions importantes, 1°. quant à la classification, lorsqu'on la considère dans ses rapports avec les genres et les habitations; 2°. quant à la physiologie, lorsqu'on l'examine dans ses rapports avec les espèces et les stations.

ERRATA.

Page 240, ligne	12;	*au lieu de* § 10, *lisez* § 18.
295,	2 et 6;	*au lieu de* Brown, *lisez* Bronn.
297,	21;	*au lieu de* Halagées, *lisez* Afhagées.
298,	21;	*au lieu de* Beauvais, *lisez* Beauvois.
300,	1;	*au lieu de* Eleiothis, *lisez* Eleiotis.
339,		*au lieu de* 339, *lisez* 329, et suivez jusqu'au huitième Mémoire où l'ordre des chiffres est rétabli.
458,	22;	*au lieu de* *SCHOELLA*, *l.* *SCHNELLA*.

TABLE ALPHABÉTIQUE

DES GENRES ET ESPÈCES MENTIONNÉS.

66

FIN DE LA TABLE.

TABLEAU N°. I.

I. PA

…E, …N, …HINE.	NOUVELLE-HOLLANDE.	ILES DE LA MER DU SUD.
		Edwarsia. 3
	Swainsonia. 3	
	Astragalus ? 1	
	Zornia. 1	
	Desmodium ? 1	

DISTRIBUTION GÉOGRAPHIQUE DES LÉGUMINEUSES.

	Amérique méridionale		Antilles	Amérique septentrionale		Sibérie	Europe	Orient	Arabie et Égypte	Bassin de la Méditerranée	Canaries	Afrique équinoxiale	Cap de Bonne-Espérance	Îles de l'Afrique australe	Inde orientale	Chine, Japon, Cochinchine	Nouvelle-Hollande	Îles de la mer du Sud
	Extratropicale	Équinoxiale		Mexique	États-Unis													
[illegible]	[illegible]	[illegible]	[illegible]	[illegible]	[illegible]	[illegible]	[illegible]	[illegible]	[illegible]	[illegible]	[illegible]	[illegible]	[illegible]	[illegible]	[illegible]	[illegible]	[illegible]	[illegible]

..PHIQUE DE..

TABLEAU N°. 2.

..AE .. ..RE.	BASSIN DE LA MÉDITERRANÉE.	..	CHINE, JAPON, COCHINCHINE.	NOUVELLE-HOLLANDE.	ILES DE LA MER DU SUD.
	Vicia. 32	Vi..			
	Ervum. 5		Ervum. 2		
			Baryxylum. 1		
			Cassia 3.	Cassia. 1	
			Cynometra? 1		
			Bauhinia. 3		
	Cercis. 1		Aloexylon. 1		
			Cordyla. 1		

DISTRIBUTION GÉOGRAPHIQUE DES LÉGUMINEUSES.

	Amérique méridionale		Antilles.	Amérique septentrionale.		Sibérie.	Europe	Orient.	Arabie et Égypte.	Bassin de la Méditerranée.	Canaries.	Afrique continentale.	Cap de Bonne-Espérance.	Îles de l'Afrique australe.	Inde orientale.	Chine, Japon, Cochinchine.	Nouvelle-Hollande.	Îles
	[illegible]	Équinoxiale.		Mexique.	États-Unis.		[illegible] de la Méditerranée.											[illegible]
[illegible]	[illegible]	[illegible]	[illegible]	[illegible]	[illegible]	[illegible]	[illegible]	[illegible]	[illegible]	[illegible]	[illegible]	[illegible]	[illegible]	[illegible]	[illegible]	[illegible]	[illegible]	[illegible]

Heyland del.t

FEUILLES DE GLEDITSCHIA.

II.

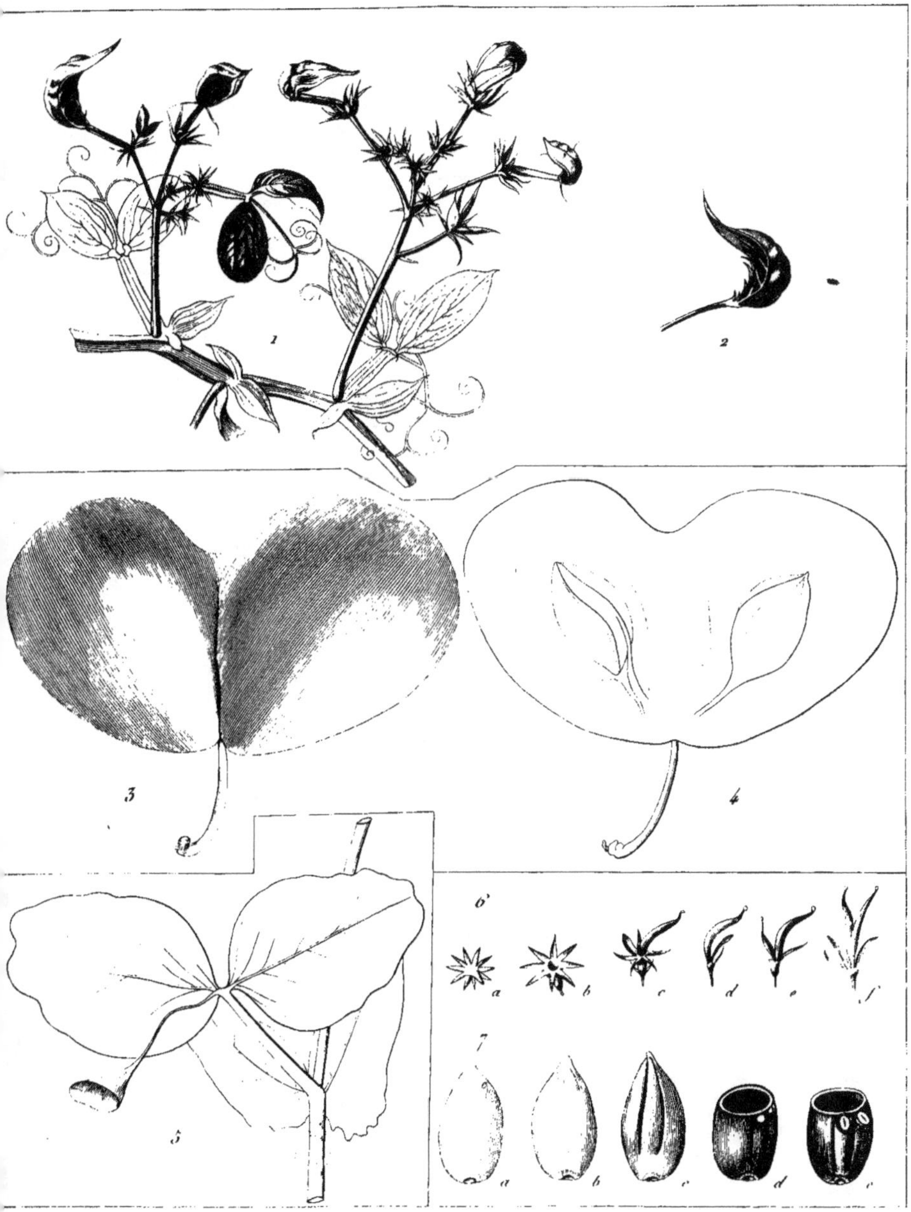

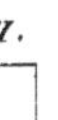

CARACTÈRES GÉNÉRAUX.

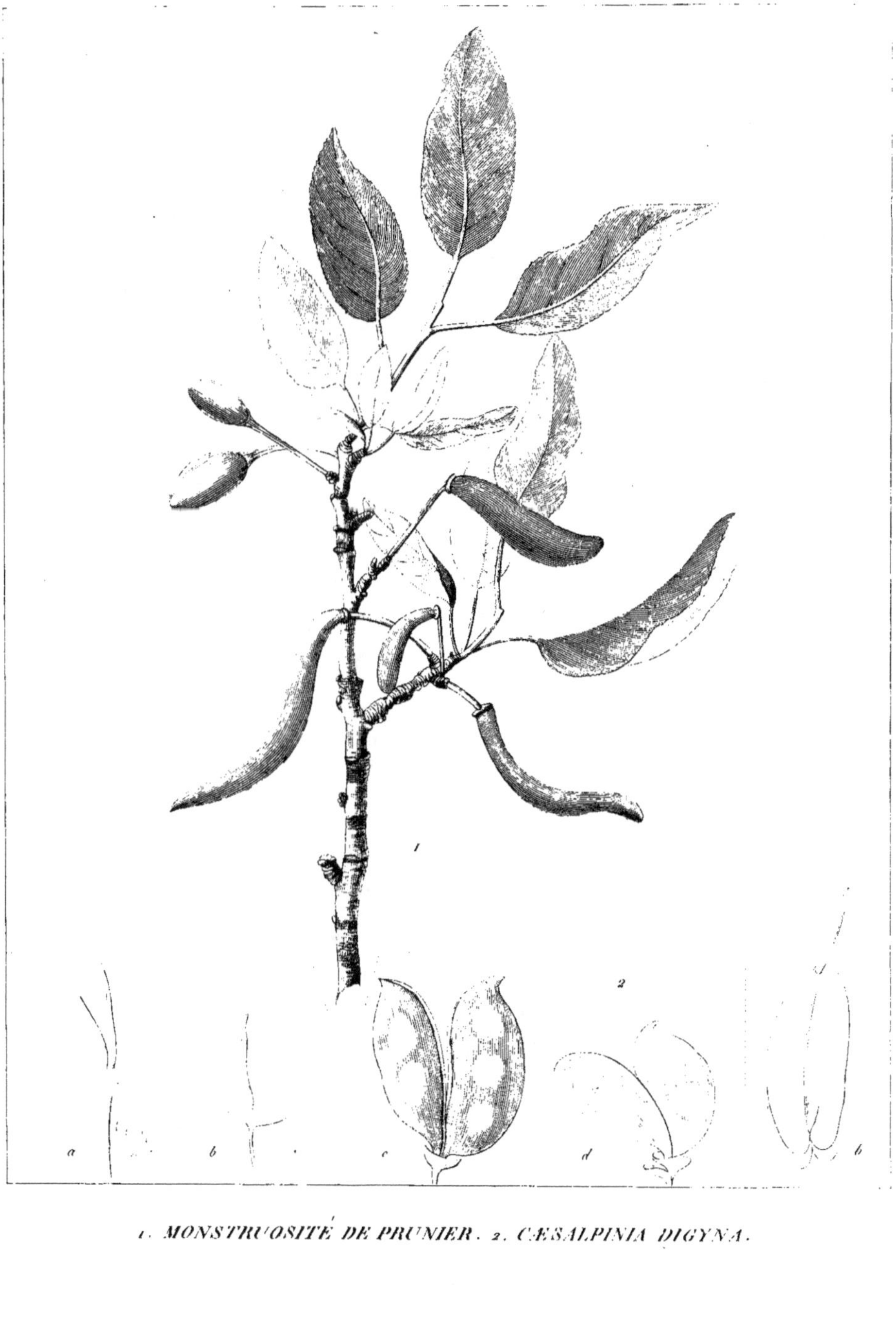

1. MONSTRUOSITÉ DE PRUNIER. 2. CÆSALPINIA DIGYNA.

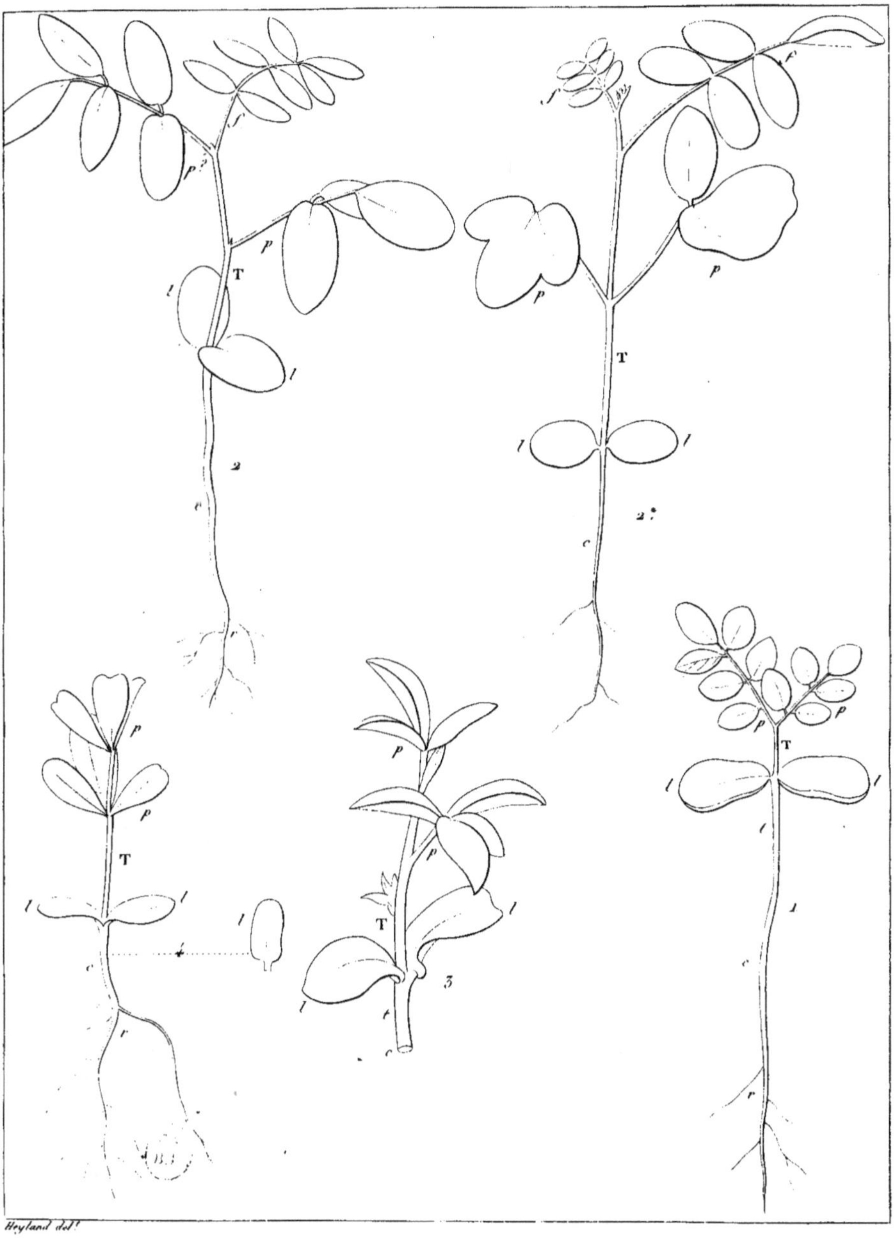

Heyland del.

GERMINATION DES SOPHORÉES.

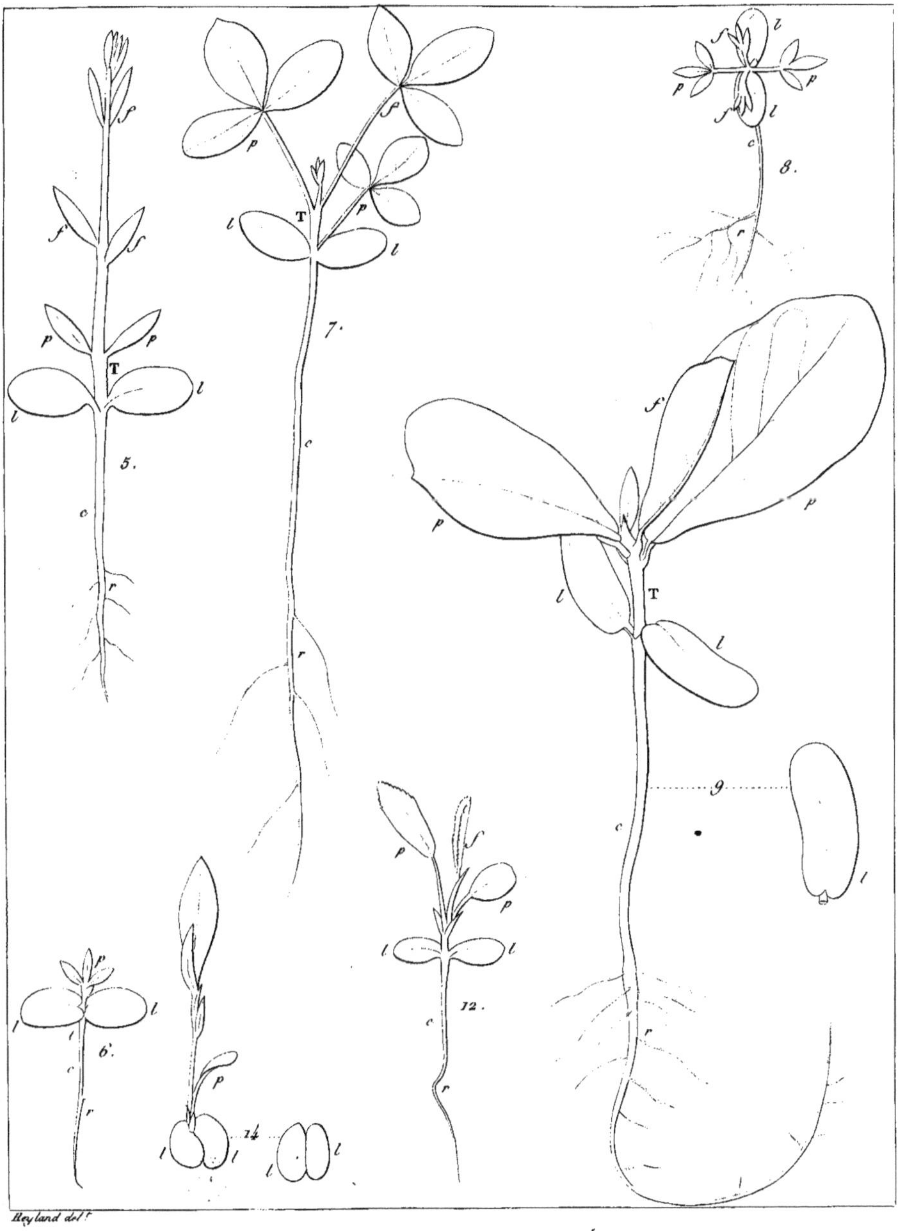

Heyland del.t

GERMINATION DES LOTÉES.

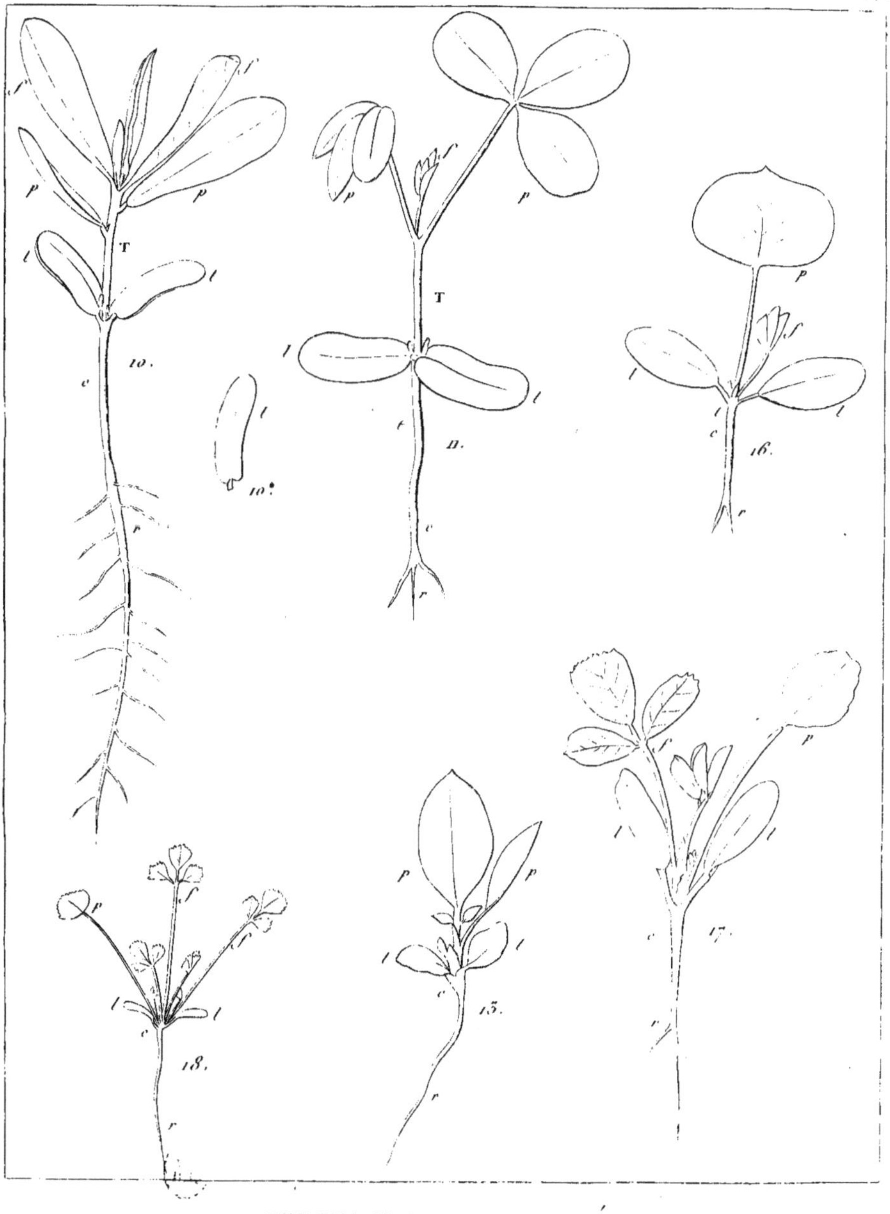

GERMINATIONS DES LOTÉES.

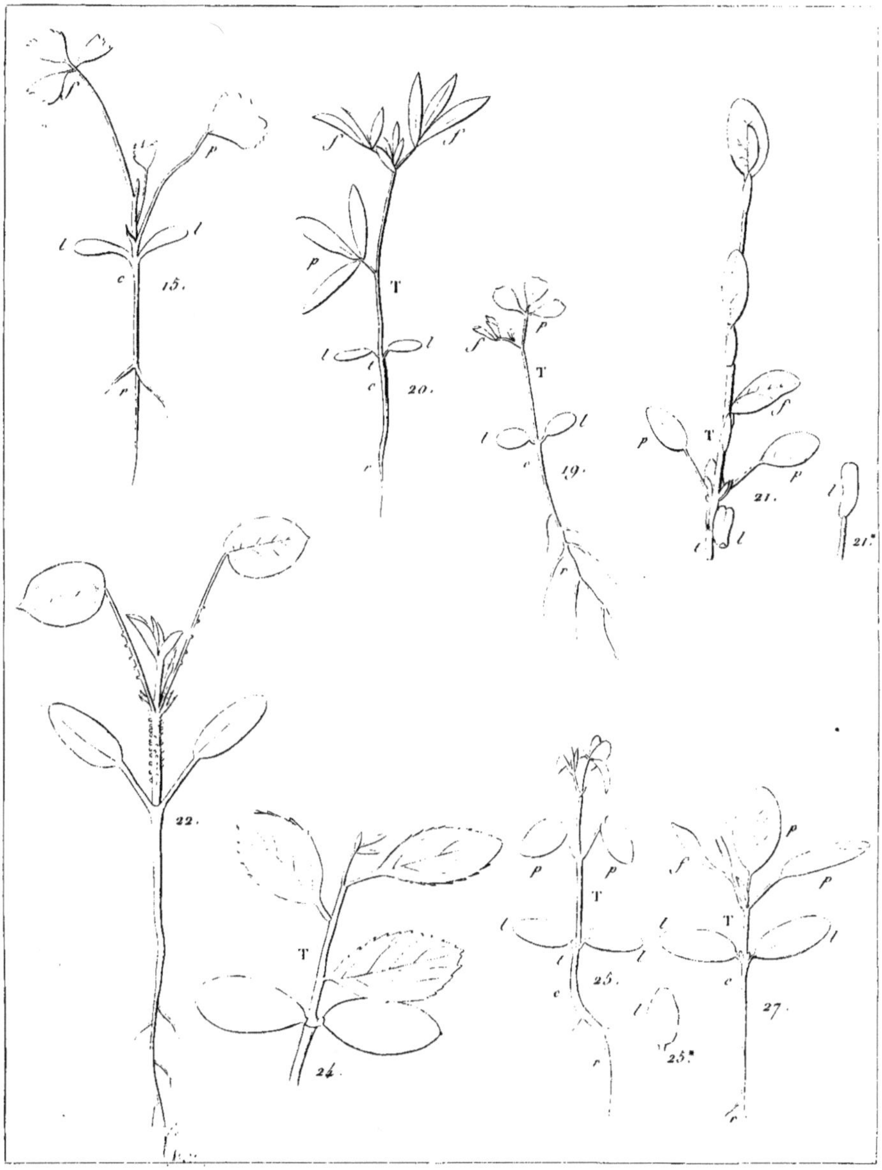

GERMINATIONS DES LOTÉES.

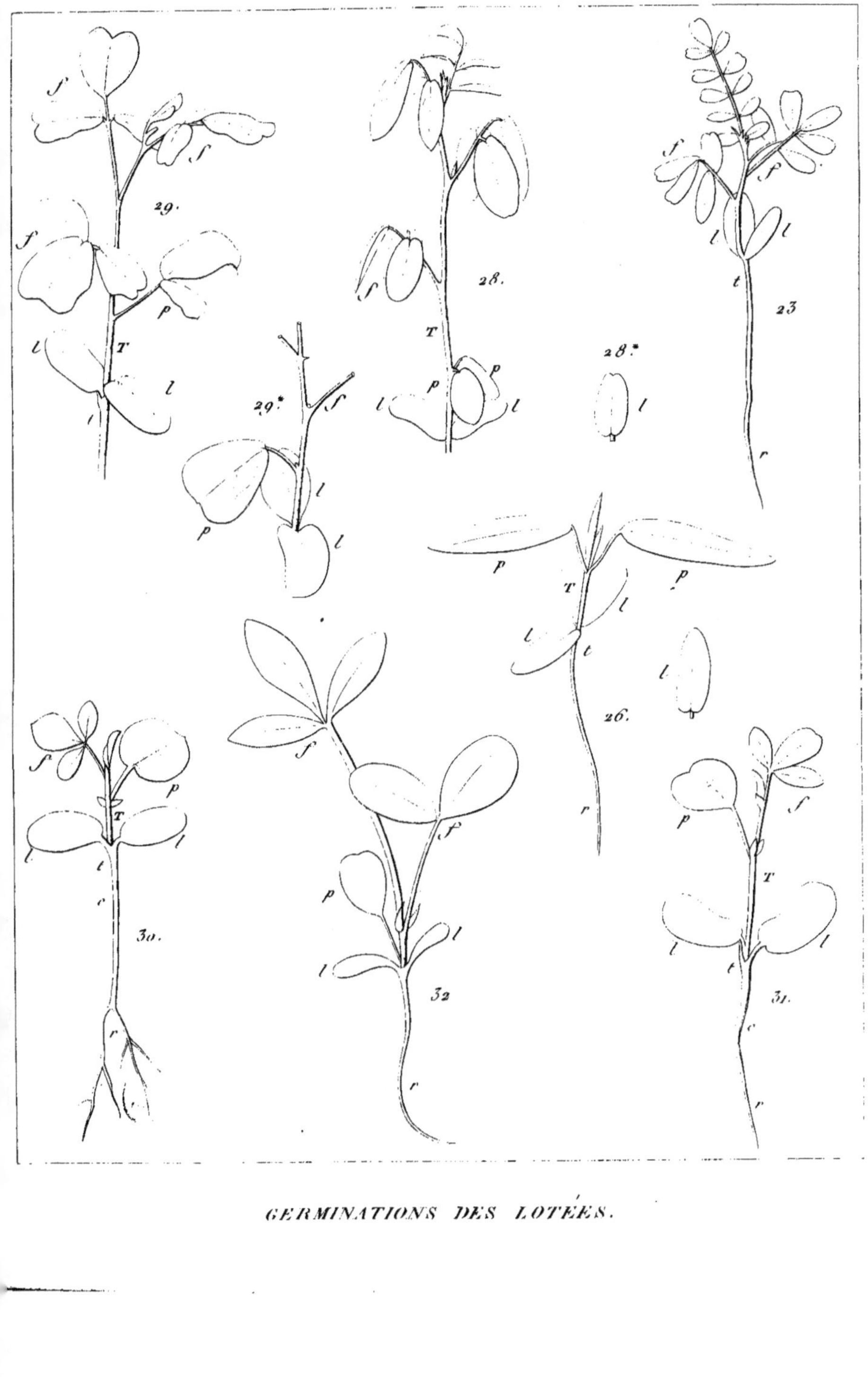

GERMINATIONS DES LOTÉES.

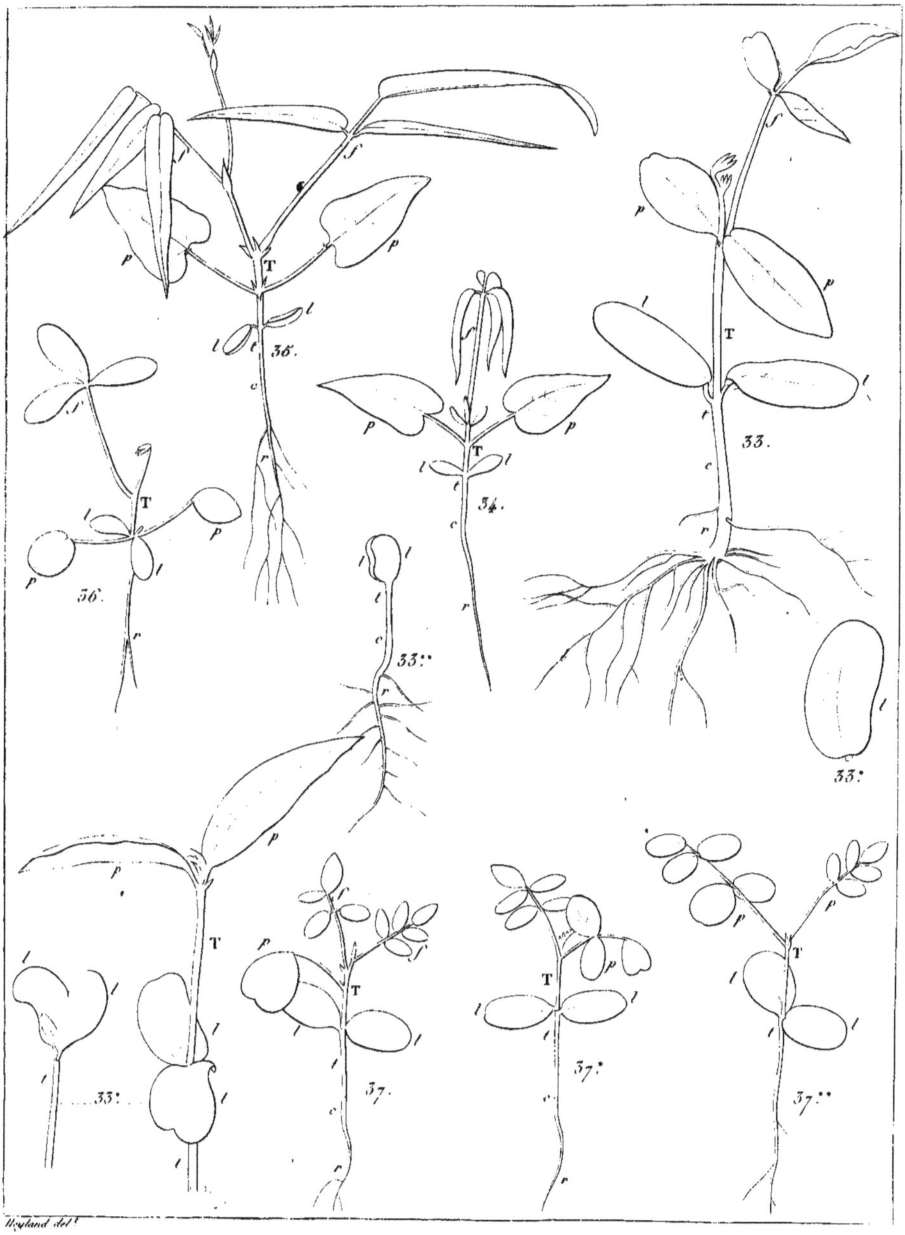

Heyland del.

GERMINATIONS DES LOTÉES.

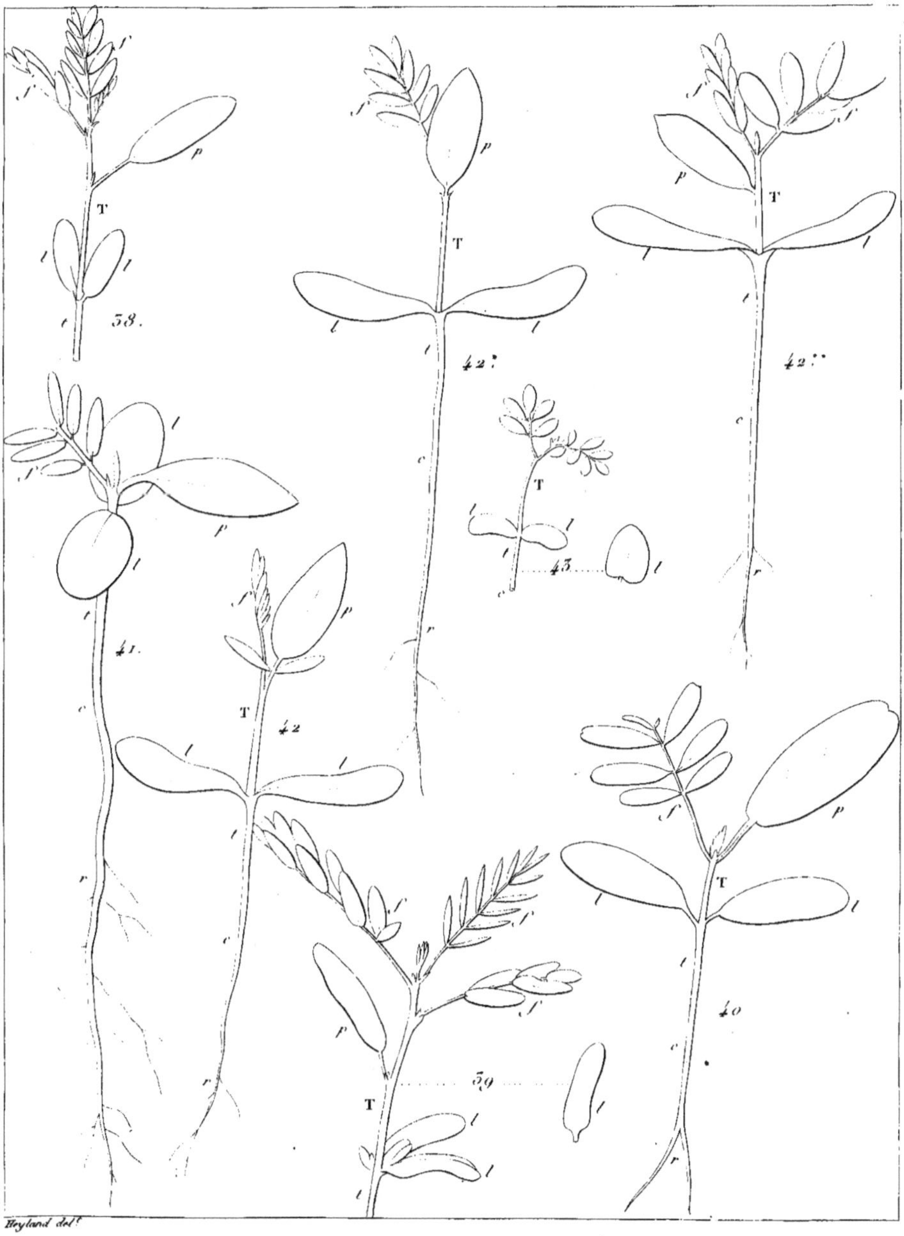

Heyland del.

GERMINATIONS DES LOTÉES.

GERMINATIONS DES LOTÉES.

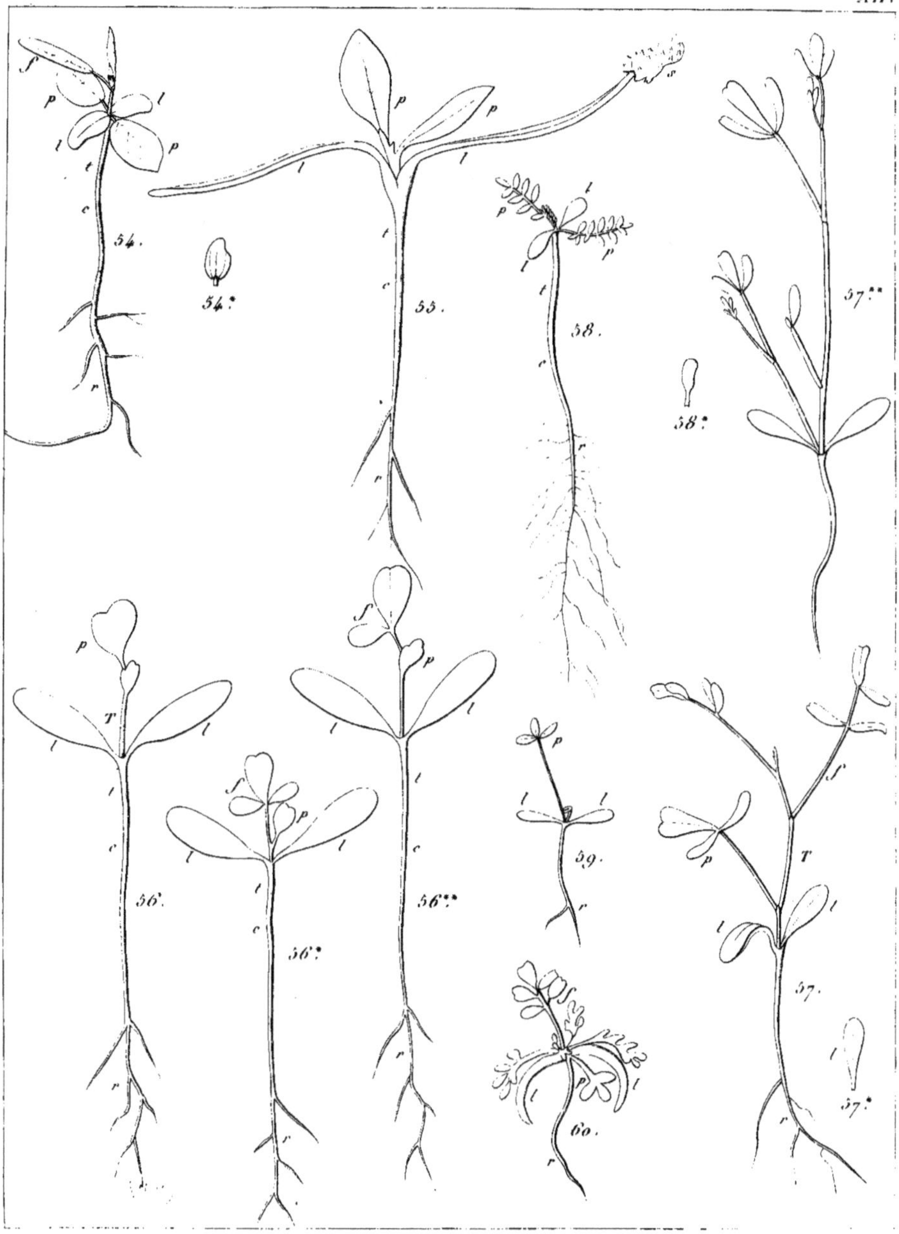

GERMINATIONS DES HEDYSARÉES.

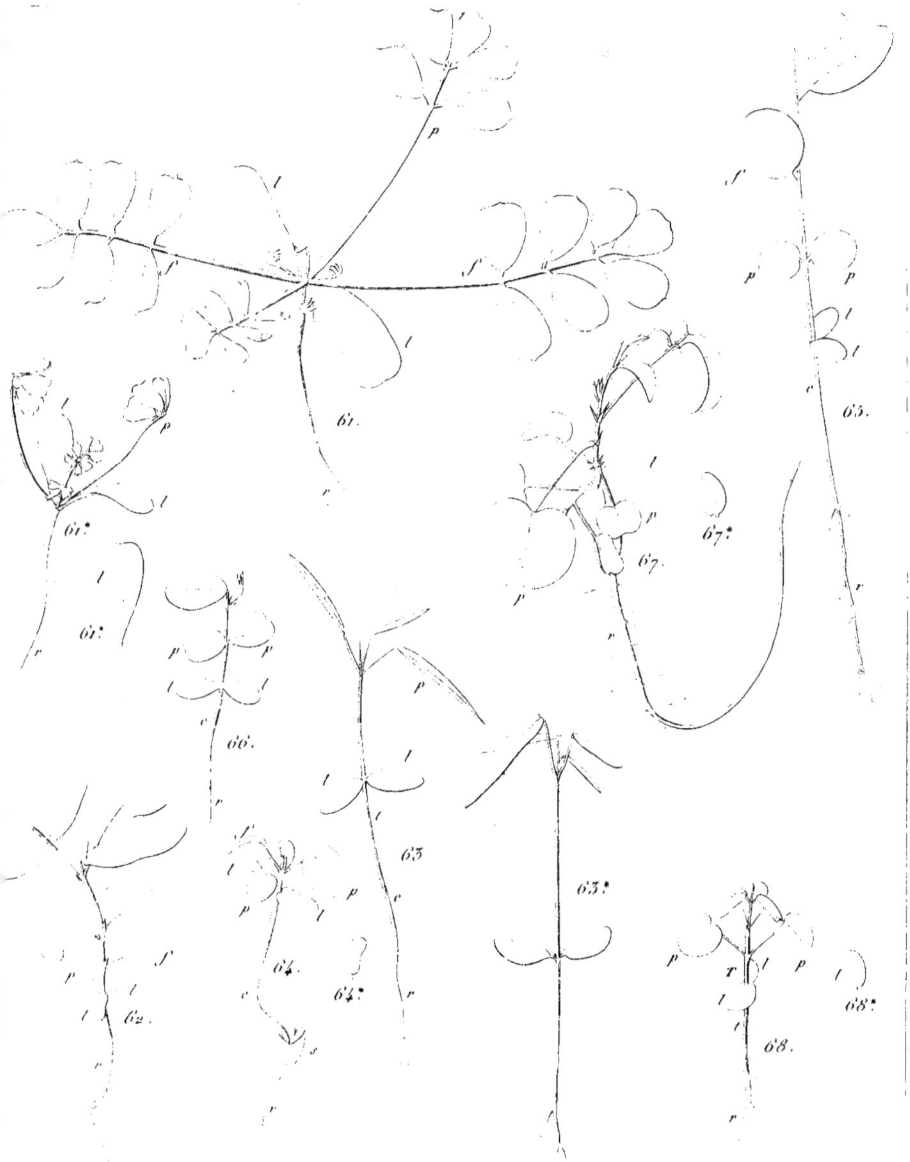

GERMINATIONS DES HEDYSARÉES.

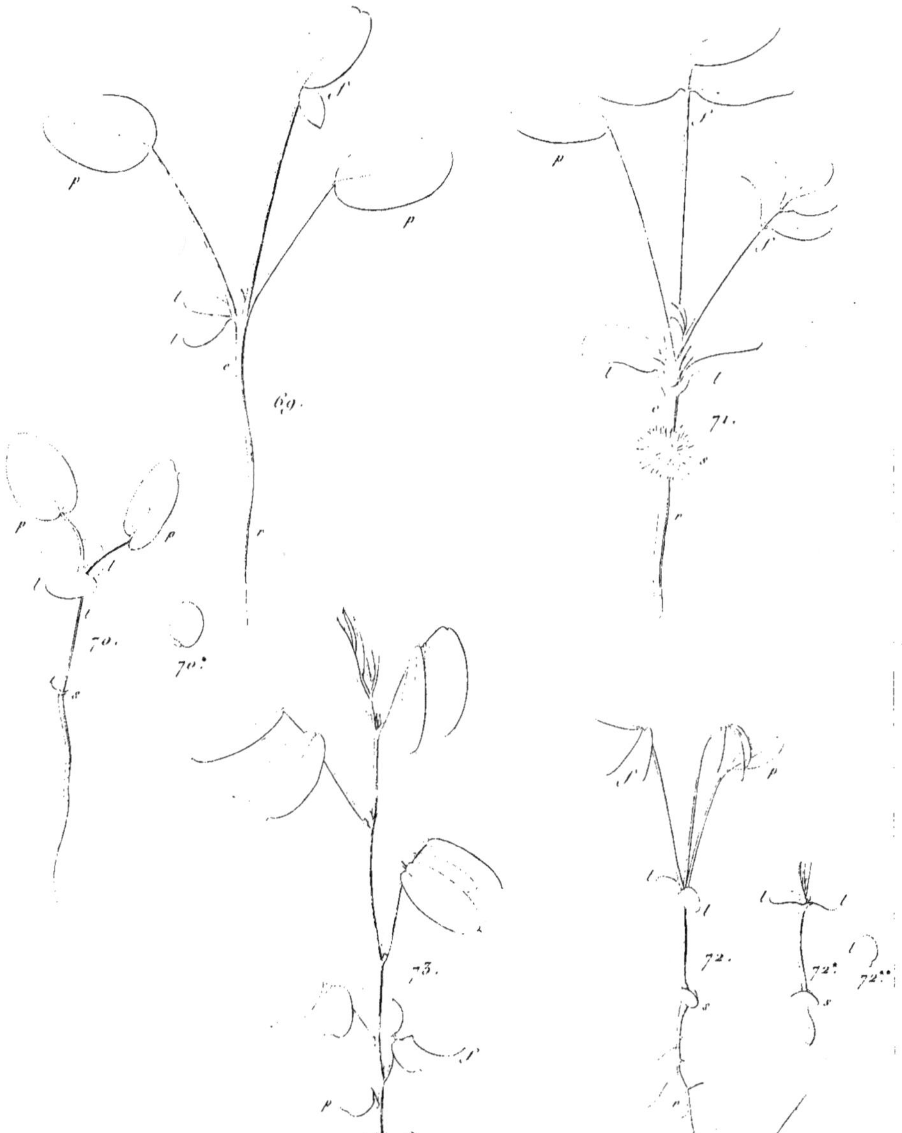

GERMINATIONS DES HEDYSARÉES.

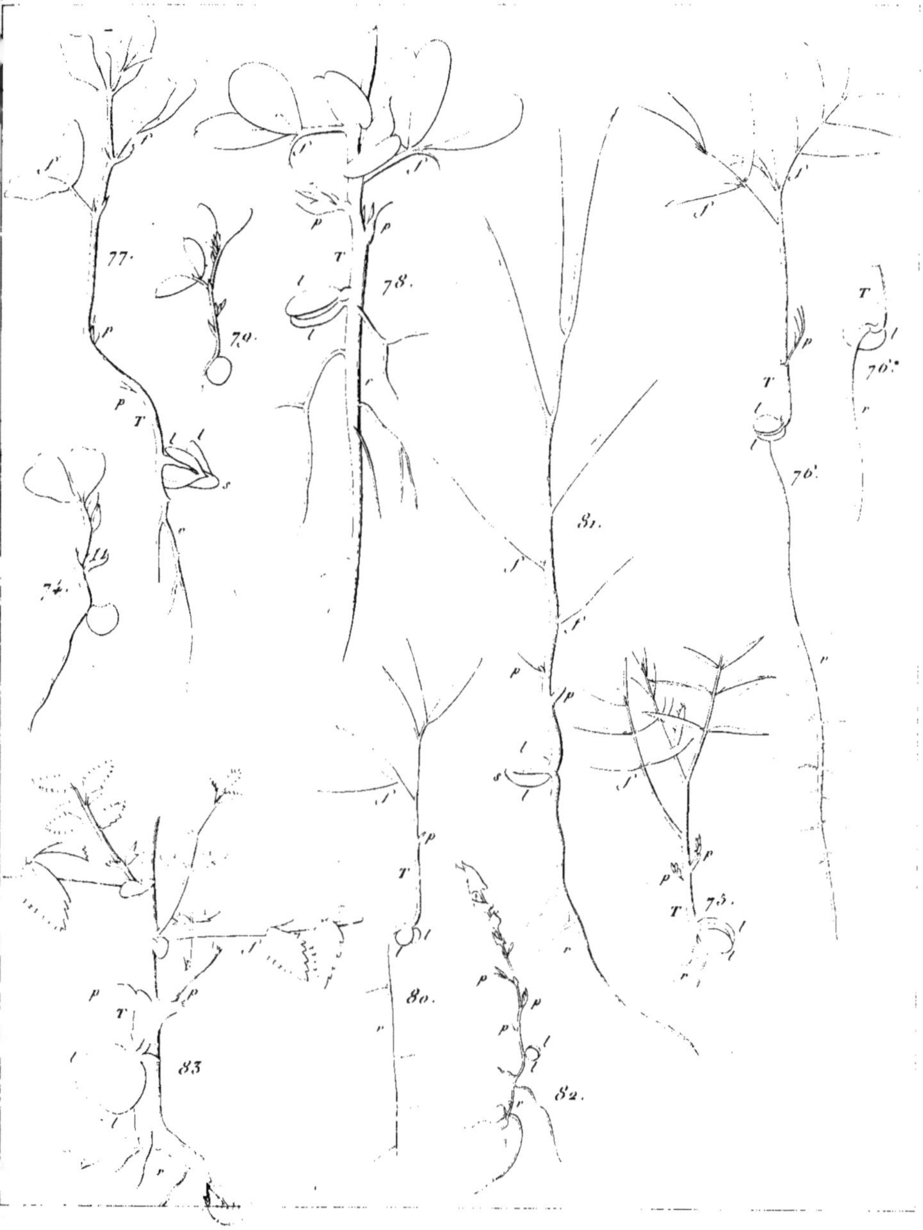

GERMINATIONS DES VICIÉES.

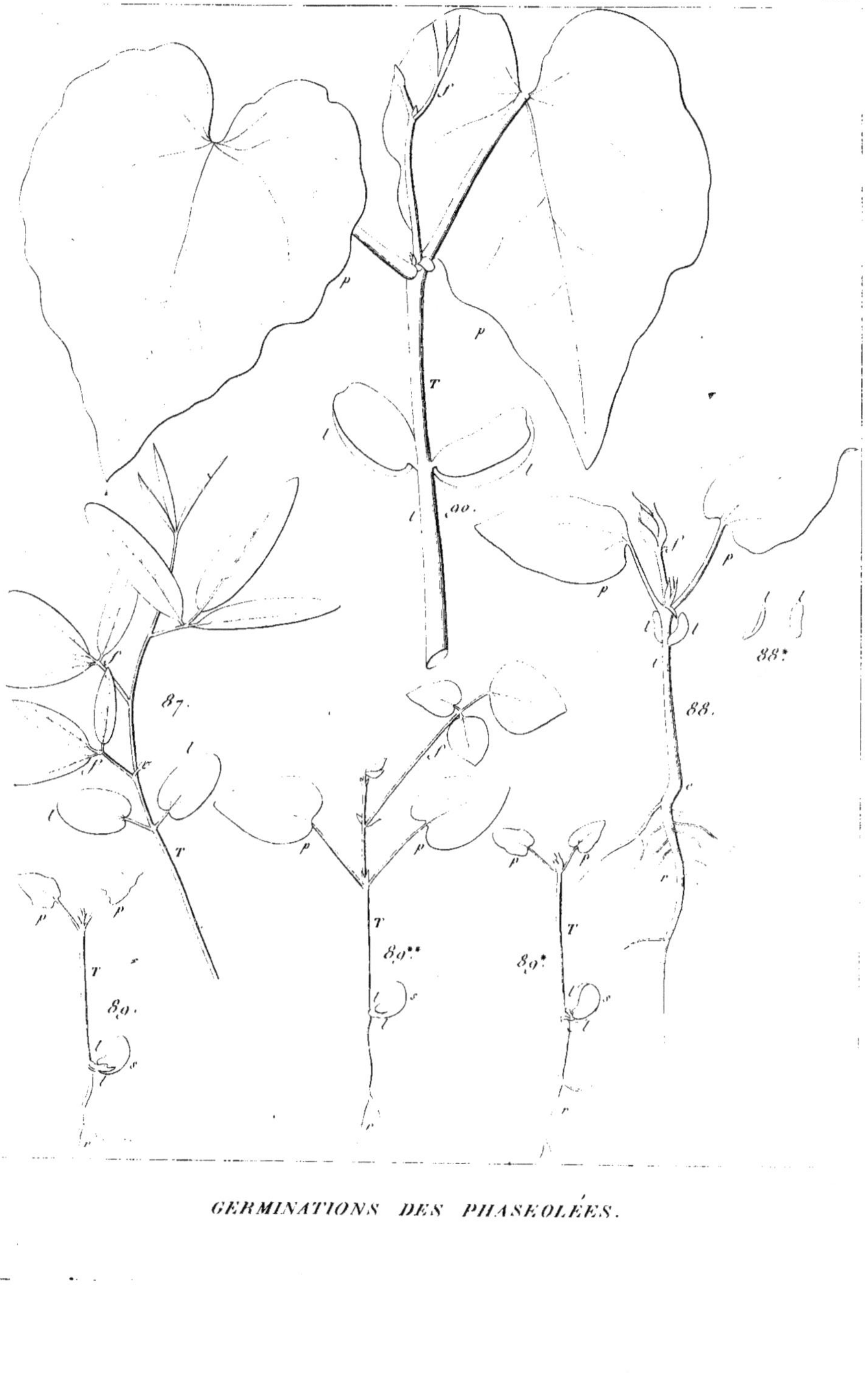

GERMINATIONS DES PHASEOLÉES.

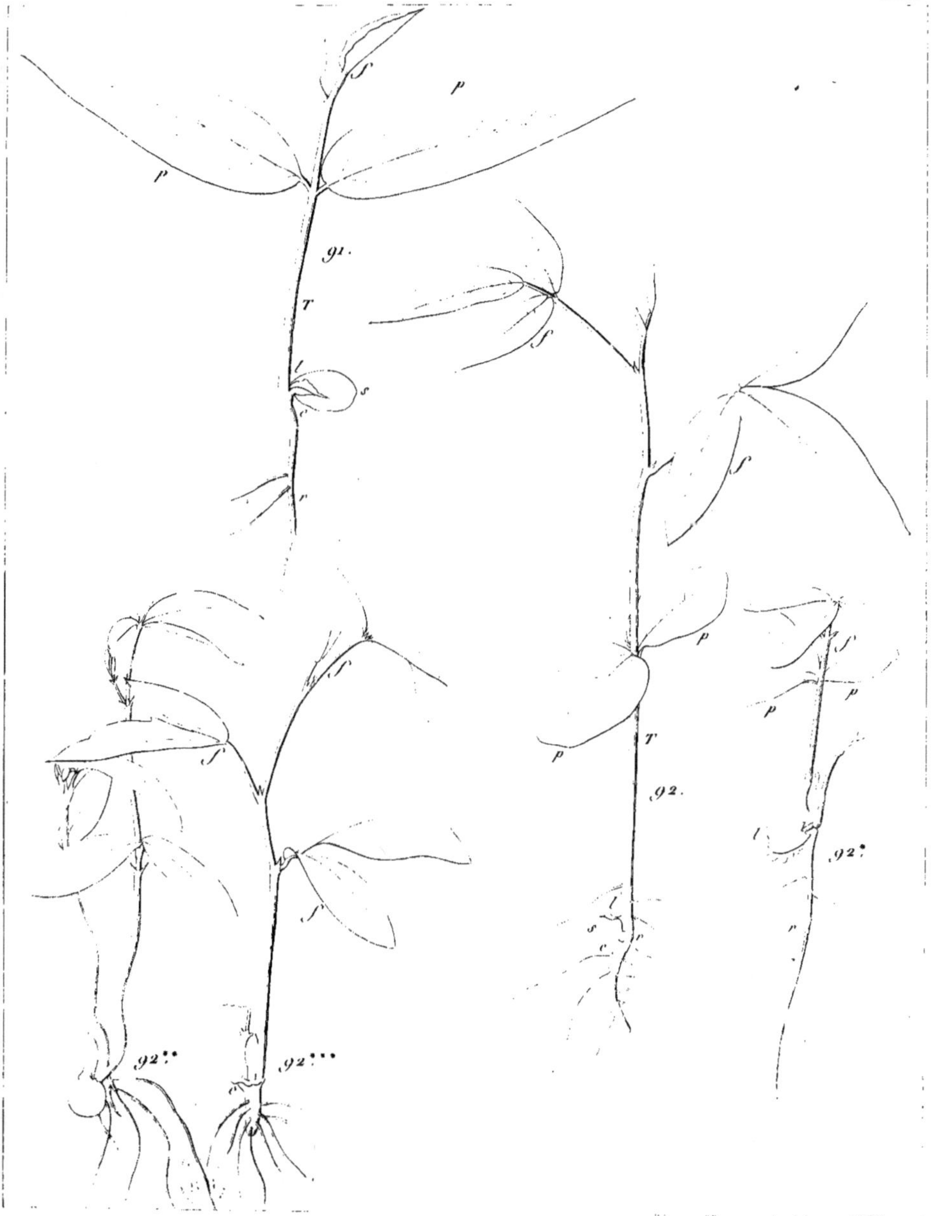

GERMINATIONS DES PHASEOLÉES.

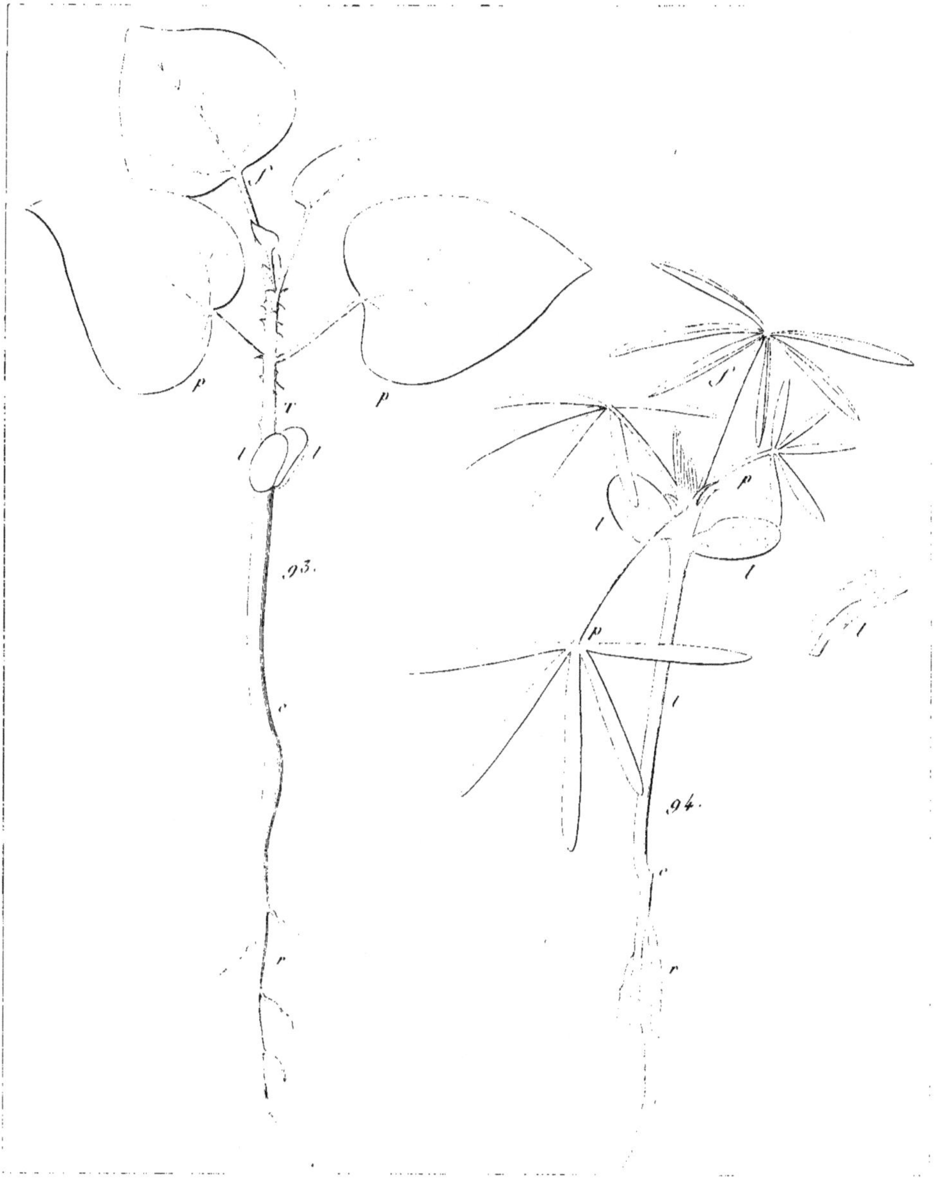

GERMINATIONS DES PHASEOLÉES.

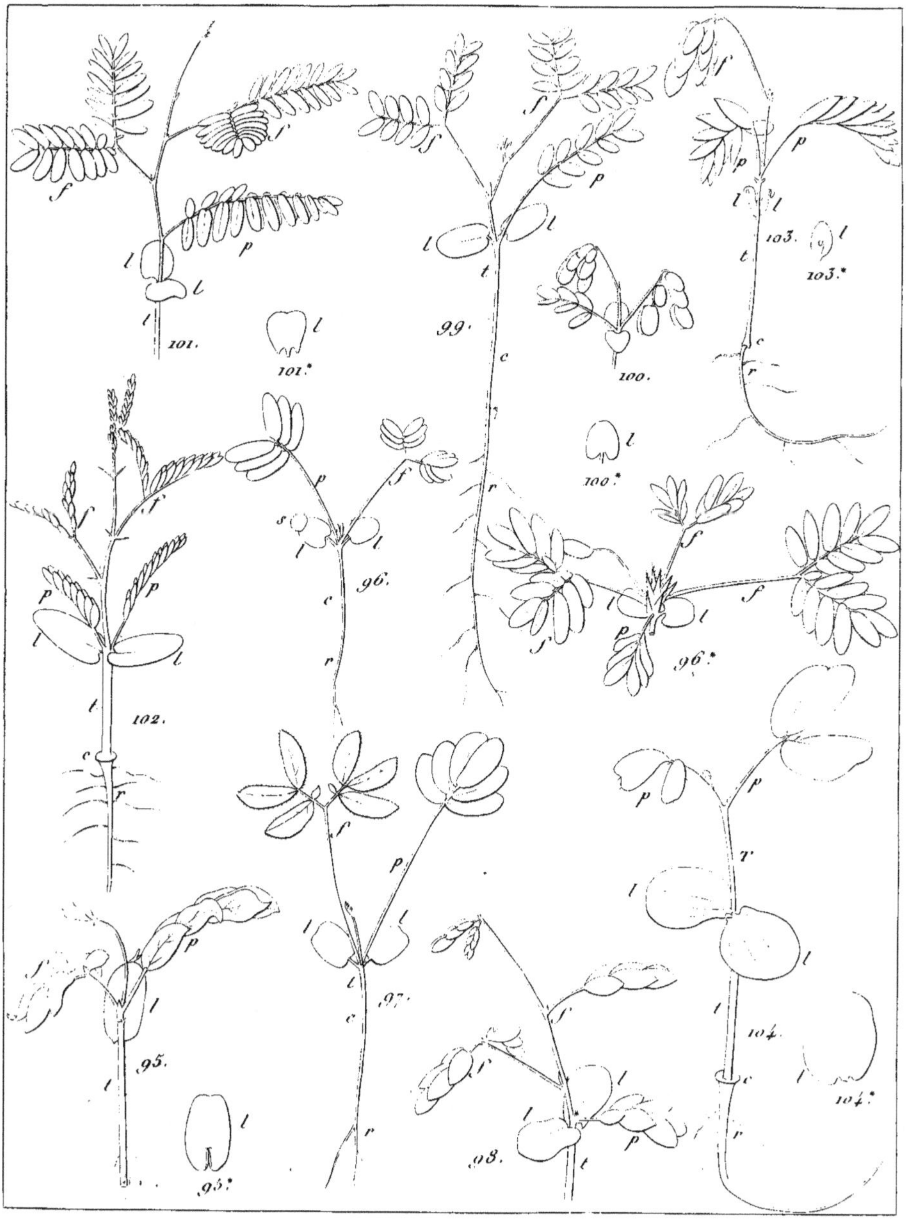

GERMINATIONS DES MIMOSÉES.

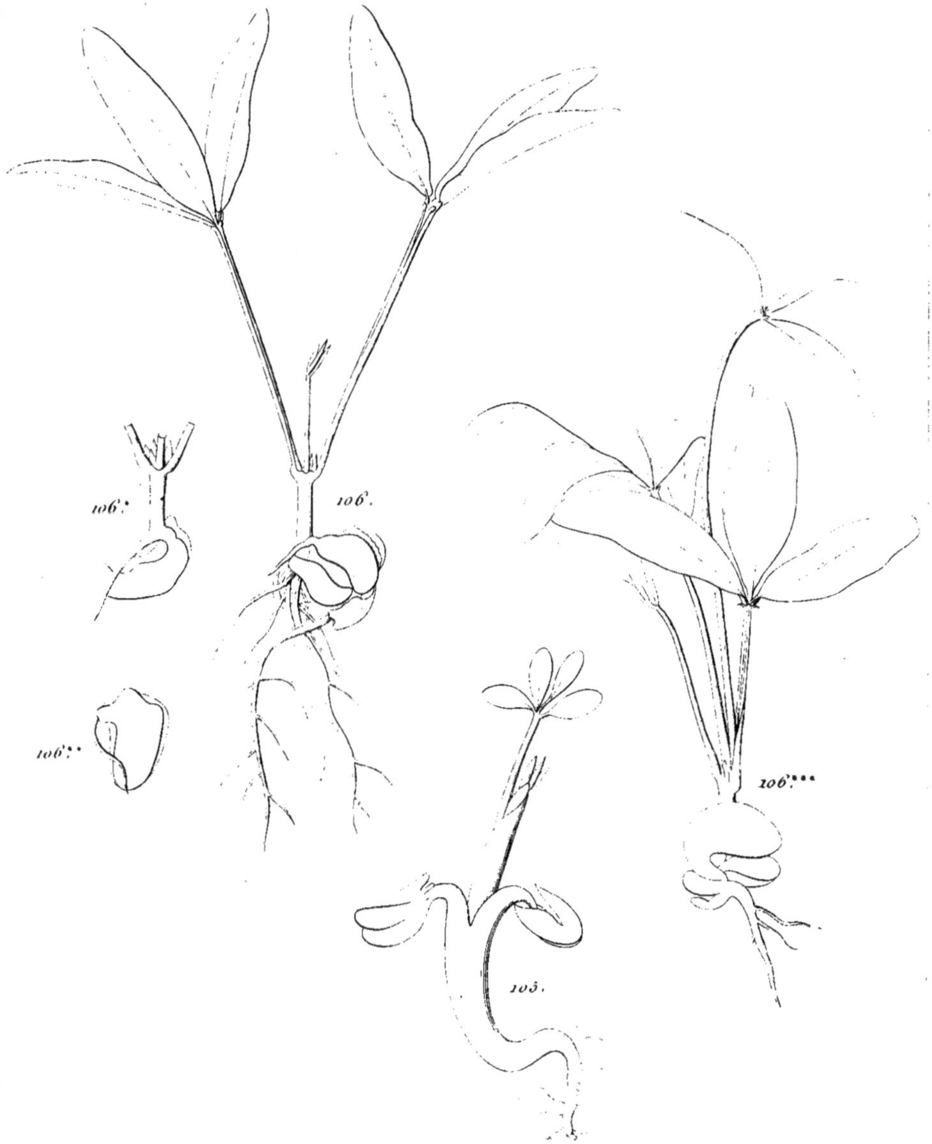

GERMINATIONS DES GÉOFFRÉES.

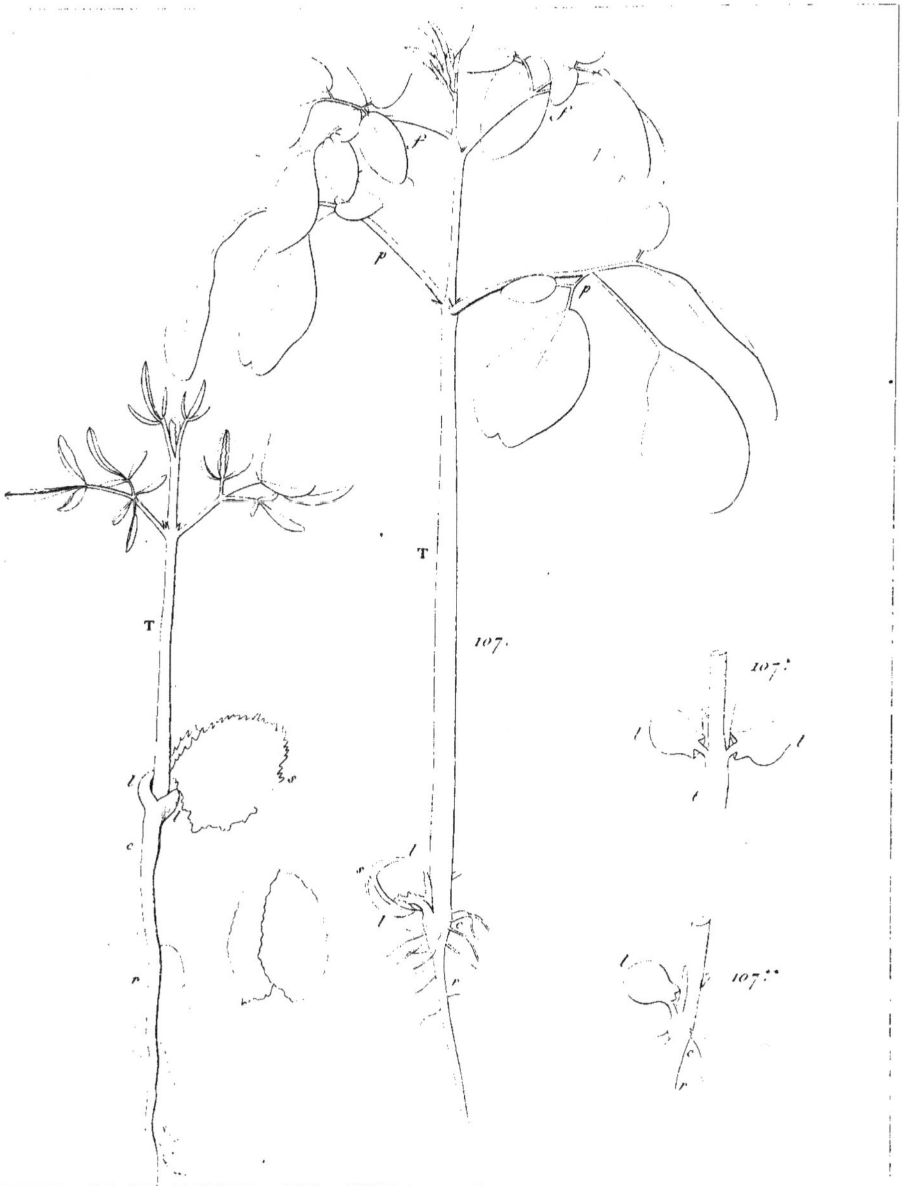

Heyland del.

GERMINATIONS DES GEOFFRÉES.

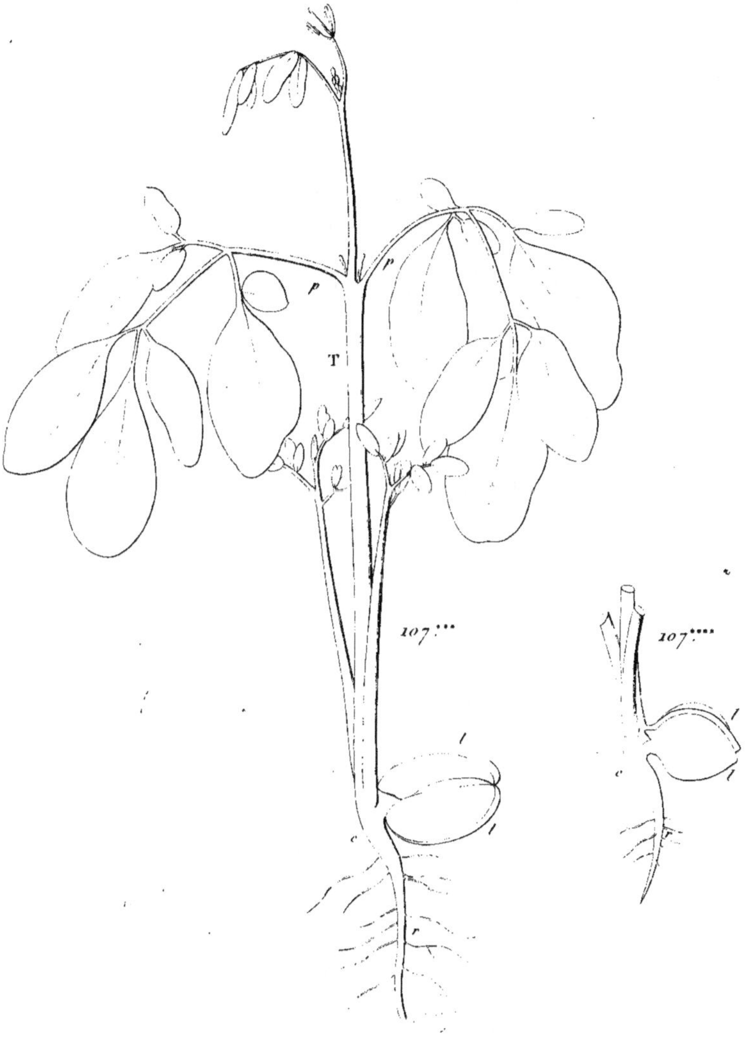

land del.t

GERMINATIONS DES GEOFFRÉES.

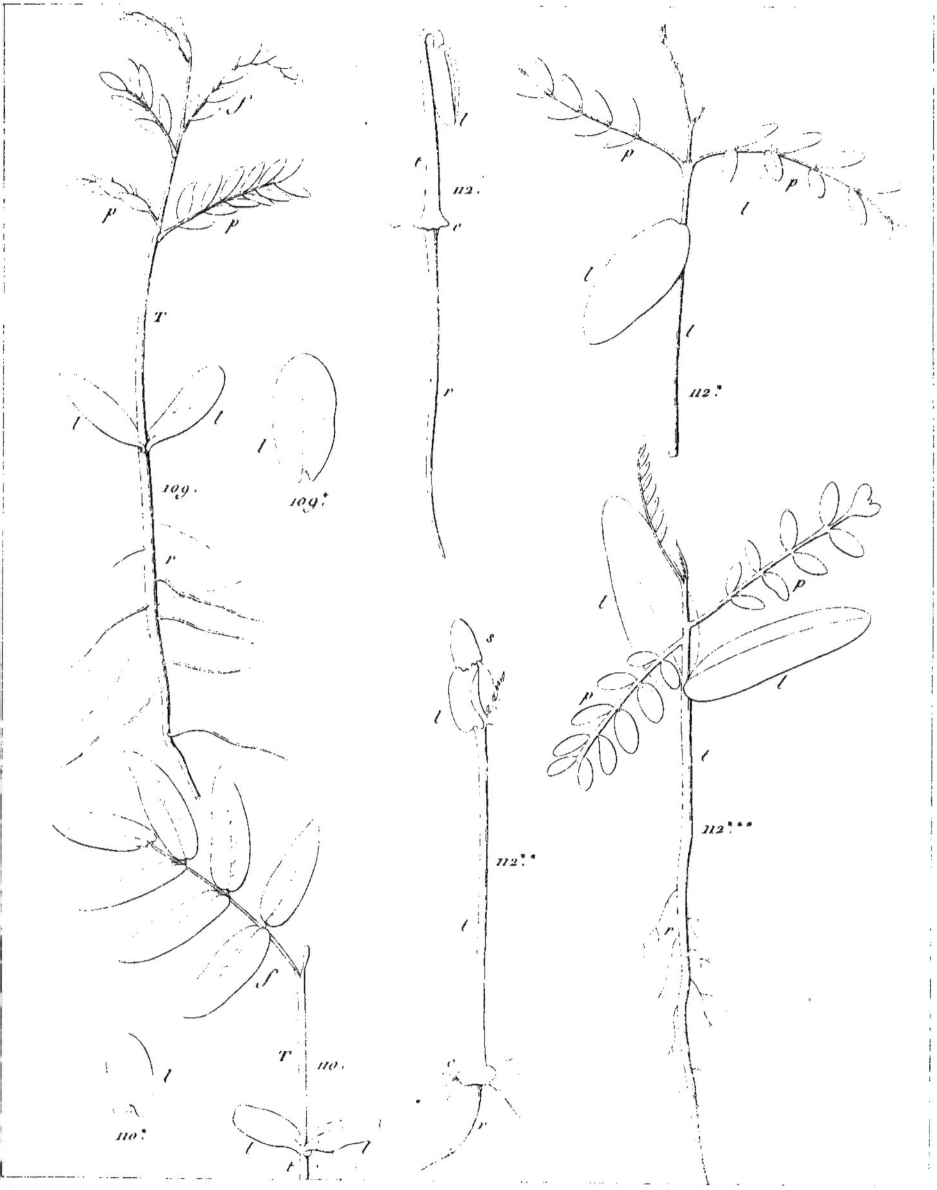

GERMINATIONS DES CASSIÉES.

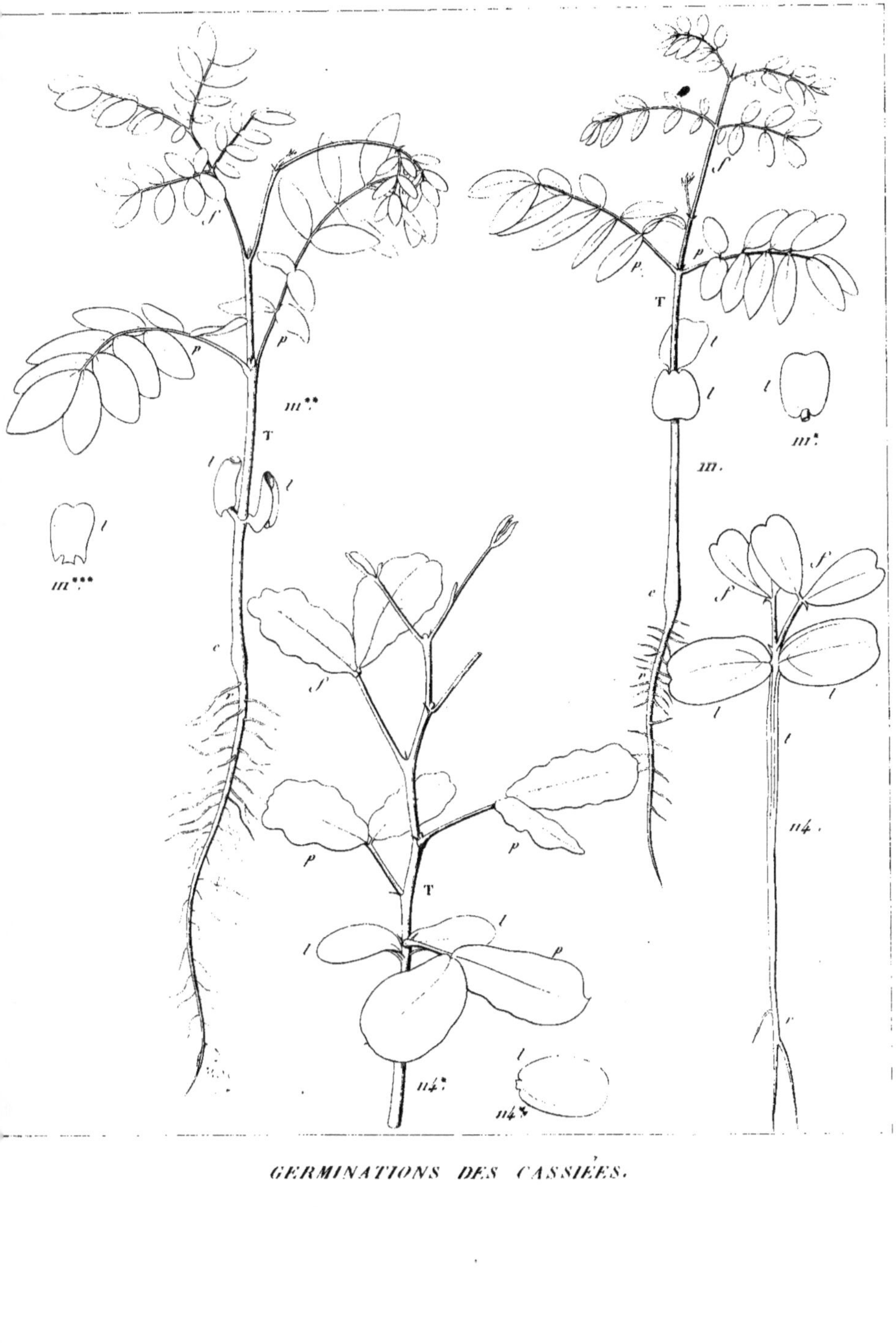

GERMINATIONS DES CASSIÉES.

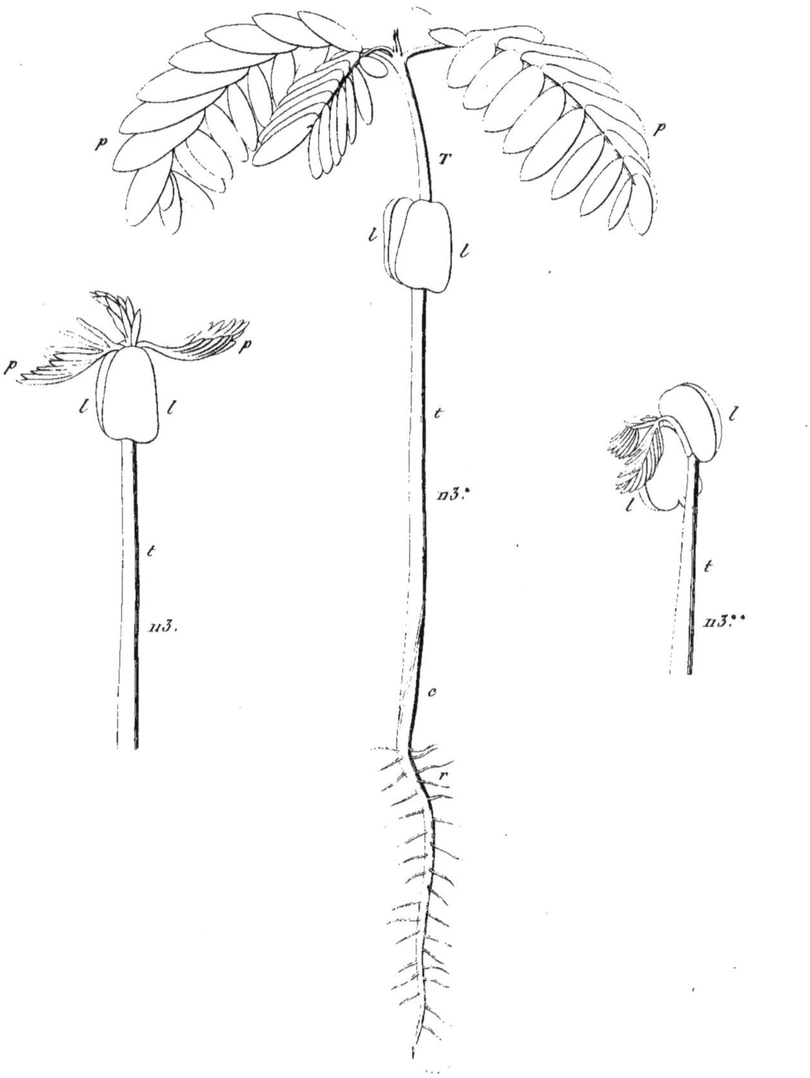

GERMINATIONS DES CASSIÉES.

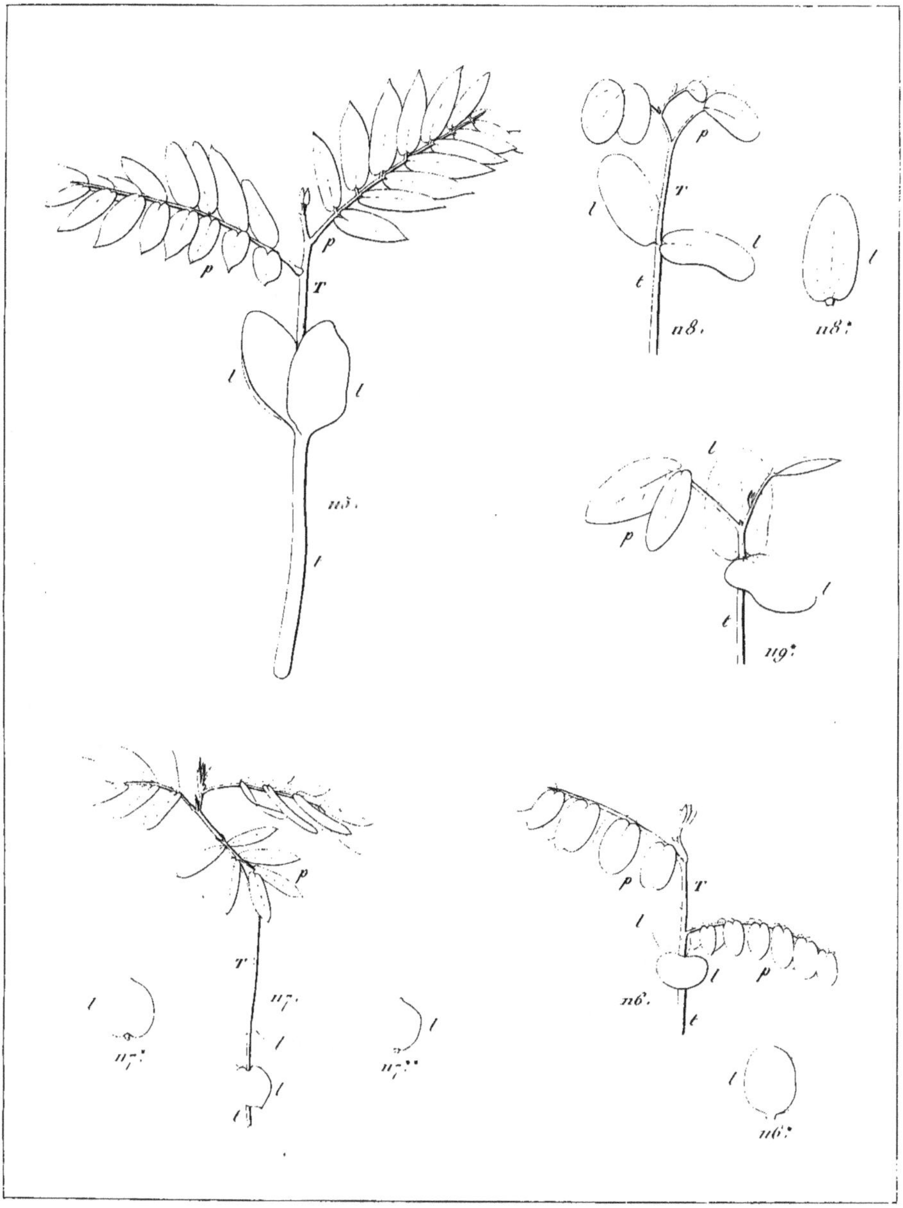

GERMINATIONS DES CASSIÉES.

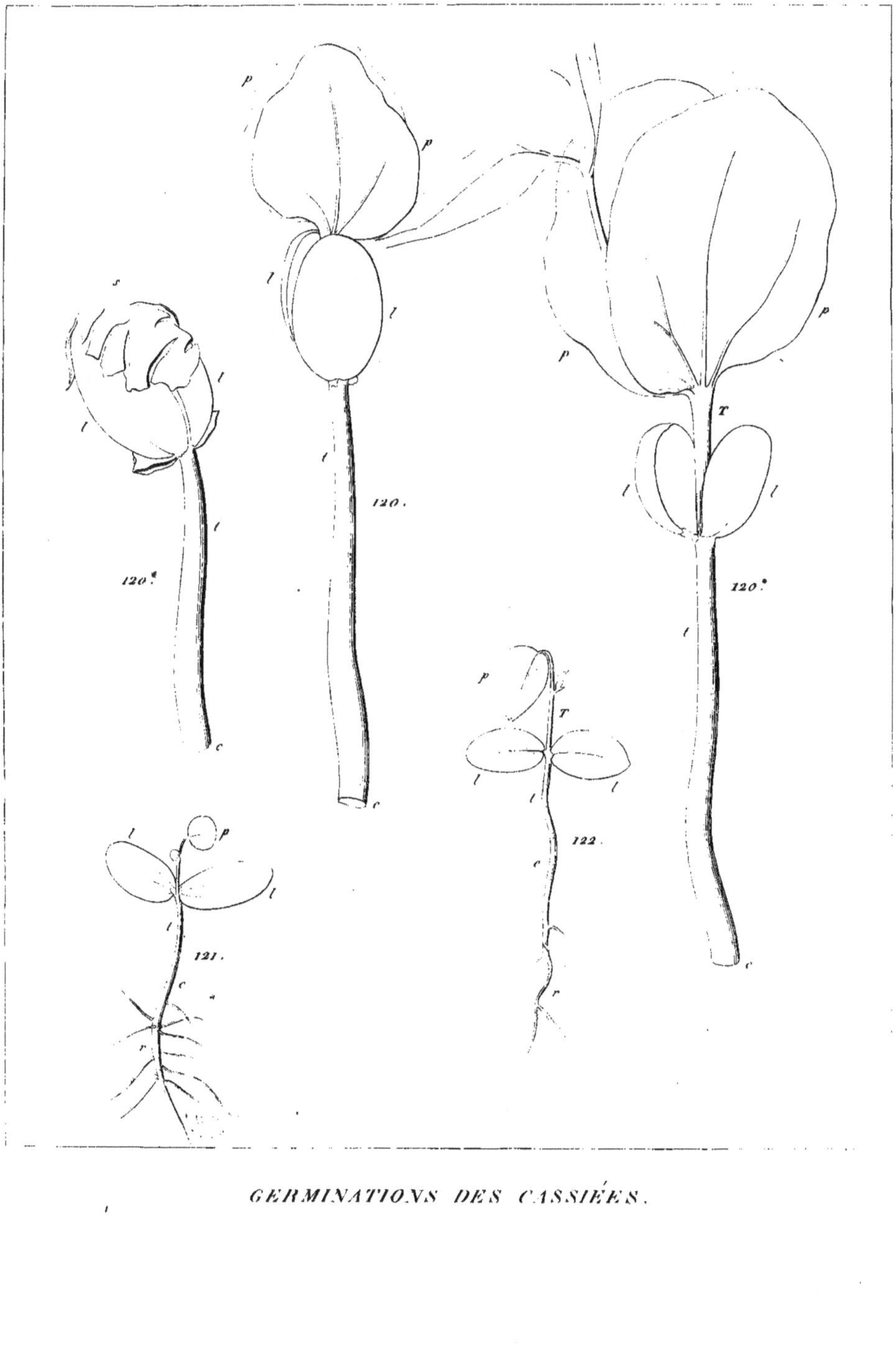

GERMINATIONS DES CASSIÉES.

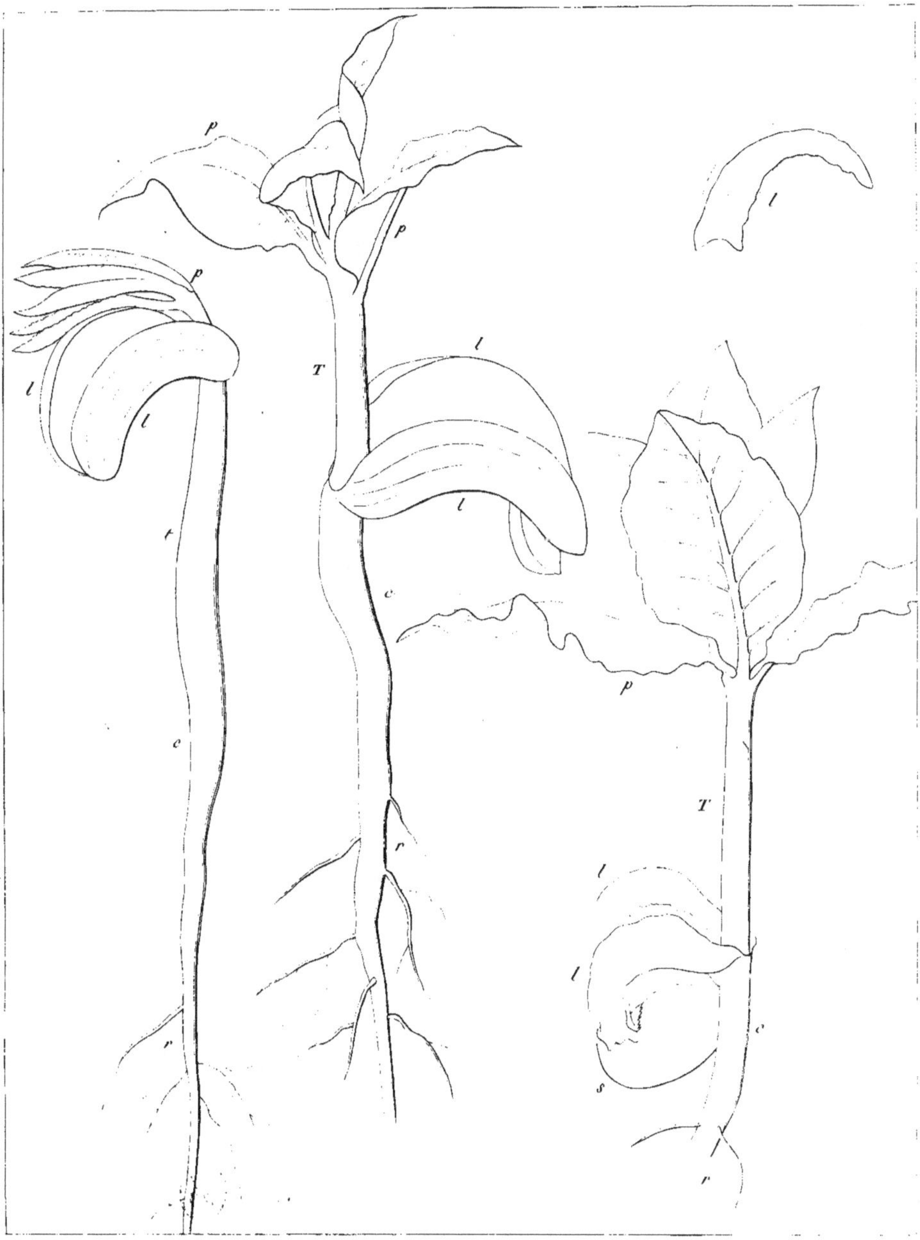

GERMINATION DE L'ANACARDIUM.

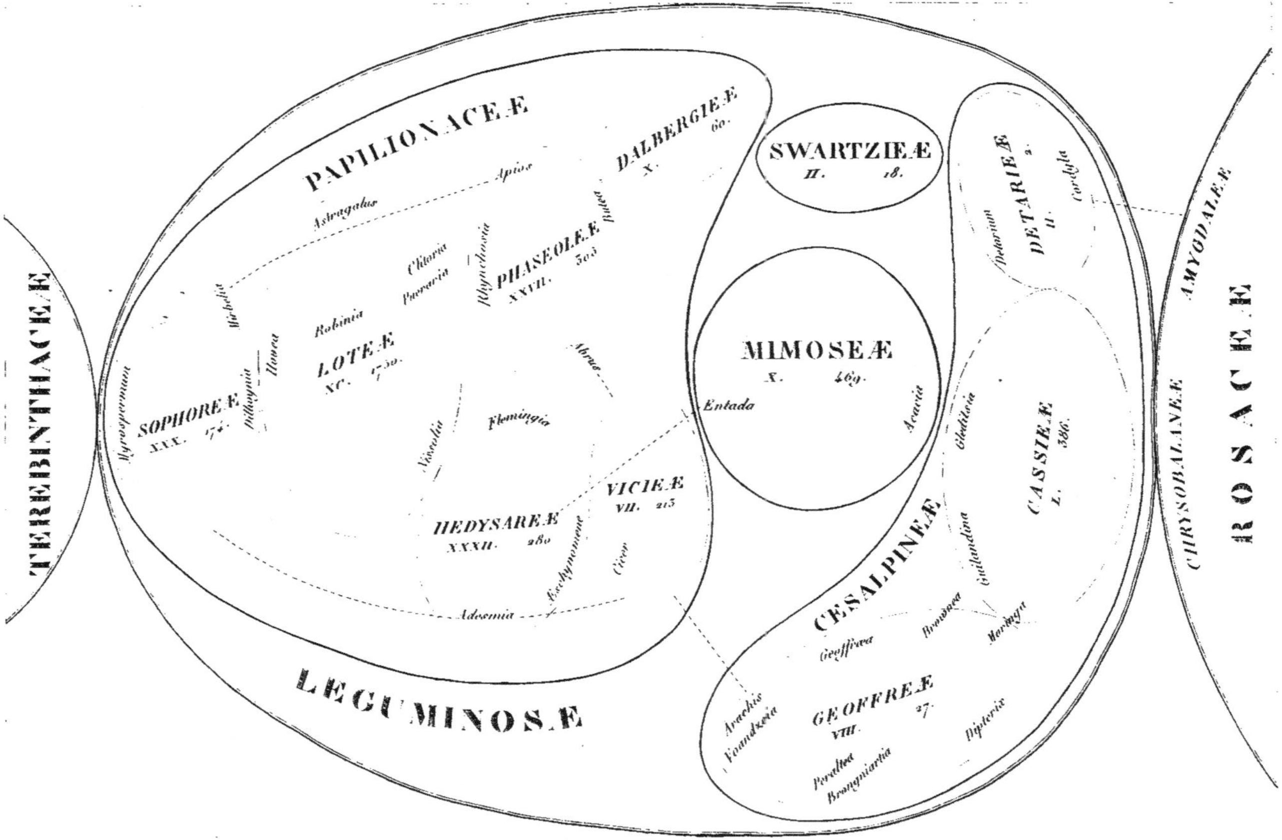

ESSAI D'UNE CARTE GRAPHIQUE REPRESENTANT LES AFFINITÉS DES LÉGUMINEUSES.

N.B. Les N.os romains indiquent le nombre des genres, les N.os arabes celui des espèces.

XXIX.

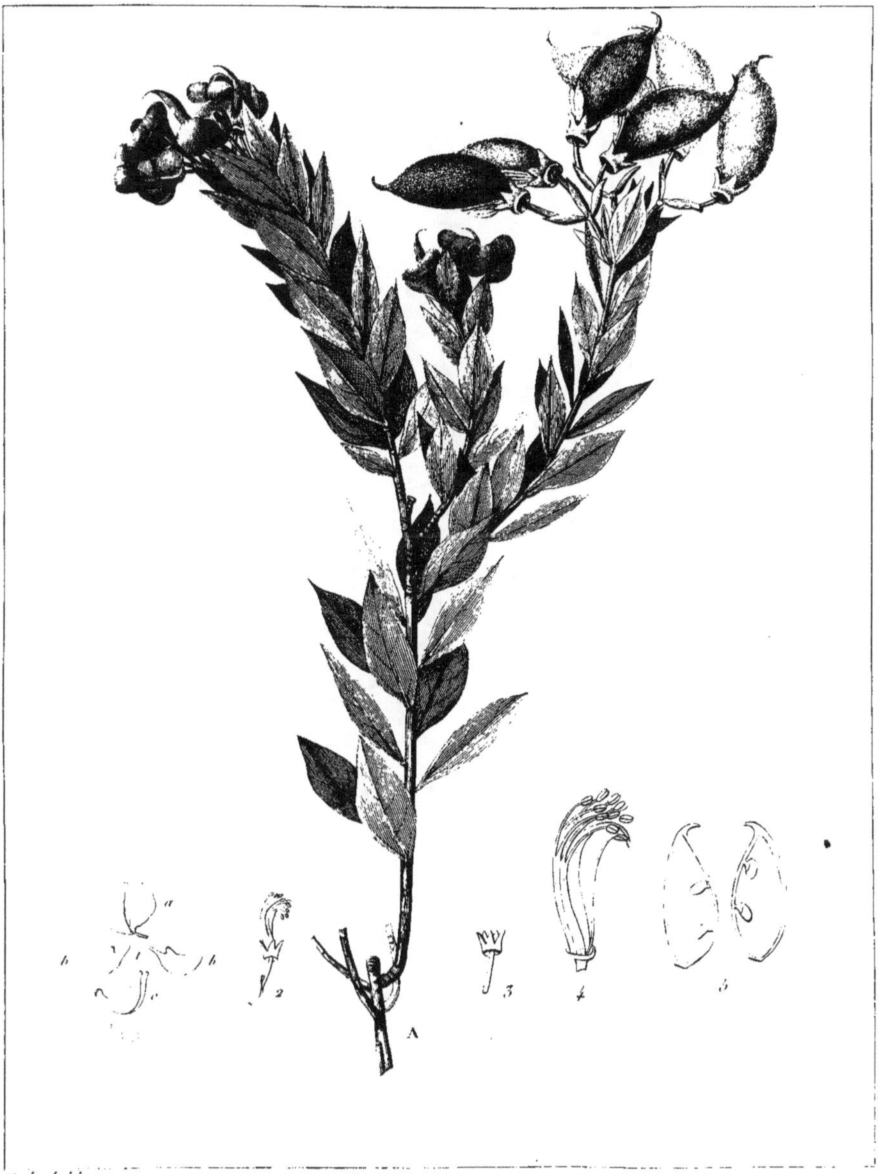

Heyland del.

PRIESTLEYA myrtifòlia.

Heyland del.

PRIESTLEYA *lævigata.*

XXXI.

Heyland del.

PRIESTLEYA ericæfolia. var. β.

Heyland del.

PRIESTLEYA axillaris.

Heyland del.

PRIESTLEYA *elliptica.*

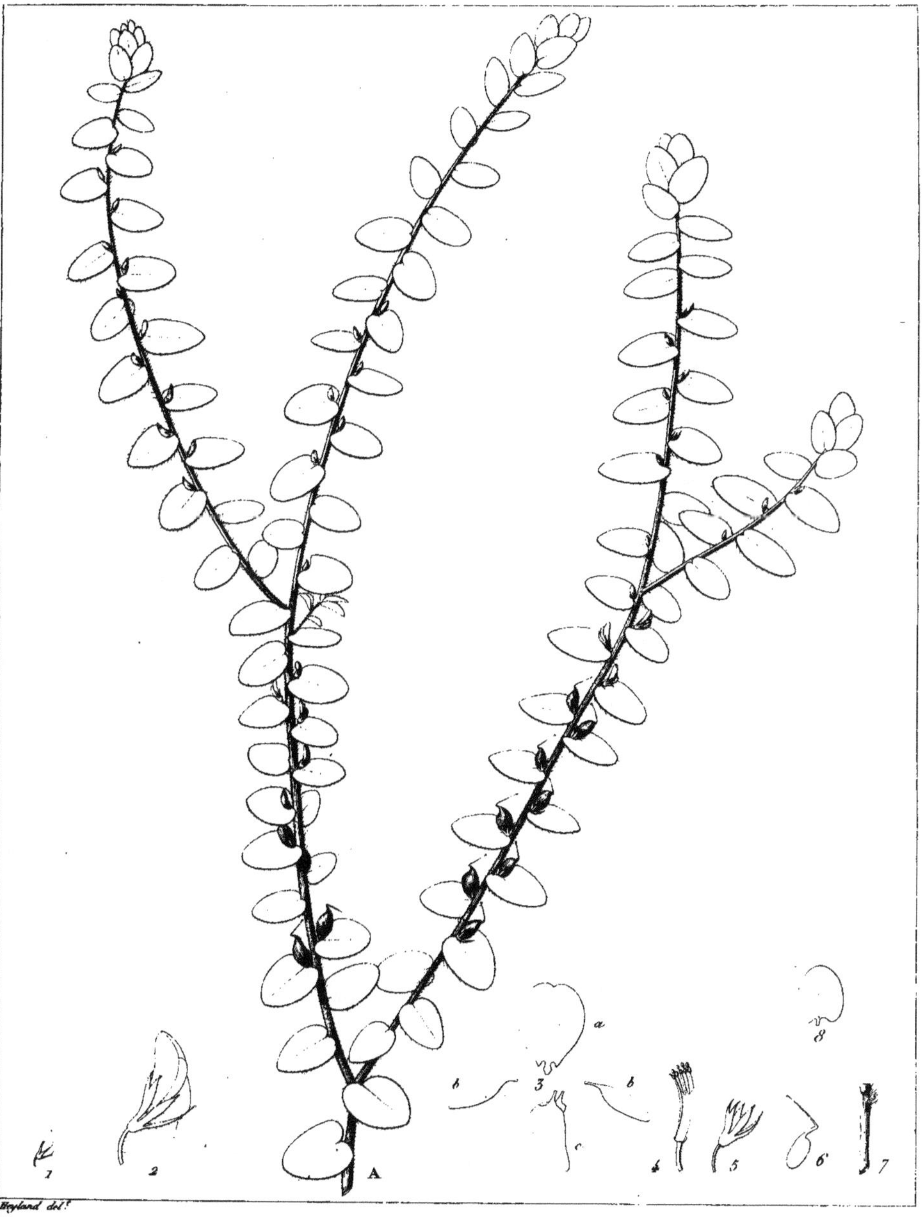

Heyland del.

HEYLANDIA *hebecarpa*.

XXXV.

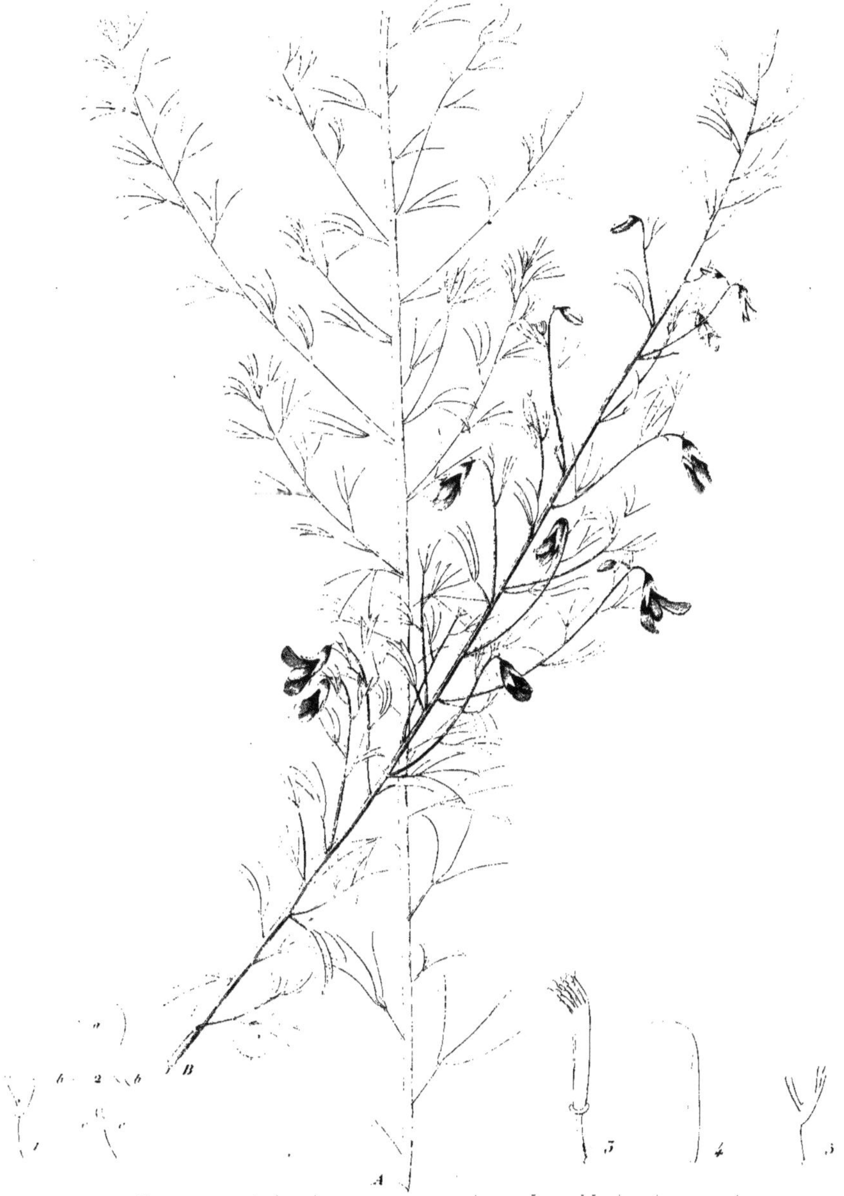

DICHILUS lebekkoides.

XXXVI.

Heyland del.

GENISTA ephedroides.

Heyland del.

REQUIENIA obcordata.

Heyland del.

REQUIENIA sphærosperma.

Boyland del.

BARBIERIA polyphylla.

Heyland del.[t]

COLLÆA speciosa.

Heyland del.

COLLÆA trinervia.

Heyland del.t

OTOPTERA *Burchellii*.

Heyland del.

PUERARIA *Wallichii.*

Hoyland del.

DUMASIA villosa.

...land del.^t

DUMASIA pubescens.

Heyland del.

LESSERTIA falciformis.

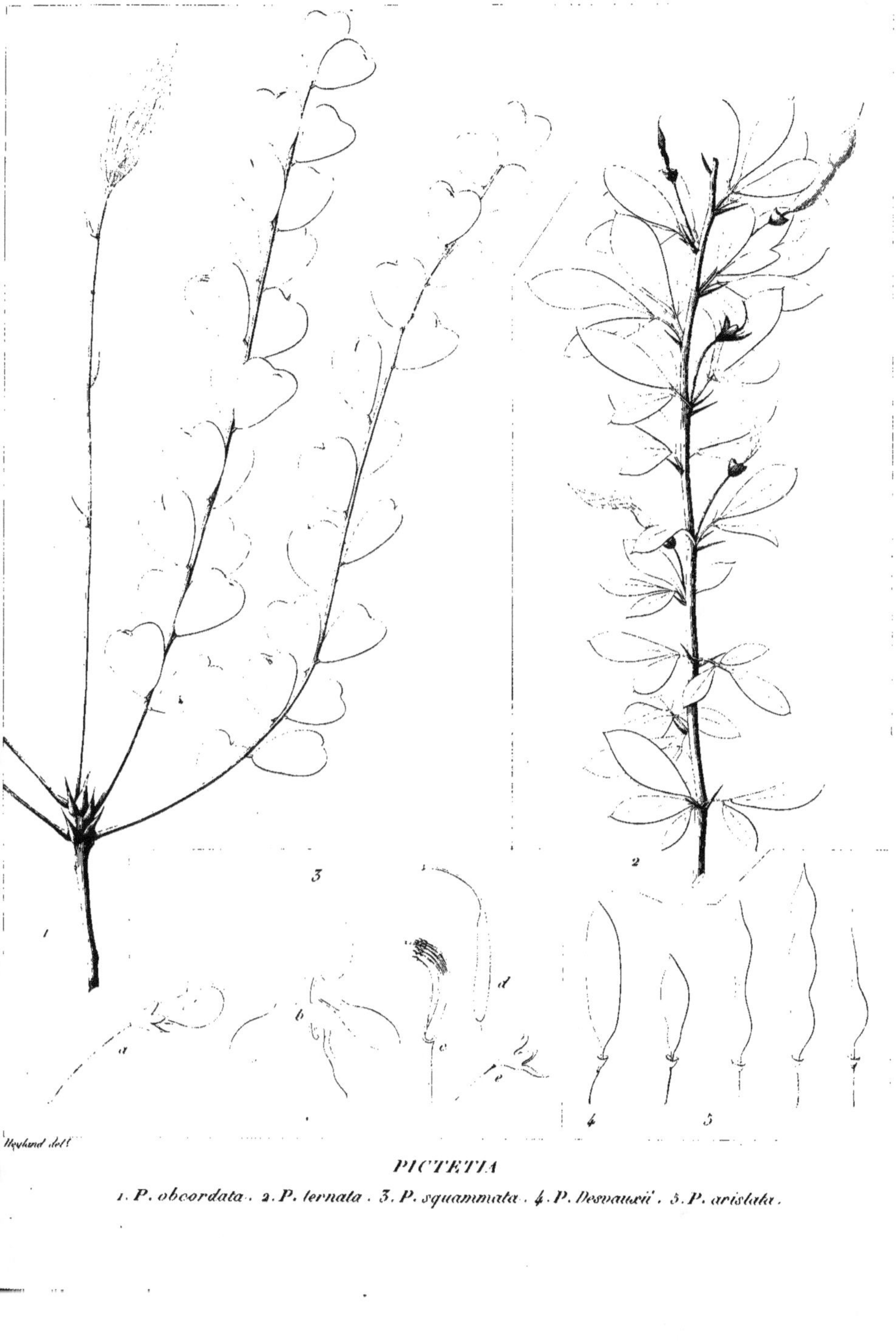

Heyland del.

PICTETIA

1. P. obcordata. 2. P. ternata. 3. P. squammata. 4. P. Desvauxii. 5. P. aristata.

...land del.

ADESMIA hispidula.

XLIX.

...land del.

ADESMIA *dentata.*

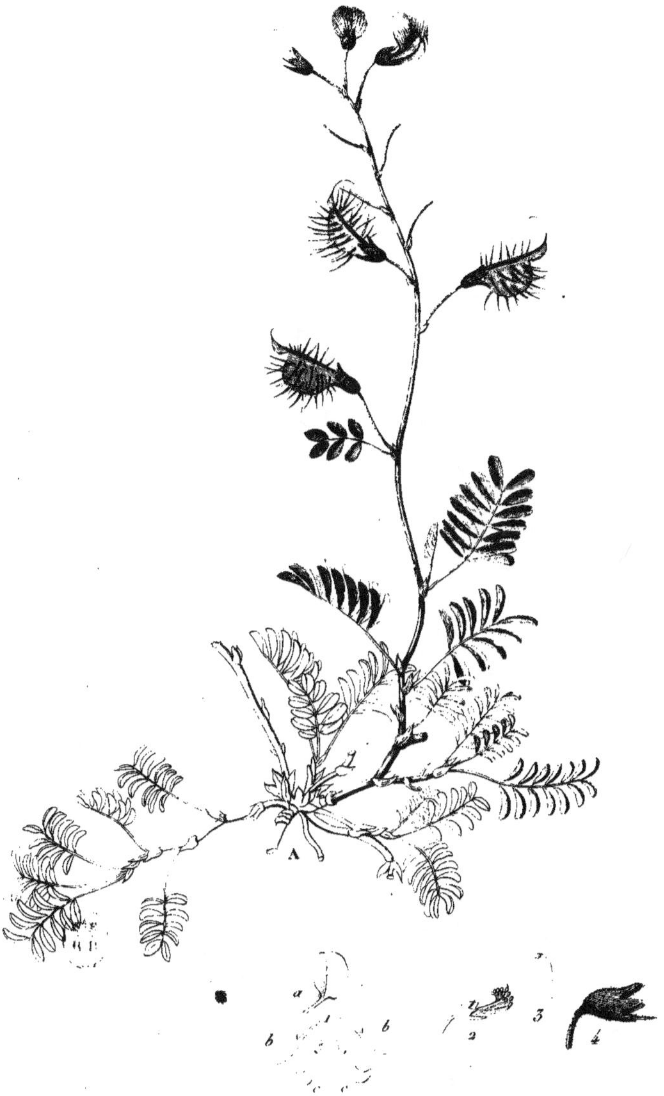

Heyland del.

ADESMIA *longiseta*.

...yland del.

NICOLSONIA Cayennensis. var. β.

LII.

Heyland del.

TAVERNIERA nummularia.

Heyland del.

EBENUS sibthorpii.

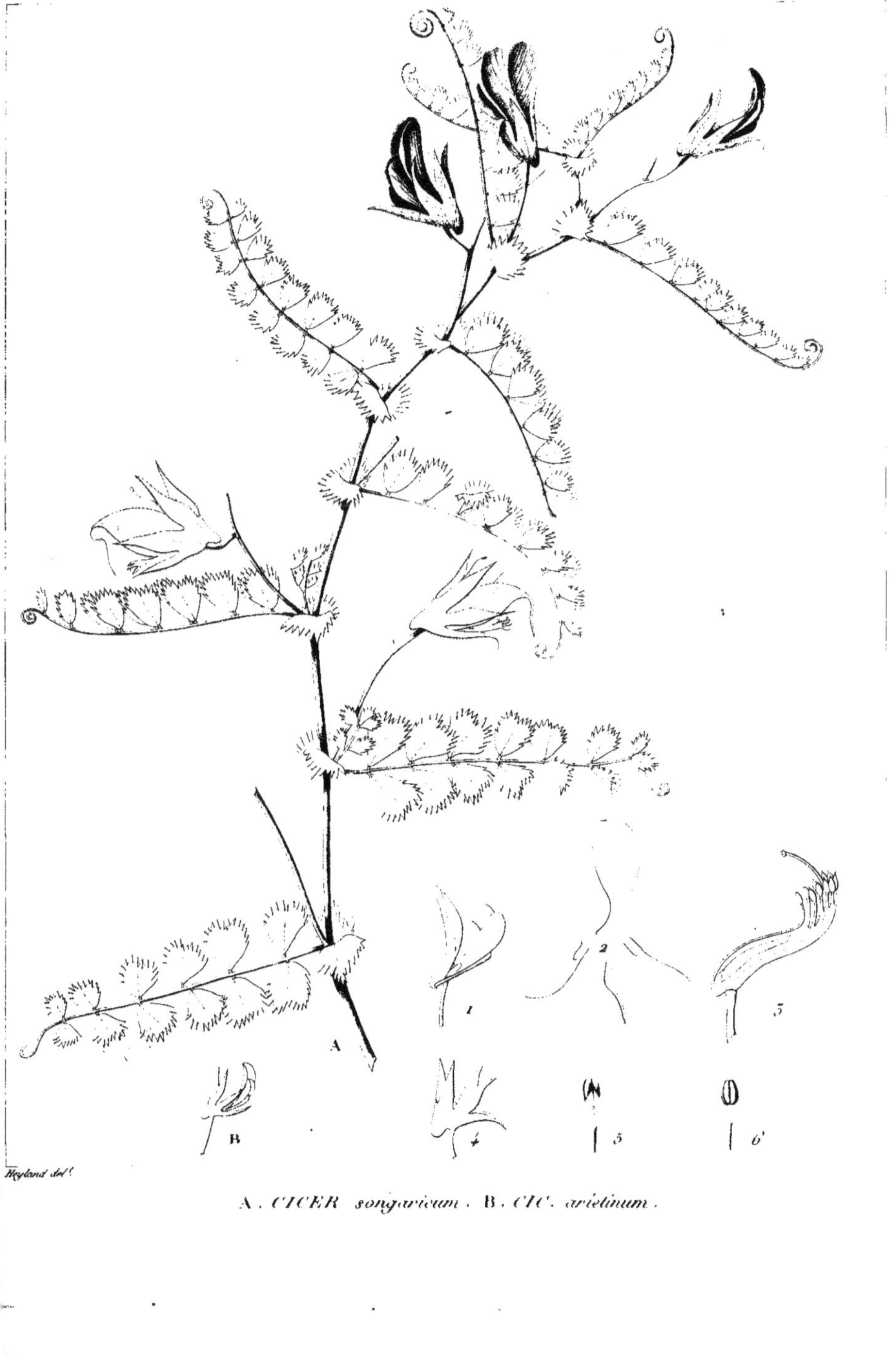

Heyland del.

A. CICER songaricum. B. CIC. arietinum.

[W]eyland del.t

RHYNCHOSIA menispermoidea.

Heyland del.t

RHYNCHONIA punctata.

...land del.

1. PTEROCARPUS gummiferus. 2. P. peltaria.

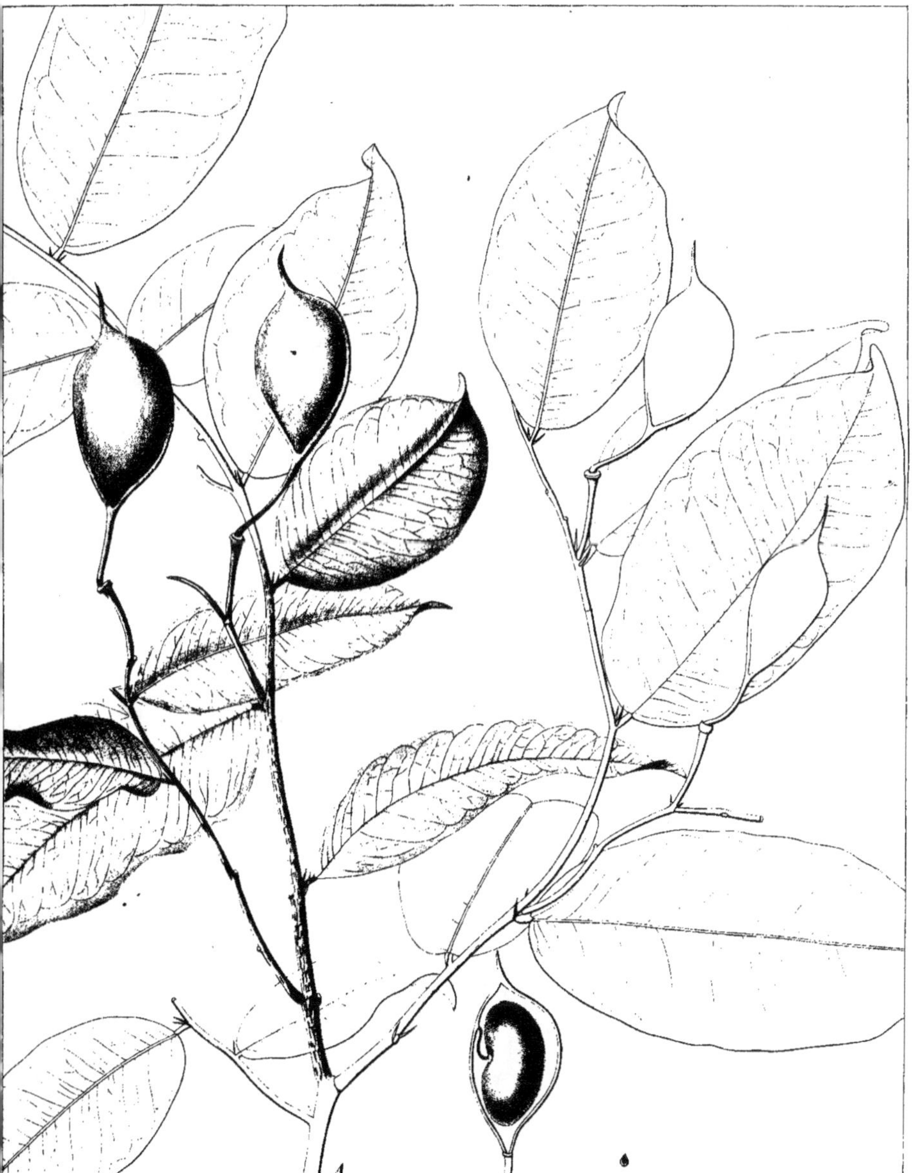

Heyland del.t

SWARTZIA ochnacea.

...yland del.

SWARTZIA tomentosa.

and del.

SWARTZIA parviflora.

Heyland del.

ENTADA polystachya.

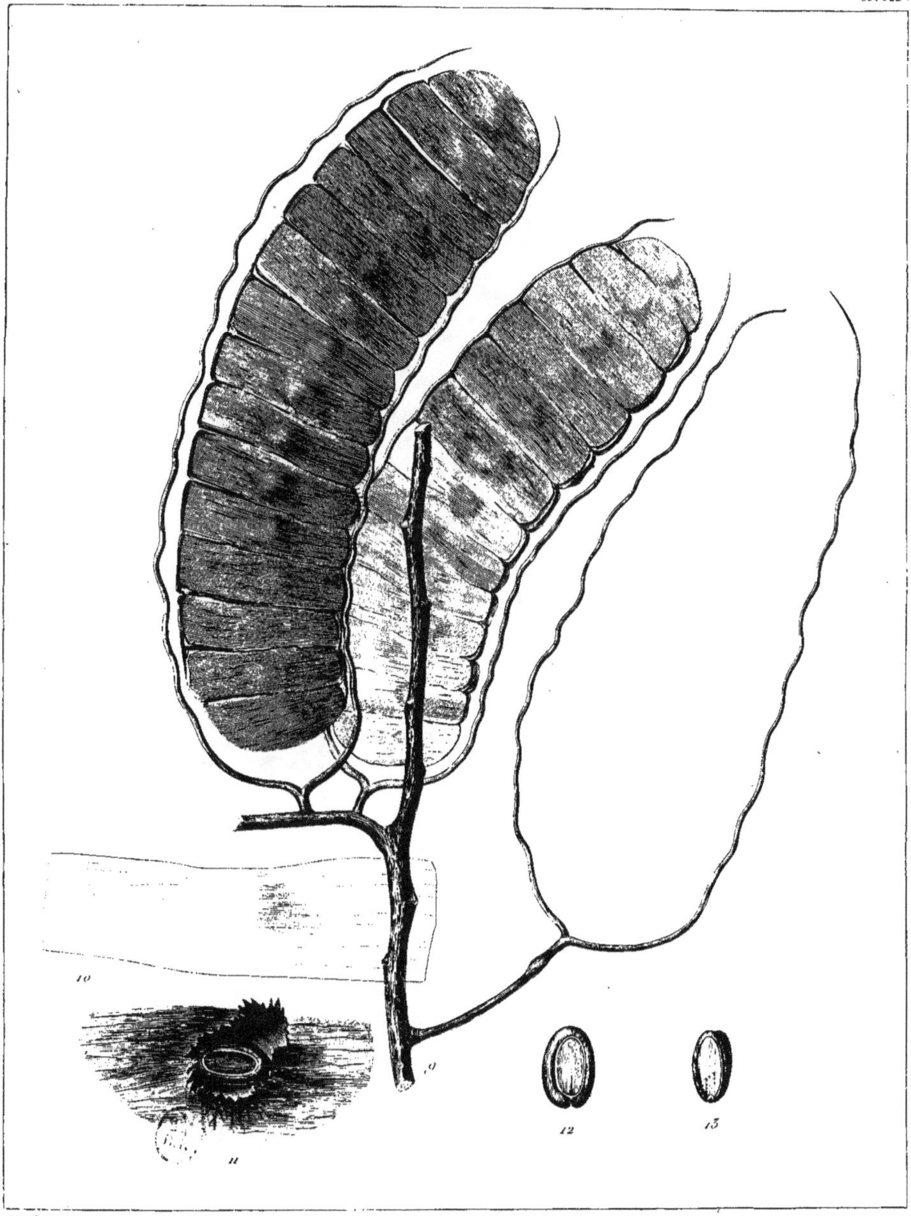

Heyland del.

ENTADA polystachya.

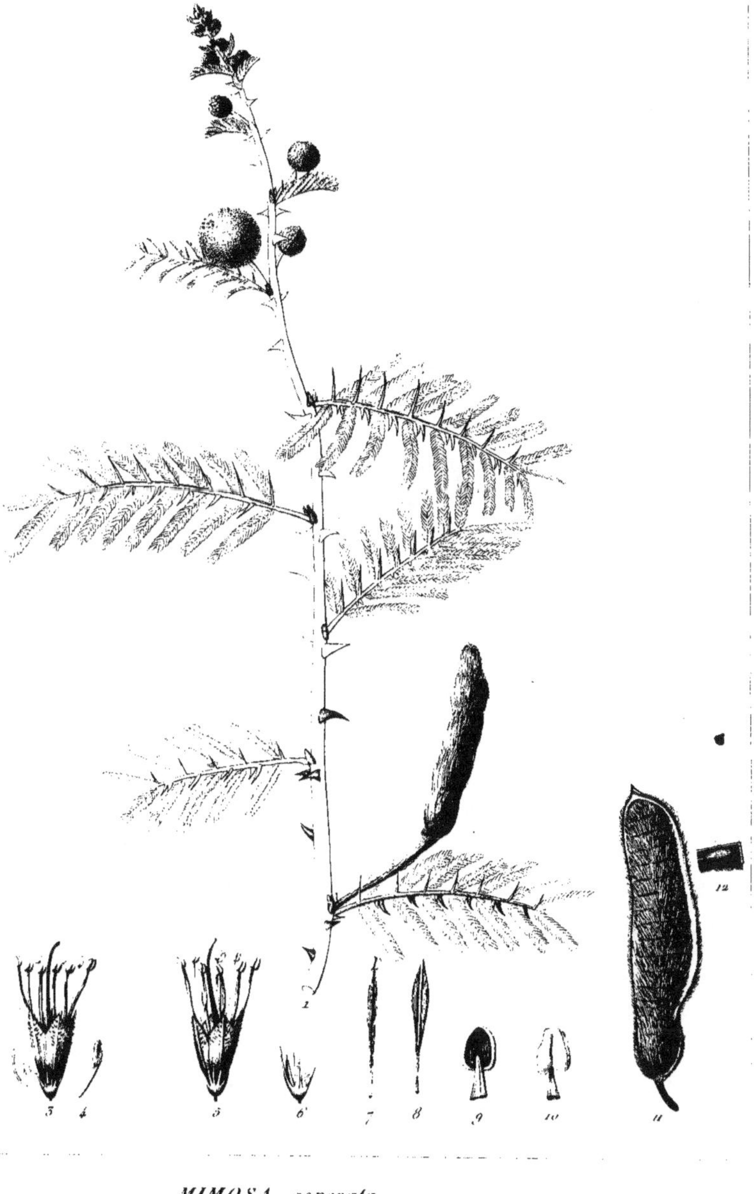

Heyland del.

MIMOSA asperata.

Heyland del.

GAGNEBINA axillaris.

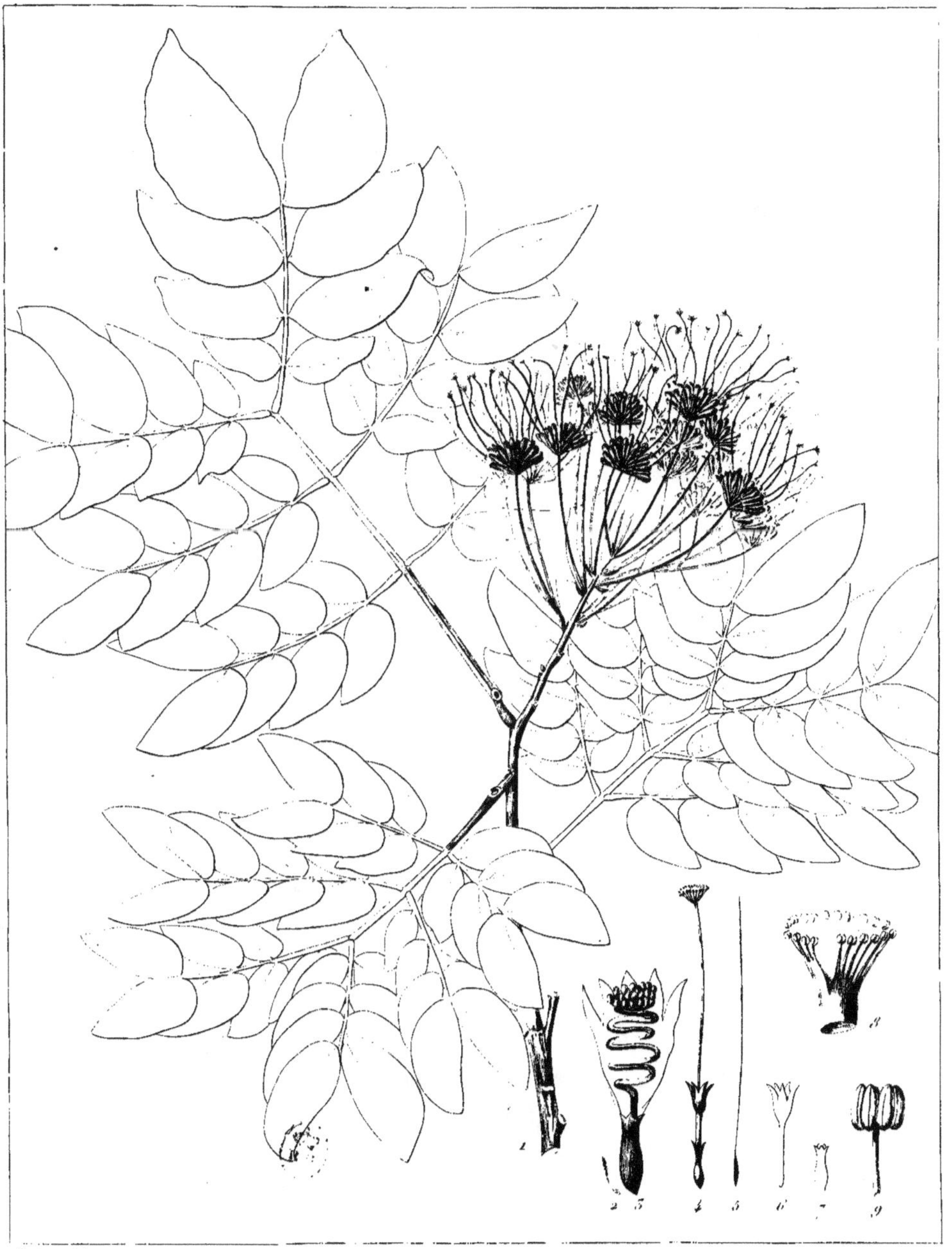

Heyland del.

INGA ? zygia.

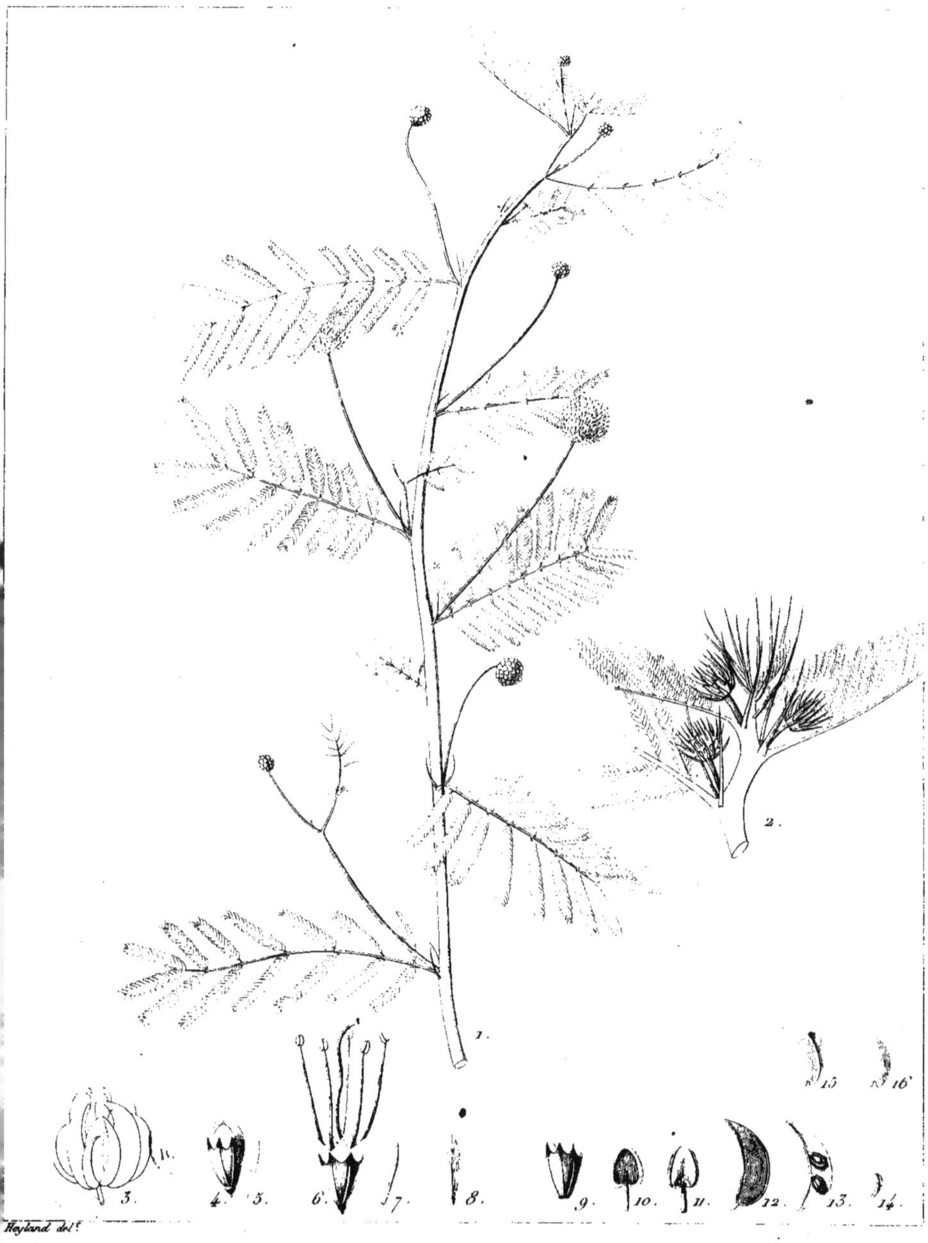

DARLINGTONIA *brachyloba*.

2 3 4 5 6 7 8 9

Heyland del.

DESMANTHUS trichostachys.

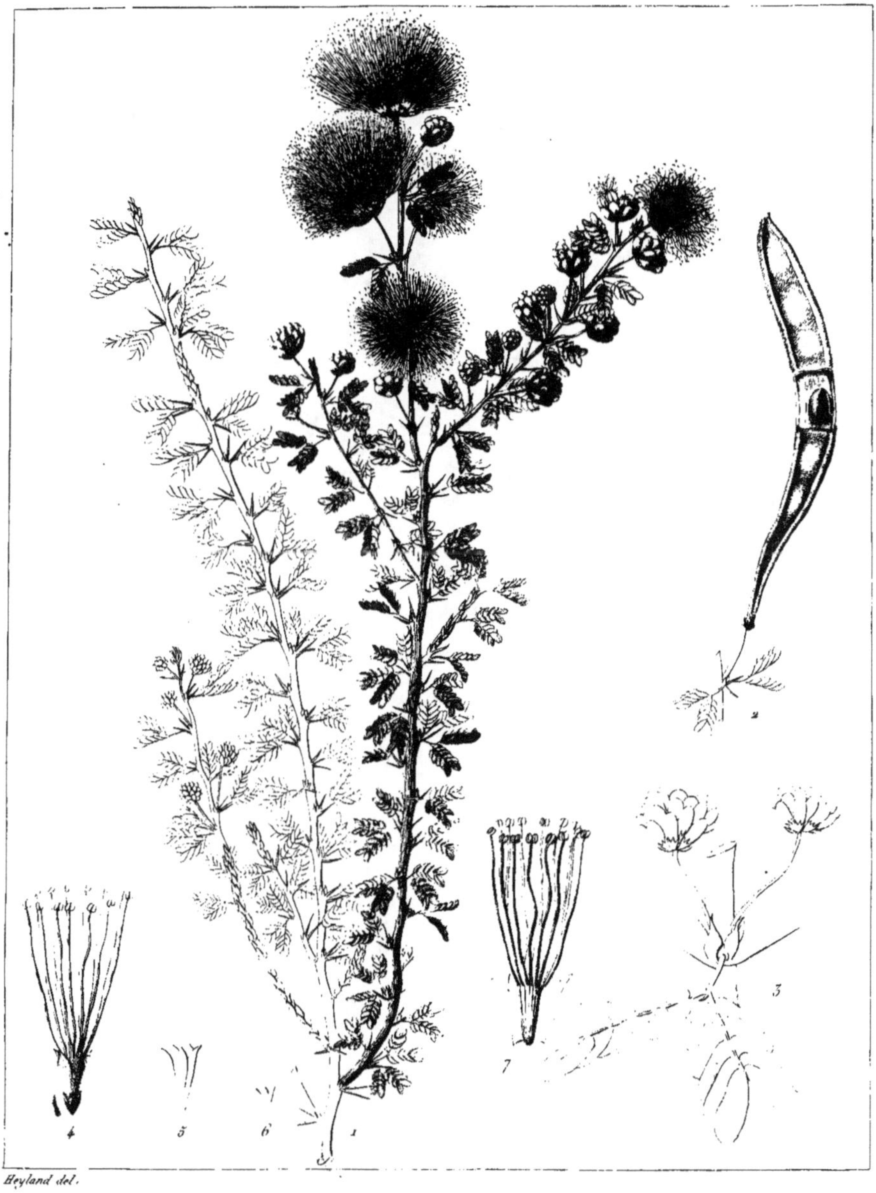

Heyland del.

ACACIA *hæmatomma*.

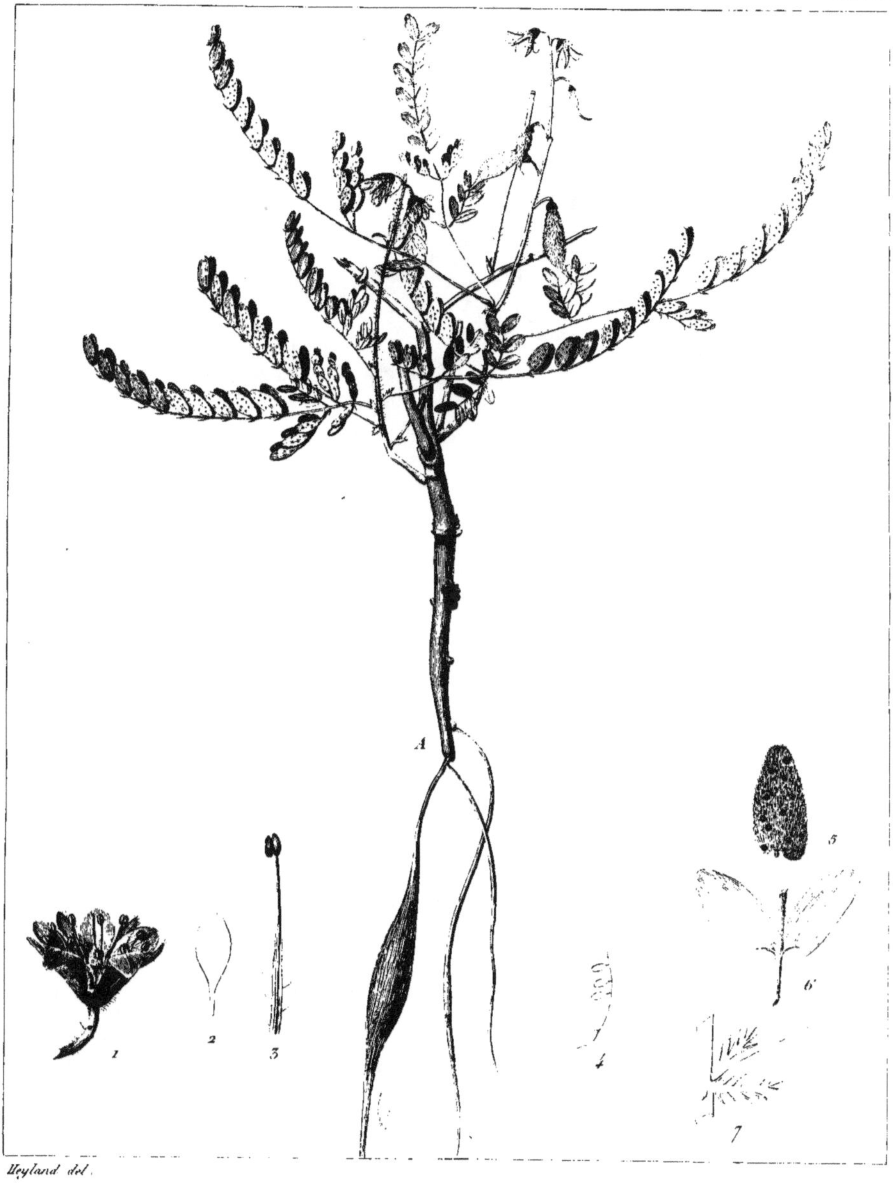

Heyland del.

MELANOSTICTA Burchellii.

Heyland del.

BAUHINIA corymbosa.

www.ingramcontent.com/pod-product-compliance
Lightning Source LLC
LaVergne TN
LVHW021917170726
843501LV00001BA/60
* 9 7 8 2 3 2 9 4 1 1 4 6 0 *